개념원리 RPM
중학 수학 3-1

Love yourself 무엇이든 할 수 있는 나이다

공부 시작한 날　　　　　년　　　월　　　일

공부 다짐

발행일	2024년 7월 15일 2판 3쇄
시은이	이홍섭
기획 및 개발	개념원리 수학연구소

사업 책임	정현호
마케팅 책임	권가민, 정성훈
제작/유통 책임	이미혜, 이건호
콘텐츠 개발 총괄	한소영
콘텐츠 개발 책임	김경숙, 오지애, 모규리, 김현진
디자인	스튜디오 에딩크, 손수영

펴낸이	고사무열
펴낸곳	(주)개념원리
등록번호	제 22-2381호
주소	서울시 강남구 테헤란로 8길 37, 7층(역삼동, 한동빌딩) 06239
고객센터	1644-1248

개념원리 RPM
중학 수학 3-1

한눈에
보이는
정답

08 이차함수 $y=ax^2+bx+c$의 그래프

0979 $y=(x-2)^2-7$ 0980 $y=-3(x-2)^2+7$

0981 $y=\dfrac{1}{5}(x-5)^2-5$

0982 꼭짓점의 좌표 : $(-4, -15)$, 축의 방정식 : $x=-4$

0983 꼭짓점의 좌표 : $\left(\dfrac{1}{4}, -\dfrac{7}{4}\right)$, 축의 방정식 : $x=\dfrac{1}{4}$

0984 꼭짓점의 좌표 : $\left(3, -\dfrac{1}{2}\right)$, 축의 방정식 : $x=3$

0985 ⑴ > ⑵ <, < ⑶ >   0986 $a>0$, $b>0$, $c<0$

0987 $a<0$, $b>0$, $c>0$ 0988 $y=\dfrac{1}{2}x^2+3x+\dfrac{13}{2}$

0989 $y=-x^2-2x+2$ 0990 $y=-x^2+2x+2$

0991 $y=x^2+6x-12$ 0992 $y=3x^2-3x-6$

0993 $y=-2x^2-4x+1$ 0994 $y=2x^2+4x-6$

0995 $y=-x^2-x+6$ 0996 0   0997 ④   0998 16

0999 ②   1000 ⑤   1001 ③   1002 -6 1003 4

1004 ①   1005 $k>\dfrac{3}{2}$ 1006 $(1, 2)$ 1007 25   1008 -5

1009 ④   1010 12   1011 ③   1012 $k\geq\dfrac{1}{3}$ 1013 ②

1014 ③   1015 ④   1016 $x>3$ 1017 $x>3$ 1018 ④

1019 ①   1020 $(-1, 0)$ 1021 5   1022 ②, ⑤

1023 ㄱ, ㄴ, ㄷ, ㅁ   1024 -1 1025 $k>-9$ 1026 ①

1027 ①   1028 ①, ⑤   1029 $k<-3$ 1030 -1 1031 ⑤

1032 ④   1033 ②, ④   1034 -6 1035 ③   1036 -10

1037 ③   1038 -2 1039 10   1040 $-\dfrac{3}{2}$ 1041 ④

1042 ①   1043 -3 1044 -8 1045 ④   1046 ⑤

1047 1   1048 $y=-\dfrac{1}{2}x^2-\dfrac{3}{2}x+2$ 1049 $(-2, -4)$

1050 $(0, -2)$ 1051 $\dfrac{1}{2}$ 1052 15   1053 24

1054 $\dfrac{343}{8}$ 1055 ④   1056 제4사분면   1057 ④

1058 ④   1059 3   1060 0   1061 ③   1062 ②

1063 ④   1064 ①, ②   1065 ⑤   1066 4

1067 $(0, -12)$ 1068 ①   1069 ⑤   1070 4

1071 제4사분면   1072 -2 1073 $(2, -7)$

1074 $(0, 1)$ 1075 24 : 49 1076 $\dfrac{11}{4}$ 1077 30   1078 ⑤

실력 UP+

01 제곱근과 실수

01 ③   02 ④   03 9 cm   04 ②   05 ④

06 ①   07 ⑤   08 ②   09 ⑤   10 ③

11 ③, ⑤   12 ④   13 ①

02 근호를 포함한 식의 계산

01 ①   02 ②   03 ②   04 ④   05 $8+12\sqrt{2}$

06 ③   07 $2\sqrt{5}$ 08 ③   09 ①   10 48

11 $10\sqrt{6}+4\sqrt{3}$ 12 ④   13 ④

03 다항식의 곱셈

01 ②   02 ③   03 ④   04 -27

05 $2a^2+a-6$ 06 ④   07 ⑤

08 $-5+2\sqrt{6}+\sqrt{10}+\sqrt{15}$ 09 ④   10 ②   11 2

12 3   13 ④   14 ②   15 502

04 인수분해

01 ⑤   02 $3a$ 03 ①   04 ⑤   05 ④

06 ①   07 ⑤   08 -5500 09 $\dfrac{1}{2}$ 10 26

11 ①   12 $\dfrac{1}{12}$ 13 $(-128, -144)$

05 이차방정식의 풀이

01 ④   02 ⑤   03 ④   04 ③   05 ①

06 ②   07 ⑤   08 7   09 ⑤   10 ①

11 ②   12 4개   13 $x=-1$ 14 ④

06 이차방정식의 활용

01 ②   02 $-\dfrac{15}{4}$ 03 ④   04 ①, ⑤   05 ④

06 ④   07 16   08 ④   09 ②   10 15 m

11 7 cm   12 ③

07 이차함수와 그 그래프

01 ③   02 8   03 ④   04 ③

05 $y=2(x-1)^2+2$ 06 $-3<k<1$ 07 ④

08 ③   09 0   10 3   11 P(3, 11)

08 이차함수 $y=ax^2+bx+c$의 그래프

01 ③   02 ②   03 ④   04 -16 05 ④

06 ②   07 ⑤   08 ②   09 ①   10 10

11 8   12 16   13 ③

0745 $x=-\frac{2}{5}$ 또는 $x=\frac{1}{2}$ 0746 $x=6\pm2\sqrt{7}$

0747 $x=\frac{1\pm\sqrt{17}}{4}$ 0748 $x=1$ 또는 $x=\frac{3}{2}$

0749 2, 2, 2, 4 0750 2개 0751 1개 0752 2개

0753 0개 0754 $x^2-9x+18=0$ 0755 $x^2-4x=0$

0756 $x^2+10x+25=0$ 0757 $x^2-4=0$

0758 $x^2+\frac{5}{3}x+\frac{2}{3}=0$ 0759 $\frac{1}{3}x^2-\frac{2}{3}x-1=0$

0760 $4x^2-4x+1=0$ 0761 (1) $x^2-3x-28=0$ (2) $-4, 7$

0762 (1) $x^2+(x+1)^2=85$ (2) 6 (3) 6, 7

0763 (1) $(10-x)$ cm, $(7-x)$ cm (2) $x^2-17x+30=0$ (3) 2

0764 (1) 0 m (2) 7초 후 0765 ④ 0766 ③ 0767 ①

0768 21 0769 ④ 0770 ④ 0771 3 0772 ③

0773 ③ 0774 ④ 0775 -2 0776 ③ 0777 ⑤

0778 ② 0779 $x=-\frac{5}{6}$ 0780 5 0781 ③

0782 $x=-3$ 또는 $x=5$ 0783 ④ 0784 $a=5, b=1$

0785 ④ 0786 $p>-\frac{9}{4}$ 0787 ⑤

0788 ㄱ, ㄴ, ㄹ 0789 ④ 0790 ② 0791 -25

0792 12 0793 ① 0794 -2 0795 ③

0796 $2x^2-26x+84=0$ 0797 ④ 0798 ③ 0799 12명

0800 6번째 0801 ③ 0802 ⑤ 0803 ④ 0804 12

0805 ② 0806 61 0807 9살 0808 ④ 0809 ④

0810 $\frac{1}{2}$초 후 0811 2초 후, 8초 후 0812 4초

0813 10초 후 0814 7 cm 0815 3 m 0816 50 cm² 0817 3

0818 20 m 0819 15 cm 0820 5 cm, 20 cm 0821 6 cm

0822 2 cm 0823 28 cm² 0824 $\frac{81}{2}$ cm² 0825 ④

0826 15 cm 0827 $(4+2\sqrt{6})$ m 0828 6 cm 0829 ③

0830 ④ 0831 ① 0832 4개 0833 ⑤ 0834 ③

0835 ④ 0836 56 0837 9일 0838 8초 후

0839 2초 후, 8초 후 0840 5 0841 $x=-\frac{5}{3}$ 또는 $x=2$

0842 $x=3\pm2\sqrt{2}$ 0843 5 0844 54 cm

07 이차함수와 그 그래프

0845 ○ 0846 × 0847 ○

0848 $y=-\frac{1}{2}x^2+4x$, 이차함수이다.

0849 $y=x^3$, 이차함수가 아니다. 0850 $y=4\pi x^2$, 이차함수이다.

0851 (1) 1 (2) 3 (3) -32 (4) 3

0852 (1) 아래 (2) y (3) 감소, 증가 (4) x

0853 (1) $(0, 0)$ (2) $x=0$ (3) $y=-\frac{2}{3}x^2$

0854 ㄴ, ㄷ 0855 ㄹ 0856 ㄱ과 ㄷ 0857 ㉢ 0858 ㉣

0859 ㉠ 0860 ㉡ 0861 $y=3x^2+5$

0862 $y=\frac{1}{5}x^2-\frac{1}{3}$ 0863 $y=-4x^2-2$

0864 꼭짓점의 좌표 : $(0, -3)$, 축의 방정식 : $x=0$

0865 꼭짓점의 좌표 : $(0, 1)$, 축의 방정식 : $x=0$

0866 $a>0, q<0$ 0867 $a<0, q>0$

0868 $y=3(x+1)^2$ 0869 $y=-4(x+5)^2$

0870 $y=-\frac{1}{3}(x-3)^2$

0871 꼭짓점의 좌표 : $(-1, 0)$, 축의 방정식 : $x=-1$

0872 꼭짓점의 좌표 : $(4, 0)$, 축의 방정식 : $x=4$

0873 $a>0, p<0$ 0874 $a<0, p>0$

0875 $y=3(x+5)^2+6$ 0876 $y=-4(x-3)^2-1$

0877 $y=\frac{3}{4}\left(x-\frac{2}{5}\right)^2+\frac{1}{2}$

0878 꼭짓점의 좌표 : $(-1, 5)$, 축의 방정식 : $x=-1$

0879 꼭짓점의 좌표 : $(2, -7)$, 축의 방정식 : $x=2$

0880 $a>0, p>0, q<0$ 0881 $a<0, p<0, q>0$ 0882 ②

0883 ③, ⑤ 0884 ④ 0885 ① 0886 $k\neq1$ 0887 ④, ⑤

0888 $a\neq0$이고 $a\neq-3$ 0889 ⑤ 0890 ⑤ 0891 3

0892 -4 0893 ② 0894 ②, ③ 0895 ③ 0896 40

0897 3 0898 ② 0899 $\frac{3}{2}$ 0900 ㄱ과 ㅁ, ㄷ과 ㅂ

0901 ③ 0902 $-\frac{1}{3}$ 0903 -1 0904 ②, ④ 0905 ②, ⑤

0906 ④ 0907 $y=-\frac{3}{4}x^2$ 0908 4 0909 ⑤

0910 $y=8x^2$ 0911 7 0912 ④ 0913 ③ 0914 2

0915 ①, ⑤ 0916 ㄱ, ㄷ 0917 ④ 0918 ④ 0919 ②

0920 -1 0921 -4 0922 -16 0923 ② 0924 -6

0925 ③ 0926 $x<2$ 0927 ㄱ, ㄷ 0928 $y=(x+2)^2$

0929 ④ 0930 ④ 0931 16 0932 -6 0933 ②

0934 제4사분면 0935 2 0936 ⑤ 0937 12

0938 15 0939 $x>-4$ 0940 $x>2$ 0941 ④

0942 ④ 0943 ④ 0944 $y=-3(x+1)^2+6$

0945 ① 0946 $(0, 31)$ 0947 ⑤ 0948 -4 0949 -1

0950 36 0951 3 0952 ② 0953 ④

0954 제4사분면 0955 $D(3, 3)$ 0956 $-\frac{1}{6}$

0957 36 0958 ④ 0959 ②, ⑤ 0960 $a<-\frac{4}{5}$

0961 -8 0962 ④ 0963 1 0964 ① 0965 ④

0966 ④ 0967 $y=-(x-2)^2+5$ 0968 ① 0969 ①

0970 ① 0971 $A\left(3, \frac{9}{2}\right)$ 0972 -3 0973 3

0974 2 0975 4 0976 3 0977 $B\left(\frac{2}{3}, \frac{1}{9}\right)$

0978 9

01 제곱근과 실수

0001 0 **0002** 3, −3 **0003** 없다. **0004** 16, −16

0005 0.7, −0.7 **0006** $\frac{2}{11}$, $-\frac{2}{11}$ **0007** $\pm\sqrt{10}$

0008 $\pm\sqrt{29}$ **0009** $\pm\sqrt{3.8}$ **0010** $\pm\sqrt{\frac{6}{35}}$

0011 3 **0012** −5 **0013** ±10 **0014** 0.6 **0015** −1.5

0016 $\pm\frac{8}{9}$ **0017** 8 **0018** 35 **0019** −43 **0020** 13

0021 −21 **0022** −3.2 **0023** 5 **0024** 3 **0025** 3

0026 $\frac{1}{2}$ **0027** $9a$ **0028** $-a$ **0029** $3a$ **0030** $-5a$

0031 < **0032** > **0033** < **0034** < **0035** >

0036 < **0037** 5, 6, 7, 8, 9 **0038** 5, 6, 7 **0039** 유

0040 무 **0041** 유 **0042** 무 **0043** 유 **0044** 유

0045 무 **0046** 유 **0047** ○ **0048** × **0049** ×

0050 ○ **0051** × **0052** ○ **0053** × **0054** ○

0055 P : $1+\sqrt{2}$, Q : $1-\sqrt{2}$ **0056** P : $\sqrt{5}$, Q : $-\sqrt{5}$

0057 P : $1+\sqrt{5}$, Q : $1-\sqrt{5}$ **0058** <, < **0059** <

0060 < **0061** < **0062** > **0063** > **0064** ④

0065 ② **0066** 41 **0067** ③ **0068** 6 **0069** ③, ⑤

0070 13 **0071** ④ **0072** ②, ④ **0073** ③ **0074** 4개

0075 ㄱ, ㄴ **0076** ⑤ **0077** ① **0078** 5

0079 $(-\sqrt{3})^2$ **0080** ③ **0081** ④ **0082** ⑤

0083 ① **0084** ④ **0085** ③ **0086** −6 **0087** 13

0088 ④ **0089** ② **0090** 2개 **0091** ③ **0092** ①

0093 ④ **0094** ③ **0095** $-a-b$ **0096** ①

0097 ② **0098** $-a+4$ **0099** $-4a-2b$

0100 ③ **0101** 30 **0102** 42 **0103** 87 **0104** ③

0105 12 **0106** 14 **0107** 3 **0108** ③ **0109** ④

0110 3개 **0111** ① **0112** ③ **0113** 42 **0114** 24

0115 ⑤ **0116** $\frac{2}{3}$ **0117** 25 **0118** ② **0119** ④

0120 ③ **0121** 1 **0122** ⑤ **0123** 4

0124 (1) 27개 (2) 4개 (3) 22개 **0125** ⑤ **0126** 5

0127 2개 **0128** $\sqrt{3.6}$, $\sqrt{2}-1$ **0129** ④, ⑤ **0130** ②

0131 ④ **0132** ③ **0133** ④ **0134** ③ **0135** ④

0136 ② **0137** ㄴ, ㄷ **0138** $-1+\sqrt{10}$

0139 P : $2-\sqrt{13}$, Q : $2+\sqrt{10}$ **0140** ③ **0141** ③, ⑤

0142 ①, ④ **0143** ⑤ **0144** ④ **0145** ④ **0146** ②

0147 C **0148** z **0149** $1+\sqrt{3}$ **0150** ④ **0151** 점 C

0152 ④ **0153** 구간 A, 구간 C, 구간 F **0154** ④

0155 3 **0156** 5 **0157** ④ **0158** ④ **0159** ④

0160 2, 3, $\sqrt{10}$, $\sqrt{3}+2$ **0161** 6개 **0162** ④ **0163** ④

0164 ③ **0165** ⑤ **0166** ③, ⑤ **0167** $-a$ **0168** ②

0169 34 **0170** ① **0171** 60 **0172** ㄱ, ㄴ, ㅂ

0173 $-5+\sqrt{2}$ **0174** ③, ⑤ **0175** ③, ⑤ **0176** ①

0177 점 A, 점 B, 점 D **0178** 22 **0179** $2a$ **0180** 15

0181 21 **0182** $\frac{1}{6}$ **0183** 3, 12, 27 **0184** 17

0185 20

02 근호를 포함한 식의 계산

0186 $\sqrt{22}$ **0187** $\sqrt{70}$ **0188** $-6\sqrt{30}$ **0189** $\sqrt{\frac{5}{2}}$

0190 $\sqrt{14}$ **0191** $-\sqrt{71}$ **0192** $-\frac{\sqrt{2}}{2}$ **0193** $4\sqrt{3}$ **0194** 2, 2

0195 5, 5, 3 **0196** 6, 6 **0197** $2\sqrt{13}$ **0198** $12\sqrt{2}$ **0199** $15\sqrt{3}$

0200 $18\sqrt{2}$ **0201** 16, 80 **0202** 9, 63 **0203** $-\sqrt{147}$

0204 $\sqrt{500}$ **0205** $-\sqrt{\frac{11}{4}}$ **0206** $\sqrt{\frac{12}{25}}$

0207 (가) 9 (나) 23 (다) 9 **0208** (가) 27 (나) 3 (다) 3 (라) 10

0209 $\frac{\sqrt{7}}{4}$ **0210** $\frac{\sqrt{31}}{12}$ **0211** $\frac{\sqrt{11}}{10}$ **0212** $\frac{\sqrt{6}}{5}$

0213 (가) $\sqrt{7}$ (나) $\sqrt{7}$ (다) 21 **0214** $\frac{\sqrt{3}}{3}$ **0215** $-\frac{\sqrt{14}}{2}$

0216 $-\frac{3\sqrt{26}}{13}$ **0217** $\frac{\sqrt{6}}{4}$ **0218** $7\sqrt{3}$ **0219** $-3\sqrt{5}$

0220 $5\sqrt{5}+\sqrt{7}$ **0221** $2\sqrt{3}-6\sqrt{2}$ **0222** $-\sqrt{3}$

0223 $3\sqrt{3}$ **0224** $2\sqrt{6}+4\sqrt{7}$ **0225** $7\sqrt{3}+7\sqrt{6}$

0226 $\sqrt{14}+\sqrt{10}$ **0227** $3\sqrt{2}-3\sqrt{5}$

0228 $2\sqrt{21}-28$ **0229** $6-12\sqrt{5}$

0230 $\sqrt{6}-\sqrt{2}$ **0231** $3+\sqrt{6}$

0232 (가) $\sqrt{3}$ (나) 3 (다) 18 (라) 2 **0233** $\frac{4\sqrt{5}+\sqrt{15}}{5}$

0234 $\frac{\sqrt{6}-2\sqrt{3}}{3}$ **0235** $\frac{1-\sqrt{6}}{3}$ **0236** $\frac{3+\sqrt{6}}{6}$

0237 2.128 **0238** 2.168 **0239** (가) 100 (나) 10 (다) 17.32

0240 (가) 30 (나) 30 (다) 54.77

0241 (가) 100 (나) 10 (다) 0.5477

0242 (가) 100 (나) 10 (다) 0.1732 **0243** ③ **0244** ④

0245 7 **0246** ③ **0247** 10배 **0248** 21 **0249** $2\sqrt{6}$

0250 ④ **0251** (가) 115 (나) 90 **0252** 84 **0253** ③

0254 ①, ③ **0255** 17 **0256** 2 **0257** 70 **0258** ⑤

0259 ④ **0260** (1) $\frac{1}{50}a$ (2) $10a+\frac{1}{10}b$ **0261** ⑤

0262 $\frac{5}{3}$ **0263** ④ **0264** ④ **0265** $\frac{2}{\sqrt{3}}$ **0266** ④

0267 $-\frac{6}{5}$ **0268** ④, ⑤ **0269** −5 **0270** ④

0271 $7\sqrt{2}$ cm **0272** $3\sqrt{6}$ cm **0273** $4\sqrt{6}$

0274 ④ **0275** ② **0276** ⑤ **0277** $4-2\sqrt{3}$

0278 ④ **0279** ④ **0280** ④ **0281** ② **0282** ②

0283 ③ **0284** ⑤ **0285** $-2\sqrt{2}+2\sqrt{3}$

0286 $-1+2\sqrt{2}$ **0287** $4-2\sqrt{2}$ **0288** $2+3\sqrt{5}$

0289 ①　　0290 ②　　0291 -2　　0292 ②　　0293 $\dfrac{3}{2}$

0294 ①　　0295 $-7+2\sqrt{10}$　　0296 $\dfrac{\sqrt{15}}{5}$

0297 11　　0298 $\sqrt{10}-2$　　0299 ⑤　　0300 $7\sqrt{3}$

0301 ④　　0302 ④　　0303 $A<B<C$　　0304 ⑤

0305 $18\sqrt{6}\ \mathrm{cm}^2$　　0306 $9\sqrt{2}\ \mathrm{cm}$　　0307 $24\sqrt{3}$

0308 $30\sqrt{5}\ \mathrm{cm}^3$　　0309 ③　　0310 ④　　0311 658

0312 (1) 0.3464　(2) 0.707　0313 ③　　0314 4　　0315 ③

0316 $a=-1,\ P=8$　　0317 ①　　0318 ③　　0319 3

0320 ②　　0321 ④　　0322 10　　0323 ④　　0324 ②

0325 $12\sqrt{2}$　　0326 ②　　0327 ⑤　　0328 ②　　0329 ④

0330 0　　0331 ②　　0332 $C<A<B$　　0333 ②

0334 15.23, 0.04909　　0335 ④　　0336 $-13+6\sqrt{7}$

0337 12　　0338 $3\sqrt{2}$　　0339 $(10+22\sqrt{5})\ \mathrm{cm}$　　0340 2

0341 $2\sqrt{3}$　　0342 $-\dfrac{1}{18}$　　0343 ②　　0344 $3-2\sqrt{3}$

03 다항식의 곱셈

0345 $2ab-3a+4b-6$　　0346 $3ac+12ad-bc-4bd$

0347 $-5x^2+7xy-2y^2$　　0348 x^2-3x-y^2+3y

0349 x^2+2x+1　　0350 $x^2-4xy+4y^2$

0351 a^2-16　0352 x^2+6x-7　　0353 $10y^2-27y+5$

0354 $A,\ A^2-9,\ x+y,\ x^2+2xy+y^2-9$　0355 5, 25, 11025

0356 2, 4, 9604　　0357 40, 40, 1600, 1596

0358 $\dfrac{3-\sqrt{2}}{7}$　　0359 $\dfrac{4+\sqrt{3}}{13}$

0360 $5\sqrt{10}-15$　　0361 $2\sqrt{10}+2\sqrt{6}$

0362 (1) 20　(2) 24　　0363 (1) 17　(2) 25　　0364 ②

0365 11　　0366 ③　　0367 $a^2-5a-ab+8b+2$

0368 ③　　0369 ④　　0370 ⑤　　0371 0　　0372 ②

0373 ③　　0374 ⑤　　0375 ④　　0376 ⑤

0377 $2x^2-20xy+y^2$　　0378 5　　0379 16　　0380 ③

0381 ②　　0382 -5　　0383 8　　0384 -3　　0385 ④

0386 9　　0387 $-2x^2+13x+3$　　0388 9　　0389 ③

390 -22　　0391 41　　0392 ②　　0393 ⑤　　0394 ③

0395 $30x^2-3x-6$　　0396 12　　0397 17

0398 $20a^2-9a+1$　　0399 a^2-b^2　　0400 $-2a^2+13a-15$

0401 ③

0402 (1) $x^2-2xz+z^2-y^2$　(2) $x^2+2xy+y^2-2x-2y$

　　(3) $4x^2+4xy+y^2-4x-2y+1$

0403 $2x-6y+1$　　0404 -5　　0405 18

0406 $x^4-4x^3+x^2+6x$　　0407 59　　0408 -16　　0409 ⑤

0410 ④　　0411 ⑤　　0412 2020　　0413 ③　　0414 ④

0415 $-34+2\sqrt{6}$　　0416 4　　0417 ⑤　　0418 ③

0419 ①　　0420 2　　0421 ③　　0422 (1) 11　(2) 9

0423 ③　　0424 ④　　0425 ④　　0426 (1) 18　(2) 4

0427 ⑤　　0428 $-2\sqrt{6}$　　0429 ④　　0430 20　　0431 16

0432 8　　0433 ③　　0434 ④　　0435 ④　　0436 ⑤

0437 ①　　0438 ④　　0439 ②　　0440 ③

0441 $15a^2-8a+1$　　0442 ④　　0443 ③　　0444 ④

0445 -8　　0446 39　　0447 ③　　0448 -3

0449 -12　　0450 10　　0451 47　　0452 ①

0453 -10　　0454 16　　0455 13

04 인수분해

0456 x^2+6x+9　　0457 x^2-9　　0458 $x^2-3x-10$

0459 $3x^2-5x-2$　　0460 $x,\ x(a+b-c)$

0461 $x,\ x(x-1)$　　0462 $2m^2,\ 2m^2(m-3)$

0463 $xy^2(x-2)$　　0464 $4ab(a-4b)$

0465 $xy(3x+y-2)$　　0466 $(x-2)(a+5)$

0467 $(a-b)(a-b-x)$　　0468 $(2x+3)(4a+1)$

0469 $\left(x+\dfrac{1}{2}\right)^2$　　0470 $(5x-1)^2$

0471 $(2x+y)^2$　　0472 25　　0473 144

0474 ±18　　0475 $\pm\dfrac{2}{5}$　　0476 $(2x+3)(2x-3)$

0477 $(3a+b)(3a-b)$　　0478 $\left(9x+\dfrac{1}{4}y\right)\left(9x-\dfrac{1}{4}y\right)$

0479 $(x+3)(x+5)$　　0480 $(x-3)(x+6)$

0481 $(x+4y)(x-5y)$　　0482 $(x+1)(3x+1)$

0483 $(2x-3)(3x-2)$　　0484 $(x-2y)(2x+3y)$

0485 $a(a^2+4a+8)$　　0486 $x(x+3)(x-3)$

0487 $2a(x-2)(x-3)$　　0488 $(a+3)^2$

0489 $(x+y+4)(x+y-4)$　　0490 $(3x+5)(3x-7)$

0491 $(x+y+3)(2x+2y-1)$　　0492 $x-y$

0493 $a-4$　0494 $a+3$　0495 $x-1$

0496 $(x-y)(x+y+2)$　　0497 $(2+x-y)(2-x+y)$

0498 $(x-1)(x^2+1)$　　0499 $x-3,\ x-3,\ x-3,\ x-3,\ 2y$

0500 30　0501 2500　0502 2400　0503 6000　0504 40

0505 40000　0506 8　　0507 44　　0508 81　　0509 ④

0510 ③　　0511 ④　　0512 ②　　0513 ④　　0514 ②

0515 $2x-y-1$　　0516 ④　　0517 ③　　0518 ②

0519 28　　0520 50　　0521 ④　　0522 ②　　0523 16

0524 ③　　0525 $2a$　　0526 $4x-12$

0527 $-x+1$　　0528 ⑤　　0529 ④　　0530 ⑤

0531 $(a-1)(x+y)(x-y)$　　　　0532 ①

0533 (1) $(x+4)(x-7)$　(2) $3(x-4)(x+6)$

　　 (3) $a(a+4b)(a-8b)$

0534 ③　　0535 ④　　0536 ②

0537 (1) $(2x-3)(3x+4)$　(2) $3(x-2y)(3x-y)$

　　 (3) $(2a-b)(5a+4b)$

0538 ③　　0539 2　　0540 ②　　0541 ⑤　　0542 ④

0543 ②　　0544 ①　　0545 -2　　0546 4　　0547 ①

0548 ④　　0549 ④　　0550 -3　　0551 ②

0552 $(x+2)(x-3)$　　　　0553 $(x+2)(2x-3)$

0554 $2x+1$　0555 ③　　0556 $3a-2$　0557 $5x+7$　0558 ③

0559 (1) $(3x+2y+1)(3x-2y-3)$　(2) $(a+b+2)(a+b-2)$

0560 ①　　0561 $8x+17$　0562 ②, ③　0563 ②

0564 $3x-5$　0565 $y-1$　0566 ③　　0567 ①, ③

0568 -16　0569 $10x$　0570 80　　0571 ③　　0572 1

0573 ①　　0574 ③　　0575 ①　　0576 ③　　0577 $\sqrt{3}$

0578 ③　　0579 ②, ④　0580 $(a-2)(a-6)(a^2-8a+10)$

0581 7　　0582 ①　　0583 ⑤　　0584 $2x+6y-4$

0585 -3　0586 ④　　0587 ③　　0588 ①　　0589 15

0590 ②　　0591 ①　　0592 ⑤　　0593 ④　　0594 ⑤

0595 ①　　0596 ②　　0597 ④　　0598 ⑤　　0599 ②

0600 $x-y$　0601 12　　0602 $(x-1)(x-5)$

0603 $4x-6$　0604 96　　0605 a　　　0606 ④　　0607 ①

0608 $8\sqrt{5}$

05 이차방정식의 풀이

0609 ○　　0610 ○　　0611 ×　　0612 ○

0613 $a\neq0$　0614 ○　　0615 ×　　0616 ○　　0617 ×

0618 $x=0$ 또는 $x=1$　　0619 $x=1$　0620 $x=2$　0621 -4

0622 -5　0623 ㄱ, ㄴ, ㄷ　　0624 $x=4$ 또는 $x=9$

0625 $x=-5$ 또는 $x=6$　　0626 $x=0$ 또는 $x=7$

0627 $x=-\dfrac{3}{2}$ 또는 $x=-1$　　0628 $x=1$ 또는 $x=2$

0629 $x=-7$ 또는 $x=2$　　0630 $x=-1$ 또는 $x=7$

0631 $x=-\dfrac{2}{3}$ 또는 $x=\dfrac{3}{2}$　0632 $x=\dfrac{1}{2}$ 또는 $x=\dfrac{3}{2}$

0633 $x=-7$　　　　0634 $x=-1$

0635 $x=\dfrac{1}{2}$　　　　0636 $x=\dfrac{2}{3}$

0637 9　　0638 $\dfrac{9}{4}$　0639 $\dfrac{4}{25}$　0640 $x=\pm\sqrt{10}$

0641 $x=\pm2\sqrt{2}$　　0642 $x=\pm\dfrac{\sqrt{5}}{2}$

0643 $x=-5$ 또는 $x=11$　0644 $x=2\pm\sqrt{5}$

0645 $x=-\dfrac{1}{5}$ 또는 $x=1$　0646 $x=1\pm\sqrt{7}$

0647 25, 25, 5, 12　　0648 $(x+2)^2=2$

0649 $(x+1)^2=\dfrac{9}{2}$　0650 $\left(x+\dfrac{5}{2}\right)^2=\dfrac{13}{4}$

0651 $(x-4)^2=10$　0652 $1, 1, 1, \dfrac{7}{4}, 1, \dfrac{\sqrt{7}}{2}, 1\pm\dfrac{\sqrt{7}}{2}$

0653 $x=2\pm\sqrt{7}$　0654 $x=-4\pm2\sqrt{7}$

0655 $x=-1\pm\dfrac{\sqrt{10}}{2}$　0656 $x=\dfrac{-1\pm\sqrt{13}}{3}$　0657 ②

0658 ㄱ, ㄷ, ㅁ　　0659 -3　0660 ④

0661 ③, ⑤　0662 ④　　0663 ③　　0664 $x=3$　0665 ④

0666 ⑤　　0667 39　　0668 -11　0669 ④

0670 -16　0671 ④　　0672 ②　　0673 1　　0674 ④

0675 ③　　0676 ③　　0677 ③

0678 $x=-3$ 또는 $x=-2$　0679 $x=-\dfrac{1}{3}$

0680 $x=2$　0681 -5　0682 2　　0683 4

0684 ①, ⑤　0685 2개　　0686 $-\dfrac{4}{3}$　0687 8　　0688 ③

0689 $x=-2$ 또는 $x=\dfrac{3}{5}$　0690 ③, ④　0691 ③　　0692 ④

0693 ①　　0694 -5　0695 12　　0696 ④　　0697 -7

0698 20　　0699 4　　0700 ③　　0701 -3

0702 -75　0703 ④　　0704 27　　0705 4　　0706 4

0707 ⑤　　0708 ③　　0709 -11　0710 ②　　0711 ⑤

0712 ④　　0713 ⑤　　0714 ③　　0715 ②

0716 $x=2$　0717 ②　　0718 ③　　0719 -1　0720 ②

0721 ⑤　　0722 ②　　0723 52　　0724 3

0725 $-\dfrac{3}{2}$　0726 5　　0727 5　　0728 8　　0729 1

0730 -56　0731 $\dfrac{3}{5}$　0732 $14+6\sqrt{3}$

06 이차방정식의 활용

0733 풀이 참조　　0734 풀이 참조

0735 $x=\dfrac{-1\pm\sqrt{33}}{4}$　0736 $x=\dfrac{5\pm\sqrt{41}}{8}$

0737 $x=2\pm\sqrt{2}$　0738 $x=-3\pm\sqrt{13}$

0739 $x=-\dfrac{3}{2}$ 또는 $x=3$　0740 $x=\dfrac{7\pm\sqrt{29}}{2}$

0741 $x=\dfrac{1\pm\sqrt{5}}{2}$　0742 $x=-2\pm\sqrt{58}$

0743 $x=-3$ 또는 $x=-1$　0744 $x=-1$ 또는 $x=7$

개념원리 RPM

중학 수학

3-1

많은 학생들은 왜

개념원리로 공부할까요?

정확한 개념과 원리의 이해,

수학의 비결

개념원리에 있습니다.

수학의 자신감은
개념과 원리를 정확히 이해하고
다양한 유형의 문제 해결 방법을 익힘으로써
얻어지게 됩니다.

이 책을 펴내면서

수학 공부에도 비결이 있나요?

예, 있습니다.
무조건 암기하거나 문제를 풀기만 하는 수학 공부는 잘못된 학습방법입니다.
공부는 많이 하는 것 같은데 효과를 얻을 수 없는 이유가 여기에 있습니다.

그렇다면 효과적인 수학 공부의 비결은 무엇일까요?

첫째. 개념원리 중학수학을 통하여 개념과 원리를 정확히 이해합니다.
둘째. RPM을 통하여 다양한 유형의 문제 해결 방법을 익힙니다.

이처럼 개념원리 중학수학과 RPM으로 차근차근 공부해 나간다면 수학의 자신감을 얻고 수학 실력이
놀랍게 향상될 것입니다.

구성과 특징

01 개념 핵심 정리

교과서 내용을 꼼꼼히 분석하여 핵심 개념만을
모아 알차고 이해하기 쉽게 정리하였습니다.

02 교과서문제 정복하기

학습한 정의와 공식을 해결할 수 있는 기본적인
문제를 충분히 연습하여 개념을 확실하게 익힐 수
있도록 구성하였습니다.

03 유형 익히기 / 유형 UP

문제 해결에 사용되는 핵심 개념정리, 문제의 형태
및 풀이 방법 등에 따라 문제를 유형화하였습니다.

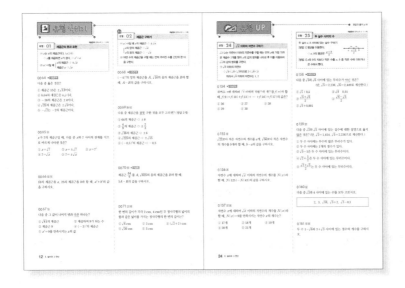

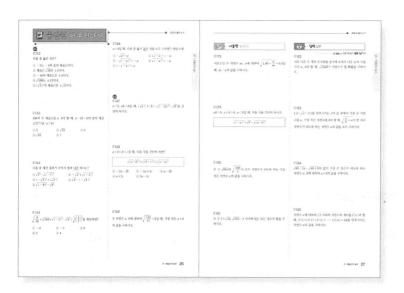

04 중단원 마무리하기

단원이 끝날 때마다 중요 문제를 통해 유형을 익혔는지 확인할 수 있을 뿐만 아니라 실전력을 기를 수 있도록 하였습니다.

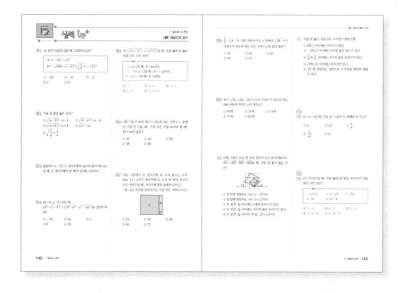

05 실력 UP⁺

중단원 마무리하기에 수록된 실력 UP 문제와 유사한 난이도의 문제를 풀어 봄으로써 문제해결능력을 향상시킬 수 있도록 하였습니다.

차례

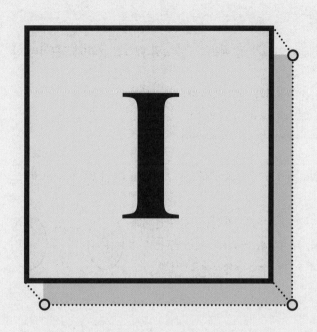

실수와 그 연산

01 제곱근과 실수

01-1 제곱근의 뜻과 표현

(1) a의 제곱근: 어떤 수 x를 제곱하여 a가 될 때, 즉 $x^2 = a$일 때 x를 a의 제곱근이라 한다.

① 양수의 제곱근은 양수와 음수 2개가 있고, 그 절댓값은 서로 같다.

② 0의 제곱근은 0이다. ← 제곱하여 0이 되는 수는 0뿐이다.

③ 음수의 제곱근은 없다. ← 제곱하여 음수가 되는 수는 없다.

(2) 제곱근의 표현

① 제곱근을 나타내기 위하여 기호 $\sqrt{}$를 사용하는데, 이것을 근호라 하며 '제곱근' 또는 '루트'라 읽는다.

② 양수 a의 제곱근 중 양수인 것을 양의 제곱근, 음수인 것을 음의 제곱근이라 하고, 각각 $\sqrt{a}$, $-\sqrt{a}$로 나타낸다.

$\Rightarrow x^2 = a \ (a>0)$이면 $x = \pm\sqrt{a}$ ← $\sqrt{a}$와 $-\sqrt{a}$를 한꺼번에 $\pm\sqrt{a}$로 나타낼 수 있다.

(3) a의 제곱근과 제곱근 a

$a>0$일 때

① a의 제곱근 $\Rightarrow \pm\sqrt{a}$

② 제곱근 $a \Rightarrow \sqrt{a}$ ← a의 양의 제곱근

01-2 제곱근의 성질

(1) 제곱근의 성질: $a>0$일 때

① $(\sqrt{a})^2 = a$, $(-\sqrt{a})^2 = a$ ← a의 제곱근을 제곱하면 a가 된다.

② $\sqrt{a^2} = a$, $\sqrt{(-a)^2} = a$ ← 근호 안의 수가 어떤 유리수의 제곱이면 근호 없이 나타낼 수 있다.

(2) $\sqrt{a^2}$의 성질

모든 수 a에 대하여

$$\sqrt{a^2} = |a| = \begin{cases} a \ (a \geq 0) & \leftarrow \text{부호 그대로} \\ -a \ (a<0) & \leftarrow \text{부호 반대로} \end{cases}$$

$$\boxed{\begin{array}{l} \sqrt{(\text{양수})^2} = (\text{양수}) \\ \sqrt{(\text{음수})^2} = -(\text{음수}) = (\text{양수}) \end{array}}$$

(예) $\sqrt{(a-2)^2} = \begin{cases} a-2 \ (a \geq 2) \\ -a+2 \ (a<2) \end{cases}$

01-3 제곱근의 대소 관계

$a>0$, $b>0$일 때

(1) $a<b$이면 $\sqrt{a}<\sqrt{b}$

(2) $\sqrt{a}<\sqrt{b}$이면 $a<b$

참고 양수 a, b에 대하여

$a<b$이면 $\sqrt{a}<\sqrt{b}$이므로 $-\sqrt{a}>-\sqrt{b}$

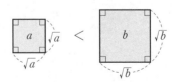

01-1 제곱근의 뜻과 표현

[0001~0006] 다음 수의 제곱근을 구하시오.

0001 0 **0002** 9

0003 -64 **0004** 256

0005 0.49 **0006** $\dfrac{4}{121}$

[0007~0010] 다음 수의 제곱근을 근호를 사용하여 나타내시오.

0007 10 **0008** 29

0009 3.8 **0010** $\dfrac{6}{35}$

[0011~0016] 다음 수를 근호를 사용하지 않고 나타내시오.

0011 $\sqrt{9}$ **0012** $-\sqrt{25}$

0013 $\pm\sqrt{100}$ **0014** $\sqrt{0.36}$

0015 $-\sqrt{2.25}$ **0016** $\pm\sqrt{\dfrac{64}{81}}$

01-2 제곱근의 성질

[0017~0022] 다음 수를 근호를 사용하지 않고 나타내시오.

0017 $(\sqrt{8})^2$ **0018** $(-\sqrt{35})^2$

0019 $-(-\sqrt{43})^2$ **0020** $\sqrt{(-13)^2}$

0021 $-\sqrt{21^2}$ **0022** $-\sqrt{(-3.2)^2}$

[0023~0026] 다음을 계산하시오.

0023 $(\sqrt{3})^2+(-\sqrt{2})^2$

0024 $\sqrt{81}-\sqrt{(-6)^2}$

0025 $\sqrt{100}\times\sqrt{(-0.3)^2}$

0026 $\left(\sqrt{\dfrac{5}{6}}\right)^2\div\sqrt{\left(-\dfrac{5}{3}\right)^2}$

[0027~0030] 다음 식을 간단히 하시오.

0027 $a>0$일 때, $\sqrt{(2a)^2}+\sqrt{(-7a)^2}$

0028 $a>0$일 때, $\sqrt{(-3a)^2}-\sqrt{(-4a)^2}$

0029 $a<0$일 때, $\sqrt{(5a)^2}-\sqrt{(-8a)^2}$

0030 $a<0$일 때, $\sqrt{(-4a)^2}+\sqrt{(-a)^2}$

01-3 제곱근의 대소 관계

[0031~0036] 다음 □ 안에 $<$ 또는 $>$를 써넣으시오.

0031 $\sqrt{9}\ \square\ \sqrt{10}$ **0032** $\sqrt{0.5}\ \square\ \sqrt{0.2}$

0033 $\sqrt{13}\ \square\ 4$ **0034** $\dfrac{1}{2}\ \square\ \sqrt{\dfrac{1}{2}}$

0035 $-\sqrt{21}\ \square\ -\sqrt{22}$ **0036** $-\sqrt{19}\ \square\ -4$

[0037~0038] 다음 부등식을 만족시키는 자연수 x를 모두 구하시오.

0037 $2<\sqrt{x}\le3$

0038 $3\le\sqrt{2x}<4$

01-4 무리수와 실수

(1) **무리수** : 유리수가 아닌 수, 즉 **순환소수가 아닌 무한소수로 나타내어지는 수**

    예 $\sqrt{2}=1.414\cdots$, $\sqrt{3}=1.732\cdots$, $\pi=3.141592\cdots$

(2) **소수의 분류**

$$
\text{소수}\begin{cases} \text{유한소수} \overline{\hspace{4cm}} \\[2mm] \text{무한소수}\begin{cases} \text{순환소수} \overline{\hspace{2cm}} \end{cases} \end{cases} \Rightarrow \text{유리수}
$$
$$
\text{무한소수}\begin{cases} \text{순환소수가 아닌 무한소수} \Rightarrow \text{무리수} \end{cases}
$$

(3) **실수** : 유리수와 무리수를 통틀어 **실수**라 한다.

(4) **실수의 분류**

$$
\text{실수}\begin{cases} \text{유리수}\begin{cases} \text{정수}\begin{cases} \text{양의 정수(자연수) : } 1,\ 2,\ 3,\ \cdots \\ 0 \\ \text{음의 정수 : } -1,\ -2,\ -3,\ \cdots \end{cases} \\[3mm] \text{정수가 아닌 유리수 : } -1.3,\ -\dfrac{2}{5},\ \dfrac{1}{3},\ \cdots \end{cases} \\[8mm] \text{무리수 : } -\sqrt{3},\ \pi,\ \sqrt{5},\ \cdots \end{cases}
$$

01-5 실수를 수직선 위에 나타내기

(1) **무리수를 수직선 위에 나타내기**

    직각삼각형의 빗변의 길이를 이용하여 무리수를 수직선 위에 나타낼 수 있다.

    참고 수직선 위에 무리수 $-\sqrt{2}$, $\sqrt{2}$ 나타내기

        오른쪽 그림에서 모눈 한 칸은 한 변의 길이가 1인

        정사각형이다. 이때 △AOB에서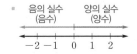

        $\overline{OA}=\sqrt{1^2+1^2}=\sqrt{2}$ 이므로 점 O를 중심으로 하고

        $\overline{OA}$를 반지름으로 하는 원이 수직선과 만나는 점을

        P, Q라 하면 두 점 P, Q에 대응하는 수는 각각 무리수 $\sqrt{2}$, $-\sqrt{2}$이다.

(2) **실수와 수직선**

    ① 수직선은 유리수와 무리수, 즉 실수에 대응하는 점들로 완전히 메울 수 있다.

    ② 한 실수는 수직선 위의 한 점에 대응하고, 수직선 위의 한 점에는 한 실수가 반드시 대응한다.

    참고 ① 서로 다른 두 유리수 사이에는 무수히 많은 유리수 (또는 무리수)가 있다.

        ② 서로 다른 두 무리수 사이에는 무수히 많은 무리수 (또는 유리수)가 있다.

        ③ 수직선을 유리수(또는 무리수)만으로 완전히 메울 수 없다.

01-6 실수의 대소 관계

두 실수 a, b의 대소 관계는 $a-b$의 값의 부호에 따라 다음과 같이 정할 수 있다.

(1) $a-b>0$이면 $a>b$

(2) $a-b=0$이면 $a=b$

(3) $a-b<0$이면 $a<b$

○ **개념플러스**

- **유리수** : $\dfrac{(\text{정수})}{(0\text{이 아닌 정수})}$, 즉 분수로 나타낼 수 있는 수

- 근호가 있다고 해서 모두 무리수는 아니다.
  예 $\sqrt{4}=\sqrt{2^2}=2 \Rightarrow$ 유리수

-
  음의 실수   양의 실수
  (음수)   (양수)

- **실수의 대소 관계**
  ① (음수) < 0 < (양수)
  ② 양수끼리는 절댓값이 큰 수가 크다.
  ③ 음수끼리는 절댓값이 큰 수가 작다.

01-4 무리수와 실수

[0039~0046] 다음 수가 유리수이면 '유', 무리수이면 '무'를 ( ) 안에 써넣으시오.

0039 $\sqrt{0.16}$ ( )

0040 π ( )

0041 $1.\dot{5}6\dot{8}$ ( )

0042 $-\sqrt{35}$ ( )

0043 $\sqrt{(-1)^2}$ ( )

0044 $8.232323\cdots$ ( )

0045 $\sqrt{0.3}$ ( )

0046 $\sqrt{\dfrac{4}{9}}$ ( )

[0047~0054] 다음 중 옳은 것은 ○표, 옳지 않은 것은 ×표를 ( ) 안에 써넣으시오.

0047 유한소수는 유리수이다. ( )

0048 무한소수는 무리수이다. ( )

0049 순환소수는 무리수이다. ( )

0050 $\dfrac{\pi}{2}$ 는 순환소수가 아닌 무한소수로 나타낼 수 있다.
( )

0051 정수가 아닌 유리수는 모두 유한소수로 나타낼 수 있다. ( )

0052 무리수는 모두 무한소수로 나타낼 수 있다.
( )

0053 $\sqrt{\dfrac{9}{16}}$ 는 무리수이다. ( )

0054 $\sqrt{25}$ 는 유리수이다. ( )

01-5 실수를 수직선 위에 나타내기

[0055~0057] 다음 그림에서 모눈 한 칸은 한 변의 길이가 1인 정사각형이다. 점 A를 중심으로 하고 $\overline{AC}$ 를 반지름으로 하는 원을 그려 수직선과 만나는 점을 P, Q라 할 때, 두 점 P, Q에 대응하는 수를 각각 구하시오.

0055
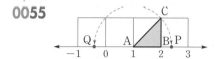

0056
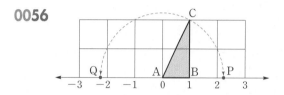

0057
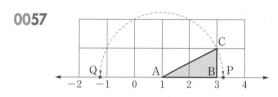

01-6 실수의 대소 관계

0058 다음은 $\sqrt{3}-1$ 과 1의 대소를 비교하는 과정이다.
□ 안에 < 또는 >를 써넣으시오.

$(\sqrt{3}-1)-1=\sqrt{3}-2$ 이고
$2=\sqrt{2^2}=\sqrt{4}$ 이므로 $\sqrt{3}-2$ □ 0
$\therefore \sqrt{3}-1$ □ 1

[0059~0063] 다음 □ 안에 < 또는 >를 써넣으시오.

0059 $\sqrt{5}+1$ □ 4

0060 $\sqrt{13}-2$ □ $\sqrt{13}-1$

0061 $\sqrt{7}-3$ □ $\sqrt{8}-3$

0062 $-\sqrt{2}+\sqrt{10}$ □ $-\sqrt{3}+\sqrt{10}$

0063 $4-\sqrt{3}$ □ $\sqrt{15}-\sqrt{3}$

유형 | 01 제곱근의 뜻과 표현

(1) x는 a의 제곱근이다. ($a \geq 0$)

⇨ x를 제곱하면 a가 된다. ⇨ $x^2 = a$

(2) $a > 0$일 때 $\begin{cases} a\text{의 제곱근} ⇨ \pm\sqrt{a} \\ \text{제곱근 } a ⇨ \sqrt{a} \end{cases}$

0064 ◀대표문제▶

다음 중 옳은 것은?

① 제곱근 13은 $\pm\sqrt{13}$이다.

② 0.04의 제곱근은 0.2이다.

③ -16의 제곱근은 ± 4이다.

④ $\sqrt{25}$의 제곱근은 $\pm\sqrt{5}$이다.

⑤ $-\sqrt{2}$는 -2의 제곱근이다.

0065 하

x가 7의 제곱근일 때, 다음 중 x와 7 사이의 관계를 식으로 바르게 나타낸 것은?

① $x = \sqrt{7}$　　② $x = \pm\sqrt{7}$　　③ $x = 7^2$

④ $7 = \sqrt{x}$　　⑤ $7 = \pm\sqrt{x}$

0066 중 하

16의 제곱근을 a, 25의 제곱근을 b라 할 때, $a^2 + b^2$의 값을 구하시오.

0067 중

다음 중 그 값이 나머지 넷과 <u>다른</u> 하나는?

① $\sqrt{81}$의 제곱근　　　② 제곱하여 9가 되는 수

③ 제곱근 9　　　　　　　④ $(-3)^2$의 제곱근

⑤ $x^2 = 9$를 만족시키는 x의 값

유형 | 02 제곱근 구하기

(1) $a > 0$일 때 a의 제곱근 ⇨ $\pm\sqrt{a}$

$\begin{cases} a\text{의 양의 제곱근} ⇨ \sqrt{a} \\ a\text{의 음의 제곱근} ⇨ -\sqrt{a} \end{cases}$

(2) 어떤 수의 제곱근을 구할 때는 먼저 주어진 수를 간단히 한 다음 구한다.

0068 ◀대표문제▶

$(-4)^2$의 양의 제곱근을 A, $\sqrt{16}$의 음의 제곱근을 B라 할 때, $A - B$의 값을 구하시오.

0069 중 하

다음 중 제곱근을 <u>잘못</u> 구한 것을 모두 고르면? (정답 2개)

① 64의 제곱근 ⇨ ± 8

② $\dfrac{4}{9}$의 제곱근 ⇨ $\pm\dfrac{2}{3}$

③ $\sqrt{36}$의 제곱근 ⇨ ± 6

④ $\sqrt{225}$의 제곱근 ⇨ $\pm\sqrt{15}$

⑤ $(-0.5)^2$의 제곱근 ⇨ -0.5

0070 중 ◀서술형

제곱근 $\dfrac{64}{9}$를 A, $\sqrt{625}$의 음의 제곱근을 B라 할 때, $3A - B$의 값을 구하시오.

0071 상 중

한 변의 길이가 각각 2 cm, 4 cm인 두 정사각형의 넓이의 합과 같은 넓이를 가지는 정사각형의 한 변의 길이는?

① $\sqrt{6}$ cm　　② 3 cm　　③ $(\sqrt{2}+2)$ cm

④ $\sqrt{20}$ cm　　⑤ 5 cm

유형 | 03 근호를 사용하지 않고 제곱근 나타내기

어떤 수의 제곱인 수의 제곱근은 근호를 사용하지 않고 나타낼 수 있다.

⇨ $a>0$일 때, a^2의 제곱근은 $\pm\sqrt{a^2}=\pm a$

0072 ◀●대표문제

다음 수 중 제곱근을 근호를 사용하지 않고 나타낼 수 <u>없는</u> 것을 모두 고르면? (정답 2개)

① $\sqrt{256}$ ② $\sqrt{0.09}$ ③ $\sqrt{\dfrac{16}{81}}$

④ $\sqrt{\dfrac{4}{25}}$ ⑤ $2.\dot{7}$

0073 하

다음 수 중 근호를 사용하지 않고 나타낼 수 <u>없는</u> 것은?

① $\sqrt{169}$ ② $\sqrt{121}$ ③ $\sqrt{0.4}$

④ $\sqrt{\dfrac{1}{144}}$ ⑤ $-\sqrt{\dfrac{289}{36}}$

0074 중

다음 수 중 제곱근을 근호를 사용하지 않고 나타낼 수 있는 것의 개수를 구하시오.

$$28, \quad \frac{1}{36}, \quad 1.69, \quad 0.\dot{4}, \quad \frac{81}{121}$$

0075 중

다음 **보기** 중 근호를 사용하지 않고 나타낼 수 있는 것을 모두 고르시오.

┌─ 보기 ─────────────────
ㄱ. $\sqrt{625}$의 제곱근
ㄴ. 넓이가 49인 정사각형의 한 변의 길이
ㄷ. 겉넓이가 90인 정육면체의 한 모서리의 길이
└───────────────────────

유형 | 04 제곱근의 성질(1)

$a>0$일 때

(1) $(\sqrt{a})^2=(-\sqrt{a})^2=a$ 예 $(\sqrt{2})^2=(-\sqrt{2})^2=2$

(2) $\sqrt{a^2}=\sqrt{(-a)^2}=a$ 예 $\sqrt{3^2}=\sqrt{(-3)^2}=3$

0076 ◀●대표문제

다음 중 옳지 <u>않은</u> 것은?

① $\sqrt{(-2)^2}=2$ ② $\sqrt{0.09}=0.3$

③ $(-\sqrt{3})^2=3$ ④ $-\sqrt{(-8)^2}=-8$

⑤ $-\sqrt{\dfrac{4}{49}}=\dfrac{2}{7}$

0077 하

다음 중 그 값이 나머지 넷과 <u>다른</u> 하나는?

① $(-\sqrt{5})^2$ ② $-(-\sqrt{5})^2$ ③ $-\sqrt{(-5)^2}$

④ $-(\sqrt{5})^2$ ⑤ $-\sqrt{5^2}$

0078 중

$\sqrt{\left(-\dfrac{1}{4}\right)^2}$의 양의 제곱근을 A, $(\sqrt{10})^2$의 음의 제곱근을 B라 할 때, AB^2의 값을 구하시오.

0079 중

다음 수를 작은 것부터 차례로 나열할 때, 세 번째에 오는 수를 구하시오.

$$\sqrt{7^2}, \quad (-\sqrt{3})^2, \quad -\sqrt{5^2}, \quad -(-\sqrt{2})^2, \quad \sqrt{(-6)^2}$$

개념원리 중학수학 3-1 16쪽

유형 | 05 제곱근의 성질을 이용한 계산

제곱근의 성질을 이용하여 근호를 없앤 후 계산한다.

예 $(\sqrt{2})^2+(-\sqrt{3})^2=2+3=5$
$\sqrt{3^2}+\{-\sqrt{(-2)^2}\}=3+(-2)=1$

0080 ◄●대표문제

$\sqrt{121}-\sqrt{(-3)^2}\div\sqrt{\dfrac{9}{25}}-(-\sqrt{4})^2$을 계산하면?

① -2 ② -1 ③ 2

④ $\dfrac{7}{2}$ ⑤ $\dfrac{9}{2}$

0081 하

$(-\sqrt{5})^2+\sqrt{(-7)^2}-(\sqrt{6})^2$을 계산하면?

① -18 ② -6 ③ -4

④ 6 ⑤ 18

0082 하

$\sqrt{(-3)^2}-\sqrt{(-6)^2}\div\{-\sqrt{(-9)^2}\}$을 계산하면?

① $-\dfrac{7}{3}$ ② $-\dfrac{1}{3}$ ③ $\dfrac{1}{3}$

④ $\dfrac{7}{3}$ ⑤ $\dfrac{11}{3}$

0083 중 하

$\sqrt{(-8)^2}-\sqrt{81}+\sqrt{169}\times(-\sqrt{4^2})$을 계산하면?

① -53 ② -51 ③ -48

④ 51 ⑤ 53

0084 중 하

$\sqrt{\dfrac{36}{25}}\div\sqrt{0.04}\times\sqrt{\left(-\dfrac{2}{3}\right)^2}$을 계산하면?

① -4 ② $-\dfrac{1}{5}$ ③ $\dfrac{1}{5}$

④ 4 ⑤ 6

0085 중

$A=\sqrt{49}-3\times\sqrt{\left(-\dfrac{1}{3}\right)^2}+\sqrt{2^2\times5^2}$일 때, $\sqrt{A}$의 값은?

① ±2 ② ±4 ③ 4

④ 6 ⑤ 16

0086 중

$a=\sqrt{5}$, $b=-\sqrt{2}$, $c=\sqrt{6}$일 때, $2a^2+b^2-3c^2$의 값을 구하시오.

0087 중 ◄●서술형

A, B가 다음과 같을 때, $A+B$의 값을 구하시오.

$$A=\sqrt{64}-\sqrt{(-5)^2}+\sqrt{3^2}-(-\sqrt{7})^2$$
$$B=(\sqrt{0.9})^2\div(-\sqrt{0.1})^2\times\sqrt{\left(\dfrac{1}{3}\right)^2}+\sqrt{(-11)^2}$$

유형 | 06 제곱근의 성질(2)

모든 수 a에 대하여

$\sqrt{a^2} = |a| = \begin{cases} a & (a \geq 0) \\ -a & (a < 0) \end{cases}$

$\Rightarrow \sqrt{(양수)^2} = (양수), \sqrt{(음수)^2} = \underset{\text{양수}}{-(음수)}$

0088 ●대표문제

$a > 0$일 때, 다음 중 옳지 <u>않은</u> 것은?

① $\sqrt{(-a)^2} = a$　　　　② $(-\sqrt{a})^2 = a$

③ $-\sqrt{(-a)^2} = -a$　　④ $-\sqrt{9a^2} = -9a$

⑤ $-\sqrt{(-7a)^2} = -7a$

0089 하

$a < 0$일 때, $\sqrt{64a^2}$을 간단히 하면?

① $-8a^2$　　　② $-8a$　　　③ $8a$

④ $8a^2$　　　⑤ $64a$

0090 중

$a < 0$일 때, 다음 수 중 그 값이 양수인 것의 개수를 구하시오.

$$\sqrt{(-a)^2}, \; -\sqrt{a^2}, \; -\sqrt{(5a)^2}, \; (-\sqrt{-a})^2, \; -\sqrt{(-a)^2}$$

0091 중

$a < 0$일 때, 다음 **보기** 중 옳은 것을 모두 고른 것은?

┤ 보기 ├

ㄱ. $-\sqrt{(-a)^2} = a$　　　ㄴ. $\sqrt{(2a)^2} = 2a$

ㄷ. $-\sqrt{36a^2} = -6a$　　ㄹ. $\sqrt{(-3a)^2} = -3a$

① ㄱ, ㄴ　　　② ㄱ, ㄷ　　　③ ㄱ, ㄹ

④ ㄴ, ㄷ　　　⑤ ㄷ, ㄹ

유형 | 07 $\sqrt{a^2}$의 꼴을 포함한 식 간단히 하기

$\sqrt{a^2}$의 꼴을 간단히 할 때는 먼저 a의 부호를 조사한다.

$\Rightarrow \begin{cases} a > 0이면 \sqrt{a^2} = a & \leftarrow 부호 그대로 \\ a < 0이면 \sqrt{a^2} = -a & \leftarrow 부호 반대로 \end{cases}$

0092 ●대표문제

$a > 0$, $b < 0$일 때, $\sqrt{(-4a)^2} - 3\sqrt{(-b)^2}$을 간단히 하면?

① $4a + 3b$　　　② $4a - 3b$　　　③ $-4a + 3b$

④ $-4a - 3b$　　⑤ $-2a + 3b$

0093 중하

$a > 0$일 때, $\sqrt{(-2a)^2} - \sqrt{9a^2}$을 간단히 하면?

① $-11a$　　　② $-7a$　　　③ $-5a$

④ $-a$　　　⑤ a

0094 중

$a < 0$일 때, $\sqrt{(3a)^2} + \sqrt{81a^2} - \sqrt{(-5)^2 a^2}$을 간단히 하면?

① $-17a$　　　② $-12a$　　　③ $-7a$

④ $12a$　　　⑤ $17a$

0095 상 중 ●서술형

$a - b > 0$, $ab < 0$일 때, $\sqrt{a^2} - \sqrt{(-2a)^2} + \sqrt{b^2}$을 간단히 하시오.

유형 | 08 $\sqrt{(a-b)^2}$의 꼴을 포함한 식 간단히 하기

$\sqrt{(a-b)^2}$의 꼴을 간단히 할 때는 먼저 $a-b$의 부호를 조사한다.

$\Rightarrow \begin{cases} a-b>0\text{이면 } \sqrt{(a-b)^2}=a-b \\ a-b<0\text{이면 } \sqrt{(a-b)^2}=-(a-b) \end{cases}$

0096 ●○ 대표문제
$-1<a<2$일 때, $\sqrt{(a-2)^2}-\sqrt{(1+a)^2}$을 간단히 하면?

① $-2a+1$ ② $-2a+3$ ③ 1
④ $2a-3$ ⑤ $a+1$

0097 중
$x<5$일 때, $\sqrt{(x-5)^2}+\sqrt{(5-x)^2}$을 간단히 하면?

① -10 ② $-2x+10$ ③ 0
④ 10 ⑤ $2x-10$

0098 중
$2<a<3$일 때, $\sqrt{(2-a)^2}+\sqrt{(6-2a)^2}$을 간단히 하시오.

0099 상 중
$a-b<0$, $ab<0$일 때, 다음 식을 간단히 하시오.

$$\sqrt{(5a)^2}-\sqrt{(b-a)^2}-\sqrt{(-b)^2}$$

유형 | 09 $\sqrt{Ax}$가 자연수가 되도록 하는 자연수 x의 값 구하기

$\sqrt{Ax}$ (A는 자연수)의 꼴을 자연수로 만들기

(i) A를 소인수분해한다.

(ii) A의 소인수의 지수가 모두 짝수가 되도록 하는 자연수 x의 값을 구한다.

예 $\sqrt{20x}$가 자연수가 되도록 하는 가장 작은 자연수 x의 값
$\Rightarrow 20x=2^2\times5\times x$이므로 $x=5$

0100 ●○ 대표문제
$\sqrt{252x}$가 자연수가 되도록 하는 가장 작은 두 자리 자연수 x의 값은?

① 16 ② 21 ③ 28
④ 34 ⑤ 42

0101 중
$\sqrt{\dfrac{40a}{3}}$가 자연수가 되도록 하는 가장 작은 자연수 a의 값을 구하시오.

0102 중
두 자연수 a, b에 대하여 $\sqrt{56a}=b$일 때, $a+b$의 값을 구하시오. (단, $1<a<20$)

0103 상 중 ●○ 서술형
$10<n<50$일 때, $\sqrt{12n}$이 자연수가 되도록 하는 모든 자연수 n의 값의 합을 구하시오.

유형 | 10 $\sqrt{\dfrac{A}{x}}$ 가 자연수가 되도록 하는 자연수 x의 값 구하기

$\sqrt{\dfrac{A}{x}}$ (A는 자연수)의 꼴을 자연수로 만들기

(ⅰ) A를 소인수분해한다.

(ⅱ) 분자 A의 소인수의 지수가 모두 짝수가 되도록 하는 자연수 x의 값을 구한다. 이때 x는 A의 약수이다.

예 $\sqrt{\dfrac{12}{x}}$ 가 자연수가 되도록 하는 가장 작은 자연수 x의 값

⇨ $\dfrac{12}{x} = \dfrac{2^2 \times 3}{x}$ 이므로 $x = 3$

0104 ●대표문제

$\sqrt{\dfrac{360}{x}}$ 이 자연수가 되도록 하는 가장 작은 자연수 x의 값은?

① 5   ② 6   ③ 10
④ 15   ⑤ 30

0105 중

$\sqrt{\dfrac{48}{x}}$ 이 자연수가 되도록 하는 가장 작은 두 자리 자연수 x의 값을 구하시오.

0106 중 ●서술형

$\sqrt{\dfrac{504}{n}}$ 가 가장 큰 자연수가 되도록 하는 자연수 n의 값을 구하시오.

0107 상 중

두 자연수 a, b에 대하여 $\sqrt{\dfrac{90}{a}} = b$일 때, 가장 큰 b의 값을 구하시오.

유형 | 11 $\sqrt{A+x}$ 가 자연수가 되도록 하는 자연수 x의 값 구하기

$\sqrt{A+x}$ (A는 자연수)의 꼴을 자연수로 만들기

(ⅰ) A보다 큰 제곱수를 찾는다.

(ⅱ) $A+x$가 제곱수가 되도록 하는 자연수 x의 값을 구한다.

예 $\sqrt{8+x}$ 가 자연수가 되도록 하는 자연수 x의 값

⇨ 8보다 큰 제곱수는 9, 16, 25, 36, …이므로
$8+x = 9, 16, 25, 36, \cdots$ 에서 $x = 1, 8, 17, 28, \cdots$

0108 ●대표문제

$\sqrt{67+x}$ 가 자연수가 되도록 하는 가장 작은 자연수 x의 값은?

① 3   ② 7   ③ 14
④ 29   ⑤ 33

0109 중

다음 중 $\sqrt{13+n}$ 이 자연수가 되도록 하는 자연수 n의 값이 아닌 것은?

① 3   ② 12   ③ 23
④ 35   ⑤ 51

0110 중

$\sqrt{110+x}$ 가 자연수가 되도록 하는 60 이하의 자연수 x의 개수를 구하시오.

0111 상 중

$\sqrt{46+m} = n$이라 할 때, n이 자연수가 되도록 하는 가장 작은 자연수 m과 그때의 n에 대하여 $m+n$의 값은?

① 7   ② 9   ③ 10
④ 12   ⑤ 13

유형 | 12 $\sqrt{A-x}$가 정수 또는 자연수가 되도록 하는 자연수 x의 값 구하기

(1) $\sqrt{A-x}$ (A는 자연수)의 꼴을 정수로 만들기

⇨ 0 또는 A보다 작은 제곱수를 찾는다.

예 $\sqrt{6-x}$가 정수가 되도록 하는 자연수 x의 값

⇨ $6-x=0, 1, 4$에서 $x=6, 5, 2$

(2) $\sqrt{A-x}$ (A는 자연수)의 꼴을 자연수로 만들기

⇨ A보다 작은 제곱수를 찾는다.

예 $\sqrt{6-x}$가 자연수가 되도록 하는 자연수 x의 값

⇨ $6-x=1, 4$에서 $x=5, 2$

0112 ●●대표문제

$\sqrt{25-x}$가 정수가 되도록 하는 자연수 x의 개수는?

① 3개   ② 4개   ③ 5개

④ 6개   ⑤ 7개

0113 중

$\sqrt{14-x}$가 정수가 되도록 하는 모든 자연수 x의 값의 합을 구하시오.

0114 중 ●●서술형

$\sqrt{28-x}$가 자연수가 되도록 하는 자연수 x 중에서 가장 큰 수를 M, 가장 작은 수를 m이라 할 때, $M-m$의 값을 구하시오.

유형 | 13 제곱근의 대소 관계

(1) $a>0$, $b>0$일 때

① $a<b$이면 $\sqrt{a}<\sqrt{b}$

② $\sqrt{a}<\sqrt{b}$이면 $a<b$

(2) 근호가 있는 수와 근호가 없는 수의 대소 비교

⇨ 각 수를 제곱하여 비교하거나 근호가 없는 수를 근호가 있는 수로 고쳐서 비교한다.

0115 ●●대표문제

다음 중 두 수의 대소 관계가 옳지 <u>않은</u> 것은?

① $4<\sqrt{20}$ ② $-\sqrt{5}<-\sqrt{2}$ ③ $\dfrac{1}{\sqrt{2}}>\dfrac{1}{\sqrt{3}}$

④ $\dfrac{1}{3}>\sqrt{\dfrac{1}{10}}$ ⑤ $\sqrt{0.7}<0.7$

0116 중

다음 수를 작은 것부터 차례로 나열할 때, 네 번째에 오는 수를 구하시오.

$$\dfrac{2}{3},\ -\sqrt{\dfrac{1}{2}},\ 0,\ -\sqrt{2},\ \sqrt{3}$$

0117 중

다음 수 중 가장 작은 수를 m, 가장 큰 수를 n이라 할 때, m^2+n^2의 값을 구하시오.

$$-\sqrt{\dfrac{1}{16}},\ \sqrt{17},\ \sqrt{\left(-\dfrac{4}{9}\right)^2},\ -\sqrt{8},\ \dfrac{1}{\sqrt{4}}$$

0118 상 중

$0<a<1$일 때, 다음 중 그 값이 가장 큰 것은?

① $\sqrt{\dfrac{1}{a}}$ ② $\dfrac{1}{a}$ ③ $\sqrt{a}$

④ a ⑤ a^2

유형 | 14 제곱근의 성질과 대소 관계

$\sqrt{(A-B)^2}$의 꼴의 식을 간단히 할 때는 먼저 A, B의 대소를 비교한다.

(1) $A>B$이면 $\sqrt{(A-B)^2}=A-B$ ← $A-B>0$

　예 $2>\sqrt{3}$이므로 $\sqrt{(2-\sqrt{3})^2}=2-\sqrt{3}$

(2) $A<B$이면 $\sqrt{(A-B)^2}=-(A-B)$ ← $A-B<0$

　예 $1<\sqrt{2}$이므로 $\sqrt{(1-\sqrt{2})^2}=-(1-\sqrt{2})=-1+\sqrt{2}$

0119 ◀대표문제

$\sqrt{(2+\sqrt{5})^2}-\sqrt{(2-\sqrt{5})^2}$을 간단히 하면?

① -4 　　② 4 　　③ $-4+\sqrt{5}$

④ $4-\sqrt{5}$ 　　⑤ $4+\sqrt{5}$

0120 중

$\sqrt{(3-\sqrt{5})^2}+\sqrt{(1-\sqrt{5})^2}$을 간단히 하면?

① $-2\sqrt{5}$ 　　② -2 　　③ 2

④ $2\sqrt{5}$ 　　⑤ $1+2\sqrt{5}$

0121 중

$\sqrt{(3-\sqrt{10})^2}+\sqrt{(4-\sqrt{10})^2}$을 간단히 하시오.

0122 중

$\sqrt{(2-\sqrt{7})^2}-\sqrt{(\sqrt{7}-2)^2}-\sqrt{(-2)^2}+(-\sqrt{7})^2$을 간단히 하면?

① -5 　　② $2-\sqrt{7}$ 　　③ 0

④ $-2+\sqrt{7}$ 　　⑤ 5

유형 | 15 제곱근을 포함한 부등식

중요

$a>0$, $b>0$, $c>0$일 때, 각 변을 제곱하여도 부등호의 방향은 바뀌지 않는다. 즉,

$$\sqrt{a}<\sqrt{b}<\sqrt{c} \Rightarrow (\sqrt{a})^2<(\sqrt{b})^2<(\sqrt{c})^2$$
$$\Rightarrow a<b<c$$

예 $1<\sqrt{x}<3$이면 $1<x<9$

0123 ◀대표문제

$8<\sqrt{7x}<10$을 만족시키는 자연수 x 중에서 가장 큰 수를 A, 가장 작은 수를 B라 할 때, $A-B$의 값을 구하시오.

0124 중

다음 부등식을 만족시키는 자연수 x의 개수를 구하시오.

(1) $3 \leq \sqrt{x+2} < 6$

(2) $\sqrt{8} < x < \sqrt{47}$

(3) $-5 \leq -\sqrt{x} \leq -2$

0125 상 중

$-4 \leq -\sqrt{2x-1} \leq -3$을 만족시키는 자연수 x 중에서 2의 배수의 합은?

① 4 　　② 6 　　③ 8

④ 12 　　⑤ 14

0126 상 중 ◀서술형

다음 두 부등식을 동시에 만족시키는 모든 자연수 x의 값의 합을 구하시오.

$$1<\sqrt{x}<2, \quad \sqrt{2}<x<\sqrt{19}$$

유형 | 16 유리수와 무리수의 구별

(1) 유리수: $\dfrac{(정수)}{(0이\ 아닌\ 정수)}$ 의 꼴로 나타낼 수 있는 수

⇨ 정수, 유한소수, 순환소수 ← 근호를 없앨 수 있는 수

　예 $-2,\ 0.5,\ 3.\dot{2},\ \sqrt{16}$

(2) 무리수: 유리수가 아닌 수 ← 근호를 없앨 수 없는 수

⇨ 순환소수가 아닌 무한소수

　예 $\pi,\ 1.1213\cdots,\ -\sqrt{3}$

0127 ◀ 대표문제

다음 중 무리수의 개수를 구하시오.

$$\sqrt{0.\dot{4}},\quad 3-\sqrt{2},\quad \pi,\quad \sqrt{(-3)^2},\quad \sqrt{0.04},\quad 0.345345\cdots$$

0128 중

다음 중 순환소수가 아닌 무한소수로 나타내어지는 것을 모두 고르시오.

$$\sqrt{16},\quad (-\sqrt{5})^2,\quad \sqrt{3.6},\quad 2.3\dot{5},\quad -\sqrt{\dfrac{49}{64}},\quad \sqrt{2}-1$$

0129 중

다음 정사각형 중 한 변의 길이가 무리수가 <u>아닌</u> 것을 모두 고르면? (정답 2개)

① 넓이가 5인 정사각형

② 넓이가 10인 정사각형

③ 넓이가 24인 정사각형

④ 넓이가 36인 정사각형

⑤ 둘레의 길이가 $4\sqrt{0.\dot{1}}$ 인 정사각형

0130 중

$a=\sqrt{7}$ 일 때, 다음 중 유리수가 <u>아닌</u> 것은?

① $a-\sqrt{7}$　　② $3a$　　③ a^2

④ $-\sqrt{7a^2}$　　⑤ $-\sqrt{7}a$

유형 | 17 무리수의 이해

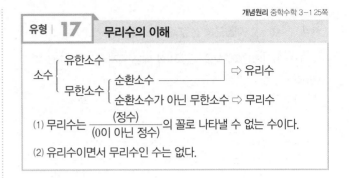

(1) 무리수는 $\dfrac{(정수)}{(0이\ 아닌\ 정수)}$ 의 꼴로 나타낼 수 없는 수이다.

(2) 유리수이면서 무리수인 수는 없다.

0131 ◀ 대표문제

다음 중 옳은 것은?

① 무한소수는 모두 무리수이다.

② 유한소수 중에는 무리수도 있다.

③ 유리수이면서 무리수인 수도 있다.

④ 유한소수는 모두 분수로 나타낼 수 있다.

⑤ 소수는 유한소수와 순환소수로 이루어져 있다.

0132 중

다음 **보기** 중 옳지 <u>않은</u> 것을 모두 고른 것은?

　보기

ㄱ. 순환소수는 모두 유리수이다.

ㄴ. 순환소수가 아닌 무한소수는 무리수이다.

ㄷ. 근호를 사용하여 나타낸 수는 모두 무리수이다.

ㄹ. 무한소수 중에는 유리수인 것도 있다.

ㅁ. 무리수는 $\dfrac{(정수)}{(0이\ 아닌\ 정수)}$ 의 꼴로 나타낼 수 있다.

① ㄱ, ㄷ　　② ㄴ, ㄹ　　③ ㄷ, ㅁ

④ ㄱ, ㄷ, ㄹ　　⑤ ㄱ, ㄷ, ㅁ

0133 중

다음 중 $\sqrt{3}$ 에 대한 설명으로 옳지 <u>않은</u> 것은?

① 2보다 작은 수이다.

② 제곱근 3이다.

③ 제곱하면 유리수가 된다.

④ 근호를 사용하지 않고 나타낼 수 있다.

⑤ 순환소수가 아닌 무한소수로 나타낼 수 있다.

유형 | 18   **실수의 분류**

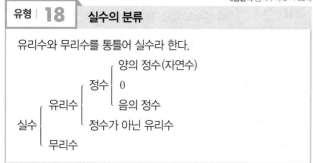

중요 **유형 | 19**   **무리수를 수직선 위에 나타내기**

오른쪽 그림에서 모눈 한
칸은 한 변의 길이가 1인
정사각형이고
$\overline{OA}=\overline{OP}=\overline{OQ}$일 때
$\overline{OA}=\sqrt{1^2+1^2}=\sqrt{2}$이므로

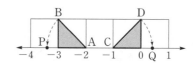

(1) 점 P에 대응하는 수는 $0-\sqrt{2}=-\sqrt{2}$
   → 기준점에서 왼쪽
(2) 점 Q에 대응하는 수는 $0+\sqrt{2}=\sqrt{2}$
   → 기준점에서 오른쪽

0134 ●● 대표문제

다음 중 옳지 <u>않은</u> 것은?

① 모든 자연수는 정수이다.
② 모든 정수는 유리수이다.
③ 정수가 아닌 수는 모두 무리수이다.
④ 실수는 유리수와 무리수로 이루어져 있다.
⑤ 실수 중 유리수가 아닌 수는 무리수이다.

0135 중 하

다음 중 □ 안의 수에 해당하는 것은?

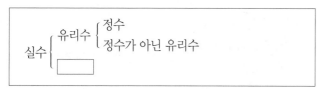

① $\sqrt{0.01}$ ② $\sqrt{1.6}$ ③ $\dfrac{3}{\sqrt{25}}$

④ $\sqrt{\dfrac{1}{4}}$ ⑤ $1.2333\cdots$

0136 중

다음 중 실수의 개수를 a개, 유리수의 개수를 b개라 할 때, $a-b$의 값은?

$$\pi,\ 0.523,\ \sqrt{0.\dot{1}},\ \sqrt{0.00\dot{1}},$$
$$-\sqrt{81},\ -\sqrt{2.5},\ \sqrt{\dfrac{16}{49}},\ 2.1555\cdots$$

① 2   ② 3   ③ 4
④ 5   ⑤ 6

0137 ●● 대표문제

아래 그림에서 모눈 한 칸은 한 변의 길이가 1인 정사각형이다. $\overline{AB}=\overline{AP}$, $\overline{CD}=\overline{CQ}$일 때, 다음 **보기** 중 옳은 것을 모두 고르시오.

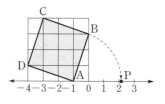

┤ 보기 ├

ㄱ. 점 P에 대응하는 수는 $-2+\sqrt{2}$이다.
ㄴ. 점 Q에 대응하는 수는 $-1+\sqrt{2}$이다.
ㄷ. 두 점 P, Q에 대응하는 두 수의 합은 -3이다.

0138 중

오른쪽 그림에서 모눈 한 칸은 한 변의 길이가 1인 정사각형이다. $\overline{AB}=\overline{AP}$일 때, 점 P에 대응하는 수를 구하시오.

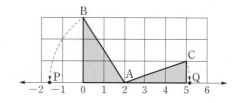

0139 중 ●● 서술형

다음 그림에서 모눈 한 칸은 한 변의 길이가 1인 정사각형이다. $\overline{AB}=\overline{AP}$, $\overline{AC}=\overline{AQ}$일 때, 두 점 P, Q에 대응하는 수를 각각 구하시오.

유형 | 20   실수와 수직선

(1) 모든 실수는 수직선 위의 한 점에 각각 대응한다.

(2) 서로 다른 두 실수 사이에는 무수히 많은 실수가 있다.

(3) 수직선은 실수에 대응하는 점들로 완전히 메울 수 있다.

0140 ● 대표문제

다음 **보기** 중 옳은 것은 모두 몇 개인가?

보기

ㄱ. $\sqrt{10}$과 $\sqrt{15}$ 사이에는 1개의 자연수가 있다.

ㄴ. -1과 $\sqrt{6}$ 사이에는 무수히 많은 무리수가 있다.

ㄷ. -2와 3 사이에는 무수히 많은 유리수가 있다.

ㄹ. 유리수에 대응하는 점들로 수직선을 완전히 메울 수 없다.

ㅁ. 무리수 중에서 수직선 위의 점에 대응되지 않는 수도 있다.

① 1개   ② 2개   ③ 3개

④ 4개   ⑤ 5개

0141 중

다음 중 옳은 것을 모두 고르면? (정답 2개)

① 서로 다른 두 무리수 사이에는 무수히 많은 정수가 있다.

② 서로 다른 두 유리수 사이에는 유리수만 있다.

③ 서로 다른 두 무리수 사이에는 무수히 많은 유리수가 있다.

④ 수직선은 무리수에 대응하는 점들로 완전히 메울 수 있다.

⑤ 모든 실수는 수직선 위의 한 점에 각각 대응한다.

0142 중

다음 중 옳지 **않은** 것을 모두 고르면? (정답 2개)

① 1에 가장 가까운 무리수는 $\sqrt{2}$이다.

② 2와 $\sqrt{5}$ 사이에는 무수히 많은 유리수가 있다.

③ 0과 $\frac{1}{2}$ 사이에는 무수히 많은 무리수가 있다.

④ $\sqrt{2}$와 $\sqrt{7}$ 사이에는 무리수가 3개 있다.

⑤ $\frac{1}{3}$과 $\frac{1}{2}$ 사이에는 무수히 많은 유리수가 있다.

유형 | 21   두 실수의 대소 관계

두 실수 a, b의 대소 관계는 $a-b$의 값의 부호로 알 수 있다.

(1) $a-b>0$이면 $a>b$

(2) $a-b=0$이면 $a=b$

(3) $a-b<0$이면 $a<b$

0143 ● 대표문제

다음 중 두 실수의 대소 관계가 옳은 것은?

① $3<\sqrt{3}-1$ ② $\sqrt{3}+1>\sqrt{3}+\sqrt{2}$

③ $\sqrt{3}+\sqrt{2}>\sqrt{5}+\sqrt{2}$ ④ $3+\sqrt{7}<\sqrt{7}+\sqrt{8}$

⑤ $2-\sqrt{3}<\sqrt{5}-\sqrt{3}$

0144 중

다음 중 □ 안에 알맞은 부등호를 써넣을 때, 나머지 넷과 <u>다른</u> 하나는?

① $\sqrt{15}+2$ □ 5

② $2+\sqrt{7}$ □ $\sqrt{7}+\sqrt{3}$

③ $-4-\sqrt{6}$ □ $-\sqrt{13}-\sqrt{6}$

④ $8-\sqrt{8}$ □ 4

⑤ $\sqrt{18}-\sqrt{(-3)^2}$ □ $\sqrt{15}-3$

0145 중

다음 **보기** 중 두 실수의 대소 관계가 옳은 것을 모두 고른 것은?

보기

ㄱ. $4-\sqrt{7}<-\sqrt{10}+4$

ㄴ. $\sqrt{5}-\sqrt{2}<\sqrt{5}-1$

ㄷ. $\sqrt{7}+4>6$

ㄹ. $-3+\sqrt{3}<\sqrt{3}-\sqrt{(-5)^2}$

ㅁ. $2+\sqrt{10}>\sqrt{10}+\sqrt{3}$

① ㄱ, ㄴ, ㅁ   ② ㄱ, ㄷ, ㄹ   ③ ㄴ, ㄷ, ㄹ

④ ㄴ, ㄷ, ㅁ   ⑤ ㄴ, ㄹ, ㅁ

개념원리 중학수학 3–1 27쪽

유형 | **22** 세 실수의 대소 관계

세 실수 a, b, c에 대하여
$a<b$이고 $b<c$이면 $\Rightarrow a<b<c$

0146 ●◀ 대표문제

다음 세 수 a, b, c의 대소 관계를 바르게 나타낸 것은?

$$a=\sqrt{5}+\sqrt{3}, \quad b=\sqrt{5}+1, \quad c=3+\sqrt{3}$$

① $a<b<c$ ② $b<a<c$ ③ $b<c<a$
④ $c<a<b$ ⑤ $c<b<a$

0147 중

한 변의 길이가 각각 $\sqrt{23}$, 5, $4+\sqrt{2}$인 세 정사각형을 각각 A, B, C라 할 때, 넓이가 가장 큰 정사각형을 구하시오.

0148 중 ●◀ 서술형

다음 세 수 x, y, z 중 가장 작은 수를 구하시오.

$$x=\sqrt{7}+\sqrt{10}, \quad y=3+\sqrt{10}, \quad z=\sqrt{7}+3$$

0149 중

다음 수를 작은 것부터 차례로 나열할 때, 세 번째에 오는 수를 구하시오.

$$2, \quad -1-\sqrt{3}, \quad 1+\sqrt{3}, \quad \sqrt{2}+\sqrt{3}$$

유형 | **23** 수직선에 대응하는 점 찾기

๗ 수직선에서 $\sqrt{12}$에 대응하는 점 찾기
$\Rightarrow \sqrt{9}<\sqrt{12}<\sqrt{16}$이므로 $3<\sqrt{12}<4$
$\Rightarrow \sqrt{12}$는 수직선 위에서 3과 4 사이의 점에 대응한다.

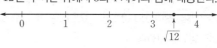

0150 ●◀ 대표문제

다음 수직선 위의 점 A~E 중 $\sqrt{7}-3$에 대응하는 점은?

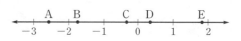

① 점 A   ② 점 B   ③ 점 C
④ 점 D   ⑤ 점 E

0151 하

다음 수직선 위의 점 중 $\sqrt{27}$에 대응하는 점을 구하시오.

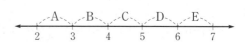

0152 중 하

다음 수직선에서 $\sqrt{10}+2$에 대응하는 점이 있는 구간은?

① 구간 A   ② 구간 B   ③ 구간 C
④ 구간 D   ⑤ 구간 E

0153 상 중

다음 수직선에서 $-2-\sqrt{2}$, $-\sqrt{3}$, $4-\sqrt{5}$에 대응하는 점이 있는 구간을 차례로 나열하시오.

유형 | **24** $\sqrt{x}$ 이하의 자연수 구하기

$\sqrt{x}$ (x는 자연수) 이하의 자연수를 구할 때는 먼저 x에 가장 가까운 제곱수 2개를 찾아 x의 값의 범위를 나타낸 후 이를 이용하여 $\sqrt{x}$의 값의 범위를 구한다.

⑩ $\sqrt{8}$ 이하의 자연수
 ⇨ $\sqrt{4}<\sqrt{8}<\sqrt{9}$이므로 $2<\sqrt{8}<3$
  따라서 $\sqrt{8}$ 이하의 자연수는 1, 2

0154 ●○대표문제

자연수 x에 대하여 $\sqrt{x}$ 이하의 자연수의 개수를 $f(x)$라 할 때, $f(9)+f(10)+f(11)+\cdots+f(16)+f(17)$의 값은?

① 26　　　② 27　　　③ 28

④ 29　　　⑤ 30

0155 중

$\sqrt{23}$보다 작은 자연수의 개수를 a개, $\sqrt{56}$보다 작은 자연수의 개수를 b개라 할 때, $b-a$의 값을 구하시오.

0156 중

자연수 x에 대하여 $\sqrt{x}$ 이하의 자연수의 개수를 $N(x)$라 할 때, $N(125)-N(43)$의 값을 구하시오.

0157 상중

자연수 x에 대하여 $\sqrt{x}$ 이하의 자연수의 개수를 $N(x)$라 할 때, $N(x)=9$를 만족시키는 자연수 x의 개수는?

① 17개　　　② 18개　　　③ 19개

④ 20개　　　⑤ 21개

유형 | **25**   두 실수 사이의 수

두 실수 a, b 사이에 있는 실수 구하기
[방법 1] 평균을 이용한다.
 ⇨ a, b의 평균은 $\dfrac{a+b}{2}$

[방법 2] a와 b의 차보다 작은 수를 a, b 중 작은 수에 더하거나 큰 수에서 뺀다.

0158 ●○대표문제

다음 중 $\sqrt{5}$와 $\sqrt{6}$ 사이에 있는 무리수가 아닌 것은?
(단, $\sqrt{5}=2.236$, $\sqrt{6}=2.449$로 계산한다.)

① $\sqrt{5}+0.1$　　　　② $\sqrt{6}-0.01$

③ $\dfrac{\sqrt{5}+\sqrt{6}}{2}$　　　　④ $\dfrac{\sqrt{6}-\sqrt{5}}{2}$

⑤ $\sqrt{5}+0.001$

0159 중

다음 중 $\sqrt{2}$와 $\sqrt{5}$ 사이에 있는 실수에 대한 설명으로 옳지 않은 것은? (단, $\sqrt{2}=1.414$, $\sqrt{5}=2.236$으로 계산한다.)

① 두 수 사이에는 무수히 많은 무리수가 있다.
② 두 수 사이에는 1개의 정수가 있다.
③ $\sqrt{5}-1$은 두 수 사이에 있는 무리수이다.
④ $\sqrt{2}+\dfrac{1}{2}$은 두 수 사이에 있는 무리수이다.
⑤ $\dfrac{\sqrt{2}+\sqrt{5}}{2}$는 두 수 사이에 있는 무리수이다.

0160 중

다음 중 $\sqrt{3}$과 4 사이에 있는 수를 모두 고르시오.

$$2,\ 3,\ \sqrt{10},\ \sqrt{3}+2,\ \sqrt{3}-0.1$$

0161 상중

두 수 $1-\sqrt{6}$과 $3+\sqrt{3}$ 사이에 있는 정수의 개수를 구하시오.

0162

다음 중 옳은 것은?

① -2는 -4의 음의 제곱근이다.
② 제곱근 $\sqrt{16}$은 ±2이다.
③ -16의 제곱근은 ±4이다.
④ $\sqrt{169}$는 ±13이다.
⑤ $(\sqrt{5})^2$의 제곱근은 $\pm\sqrt{5}$이다.

0163

196의 두 제곱근을 a, b라 할 때, $a-2b-6$의 양의 제곱근은? (단, $a>b$)

① 5　　② $\sqrt{33}$　　③ 6
④ $\sqrt{41}$　　⑤ 7

0164

다음 중 계산 결과가 나머지 넷과 <u>다른</u> 하나는?

① $\sqrt{7^2}-\sqrt{(-7)^2}$　　② $-\sqrt{5^2}+\sqrt{(-5)^2}$
③ $(-\sqrt{2})^2+(\sqrt{2})^2$　　④ $\sqrt{4^2}-(-\sqrt{4})^2$
⑤ $\sqrt{(-9)^2}-\sqrt{9^2}$

0165

$\sqrt{\dfrac{9}{16}}\times\sqrt{144}+\sqrt{(-2)^2}-\sqrt{5^2}\div\sqrt{\left(\dfrac{5}{7}\right)^2}$을 계산하면?

① -4　　② -2　　③ 0
④ 2　　⑤ 4

0166

$a<0$일 때, 다음 중 옳지 <u>않은</u> 것을 모두 고르면? (정답 2개)

① $-\sqrt{a^2}=a$　　② $(\sqrt{-a})^2=-a$
③ $-\sqrt{(-a)^2}=-a$　　④ $\sqrt{(-a)^2}=-a$
⑤ $(-\sqrt{-a})^2=a$

0167

$a>b$, $ab<0$일 때, $(\sqrt{a})^2+|b|-\sqrt{(-2a)^2}-\sqrt{b^2}$을 간단히 하시오.

0168

$a<0<b<c$일 때, 다음 식을 간단히 하면?

$$\sqrt{(a-b)^2}+\sqrt{(b-c)^2}+\sqrt{(c-a)^2}$$

① $-2a-2b$　　② $-2a+2c$　　③ $a-2b$
④ $a+2c$　　⑤ $2a-2c$

0169

두 자연수 a, b에 대하여 $\sqrt{\dfrac{72a}{11}}=b$일 때, 가장 작은 $a+b$의 값을 구하시오.

0170

$x=4$, $y=7+\sqrt{3}$일 때, $\sqrt{(x-y)^2}-\sqrt{(x+y)^2}$의 값은?

① -8　　　② $-2\sqrt{3}$　　　③ 0

④ $2\sqrt{3}$　　　⑤ 8

0171

$\dfrac{7}{2}<\sqrt{x-1}\leq5$를 만족시키는 자연수 x 중에서 5의 배수의 합을 구하시오.

0172

다음 **보기** 중 무리수인 것을 모두 고르시오.

┌──── 보기 ────

ㄱ. 3π　　　　ㄴ. $-\sqrt{15}$　　　ㄷ. $\sqrt{64}-8$

ㄹ. $\sqrt{(-3)^2+4^2}$　　ㅁ. $1.\dot{7}$　　ㅂ. $\sqrt{2^2+3^2}$

0173

오른쪽 그림은 수직선 위에 한 변의 길이가 1인 정사각형 ABCD를 그린 것이다. $\overline{AC}=\overline{AQ}$, $\overline{BD}=\overline{BP}$이고 점 P에 대응하는 수가 $-\sqrt{2}-4$일 때, 점 Q에 대응하는 수를 구하시오.

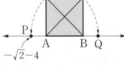

0174

다음 중 옳지 <u>않은</u> 것을 모두 고르면? (정답 2개)

① $-\sqrt{3}$과 $\sqrt{10}$ 사이에는 5개의 정수가 있다.

② $1-\sqrt{2}$에 대응하는 점은 수직선 위에 나타낼 수 있다.

③ 무한소수는 모두 유리수이다.

④ 순환소수는 모두 유리수이다.

⑤ $\sqrt{5}$와 $\sqrt{7}$ 사이의 무리수는 $\sqrt{6}$뿐이다.

중요
0175

다음 중 두 실수의 대소 관계가 옳지 <u>않은</u> 것을 모두 고르면? (정답 2개)

① $\sqrt{10}-1>2$　　　　② $2+\sqrt{5}<\sqrt{7}+\sqrt{5}$

③ $\sqrt{12}-3>\sqrt{12}-\sqrt{8}$　　④ $4-\sqrt{6}<\sqrt{20}-\sqrt{6}$

⑤ $\sqrt{13}+2<5$

0176

다음 세 수 a, b, c의 대소 관계를 바르게 나타낸 것은?

$$a=\sqrt{3}+2,\ \ b=2+\sqrt{5},\ \ c=\sqrt{7}+2$$

① $a<b<c$　　　② $a<c<b$　　　③ $b<a<c$

④ $c<a<b$　　　⑤ $c<b<a$

0177

다음 수직선 위의 네 점 A, B, C, D 중에서 $1-\sqrt{7}$, $\sqrt{10}-4$, $\sqrt{15}$에 대응하는 점을 차례로 나열하시오.

서술형 주관식

0178

서로소인 두 자연수 m, n에 대하여 $\sqrt{1.0\dot{6} \times \dfrac{n}{m}} = 0.\dot{4}$일 때, $m-n$의 값을 구하시오.

0179

$ab>0$, $a+b>0$, $a<b$일 때, 다음 식을 간단히 하시오.

$$\sqrt{(-a)^2} + \sqrt{b^2} - \sqrt{(a-b)^2}$$

0180

두 수 $\sqrt{60x}$와 $\sqrt{\dfrac{540}{x}}$이 모두 자연수가 되도록 하는 가장 작은 자연수 x의 값을 구하시오.

0181

두 수 $2+\sqrt{14}$, $\sqrt{123}-3$ 사이에 있는 모든 정수의 합을 구하시오.

실력 UP

○ **실력** UP 집중 학습은 **실력** Up⁺로!!

0182

서로 다른 두 개의 주사위를 동시에 던져서 나온 눈의 수를 각각 a, b라 할 때, $\sqrt{12ab}$가 자연수가 될 확률을 구하시오.

0183

$1.4<\sqrt{x}<2.5$를 만족시키는 x의 값 중에서 가장 큰 자연수를 a, 가장 작은 자연수를 b라 할 때, $\sqrt{\dfrac{a}{b} \times n}$이 한 자리 자연수가 되도록 하는 자연수 n의 값을 모두 구하시오.

0184

$\sqrt{80-2a} - \sqrt{40+b}$의 값이 가장 큰 정수가 되도록 하는 자연수 a, b에 대하여 $a+b$의 값을 구하시오.

0185

자연수 x에 대하여 $\sqrt{x}$ 이하의 자연수의 개수를 $f(x)$라 할 때, $f(1)+f(2)+f(3)+ \cdots +f(n)=54$를 만족시키는 자연수 n의 값을 구하시오.

02 근호를 포함한 식의 계산

02-1 제곱근의 곱셈과 나눗셈

$a>0$, $b>0$이고, m, n이 유리수일 때

(1) **제곱근의 곱셈**

　① $\sqrt{a}\times\sqrt{b}=\sqrt{a}\sqrt{b}=\sqrt{ab}$ ← 근호 안의 수끼리 곱한다.

　② $m\sqrt{a}\times n\sqrt{b}=mn\sqrt{ab}$ ← 근호 밖의 수끼리, 근호 안의 수끼리 곱한다.

(2) **제곱근의 나눗셈**

　① $\sqrt{a}\div\sqrt{b}=\dfrac{\sqrt{a}}{\sqrt{b}}=\sqrt{\dfrac{a}{b}}$ ← 근호 안의 수끼리 나눈다.

　② $m\sqrt{a}\div n\sqrt{b}=\dfrac{m}{n}\sqrt{\dfrac{a}{b}}$ (단, $n\neq0$) ← 근호 밖의 수끼리, 근호 안의 수끼리 나눈다.

- 세 개 이상의 제곱근의 곱셈도 같은 방법으로 한다.
  ⇨ $a>0$, $b>0$, $c>0$일 때,
  $\sqrt{a}\sqrt{b}\sqrt{c}=\sqrt{abc}$

- 제곱근의 나눗셈은 역수의 곱셈으로 바꾸어 계산할 수 있다.
  ⇨ $a>0$, $b>0$, $c>0$, $d>0$ 일 때,
  $$\dfrac{\sqrt{a}}{\sqrt{b}}\div\dfrac{\sqrt{c}}{\sqrt{d}}=\dfrac{\sqrt{a}}{\sqrt{b}}\times\dfrac{\sqrt{d}}{\sqrt{c}}$$
  $$=\sqrt{\dfrac{a}{b}\times\dfrac{d}{c}}$$
  $$=\sqrt{\dfrac{ad}{bc}}$$

02-2 근호가 있는 식의 변형

$a>0$, $b>0$일 때

(1) 근호 안의 제곱인 인수는 근호 밖으로 꺼낼 수 있다.

　① $\sqrt{a^2b}=a\sqrt{b}$　② $\sqrt{\dfrac{b}{a^2}}=\dfrac{\sqrt{b}}{a}$

　참고 $a\sqrt{b}$의 꼴로 나타낼 때는 일반적으로 b가 가장 작은 자연수가 되도록 한다.

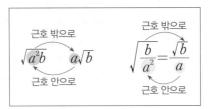

근호 밖으로 $\sqrt{a^2b}$ ⇄ $a\sqrt{b}$ 근호 안으로

근호 밖으로 $\sqrt{\dfrac{b}{a^2}}=\dfrac{\sqrt{b}}{a}$ 근호 안으로

(2) 근호 밖의 양수는 제곱하여 근호 안으로 넣을 수 있다.

　① $a\sqrt{b}=\sqrt{a^2b}$　② $\dfrac{\sqrt{b}}{a}=\sqrt{\dfrac{b}{a^2}}$

- 근호 안으로 수를 넣을 때, 부호는 근호 안으로 들어갈 수 없다.
  예 $-2\sqrt{2}=-\sqrt{2^2\times2}$
  $\qquad=-\sqrt{8}$

02-3 분모의 유리화

(1) **분모의 유리화** : 분모가 근호를 포함한 무리수일 때, 분모와 분자에 0이 아닌 같은 수를 곱하여 분모를 유리수로 고치는 것

(2) **분모를 유리화하는 방법**

　$a>0$, $b>0$일 때

　① $\dfrac{b}{\sqrt{a}}=\dfrac{b\times\sqrt{a}}{\sqrt{a}\times\sqrt{a}}=\dfrac{b\sqrt{a}}{a}$

　　분모와 분자에 $\sqrt{a}$를 곱한다.

　② $\dfrac{\sqrt{b}}{\sqrt{a}}=\dfrac{\sqrt{b}\times\sqrt{a}}{\sqrt{a}\times\sqrt{a}}=\dfrac{\sqrt{ab}}{a}$

　③ $\dfrac{c}{a\sqrt{b}}=\dfrac{c\times\sqrt{b}}{a\sqrt{b}\times\sqrt{b}}=\dfrac{c\sqrt{b}}{ab}$

- 분모의 근호 안의 수를 소인수분해하였을 때, 제곱인 인수가 포함되어 있으면 $\sqrt{a^2b}=a\sqrt{b}$임을 이용하여 제곱인 인수를 근호 밖으로 꺼낸 다음 분모를 유리화한다.

02-1 제곱근의 곱셈과 나눗셈

[0186~0189] 다음을 간단히 하시오.

0186 $\sqrt{2}\sqrt{11}$

0187 $\sqrt{2}\times\sqrt{5}\times\sqrt{7}$

0188 $(-3\sqrt{6})\times2\sqrt{5}$

0189 $\sqrt{\dfrac{7}{5}}\times\sqrt{\dfrac{25}{14}}$

[0190~0193] 다음을 간단히 하시오.

0190 $\sqrt{70}\div\sqrt{5}$

0191 $\sqrt{213}\div(-\sqrt{3})$

0192 $(-5\sqrt{6})\div10\sqrt{3}$

0193 $(-4\sqrt{6})\div(-\sqrt{2})$

02-2 근호가 있는 식의 변형

[0194~0196] 다음 □ 안에 알맞은 양수를 써넣으시오.

0194 $\sqrt{20}=\sqrt{\boxed{}^2\times5}=\boxed{}\sqrt{5}$

0195 $\sqrt{75}=\sqrt{\boxed{}^2\times3}=\boxed{}\sqrt{\boxed{}}$

0196 $\sqrt{216}=\sqrt{6^2\times\boxed{}}=6\sqrt{\boxed{}}$

[0197~0200] 다음 수를 $a\sqrt{b}$의 꼴로 나타내시오.
(단, b는 가장 작은 자연수)

0197 $\sqrt{52}$

0198 $3\sqrt{32}$

0199 $5\sqrt{27}$

0200 $6\sqrt{18}$

[0201~0202] 다음 □ 안에 알맞은 양수를 써넣으시오.

0201 $4\sqrt{5}=\sqrt{\boxed{}\times5}=\sqrt{\boxed{}}$

0202 $-3\sqrt{7}=-\sqrt{\boxed{}\times7}=-\sqrt{\boxed{}}$

[0203~0206] 다음 수를 $\sqrt{a}$ 또는 $-\sqrt{a}$의 꼴로 나타내시오.

0203 $-7\sqrt{3}$

0204 $10\sqrt{5}$

0205 $-\dfrac{\sqrt{11}}{2}$

0206 $\dfrac{2\sqrt{3}}{5}$

[0207~0208] 다음 (가)~(라)에 알맞은 양수를 써넣으시오.

0207 $\sqrt{\dfrac{23}{81}}=\sqrt{\dfrac{23}{\boxed{(가)}^2}}=\dfrac{\sqrt{\boxed{(나)}}}{\boxed{(다)}}$

0208 $\sqrt{0.27}=\sqrt{\dfrac{\boxed{(가)}}{100}}=\sqrt{\dfrac{3^2\times\boxed{(나)}}{10^2}}=\dfrac{3\sqrt{\boxed{(다)}}}{\boxed{(라)}}$

[0209~0212] 다음 수를 $\dfrac{\sqrt{b}}{a}$의 꼴로 나타내시오.
(단, b는 가장 작은 자연수)

0209 $\sqrt{\dfrac{7}{16}}$

0210 $\sqrt{\dfrac{31}{144}}$

0211 $\sqrt{0.11}$

0212 $\sqrt{0.24}$

02-3 분모의 유리화

0213 다음은 $\dfrac{\sqrt{3}}{\sqrt{7}}$의 분모를 유리화하는 과정이다.
(가)~(다)에 알맞은 수를 써넣으시오.

$$\dfrac{\sqrt{3}}{\sqrt{7}}=\dfrac{\sqrt{3}\times\boxed{(가)}}{\sqrt{7}\times\boxed{(나)}}=\dfrac{\sqrt{\boxed{(다)}}}{7}$$

[0214~0217] 다음 수의 분모를 유리화하시오.

0214 $\dfrac{1}{\sqrt{3}}$

0215 $-\dfrac{\sqrt{7}}{\sqrt{2}}$

0216 $-\dfrac{3\sqrt{2}}{\sqrt{13}}$

0217 $\dfrac{3}{2\sqrt{6}}$

02-4 제곱근의 덧셈과 뺄셈

다항식의 덧셈과 뺄셈에서 동류항끼리 모아서 계산하는 것과 같이 근호 안의 수가 같은 것끼리 모아서 계산한다.

m, n이 유리수이고 $a>0$일 때

(1) $m\sqrt{a}+n\sqrt{a}=(m+n)\sqrt{a}$

(2) $m\sqrt{a}-n\sqrt{a}=(m-n)\sqrt{a}$

참고 근호 안의 수가 $\sqrt{a^2b}$의 꼴인 경우는 $a\sqrt{b}$의 꼴로 고쳐서 근호 안을 가장 작은 자연수로 바꾼 후 계산한다.

예 $\sqrt{8}+\sqrt{18}=2\sqrt{2}+3\sqrt{2}=(2+3)\sqrt{2}=5\sqrt{2}$

◇ 개념플러스

▪ $\sqrt{2}+\sqrt{3}$은 근호 안의 수가 같지 않으므로 더 이상 간단히 할 수 없다.
⇨ $a>0$, $b>0$, $a\neq b$일 때,
$\sqrt{a}+\sqrt{b}\neq\sqrt{a+b}$
$\sqrt{a}-\sqrt{b}\neq\sqrt{a-b}$

02-5 근호를 포함한 복잡한 식의 계산

(1) **근호를 포함한 식의 분배법칙** ← 근호가 있는 식에서도 유리수와 마찬가지로 분배법칙이 성립한다.

$a>0$, $b>0$, $c>0$일 때

① $\sqrt{a}(\sqrt{b}\pm\sqrt{c})=\sqrt{a}\sqrt{b}\pm\sqrt{a}\sqrt{c}=\sqrt{ab}\pm\sqrt{ac}$ (복부호 동순)

② $(\sqrt{a}\pm\sqrt{b})\sqrt{c}=\sqrt{a}\sqrt{c}\pm\sqrt{b}\sqrt{c}=\sqrt{ac}\pm\sqrt{bc}$ (복부호 동순)

(2) **근호를 포함한 식의 혼합 계산**

① 괄호가 있으면 분배법칙을 이용하여 괄호를 푼다.

② 근호 안에 제곱인 인수가 있으면 근호 밖으로 꺼낸다. ← $\sqrt{a^2b}=a\sqrt{b}$ $(a>0, b>0)$임을 이용

③ 분모에 무리수가 있으면 분모를 유리화한다.

④ 곱셈, 나눗셈을 먼저 계산한 후 덧셈, 뺄셈을 한다.

▪ **분배법칙**
① $A(B+C)=AB+AC$
② $(A+B)C=AC+BC$

▪ 다음과 같이 분배법칙을 이용하여 분모를 유리화한다.
$a>0$, $b>0$, $c>0$일 때,
$$\frac{\sqrt{b}+\sqrt{c}}{\sqrt{a}}=\frac{(\sqrt{b}+\sqrt{c})\times\sqrt{a}}{\sqrt{a}\times\sqrt{a}}$$
$$=\frac{\sqrt{ab}+\sqrt{ac}}{a}$$

02-6 제곱근의 값

(1) **제곱근표** : 1.00부터 99.9까지의 수에 대한 양의 제곱근의 값을 반올림하여 소수점 아래 셋째 자리까지 나타낸 표

(2) **제곱근표 읽는 방법** : 처음 두 자리 수의 가로줄과 끝자리 수의 세로줄이 만나는 곳에 있는 수를 읽는다.

수	0	1	2	3	⋯
⋮	⋮	⋮	⋮	⋮	
2.0	1.414	1.148	1.421	1.425	⋯
2.1	1.449	1.453	1.456	1.459	⋯
⋮	⋮	⋮	⋮	⋮	⋮

예 제곱근표에서 $\sqrt{2.02}$의 값은 2.0의 가로줄과 2의 세로줄이 만나는 곳의 수인 1.421이다.

(3) **제곱근표에 없는 제곱근의 값**

① 근호 안이 100보다 큰 수일 때

$\sqrt{100a}=10\sqrt{a}$, $\sqrt{10000a}=100\sqrt{a}$, ⋯임을 이용한다.
└→ a는 제곱근표에 있는 수

② 근호 안이 0과 1 사이의 수일 때

$\sqrt{\dfrac{a}{100}}=\dfrac{\sqrt{a}}{10}$, $\sqrt{\dfrac{a}{10000}}=\dfrac{\sqrt{a}}{100}$, ⋯임을 이용한다.
└→ a는 제곱근표에 있는 수

02-4 제곱근의 덧셈과 뺄셈

[0218~0221] 다음을 간단히 하시오.

0218 $2\sqrt{3}+5\sqrt{3}$

0219 $3\sqrt{5}+\sqrt{5}-7\sqrt{5}$

0220 $2\sqrt{5}+6\sqrt{7}-5\sqrt{7}+3\sqrt{5}$

0221 $4\sqrt{3}-5\sqrt{2}-\sqrt{2}-2\sqrt{3}$

[0222~0225] 다음을 간단히 하시오.

0222 $\sqrt{12}-\sqrt{27}$

0223 $\sqrt{48}+\sqrt{75}-\sqrt{108}$

0224 $\sqrt{7}-\sqrt{24}+\sqrt{63}+\sqrt{96}$

0225 $11\sqrt{3}-3\sqrt{6}-2\sqrt{12}+5\sqrt{24}$

02-5 근호를 포함한 복잡한 식의 계산

[0226~0231] 다음을 간단히 하시오.

0226 $\sqrt{2}(\sqrt{7}+\sqrt{5})$

0227 $\sqrt{3}(\sqrt{6}-\sqrt{15})$

0228 $\sqrt{7}(2\sqrt{3}-4\sqrt{7})$

0229 $3\sqrt{2}(\sqrt{2}-2\sqrt{10})$

0230 $(\sqrt{18}-\sqrt{6})\div\sqrt{3}$

0231 $(\sqrt{45}+\sqrt{30})\div\sqrt{5}$

0232 다음은 $\dfrac{\sqrt{7}-\sqrt{6}}{\sqrt{3}}$의 분모를 유리화하는 과정이다. ㈎~㈃에 알맞은 수를 써넣으시오.

$$\frac{\sqrt{7}-\sqrt{6}}{\sqrt{3}}=\frac{(\sqrt{7}-\sqrt{6})\times\boxed{㈎}}{\sqrt{3}\times\boxed{㈎}}=\frac{\sqrt{21}-\sqrt{\boxed{㈐}}}{\boxed{㈏}}$$

$$=\frac{\sqrt{21}-3\sqrt{\boxed{㈑}}}{\boxed{㈏}}$$

[0233~0236] 다음 수의 분모를 유리화하시오.

0233 $\dfrac{4+\sqrt{3}}{\sqrt{5}}$

0234 $\dfrac{\sqrt{2}-2}{\sqrt{3}}$

0235 $\dfrac{\sqrt{2}-2\sqrt{3}}{3\sqrt{2}}$

0236 $\dfrac{\sqrt{3}+\sqrt{2}}{\sqrt{12}}$

02-6 제곱근의 값

[0237~0238] 주어진 제곱근표를 이용하여 다음 제곱근의 값을 구하시오.

수	0	1	2	3
4.5	2.121	2.124	2.126	2.128
4.6	2.145	2.147	2.149	2.152
4.7	2.168	2.170	2.173	2.175

0237 $\sqrt{4.53}$

0238 $\sqrt{4.7}$

[0239~0242] $\sqrt{3}=1.732$, $\sqrt{30}=5.477$일 때, 다음 ㈎~㈐에 알맞은 수를 써넣으시오.

0239 $\sqrt{300}=\sqrt{3\times\boxed{㈎}}=\boxed{㈏}\sqrt{3}=\boxed{㈐}$

0240 $\sqrt{3000}=\sqrt{\boxed{㈎}\times100}=10\sqrt{\boxed{㈏}}=\boxed{㈐}$

0241 $\sqrt{0.3}=\sqrt{\dfrac{30}{\boxed{㈎}}}=\dfrac{\sqrt{30}}{\boxed{㈏}}=\boxed{㈐}$

0242 $\sqrt{0.03}=\sqrt{\dfrac{3}{\boxed{㈎}}}=\dfrac{\sqrt{3}}{\boxed{㈏}}=\boxed{㈐}$

유형 | 01 제곱근의 곱셈

$a>0$, $b>0$이고, m, n이 유리수일 때

근호 밖의 수끼리 곱한다.

$$m\sqrt{a} \times n\sqrt{b} = mn\sqrt{ab}$$

근호 안의 수끼리 곱한다.

0243 •◀ 대표문제

다음 중 옳은 것은?

① $\sqrt{5}\sqrt{6} = \sqrt{11}$

② $-2\sqrt{3} \times \sqrt{10} = -\sqrt{60}$

③ $3\sqrt{5} \times \sqrt{7} = 3\sqrt{35}$

④ $\sqrt{\dfrac{3}{7}} \times \sqrt{\dfrac{28}{3}} = 4$

⑤ $-2\sqrt{\dfrac{16}{15}} \times 3\sqrt{\dfrac{5}{8}} = -5\sqrt{\dfrac{2}{3}}$

0244 중 하

$3\sqrt{6} \times \left(-\sqrt{\dfrac{11}{6}}\right) \times (-4\sqrt{2})$를 간단히 하면?

① $-12\sqrt{22}$ ② $-12\sqrt{11}$ ③ $12\sqrt{11}$

④ $12\sqrt{22}$ ⑤ $12\sqrt{26}$

0245 중

다음을 만족시키는 유리수 a, b에 대하여 $a+b$의 값을 구하시오.

$$\sqrt{\dfrac{3}{4}} \times \sqrt{\dfrac{8}{3}} = \sqrt{a}, \quad \sqrt{\dfrac{7}{3}} \times 5\sqrt{\dfrac{6}{14}} = b$$

유형 | 02 제곱근의 나눗셈

$a>0$, $b>0$, $c>0$, $d>0$이고, m, n이 유리수일 때

(1) 근호 밖의 수끼리, 근호 안의 수끼리 나눈다.

① $\sqrt{a} \div \sqrt{b} = \dfrac{\sqrt{a}}{\sqrt{b}} = \sqrt{\dfrac{a}{b}}$

② $m\sqrt{a} \div n\sqrt{b} = \dfrac{m}{n}\sqrt{\dfrac{a}{b}}$ (단, $n \neq 0$)

(2) 역수의 곱셈으로 고쳐서 계산한다.

$$\dfrac{\sqrt{a}}{\sqrt{b}} \div \dfrac{\sqrt{c}}{\sqrt{d}} = \dfrac{\sqrt{a}}{\sqrt{b}} \times \dfrac{\sqrt{d}}{\sqrt{c}} = \sqrt{\dfrac{a}{b} \times \dfrac{d}{c}} = \sqrt{\dfrac{ad}{bc}}$$

0246 •◀ 대표문제

다음 중 옳지 않은 것은?

① $\dfrac{\sqrt{5}}{\sqrt{20}} = \dfrac{1}{2}$

② $2\sqrt{18} \div 4\sqrt{6} = \dfrac{\sqrt{3}}{2}$

③ $\dfrac{\sqrt{3}}{\sqrt{5}} \div \dfrac{\sqrt{12}}{\sqrt{40}} = 2$

④ $\dfrac{\sqrt{45}}{\sqrt{15}} \div \dfrac{\sqrt{6}}{2\sqrt{14}} = 2\sqrt{7}$

⑤ $\sqrt{24} \div \sqrt{12} \div \dfrac{1}{\sqrt{18}} = 6$

0247 중

제곱근의 나눗셈을 이용하여 $\sqrt{30}$은 $\dfrac{\sqrt{3}}{\sqrt{10}}$의 몇 배인지 구하시오.

0248 중

$\dfrac{\sqrt{10}}{\sqrt{7}} \div \dfrac{\sqrt{5}}{\sqrt{a}} = \sqrt{6}$일 때, 유리수 a의 값을 구하시오.

0249 중

$\dfrac{4\sqrt{7}}{\sqrt{2}} \div 2\sqrt{3} \div \dfrac{\sqrt{7}}{\sqrt{6}} = a$, $\dfrac{2\sqrt{14}}{3} \div \dfrac{\sqrt{42}}{\sqrt{3}} \div \dfrac{2}{3\sqrt{6}} = b$일 때, ab의 값을 구하시오.

유형 | 03 $\sqrt{a^2 b}=a\sqrt{b}$를 이용한 식의 변형

(1) 근호 안의 제곱인 인수는 근호 밖으로 꺼낼 수 있다.

예 $\sqrt{24}=\sqrt{2^2\times6}=2\sqrt{6}$
      └─ 근호 밖으로

(2) 근호 밖의 양수는 제곱하여 근호 안으로 넣을 수 있다.

예 $2\sqrt{5}=\sqrt{2^2\times5}=\sqrt{20}$
      └─ 근호 안으로

0250 ◀● 대표문제

$\sqrt{128}=a\sqrt{2}$, $\sqrt{180}=6\sqrt{b}$일 때, 유리수 a, b에 대하여 $\sqrt{ab}$의 값은?

① 4 ② $2\sqrt{5}$ ③ 6
④ $2\sqrt{10}$ ⑤ $4\sqrt{5}$

0251 중

다음 물음에 답하시오.

(1) $\sqrt{50000}$은 $\sqrt{5}$의 A배이고, $\sqrt{450}$은 $\sqrt{2}$의 B배일 때, $A+B$의 값을 구하시오.

(2) $\sqrt{12}\times\sqrt{18}\times\sqrt{75}=a\sqrt{2}$일 때, 유리수 a의 값을 구하시오.

0252 중 ◀● 서술형

다음을 만족시키는 자연수 a, b, c에 대하여 $a\sqrt{b+c}$의 값을 구하시오.

$$\sqrt{150}=5\sqrt{a}, \quad 8\sqrt{3}=\sqrt{b}, \quad \sqrt{208}=c\sqrt{13}$$

0253 중

$a>0$, $b>0$이고 $ab=48$일 때, $a\sqrt{\dfrac{12b}{a}}+b\sqrt{\dfrac{27a}{b}}$의 값은?

① 12 ② 45 ③ 60
④ 65 ⑤ 72

유형 | 04 $\sqrt{\dfrac{b}{a^2}}=\dfrac{\sqrt{b}}{a}$를 이용한 식의 변형

(1) $a>0$, $b>0$일 때 $\sqrt{\dfrac{b}{a^2}}=\dfrac{\sqrt{b}}{\sqrt{a^2}}=\dfrac{\sqrt{b}}{a}$
                                        └─ 근호 밖으로

(2) 근호 안이 소수일 때는 분수로 고쳐서 계산하는 것이 편리하다.

예 $\sqrt{0.18}=\sqrt{\dfrac{18}{100}}=\dfrac{3\sqrt{2}}{10}$

0254 ◀● 대표문제

다음 중 옳은 것을 모두 고르면? (정답 2개)

① $\sqrt{\dfrac{10}{121}}=\dfrac{\sqrt{10}}{11}$
② $\sqrt{\dfrac{28}{49}}=\dfrac{\sqrt{2}}{7}$
③ $-\sqrt{\dfrac{12}{75}}=-\dfrac{2}{5}$
④ $\sqrt{0.24}=\dfrac{\sqrt{6}}{10}$
⑤ $\sqrt{\dfrac{32}{144}}=\dfrac{2}{3}$

0255 하

$\sqrt{\dfrac{30}{147}}$을 근호 안의 수가 가장 작은 자연수가 되도록 하여 $\dfrac{\sqrt{b}}{a}$의 꼴로 나타내었을 때, 자연수 a, b에 대하여 $a+b$의 값을 구하시오.

0256 중

$\dfrac{\sqrt{5}}{2\sqrt{3}}=\sqrt{a}$, $\dfrac{\sqrt{3}}{3\sqrt{5}}=\sqrt{b}$일 때, 유리수 a, b에 대하여 $4a+5b$의 값을 구하시오.

0257 중 ◀● 서술형

$\sqrt{\dfrac{150}{49}}=a\sqrt{6}$, $\sqrt{0.002}=b\sqrt{5}$일 때, 유리수 a, b에 대하여 $\dfrac{1}{ab}$의 값을 구하시오.

유형 | **05**	제곱근을 문자를 사용하여 나타내기

(i) 근호 안의 수를 소인수분해한다.

(ii) 근호를 분리한다. ← $a>0, b>0$일 때, $\sqrt{a}\sqrt{b}=\sqrt{ab}$임을 이용

(iii) 주어진 문자를 사용하여 나타낸다.

0258 ● 대표문제

$\sqrt{2}=a$, $\sqrt{3}=b$일 때, $\sqrt{450}$을 a, b를 사용하여 나타내면?

① $5ab$ ② a^2b ③ $5a^2b$
④ ab^2 ⑤ $5ab^2$

0259 중

$\sqrt{3}=A$, $\sqrt{5}=B$일 때, $\sqrt{80}-\sqrt{147}$을 A, B를 사용하여 나타내면?

① $4A-7B$ ② $7A-4B$ ③ $B-7A$
④ $4B-7A$ ⑤ $7B-4A$

0260 중

다음 물음에 답하시오.

(1) $\sqrt{15}=a$일 때, $\sqrt{0.006}$을 a를 사용하여 나타내시오.

(2) $\sqrt{4.3}=a$, $\sqrt{43}=b$일 때, $\sqrt{430}+\sqrt{0.43}$을 a, b를 사용하여 나타내시오.

0261 상 중

$\sqrt{2}=a$, $\sqrt{5}=b$일 때, $\sqrt{7}$을 a, b를 사용하여 나타내면?

① $a+b$ ② a^2+b^2 ③ ab
④ $\sqrt{a+b}$ ⑤ $\sqrt{a^2+b^2}$

중요 유형 | **06**	분모의 유리화 (1)

$a>0$, $b>0$일 때

(1) $\dfrac{b}{\sqrt{a}}=\dfrac{b\times\sqrt{a}}{\sqrt{a}\times\sqrt{a}}=\dfrac{b\sqrt{a}}{a}$ (2) $\dfrac{\sqrt{b}}{\sqrt{a}}=\dfrac{\sqrt{b}\times\sqrt{a}}{\sqrt{a}\times\sqrt{a}}=\dfrac{\sqrt{ab}}{a}$

(3) $\dfrac{c}{b\sqrt{a}}=\dfrac{c\times\sqrt{a}}{b\sqrt{a}\times\sqrt{a}}=\dfrac{c\sqrt{a}}{ab}$

⇒ 분모, 분자에 $\sqrt{a}$를 곱한다.

0262 ● 대표문제

$\dfrac{7}{\sqrt{18}}=A\sqrt{2}$, $\dfrac{3}{2\sqrt{3}}=B\sqrt{3}$일 때, 유리수 A, B에 대하여 $A+B$의 값을 구하시오.

0263 중 하

다음 중 분모를 유리화한 것으로 옳지 않은 것은?

① $\dfrac{1}{\sqrt{3}}=\dfrac{\sqrt{3}}{3}$ ② $\dfrac{6}{\sqrt{8}}=\dfrac{3\sqrt{2}}{2}$

③ $\dfrac{\sqrt{2}}{3\sqrt{5}}=\dfrac{\sqrt{10}}{15}$ ④ $\dfrac{3}{4\sqrt{7}}=\dfrac{3\sqrt{7}}{4}$

⑤ $\dfrac{2\sqrt{7}}{\sqrt{2\sqrt{6}}}=\dfrac{\sqrt{21}}{3}$

0264 중

$\dfrac{3\sqrt{a}}{2\sqrt{6}}$의 분모를 유리화하였더니 $\dfrac{\sqrt{15}}{2}$가 되었다. 이때 양수 a의 값은?

① 2 ② 3 ③ 5
④ 10 ⑤ 12

0265 상 중 ● 서술형

다음 수를 큰 것부터 차례로 나열할 때, 두 번째에 오는 수를 구하시오.

$$\dfrac{\sqrt{2}}{3},\ \dfrac{\sqrt{2}}{\sqrt{3}},\ \sqrt{3},\ \dfrac{2}{\sqrt{3}},\ \dfrac{2}{3}$$

유형 | 07 제곱근의 곱셈과 나눗셈의 혼합 계산

(ⅰ) 근호 안의 제곱인 인수를 근호 밖으로 꺼낸다.

(ⅱ) 나눗셈은 역수의 곱셈으로 고친 후 계산한다.

(ⅲ) 유리수에서와 같이 앞에서부터 순서대로 계산한다.

(ⅳ) 분모를 유리화한다.

예 $\sqrt{75} \div 10\sqrt{2} \times \sqrt{5} = 5\sqrt{3} \times \dfrac{1}{10\sqrt{2}} \times \sqrt{5} = \dfrac{\sqrt{15}}{2\sqrt{2}} = \dfrac{\sqrt{30}}{4}$

0266 ◀ 대표문제

$\dfrac{\sqrt{8}}{\sqrt{15}} \div \dfrac{2}{\sqrt{6}} \times \dfrac{3\sqrt{5}}{\sqrt{3}}$ 를 간단히 하면?

① $\dfrac{\sqrt{3}}{2}$ ② $\dfrac{\sqrt{6}}{2}$ ③ $\sqrt{3}$

④ $2\sqrt{3}$ ⑤ $2\sqrt{6}$

0267 중 하

$\left(-\dfrac{2}{\sqrt{3}}\right) \div \dfrac{\sqrt{5}}{\sqrt{6}} \times \dfrac{3}{\sqrt{2}}$ 을 간단히 하였더니 $k\sqrt{5}$가 되었다. 이때 유리수 k의 값을 구하시오.

0268 중

다음 중 옳지 <u>않은</u> 것을 모두 고르면? (정답 2개)

① $3\sqrt{12} \div (-2\sqrt{3}) = -3$

② $2\sqrt{20} \div \sqrt{10} \times \sqrt{2} = 4$

③ $\sqrt{18} \times \sqrt{48} \div \sqrt{108} = 2\sqrt{2}$

④ $\sqrt{\dfrac{3}{4}} \div \dfrac{\sqrt{2}}{\sqrt{10}} \div \dfrac{\sqrt{5}}{3} = \dfrac{3\sqrt{5}}{2}$

⑤ $\dfrac{5\sqrt{2}}{\sqrt{3}} \times \left(-\dfrac{\sqrt{7}}{\sqrt{5}}\right) \div \dfrac{\sqrt{14}}{2\sqrt{3}} = -4\sqrt{5}$

0269 상 중

다음을 만족시키는 유리수 a, b에 대하여 ab의 값을 구하시오.

$$3\sqrt{15} \div 2\sqrt{18} \times 2\sqrt{6} = a\sqrt{5}$$
$$\dfrac{\sqrt{50}}{2} \div (-6\sqrt{3}) \times \sqrt{48} = b\sqrt{2}$$

유형 | 08 제곱근의 곱셈과 나눗셈의 도형에의 활용

도형에서의 길이, 넓이, 부피

⇨ 조건에 맞게 식을 세운 후 제곱근의 성질을 이용하여 계산한다.

0270 ◀ 대표문제

오른쪽 그림과 같이 직사각형 ABCD에서 $\overline{AD}$, $\overline{CD}$를 각각 한 변으로 하는 정사각형을 그렸더니 그 넓이가 각각 32, 6이 되었다. 이때 직사각형 ABCD의 넓이는?

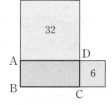

① $4\sqrt{6}$ ② $6\sqrt{3}$ ③ $7\sqrt{3}$

④ $8\sqrt{3}$ ⑤ $6\sqrt{6}$

0271 중

반지름의 길이가 각각 $4\sqrt{3}$ cm, $5\sqrt{2}$ cm인 두 원의 넓이의 합과 넓이가 같은 원의 반지름의 길이를 구하시오.

0272 중

오른쪽 그림과 같이 밑면의 반지름의 길이가 $3\sqrt{5}$ cm인 원뿔의 부피가 $45\sqrt{6}\pi$ cm³일 때, 이 원뿔의 높이를 구하시오.

$3\sqrt{5}$ cm

0273 중

다음 그림과 같은 삼각형과 직사각형의 넓이가 서로 같을 때, 삼각형의 밑변의 길이 x의 값을 구하시오.

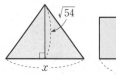

유형 | 09 제곱근의 덧셈과 뺄셈

a, b, c, d는 유리수, $\sqrt{x}, \sqrt{y}$는 무리수일 때
$$a\sqrt{x}+b\sqrt{y}+c\sqrt{x}+d\sqrt{y}=a\sqrt{x}+c\sqrt{x}+b\sqrt{y}+d\sqrt{y}$$
$$=(a+c)\sqrt{x}+(b+d)\sqrt{y}$$
⇨ 근호 안의 수가 같은 것끼리 모아서 계산한다.

0274 ◀●대표문제

$A=3\sqrt{5}+2\sqrt{5}-10\sqrt{5}$, $B=4\sqrt{3}-6\sqrt{3}+\sqrt{3}$일 때, $A-B$의 값은?

① $-\sqrt{3}+5\sqrt{5}$ ② $-\sqrt{3}+3\sqrt{5}$ ③ $\sqrt{3}+\sqrt{5}$
④ $\sqrt{3}-5\sqrt{5}$ ⑤ $5\sqrt{5}$

0275 중 하

$\dfrac{3\sqrt{3}}{4}+\dfrac{2\sqrt{6}}{5}-\dfrac{\sqrt{3}}{2}-\dfrac{2\sqrt{6}}{3}=a\sqrt{3}+b\sqrt{6}$일 때, 유리수 a, b에 대하여 ab의 값은?

① $-\dfrac{2}{15}$ ② $-\dfrac{1}{15}$ ③ $\dfrac{1}{15}$

④ $\dfrac{2}{15}$ ⑤ $\dfrac{4}{15}$

0276 중

$\dfrac{\sqrt{a}}{3}-\dfrac{\sqrt{a}}{5}=\dfrac{3}{5}$일 때, 양수 a의 값은?

① $\dfrac{16}{9}$ ② $\dfrac{25}{4}$ ③ $\dfrac{64}{9}$

④ $\dfrac{49}{4}$ ⑤ $\dfrac{81}{4}$

0277 상 중 ◀●서술형

$\sqrt{(3-\sqrt{3})^2}-\sqrt{(1-\sqrt{3})^2}$을 간단히 하시오.

유형 | 10 $\sqrt{a^2b}=a\sqrt{b}$를 이용한 제곱근의 덧셈과 뺄셈

(ⅰ) $\sqrt{a^2b}=a\sqrt{b}$ $(a>0, b>0)$를 이용하여 근호 안의 수를 가장 작은 자연수로 만든다.
(ⅱ) 근호 안의 수가 같은 것끼리 모아서 계산한다.

0278 ◀●대표문제

$2\sqrt{75}+6\sqrt{8}-4\sqrt{27}-\sqrt{128}=a\sqrt{2}+b\sqrt{3}$일 때, 유리수 a, b에 대하여 $a+b$의 값은?

① -6 ② -2 ③ 2
④ 4 ⑤ 6

0279 중 하

$\sqrt{175}-\sqrt{63}+\sqrt{28}=k\sqrt{7}$일 때, 유리수 k의 값은?

① 2 ② 4 ③ 6
④ 8 ⑤ 10

0280 중

$\sqrt{24}+3\sqrt{a}-\sqrt{150}=\sqrt{54}$일 때, 양수 a의 값은?

① 6 ② 15 ③ 18
④ 24 ⑤ 32

0281 중

$\sqrt{3}=a$, $\sqrt{5}=b$일 때, $\sqrt{125}-\sqrt{75}+\sqrt{108}-3\sqrt{20}$을 a, b를 사용하여 나타내면?

① $-a+b$ ② $a-3b$ ③ $a-b$
④ $2a-b$ ⑤ $3a-2b$

유형 | 11 분모에 제곱근이 있는 경우의 덧셈과 뺄셈

(i) 분모에 무리수가 있으면 분모를 유리화한다.

(ii) 근호 안의 수가 같은 것끼리 모아서 계산한다.

0282 ●대표문제

$\sqrt{45}-\dfrac{\sqrt{10}}{\sqrt{2}}+\dfrac{6}{\sqrt{3}}-\sqrt{27}=a\sqrt{3}+b\sqrt{5}$일 때, 유리수 a, b 에 대하여 ab의 값은?

① -4 ② -2 ③ -1

④ 2 ⑤ 4

0283 중하

$\sqrt{18}-\dfrac{3}{\sqrt{8}}+\dfrac{2}{\sqrt{50}}=k\sqrt{2}$일 때, 유리수 k의 값은?

① -35 ② $-\dfrac{15}{4}$ ③ $\dfrac{49}{20}$

④ $\dfrac{18}{5}$ ⑤ $\dfrac{15}{2}$

0284 중

$a=\sqrt{5}$이고 $b=a-\dfrac{1}{a}$일 때, b는 a의 몇 배인가?

① $\dfrac{\sqrt{2}}{5}$배 ② $\dfrac{\sqrt{3}}{5}$배 ③ $\dfrac{2}{5}$배

④ $\dfrac{\sqrt{6}}{5}$배 ⑤ $\dfrac{4}{5}$배

0285 중

다음 식을 간단히 하시오.

$$\sqrt{32}-\dfrac{6}{\sqrt{3}}-\sqrt{50}-\dfrac{\sqrt{24}}{2\sqrt{3}}+\sqrt{48}$$

유형 | 12 제곱근의 덧셈과 뺄셈의 수직선에의 활용

오른쪽 그림과 같은 수직 선 위의 두 점 P, Q에 대 하여

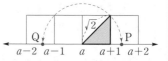

(1) 점 P의 좌표: $a+\sqrt{2}$

　　　└→ 점 P에 대응하는 수

(2) 점 Q의 좌표: $a-\sqrt{2}$

　　　└→ 점 Q에 대응하는 수

(3) ($\overline{\text{PQ}}$의 길이)=(점 P의 좌표)-(점 Q의 좌표)

　　　$=(a+\sqrt{2})-(a-\sqrt{2})=2\sqrt{2}$

0286 ●대표문제

다음 그림은 수직선 위에 한 변의 길이가 1인 정사각형 ABCD를 그린 것이다. $\overline{\text{AC}}=\overline{\text{AP}}$, $\overline{\text{BD}}=\overline{\text{BQ}}$이고 두 점 P, Q에 대응하는 수를 각각 p, q라 할 때, $p-q$의 값을 구 하시오.

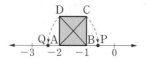

0287 중

다음 그림에서 사각형은 모두 정사각형이고 $\overline{\text{PR}}=\overline{\text{PA}}$, $\overline{\text{QS}}=\overline{\text{QB}}$일 때, 두 점 A, B 사이의 거리를 구하시오.

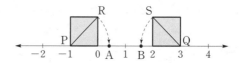

0288 중

오른쪽 그림에서 모눈 한 칸은 한 변의 길이가 1인 정사각형이다.

$\overline{\text{AB}}=\overline{\text{AP}}$, $\overline{\text{AD}}=\overline{\text{AQ}}$ 일 때, 두 점 P, Q에 대 응하는 수를 각각 p, q 하자. 이때 $2p-q$의 값을 구하시 오.

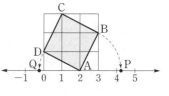

| 유형 | 13 | 근호를 포함한 식의 분배법칙 |

괄호가 있으면 분배법칙을 이용하여 괄호를 푼다.
$a>0$, $b>0$, $c>0$일 때

(1) $\sqrt{a}(\sqrt{b}+\sqrt{c})=\sqrt{ab}+\sqrt{ac}$, $\sqrt{a}(\sqrt{b}-\sqrt{c})=\sqrt{ab}-\sqrt{ac}$

(2) $(\sqrt{a}+\sqrt{b})\sqrt{c}=\sqrt{ac}+\sqrt{bc}$, $(\sqrt{a}-\sqrt{b})\sqrt{c}=\sqrt{ac}-\sqrt{bc}$

0289 ●◀대표문제

$\sqrt{3}\left(\dfrac{\sqrt{2}}{\sqrt{3}}-\dfrac{4\sqrt{15}}{3}\right)+\sqrt{2}(3-\sqrt{10})=a\sqrt{2}+b\sqrt{5}$일 때, 유리수 a, b에 대하여 $a+b$의 값은?

① -2 ② -1 ③ 0
④ 1 ⑤ 2

0290 중하

$\sqrt{(-3)^2}+(-2\sqrt{2})^2-\sqrt{3}\left(\sqrt{48}-\sqrt{\dfrac{1}{3}}\right)$을 간단히 하면?

① -1 ② 0 ③ $\sqrt{2}$
④ $\sqrt{3}$ ⑤ 2

0291 중

$3(\sqrt{45}-\sqrt{50})+2\sqrt{2}(4-\sqrt{10})=x\sqrt{2}+y\sqrt{5}$일 때, 유리수 x, y에 대하여 $x+y$의 값을 구하시오.

0292 중

$A=\sqrt{2}+\sqrt{3}$, $B=\sqrt{2}-\sqrt{3}$일 때, $\sqrt{3}A-\sqrt{2}B$의 값은?

① $\sqrt{6}-1$ ② $2\sqrt{6}+1$ ③ $2\sqrt{6}+4$
④ $3\sqrt{2}+2\sqrt{3}$ ⑤ $3\sqrt{2}+2\sqrt{6}$

| 유형 | 14 | 분모의 유리화 (2) − 분배법칙을 이용 |

$a>0$, $b>0$, $c>0$일 때

$$\frac{\sqrt{b}+\sqrt{c}}{\sqrt{a}}=\frac{(\sqrt{b}+\sqrt{c})\times\sqrt{a}}{\sqrt{a}\times\sqrt{a}}=\frac{\sqrt{ab}+\sqrt{ac}}{a}$$

0293 ●◀대표문제

$\dfrac{2\sqrt{10}-\sqrt{75}}{3\sqrt{2}}$의 분모를 유리화하였더니 $a\sqrt{5}+b\sqrt{6}$이 되었다. 이때 유리수 a, b에 대하여 $a-b$의 값을 구하시오.

0294 중

$\dfrac{\sqrt{15}-\sqrt{3}}{\sqrt{3}}-\dfrac{\sqrt{175}+2\sqrt{35}}{\sqrt{7}}$를 간단히 하면?

① $-6-\sqrt{5}$ ② $6-\sqrt{5}$ ③ $-6-3\sqrt{5}$
④ $-6+3\sqrt{5}$ ⑤ $6+3\sqrt{5}$

0295 중

$x=\dfrac{\sqrt{5}-\sqrt{2}}{3\sqrt{2}}$, $y=\dfrac{2\sqrt{6}-\sqrt{15}}{\sqrt{6}}$일 때, $3(x-y)$의 값을 구하시오.

0296 상중 ●◀서술형

$x=\dfrac{\sqrt{5}+\sqrt{3}}{\sqrt{2}}$, $y=\dfrac{\sqrt{5}-\sqrt{3}}{\sqrt{2}}$일 때, $\dfrac{x-y}{x+y}$의 값을 구하시오.

유형 | 15 근호를 포함한 복잡한 식의 계산

(i) 괄호가 있으면 분배법칙을 이용하여 괄호를 푼다.

(ii) $\sqrt{a^2 b}$의 꼴은 $a\sqrt{b}$의 꼴로 고친다.

(iii) 분모에 무리수가 있으면 분모를 유리화한다.

(iv) 곱셈, 나눗셈을 먼저 계산한다.

(v) 근호 안의 수가 같은 것끼리 모아서 간단히 한다.

0297 ◆대표문제

$\sqrt{3}(5+3\sqrt{2})-\dfrac{6-2\sqrt{2}}{\sqrt{3}}=p\sqrt{3}+q\sqrt{6}$일 때, 유리수 p, q 에 대하여 pq의 값을 구하시오.

0298 중

다음 식을 간단히 하시오.

$$\frac{2}{\sqrt{5}}(\sqrt{2}-\sqrt{5})+\frac{1}{\sqrt{7}}\left(\sqrt{14}+\frac{3\sqrt{70}}{5}\right)-\sqrt{2}$$

0299 중

$x=\dfrac{6}{\sqrt{3}}+2\sqrt{5}$, $y=4\sqrt{5}-\dfrac{\sqrt{3}}{3}$일 때, $\sqrt{5}x+2\sqrt{3}y$의 값은?

① $10\sqrt{15}-8$ ② $10\sqrt{15}-2$ ③ $2\sqrt{15}+2$

④ $2\sqrt{15}+8$ ⑤ $10\sqrt{15}+8$

0300 상중 ◆서술형

두 수 A, B가 다음과 같을 때, $A+B$의 값을 구하시오.

$$A=2\sqrt{3}(1-\sqrt{2})-\frac{3}{\sqrt{3}}+\sqrt{12}$$
$$B=\sqrt{2}(\sqrt{6}+\sqrt{27})-(\sqrt{18}-6)\div\sqrt{3}$$

유형 | 16 실수의 대소 관계

두 실수 a, b의 대소 비교 ⇨ $a-b$의 부호를 조사한다.

(1) $a-b>0$이면 $a>b$

(2) $a-b=0$이면 $a=b$

(3) $a-b<0$이면 $a<b$

0301 ◆대표문제

다음 중 두 실수의 대소 관계가 옳은 것은?

① $\sqrt{3}+1<2\sqrt{3}-2$ ② $4\sqrt{3}+1>\sqrt{75}$

③ $5\sqrt{6}+\sqrt{7}>\sqrt{7}+6\sqrt{5}$ ④ $3+\sqrt{5}>2\sqrt{2}+\sqrt{5}$

⑤ $2\sqrt{7}+\sqrt{2}>\sqrt{7}+3\sqrt{2}$

0302 중

다음 중 두 실수의 대소 관계가 옳지 <u>않은</u> 것은?

① $\sqrt{18}>5-\sqrt{2}$ ② $3-\sqrt{3}>4-2\sqrt{3}$

③ $5\sqrt{2}-2\sqrt{3}<3\sqrt{2}+\sqrt{3}$ ④ $3\sqrt{3}-4\sqrt{2}<-\sqrt{12}+\sqrt{8}$

⑤ $2\sqrt{7}-\sqrt{3}<3\sqrt{3}+\sqrt{7}$

0303 중

세 수 $A=2-\sqrt{3}$, $B=2\sqrt{3}-3$, $C=\sqrt{3}-1$의 대소 관계를 부등호를 사용하여 나타내시오.

0304 중

다음 세 수 a, b, c의 대소 관계를 바르게 나타낸 것은?

$$a=2\sqrt{7}-1,\quad b=2\sqrt{6}+\sqrt{7}-1,\quad c=\sqrt{7}+1$$

① $a<b<c$ ② $a<c<b$ ③ $b<a<c$

④ $b<c<a$ ⑤ $c<a<b$

개념원리 중학수학 3-1 50쪽

유형 | 17 제곱근의 사칙연산의 도형에의 활용

도형에서의 길이, 넓이, 부피
⇨ 조건에 맞게 식을 세운 후 근호를 포함한 식의 계산을 한다.

0305 ◀● 대표문제

오른쪽 그림과 같은 사다리꼴
ABCD의 넓이를 구하시오.

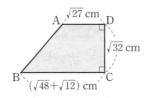

0306 중

오른쪽 그림과 같이 넓이가 각각
8 cm², 18 cm², 32 cm²인 정사
각형 모양의 색종이를 서로 이웃
하게 붙였다. 이때 $\overline{AD}$의 길이
를 구하시오.

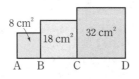

0307 중 ●● 서술형

오른쪽 그림과 같이 밑면의 가로, 세로의
길이가 각각 $\sqrt{12}$, $\sqrt{3}$인 직육면체의 부피
가 $18\sqrt{3}$일 때, 이 직육면체의 모든 모서리
의 길이의 합을 구하시오.

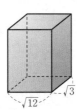

0308 상 중

오른쪽 그림과 같이 가로의 길이
가 $\sqrt{80}$ cm, 세로의 길이가
$\sqrt{125}$ cm인 직사각형 모양의 종
이의 네 귀퉁이에서 각각 한 변의
길이가 $\sqrt{5}$ cm인 정사각형을 잘
라 내고 뚜껑이 없는 직육면체 모
양의 상자를 만들었다. 이 상자의 부피를 구하시오.

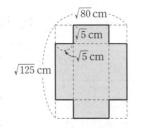

개념원리 중학수학 3-1 55쪽

중요 **유형 | 18** 제곱근표에 없는 제곱근의 값 구하기

(1) 근호 안이 100보다 큰 수일 때
 ⇨ $\sqrt{100a}=10\sqrt{a}$, $\sqrt{10000a}=100\sqrt{a}$, … 임을 이용한다.
(2) 근호 안이 0과 1 사이의 수일 때
 ⇨ $\sqrt{\dfrac{a}{100}}=\dfrac{\sqrt{a}}{10}$, $\sqrt{\dfrac{a}{10000}}=\dfrac{\sqrt{a}}{100}$, … 임을 이용한다.

0309 ◀● 대표문제

$\sqrt{5}=2.236$, $\sqrt{50}=7.071$일 때, 다음 중 옳은 것은?

① $\sqrt{500}=223.6$ ② $\sqrt{0.5}=0.2236$
③ $\sqrt{5000}=70.71$ ④ $\sqrt{0.05}=0.7071$
⑤ $\sqrt{0.005}=0.02236$

0310 중

$\sqrt{6.8}=2.608$일 때, 다음 중 이를 이용하여 그 값을 구할
수 없는 것은?

① $\sqrt{0.00068}$ ② $\sqrt{0.068}$ ③ $\sqrt{680}$
④ $\sqrt{6800}$ ⑤ $\sqrt{68000}$

0311 중

$\sqrt{6.58}=2.565$일 때, $\sqrt{a}=25.65$를 만족시키는 유리수 a의
값을 구하시오.

0312 상 중

다음 물음에 답하시오.

(1) $\sqrt{3}=1.732$, $\sqrt{30}=5.477$일 때, $\sqrt{0.12}$의 값을 구하시
오.
(2) $\sqrt{2}=1.414$일 때, $\sqrt{0.32}+\sqrt{\dfrac{1}{50}}$의 값을 구하시오.

유형 | **19**　**제곱근의 계산 결과가 유리수가 될 조건**

a, b가 유리수이고 $\sqrt{m}$이 무리수일 때, $a+b\sqrt{m}$이 유리수가 될
조건 ⇨ $b=0$

예 $3-\sqrt{2}+a\sqrt{2}$가 유리수가 되도록 하는 유리수 a의 값 구하기
$3-\sqrt{2}+a\sqrt{2}=3+(-1+a)\sqrt{2}$에서
$-1+a=0$ ∴ $a=1$

0313 ●●대표문제

$\dfrac{3-4\sqrt{12}}{\sqrt{3}}-2\sqrt{3}(3k+\sqrt{3})$이 유리수가 되도록 하는 유리수 k의 값은?

① -1　　　　② $-\dfrac{1}{2}$　　　　③ $\dfrac{1}{6}$

④ 2　　　　⑤ $\dfrac{7}{2}$

0314 중

$\sqrt{3}(\sqrt{3}+a)-\sqrt{12}(2-\sqrt{3})$이 유리수가 되도록 하는 유리수 a의 값을 구하시오.

0315 중

$\dfrac{a}{\sqrt{3}}(\sqrt{18}+\sqrt{27})-\sqrt{6}\left(\dfrac{2\sqrt{3}}{\sqrt{2}}-1\right)$이 유리수가 되도록 하는 유리수 a의 값은?

① -3　　　　② -2　　　　③ -1
④ 1　　　　⑤ 2

0316 상 중

$P=8\sqrt{6}+5(a-\sqrt{6})+3a\sqrt{6}+13$이 유리수가 되도록 하는 유리수 a의 값과 그때의 P의 값을 각각 구하시오.

유형 | **20**　**무리수의 정수 부분과 소수 부분**

(1) (무리수)=(정수 부분)+(소수 부분) ← $0<$(소수 부분)<1
(2) (무리수의 소수 부분)=(무리수)-(정수 부분)

예 $\sqrt{4}<\sqrt{5}<\sqrt{9}$, 즉 $2<\sqrt{5}<3$이므로
$\sqrt{5}$의 정수 부분 ⇨ 2, $\sqrt{5}$의 소수 부분 ⇨ $\sqrt{5}-2$

0317 ●●대표문제

$3+\sqrt{7}$의 정수 부분을 a, $2\sqrt{6}$의 소수 부분을 b라 할 때, $a+b$의 값은?

① $2\sqrt{6}+1$　　　② $2\sqrt{6}$　　　③ $2\sqrt{6}-1$
④ $\sqrt{7}+1$　　　⑤ $\sqrt{7}-1$

0318 중

$6-\sqrt{2}$의 정수 부분을 a, 소수 부분을 b라 할 때, $a-2b$의 값은?

① $-8\sqrt{2}$　　　② $-4\sqrt{2}$　　　③ $2\sqrt{2}$
④ $4\sqrt{2}$　　　⑤ $8\sqrt{2}$

0319 중 ●●서술형

$3-\sqrt{3}$의 정수 부분을 a, $\sqrt{10}+1$의 소수 부분을 b라 할 때, $\sqrt{10}a-b$의 값을 구하시오.

0320 상 중

$\sqrt{11}$의 소수 부분을 a라 할 때, $\sqrt{275}$의 소수 부분을 a를 사용하여 나타내면?

① $5a-2$　　　② $5a-1$　　　③ $5a$
④ $5a+1$　　　⑤ $5a+2$

0321

다음 중 옳지 않은 것은?

① $\sqrt{2^4 \times 3^2 \times 11} = 12\sqrt{11}$

② $\sqrt{12} \times 5\sqrt{6} = 30\sqrt{2}$

③ $2\sqrt{5} \div (-\sqrt{2}) = -\sqrt{10}$

④ $\sqrt{\dfrac{3}{5}} \sqrt{\dfrac{40}{9}} = \dfrac{2\sqrt{2}}{3}$

⑤ $2\sqrt{18} \div \sqrt{6} \times \sqrt{2} = 2\sqrt{6}$

0322

$\sqrt{15+3a} = 3\sqrt{5}$를 만족시키는 자연수 a의 값을 구하시오.

0323

$a = \sqrt{7}$, $b = \sqrt{70}$일 때, $\sqrt{0.28} + \sqrt{7000}$을 a, b를 사용하여 나타내면?

① $\dfrac{1}{3}a + b$　　② $\dfrac{1}{3}a + 10b$　　③ $\dfrac{1}{5}a + b$

④ $\dfrac{1}{5}a + 10b$　　⑤ $a + 10b$

중요
0324

$\dfrac{9\sqrt{3}}{\sqrt{5}} = a\sqrt{15}$, $\dfrac{20}{\sqrt{27}} = b\sqrt{3}$일 때, 유리수 a, b에 대하여 $\sqrt{ab}$의 값은?

① 1　　　② 2　　　③ 3

④ 4　　　⑤ 5

0325

다음 그림에서 직사각형의 넓이가 삼각형의 넓이의 3배일 때, 삼각형의 높이 x의 값을 구하시오.

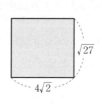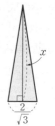

0326

다음 보기 중 옳은 것을 모두 고른 것은?

보기
ㄱ. $\sqrt{9} + \sqrt{25} = 8$　　　ㄴ. $\sqrt{5} + \sqrt{6} = \sqrt{11}$

ㄷ. $4\sqrt{3} - 2\sqrt{3} = 2\sqrt{3}$　　ㄹ. $3\sqrt{7} - 2\sqrt{5} = \sqrt{2}$

① ㄱ, ㄴ　　　② ㄱ, ㄷ　　　③ ㄴ, ㄷ

④ ㄴ, ㄹ　　　⑤ ㄷ, ㄹ

0327

$\sqrt{(11-\sqrt{3})^2} - \sqrt{(\sqrt{12}-4)^2}$을 간단히 하면?

① $-7\sqrt{3}$　　② $-\sqrt{3}$　　③ $\sqrt{3}$

④ $7 - \sqrt{3}$　　⑤ $7 + \sqrt{3}$

0328

$\sqrt{150} + \sqrt{24} - a\sqrt{6} = \sqrt{54}$일 때, 유리수 a의 값은?

① 3　　　② 4　　　③ 5

④ 6　　　⑤ 7

0329

$\dfrac{7}{-\sqrt{12}+2\sqrt{48}-\sqrt{27}}$의 분모를 유리화하면?

① $\dfrac{\sqrt{3}}{5}$ ② $\dfrac{7\sqrt{3}}{15}$ ③ $\dfrac{7\sqrt{3}}{9}$

④ $\dfrac{7\sqrt{3}}{5}$ ⑤ $\dfrac{7\sqrt{3}}{3}$

0330

다음을 만족시키는 유리수 a, b에 대하여 $a+b$의 값을 구하시오.

$$3(3-2\sqrt{6})-\dfrac{\sqrt{3}}{3}(6\sqrt{3}-9\sqrt{2})=a+b\sqrt{6}$$

0331

$\dfrac{2\sqrt{3}-\sqrt{2}}{\sqrt{2}}-\dfrac{\sqrt{18}+\sqrt{3}}{\sqrt{3}}$ 을 간단히 하면?

① $-2\sqrt{6}$ ② -2 ③ -1

④ 2 ⑤ $2\sqrt{6}$

0332

세 수 $A=2\sqrt{3}-3$, $B=\sqrt{3}$, $C=5-3\sqrt{3}$의 대소 관계를 부등호를 사용하여 나타내시오.

0333

오른쪽 그림과 같은 직육면체의 겉넓이는?

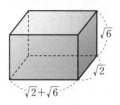

① $16+12\sqrt{6}$ ② $16+12\sqrt{3}$

③ $16+12\sqrt{2}$ ④ $12+16\sqrt{3}$

⑤ $12+16\sqrt{2}$

0334

다음 표는 제곱근표의 일부이다. 이 표를 이용하여 $\sqrt{232}$, $\sqrt{0.00241}$의 값을 차례로 구하시오.

수	0	1	2	3	4
2.3	1.517	1.520	1.523	1.526	1.530
2.4	1.549	1.552	1.556	1.559	1.562
⋮	⋮	⋮	⋮	⋮	⋮
23	4.796	4.806	4.817	4.827	4.837
24	4.899	4.909	4.919	4.930	4.940

0335

$\sqrt{1.5}=1.225$, $\sqrt{15}=3.873$일 때, 다음 중 옳지 <u>않은</u> 것은?

① $\sqrt{0.15}=0.3873$ ② $\sqrt{150}=12.25$

③ $\sqrt{0.015}=0.1225$ ④ $\sqrt{13.5}=3.625$

⑤ $\sqrt{135}=11.619$

0336

$3+\sqrt{7}$의 소수 부분을 a, $5-\sqrt{7}$의 소수 부분을 b라 할 때, $3a+\sqrt{7}b$의 값을 구하시오.

0337

$\sqrt{150a}=b\sqrt{3}$을 만족시키는 자연수 a, b에 대하여 $a+b$의 값 중 가장 작은 값을 구하시오.

0338

다음 그림에서 모눈 한 칸은 한 변의 길이가 1인 정사각형 이다. 점 A를 중심으로 $\overline{AC}$를 반지름으로 하는 원을 그려 수직선과 만나는 점에 대응하는 수를 각각 a, b라 할 때, $\sqrt{2}a+b$의 값을 구하시오. (단, $a<b$)

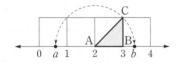

0339

오른쪽 그림과 같이 세 정사각형 A, B, C를 이웃하게 이어 붙였다. A의 넓이는 B의 넓이의 5배, B의 넓이는 C의 넓이의 5배이고, A의 넓이가 125 cm²일 때, 이 도형의 둘레의 길이를 구하시오.

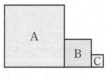

0340

$\dfrac{a}{\sqrt{2}}(\sqrt{8}-2)+\sqrt{24}\left(\dfrac{1}{\sqrt{3}}-\dfrac{1}{\sqrt{6}}\right)$이 유리수가 되도록 하는 유리수 a의 값을 구하시오.

○ 실력 UP 집중 학습은 실력 Up⁺로!!

0341

오른쪽 그림에서 □DBCE의 넓이 는 △ABC의 넓이의 $\dfrac{2}{3}$이다. $\overline{DE}/\!/\overline{BC}$이고 $\overline{BC}=6$일 때, $\overline{DE}$의 길이를 구하시오.

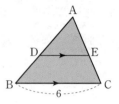

0342

$x=\dfrac{\sqrt{5}+\sqrt{30}}{\sqrt{5}}$, $y=\dfrac{\sqrt{18}-\sqrt{12}}{\sqrt{3}}$일 때, $\dfrac{3x-2y}{2x+y}$의 값은 $a+b\sqrt{6}$이다. 이때 유리수 a, b에 대하여 $a-b$의 값을 구 하시오.

0343

다음 도형은 넓이가 각각 8, 9, 16, 18인 정사각형을 한 정 사각형의 대각선의 교점에 다른 정사각형의 한 꼭짓점을 맞추고 겹치는 부분이 정사각형이 되도록 차례로 이어 붙 인 것이다. 이 도형의 둘레의 길이는?

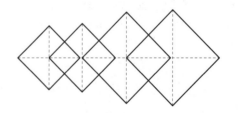

① $16\sqrt{2}+6$ ② $16\sqrt{2}+14$ ③ $16\sqrt{2}+20$
④ $20\sqrt{2}+14$ ⑤ $20\sqrt{2}+28$

0344

자연수 n에 대하여 $\sqrt{n}$의 소수 부분을 $f(n)$이라 할 때, $f(27)-f(75)$의 값을 구하시오.

다항식의 곱셈과 인수분해

03 다항식의 곱셈

03-1 (다항식)×(다항식)의 전개

(다항식)×(다항식)은 다음과 같은 순서로 계산한다.

(i) 분배법칙을 이용하여 전개한다.

(ii) 동류항이 있으면 동류항끼리 모아서 간단히 한다.

$$(a+b)(c+d)=\underset{①}{ac}+\underset{②}{ad}+\underset{③}{bc}+\underset{④}{bd}$$

例 $(a+2b)(3a-b)$
$=3a^2-ab+6ab-2b^2$ ⟩ 분배법칙
$=3a^2+5ab-2b^2$ ⟩ 동류항끼리 계산

○ 개념플러스

■ 분배법칙

$\overset{\frown}{m(a+b)}=ma+mb$

$\overset{\frown}{(a+b)m}=am+bm$

03-2 곱셈 공식

(1) $(a+b)^2=a^2+2ab+b^2$ ← 합의 제곱

(2) $(a-b)^2=a^2-2ab+b^2$ ← 차의 제곱

(3) $(a+b)(a-b)=a^2-b^2$ ← 합과 차의 곱

(4) $(x+a)(x+b)=x^2+(a+b)x+ab$

(5) $(ax+b)(cx+d)=acx^2+(ad+bc)x+bd$

■ $(-A-B)^2=\{-(A+B)\}^2$
$\qquad =(A+B)^2$
$(-A+B)^2=\{-(A-B)\}^2$
$\qquad =(A-B)^2$
$(-A-B)(-A+B)$
$=\{-(A+B)\}\{-(A-B)\}$
$=(A+B)(A-B)$

03-3 복잡한 식의 전개

(1) **공통부분이 있는 식의 전개** : 공통부분을 한 문자로 놓고 전개한 후 다시 공통부분을 대입하여 전개한다.

(2) ( )( )( )( ) **꼴의 전개** : 공통부분이 나오도록 2개씩 짝을 지어 전개한다.

03-4 다항식의 곱셈의 응용

(1) **곱셈 공식을 이용한 수의 계산**

  ① 수의 제곱의 계산

    ⇨ 곱셈 공식 $(a+b)^2=a^2+2ab+b^2$ 또는 $(a-b)^2=a^2-2ab+b^2$을 이용한다.

  ② 두 수의 곱의 계산

    ⇨ 곱셈 공식 $(a+b)(a-b)=a^2-b^2$ 또는
    $(x+a)(x+b)=x^2+(a+b)x+ab$를 이용한다.

(2) **곱셈 공식을 이용한 분모의 유리화**

  곱셈 공식 $(x+y)(x-y)=x^2-y^2$을 이용하여 분모를 유리화한다.

  ⇨ $\dfrac{c}{\sqrt{a}+\sqrt{b}}=\dfrac{c(\sqrt{a}-\sqrt{b})}{(\sqrt{a}+\sqrt{b})(\sqrt{a}-\sqrt{b})}=\dfrac{c(\sqrt{a}-\sqrt{b})}{a-b}$ (단, $a\neq b$)

(3) **곱셈 공식의 변형**

  ① $a^2+b^2=(a+b)^2-2ab$ ← 두 수의 합과 곱을 알고 제곱의 합을 구할 때
    $a^2+b^2=(a-b)^2+2ab$ ← 두 수의 차와 곱을 알고 제곱의 합을 구할 때

  ② $(a+b)^2=(a-b)^2+4ab$ ← 두 수의 차와 곱을 알고 합을 구할 때
    $(a-b)^2=(a+b)^2-4ab$ ← 두 수의 합과 곱을 알고 차를 구할 때

■ 두 수의 곱이 1인 식의 변형

① $a^2+\dfrac{1}{a^2}=\left(a+\dfrac{1}{a}\right)^2-2$

  $a^2+\dfrac{1}{a^2}=\left(a-\dfrac{1}{a}\right)^2+2$

② $\left(a+\dfrac{1}{a}\right)^2=\left(a-\dfrac{1}{a}\right)^2+4$

  $\left(a-\dfrac{1}{a}\right)^2=\left(a+\dfrac{1}{a}\right)^2-4$

교과서문제 정복하기

03-1 (다항식)×(다항식)의 전개

[0345~0348] 다음 식을 전개하시오.

0345 $(a+2)(2b-3)$

0346 $(3a-b)(c+4d)$

0347 $(-x+y)(5x-2y)$

0348 $(x-y)(x+y-3)$

03-2 곱셈 공식

[0349~0353] 다음 식을 전개하시오.

0349 $(x+1)^2$

0350 $(x-2y)^2$

0351 $(a-4)(a+4)$

0352 $(x-1)(x+7)$

0353 $(2y-5)(5y-1)$

03-3 복잡한 식의 전개

0354 다음 □ 안에 알맞은 것을 써넣으시오.

$(x+y+3)(x+y-3)$ ⟩ $x+y$를 A로 놓는다.
$=(A+3)(\boxed{}-3)$ ⟩ 전개한다.
$=\boxed{}$ ⟩ A에 $x+y$를 대입한다.
$=(\boxed{})^2-9$ ⟩ 전개한다.
$=\boxed{}$

03-4 다항식의 곱셈의 응용

[0355~0357] 다음 □ 안에 알맞은 양수를 써넣으시오.

0355 $105^2=(100+\boxed{})^2$
$\qquad =10000+1000+\boxed{}$
$\qquad =\boxed{}$

0356 $98^2=(100-\boxed{})^2$
$\qquad =10000-400+\boxed{}$
$\qquad =\boxed{}$

0357 $42\times38=(\boxed{}+2)(\boxed{}-2)$
$\qquad =\boxed{}-4$
$\qquad =\boxed{}$

[0358~0361] 다음 수의 분모를 유리화하시오.

0358 $\dfrac{1}{3+\sqrt{2}}$

0359 $\dfrac{1}{4-\sqrt{3}}$

0360 $\dfrac{5}{\sqrt{10}+3}$

0361 $\dfrac{4\sqrt{2}}{\sqrt{5}-\sqrt{3}}$

0362 $x+y=4$, $xy=-2$일 때, 다음 식의 값을 구하시오.

(1) x^2+y^2 (2) $(x-y)^2$

0363 $x-y=3$, $xy=4$일 때, 다음 식의 값을 구하시오.

(1) x^2+y^2 (2) $(x+y)^2$

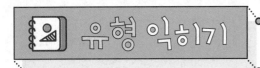

유형 | 01   **(다항식) × (다항식)의 전개**

분배법칙을 이용하여 전개한 후 동류항끼리 모아서 간단히 한다.

$$\Rightarrow (a+b)(x+y+z) = ax+ay+az+bx+by+bz$$

0364 ◀대표문제

$(3x+7)(Ax+B) = 12x^2 - Cx - 21$일 때, 상수 A, B, C에 대하여 $A+B+C$의 값은?

① -21 ② -18 ③ 4

④ 19 ⑤ 26

0365 중하

$(3x+A)(2x-5) = 6x^2 + Bx - 20$일 때, 상수 A, B에 대하여 $A-B$의 값을 구하시오.

0366 중하

$(x-2y+3)(2x-y)$를 전개하면?

① $2x^2 - 5xy + 2y^2 - 6x - 3y$
② $2x^2 + 5xy - 2y^2 + 6x + 3y$
③ $2x^2 - 5xy + 2y^2 + 6x - 3y$
④ $2x^2 + 5xy - 3y^2 - 6x + 2y$
⑤ $2x^2 - 5xy - 3y^2 + 6x - 2y$

0367 중

$(a+b-2)(a+5) - (2a-3)(b+4)$를 전개하시오.

유형 | 02   **계수 구하기**

특정한 항의 계수를 구할 때는 구하려는 항이 나오는 부분만 전개한다.

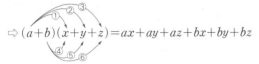

0368 ◀대표문제

$(5x-3)(2x^2-4x+3)$의 전개식에서 x^2의 계수를 p, x의 계수를 q라 할 때, $p+q$의 값은?

① -9 ② -5 ③ 1

④ 3 ⑤ 5

0369 중하

$(5x-y-2)(-3x+4y+1)$의 전개식에서 x의 계수는?

① -4 ② -1 ③ 6

④ 11 ⑤ 15

0370 중

$(-3x+2y)(ax+5y-1)$의 전개식에서 x^2의 계수와 xy의 계수가 같을 때, 상수 a의 값은?

① -3 ② -2 ③ 1

④ 2 ⑤ 3

0371 중

$(x-3y-2)(x+ay+b)$의 전개식에서 xy의 계수와 y의 계수가 모두 -2일 때, ab의 값을 구하시오.

(단, a, b는 상수)

유형 │ **03**	$(a+b)^2$, $(a-b)^2$의 전개 —합의 제곱 공식, 차의 제곱 공식

개념원리 중학수학 3-1 67쪽

$$(a+b)^2=a^2+\underline{2ab}+b^2 \qquad (a-b)^2=a^2-\underline{2ab}+b^2$$
곱의 2배 곱의 2배

0372 ◦● 대표문제

$(5x-2y)^2=ax^2+bxy+cy^2$일 때, 상수 a, b, c에 대하여 $a+b-c$의 값은?

① -9 ② -1 ③ 1
④ 9 ⑤ 12

0373 하

$\left(x+\dfrac{1}{3}\right)^2=x^2-ax+\dfrac{1}{9}$일 때, 상수 a의 값은?

① -2 ② $-\dfrac{4}{3}$ ③ $-\dfrac{2}{3}$
④ $\dfrac{2}{3}$ ⑤ 1

0374 중 하

다음 중 옳은 것은?

① $(x+3)^2=x^2+9$
② $(3x-1)^2=9x^2-12x+1$
③ $\left(\dfrac{1}{2}x+3\right)^2=\dfrac{1}{4}x^2+\dfrac{3}{2}x+9$
④ $(-2x-3)^2=-4x^2-12x+9$
⑤ $\left(-3x-\dfrac{1}{2}\right)^2=9x^2+3x+\dfrac{1}{4}$

0375 중 하

다음 중 $(-a+2b)^2$과 전개식이 같은 것은?

① $-(a-2b)^2$ ② $-(a+2b)^2$
③ $(-a-2b)^2$ ④ $(a-2b)^2$
⑤ $(a+2b)^2$

0376 중 하

$(3x-ay)^2$의 전개식에서 xy의 계수가 -30일 때, y^2의 계수는? (단, a는 상수)

① 1 ② 4 ③ 9
④ 16 ⑤ 25

0377 중 하

$(2x-3y)^2-2(x+2y)^2$을 전개하시오.

0378 중 ◦● 서술형

$(3x+A)^2$의 전개식이 Bx^2-Cx+4일 때, 상수 A, B, C에 대하여 $A-B-C$의 값을 구하시오. (단, $A>0$)

0379 상 중

$(Ax+3B)^2$의 전개식에서 x^2의 계수가 16, 상수항이 4일 때, x의 계수를 구하시오. (단, A, B는 양수)

개념원리 중학수학 3-1 68쪽

유형 | 04 $(a+b)(a-b)$의 전개 – 합과 차의 곱 공식

$$\underset{\text{합}}{(a+b)}\underset{\text{차}}{(a-b)}=\underset{\text{제곱의 차}}{a^2-b^2}$$

주의 $(-a+b)(a+b)=b^2-a^2$
$(-a-b)(-a+b)=a^2-b^2$

0380 ◐대표문제

$\left(-\dfrac{1}{2}x-4y\right)\left(-\dfrac{1}{2}x+4y\right)$를 전개하면?

① $-\dfrac{1}{4}x^2-16y^2$　　② $-\dfrac{1}{4}x^2+16y^2$

③ $\dfrac{1}{4}x^2-16y^2$　　④ $\dfrac{1}{4}x^2+\dfrac{1}{16}y^2$

⑤ $\dfrac{1}{2}x^2+4y^2$

0381 중하

다음 중 옳지 <u>않은</u> 것은?

① $(x+5)(x-5)=x^2-25$
② $(-3+x)(-3-x)=x^2-9$
③ $(-3a+6)(3a+6)=-9a^2+36$
④ $(-x-y)(x-y)=y^2-x^2$
⑤ $\left(y+\dfrac{1}{2}\right)\left(y-\dfrac{1}{2}\right)=y^2-\dfrac{1}{4}$

0382 중

$(2x+3y)(2x-3y)-3(-x+y)(-x-y)$를 전개하면 Ax^2+By^2일 때, 상수 A, B에 대하여 $A+B$의 값을 구하시오.

0383 중

다음 □ 안에 알맞은 수를 구하시오.

$$(1-a)(1+a)(1+a^2)(1+a^4)=1-a^{\square}$$

개념원리 중학수학 3-1 68쪽

유형 | 05 $(x+a)(x+b)$의 전개

$$(x+a)(x+b)=x^2+\underset{\text{합}}{(a+b)}x+\underset{\text{곱}}{ab}$$

0384 ◐대표문제

$(x+a)(x-7)=x^2+bx-14$일 때, 상수 a, b에 대하여 $a+b$의 값을 구하시오.

0385 중

$\left(x-\dfrac{1}{3}\right)(x+a)$의 전개식에서 x의 계수와 상수항이 같을 때, 상수 a의 값은?

① -2　　② $-\dfrac{1}{2}$　　③ $-\dfrac{1}{4}$

④ $\dfrac{1}{4}$　　⑤ 2

0386 중 ◐서술형

$(x-2)\left(x+\dfrac{1}{2}\right)$의 전개식에서 x의 계수를 a, $(x-3)(x+2)$의 전개식에서 상수항을 b라 할 때, ab의 값을 구하시오.

0387 중

다음 식을 전개하시오.

$$(x+3)(x-5)-3(x+1)(x-6)$$

유형 | 06 $(ax+b)(cx+d)$의 전개

개념원리 중학수학 3-1 69쪽

외항의 곱

$$(ax+b)(cx+d)=acx^2+(\underline{ad}+\underline{bc})x+bd$$

내항의 곱

0388 ◀● 대표문제

$(3x+a)(4x-5)=12x^2+bx-10$일 때, 상수 a, b에 대하여 $a-b$의 값을 구하시오.

0389 중

$(5x-3)(6x+1)-4(2x-1)(3x+1)$을 전개하면?

① $6x^2-13x-3$ ② $6x^2+13x+1$
③ $6x^2-9x+1$ ④ $6x^2+4$
⑤ $6x^2+9x+4$

0390 중 ◀● 서술형

$(Ax+1)(3x+B)=15x^2+Cx-5$일 때, 상수 A, B, C에 대하여 $A+B+C$의 값을 구하시오.

0391 삼 중

$4x+a$에 $2x+5$를 곱해야 할 것을 잘못하여 $5x+2$를 곱했더니 $20x^2+23x+6$이 되었다. 이때 바르게 계산한 식에서 x의 계수와 상수항의 합을 구하시오. (단, a는 상수)

유형 | 07 곱셈 공식 종합

개념원리 중학수학 3-1 67~69쪽

(1) $(a+b)^2=a^2+2ab+b^2$
(2) $(a-b)^2=a^2-2ab+b^2$
(3) $(a+b)(a-b)=a^2-b^2$
(4) $(x+a)(x+b)=x^2+(a+b)x+ab$
(5) $(ax+b)(cx+d)=acx^2+(ad+bc)x+bd$

0392 ◀● 대표문제

다음 중 옳지 않은 것은?

① $(3x-2y)^2=9x^2-12xy+4y^2$
② $(-x-5)^2=x^2-10x+25$
③ $\left(x+\dfrac{1}{4}\right)\left(-x+\dfrac{1}{4}\right)=-x^2+\dfrac{1}{16}$
④ $(x+11)(x-5)=x^2+6x-55$
⑤ $\left(2x+\dfrac{1}{3}\right)\left(6x+\dfrac{1}{2}\right)=12x^2+3x+\dfrac{1}{6}$

0393 중

다음 중 전개하였을 때, x의 계수가 가장 작은 것은?

① $(-x+3)^2$ ② $(4x-1)^2$
③ $(-x+4)(-x-6)$ ④ $(4-3x)(x+2)$
⑤ $(2x-5)(3x+1)$

0394 중

오른쪽 그림의 세 직사각형의 넓이 P, Q, R에 대하여 $P+Q=P+R$일 때, 다음 중 설명할 수 있는 곱셈 공식으로 가장 적당한 것은?

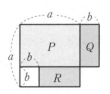

① $(a+b)^2=a^2+2ab+b^2$
② $(a-b)^2=a^2-2ab+b^2$
③ $(a+b)(a-b)=a^2-b^2$
④ $(x+a)(x+b)=x^2+(a+b)x+ab$
⑤ $(ax+b)(cx+d)=acx^2+(ad+bc)x+bd$

개념원리 중학수학 3-1 69쪽

유형 | 08 곱셈 공식의 도형에의 활용

곱셈 공식을 이용하여 직사각형의 넓이 구하기
(ⅰ) 가로, 세로의 길이를 문자를 사용하여 나타낸다.
(ⅱ) 직사각형의 넓이를 구하는 식을 세운 후 곱셈 공식을 이용하여 전개한다.

참고 일정한 간격만큼 떨어져 있는 도형의 넓이 구하기
⇨ 떨어져 있는 도형을 이동하여 붙여서 생각한다.

0395 ●대표문제

오른쪽 그림과 같이 가로의 길이가 $5x$, 세로의 길이가 $6x$인 직사각형을 가로의 길이는 2만큼 늘이고, 세로의 길이는 3만큼 줄였다. 이때 색칠한 직사각형의 넓이를 구하시오.

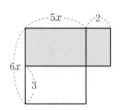

0396 중

오른쪽 그림은 가로의 길이가 $3x$, 세로의 길이가 $2x$인 직사각형 모양의 땅에 폭이 1로 일정한 길을 낸 것이다. 길을 제외한 땅의 넓이가 ax^2+bx+c일 때, 상수 a, b, c에 대하여 $a-b+c$의 값을 구하시오.

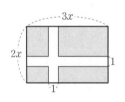

0397 중 ●서술형

오른쪽 그림과 같이 한 변의 길이가 a인 정사각형의 가로의 길이를 3만큼 줄이고 세로의 길이를 4만큼 늘여서 직사각형을 만들었더니 이 직사각형의 넓이는 처음 정사각형의 넓이보다 5만큼 크다고 한다. 이때 a의 값을 구하시오.

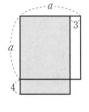

0398 중

오른쪽 그림과 같이 가로의 길이가 $5a$, 세로의 길이가 $4a$인 직사각형 모양의 땅에 폭이 1로 일정한 길을 내었을 때, 길을 제외한 땅의 넓이를 구하시오.

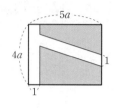

0399 중

다음 그림과 같이 한 변의 길이가 a인 정사각형을 대각선을 따라 자른 후 서로 합동인 직각이등변삼각형 2개를 잘라 내고 남은 부분을 다시 이어 붙였더니 새로운 직사각형이 되었다. 이때 이 직사각형의 넓이를 구하시오.

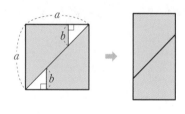

0400 상 중

오른쪽 그림과 같은 직사각형 ABCD에서 사각형 AGHE와 사각형 EFCD는 정사각형일 때, 사각형 GBFH의 넓이를 구하시오.

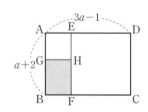

유형 | 09 공통부분이 있는 식의 전개

주어진 식에 공통부분이 있는 경우
⇨ 한 문자로 놓은 후 곱셈 공식을 이용하여 전개한다.

예 $(x+y-z)(x+y+z)$
$\quad =(A-z)(A+z)$ ⟩ $x+y$를 A로 놓는다.
$\quad =A^2-z^2$ ⟩ 전개한다.
$\quad =(x+y)^2-z^2$ ⟩ A에 $x+y$를 대입한다.
$\quad =x^2+2xy+y^2-z^2$ ⟩ 전개한다.

0401 ◦●대표문제

$(x+3y-2)(x-3y-2)$를 전개하면?

① $x^2-4x-9y^2-4$　　② $x^2-4x+9y^2-4$
③ $x^2-4x-9y^2+4$　　④ $x^2-4x+9y^2+4$
⑤ $x^2+4x+9y^2+4$

0402 중

다음 식을 전개하시오.

(1) $(x+y-z)(x-y-z)$
(2) $(x+y)(x+y-2)$
(3) $(2x+y-1)^2$

0403 중

다음 식의 전개에서 □ 안에 알맞은 식을 구하시오.

$(x-3y+1)^2=x^2-6xy+9y^2+\boxed{}$

0404 중 ◦●서술형

$(x+2y-3)^2$의 전개식에서 xy의 계수를 A, 상수항을 B라 할 때, $A-B$의 값을 구하시오.

유형 | 10 ( )( )( )( )꼴의 전개

두 일차식의 상수항의 합이 같아지도록 두 개씩 짝을 지어 전개한 후 공통부분을 한 문자로 놓고 전개한다.

0405 ◦●대표문제

$(x+1)(x+2)(x-3)(x-4)$의 전개식에서 x^3의 계수를 a, x의 계수를 b라 할 때, $a+b$의 값을 구하시오.

0406 중

다음 식을 전개하시오.

$$x(x+1)(x-2)(x-3)$$

0407 상 중

$(x-6)(x-2)(x+1)(x+5)$의 전개식이
$x^4+ax^3+bx^2+cx+d$일 때, 상수 a, b, c, d에 대하여
$a+b+c+d$의 값을 구하시오.

0408 상 중

$x^2-4x-1=0$일 때, $(x-5)(x-3)(x-1)(x+1)$의 값을 구하시오.

유형 | 11 **곱셈 공식을 이용한 수의 계산**

(1) 수의 제곱의 계산
　⇨ $(a+b)^2=a^2+2ab+b^2$, $(a-b)^2=a^2-2ab+b^2$을 이용

(2) 두 수의 곱의 계산
　⇨ $(a+b)(a-b)=a^2-b^2$,
　　$(x+a)(x+b)=x^2+(a+b)x+ab$를 이용

0409 ●━◁대표문제▷

다음 중 주어진 수를 곱셈 공식을 이용하여 계산할 때, 가장 편리한 곱셈 공식을 나타낸 것으로 옳지 <u>않은</u> 것은?

① $198^2 \Rightarrow (a-b)^2=a^2-2ab+b^2$ (단, $b>0$)

② $103^2 \Rightarrow (a+b)^2=a^2+2ab+b^2$ (단, $b>0$)

③ $104 \times 98 \Rightarrow (x+a)(x+b)=x^2+(a+b)x+ab$

④ $103 \times 97 \Rightarrow (a+b)(a-b)=a^2-b^2$

⑤ $504 \times 507 \Rightarrow (a+b)(a-b)=a^2-b^2$

0410 중하

다음 중 곱셈 공식 $(a+b)(a-b)=a^2-b^2$을 이용하여 계산하면 가장 편리한 것은?

① 97^2 　② 102^2 　③ 103×104

④ 8.1×7.9 　⑤ 99^2

0411 중하

다음 중 곱셈 공식 $(x+a)(x+b)=x^2+(a+b)x+ab$를 이용하여 계산하면 가장 편리한 것은?

① 95^2 　② 1004^2 　③ 55×45

④ 102×98 　⑤ 101×108

0412 중

곱셈 공식을 이용하여 $\dfrac{2018 \times 2021 + 2}{2019}$ 를 계산하시오.

유형 | 12 **곱셈 공식을 이용한 근호를 포함한 식의 계산**

제곱근을 문자로 생각하고 곱셈 공식을 이용한다.

(1) $(\sqrt{a}+\sqrt{b})^2=a+2\sqrt{ab}+b$

(2) $(\sqrt{a}-\sqrt{b})^2=a-2\sqrt{ab}+b$

(3) $(\sqrt{a}+\sqrt{b})(\sqrt{a}-\sqrt{b})=a-b$

(4) $(\sqrt{a}+b)(\sqrt{a}+c)=a+(b+c)\sqrt{a}+bc$

0413 ●━◁대표문제▷

$(-3\sqrt{7}+2)^2$을 계산하면?

① $-67-12\sqrt{7}$ 　② $-67+12\sqrt{7}$ 　③ $67-12\sqrt{7}$

④ $59+12\sqrt{7}$ 　⑤ $59-12\sqrt{7}$

0414 중하

$(5\sqrt{3}+3)(2\sqrt{3}-1)=a+b\sqrt{3}$일 때, 유리수 a, b에 대하여 $a-b$의 값은?

① 23 　② 24 　③ 25

④ 26 　⑤ 27

0415 중 ●━◁서술형▷

다음 두 수 M, N에 대하여 $M-N$의 값을 구하시오.

$$M=(\sqrt{3}+2\sqrt{2})^2, \quad N=(2\sqrt{6}-1)(4\sqrt{6}+3)$$

0416 상중

$(6+4\sqrt{2})(6-4\sqrt{2})(5+2\sqrt{6})(5-2\sqrt{6})$을 계산하시오.

유형 | 13   곱셈 공식을 이용한 분모의 유리화

분모가 2개의 항으로 되어 있는 무리수일 때는 곱셈 공식
$(a+b)(a-b)=a^2-b^2$을 이용하여 분모를 유리화한다.

⇨ $a>0$, $b>0$, $a \neq b$일 때

$$\frac{c}{\sqrt{a}+\sqrt{b}}=\frac{c(\sqrt{a}-\sqrt{b})}{(\sqrt{a}+\sqrt{b})(\sqrt{a}-\sqrt{b})}=\frac{c(\sqrt{a}-\sqrt{b})}{(\sqrt{a})^2-(\sqrt{b})^2}$$
$$=\frac{c(\sqrt{a}-\sqrt{b})}{a-b}$$

0417 ◀대표문제

$\dfrac{\sqrt{2}+5}{3-2\sqrt{2}}=a+b\sqrt{2}$일 때, 유리수 a, b에 대하여 $a+b$의 값은?

① -32 ② -6 ③ 0
④ 6 ⑤ 32

0418 중

$x=7+4\sqrt{3}$일 때, $x+\dfrac{1}{x}$의 값은?

① $-8\sqrt{3}$ ② -14 ③ 14
④ $8\sqrt{3}$ ⑤ $14+8\sqrt{3}$

0419 중

$\dfrac{\sqrt{6}-\sqrt{3}}{\sqrt{6}+\sqrt{3}}-\dfrac{\sqrt{6}+\sqrt{3}}{\sqrt{6}-\sqrt{3}}$ 을 간단히 하면?

① $-4\sqrt{2}$ ② $6-4\sqrt{2}$ ③ $4\sqrt{2}$
④ 6 ⑤ $6+4\sqrt{2}$

0420 상중

$f(x)=\sqrt{x+1}+\sqrt{x}$일 때,

$\dfrac{1}{f(1)}+\dfrac{1}{f(2)}+\dfrac{1}{f(3)}+\cdots+\dfrac{1}{f(8)}$의 값을 구하시오.

유형 | 14   곱셈 공식의 변형(1)

(1) $x^2+y^2=(x+y)^2-2xy=(x-y)^2+2xy$

(2) $(x+y)^2=(x-y)^2+4xy$, $(x-y)^2=(x+y)^2-4xy$

(3) $\dfrac{y}{x}+\dfrac{x}{y}=\dfrac{x^2+y^2}{xy}$

0421 ◀대표문제

$x+y=4\sqrt{3}$, $xy=5$일 때, x^2+y^2의 값은?

① 25 ② 30 ③ 38
④ 40 ⑤ 45

0422 중하

다음 식의 값을 구하시오.

(1) $x-y=6$, $x^2+y^2=58$일 때, xy의 값
(2) $a+b=7$, $ab=10$일 때, $(a-b)^2$의 값

0423 중하

$x-y=4$, $xy=3$일 때, $(x+y)^2$의 값은?

① 24 ② 26 ③ 28
④ 30 ⑤ 32

0424 상중

$x=\sqrt{3}+\sqrt{2}$, $y=\sqrt{3}-\sqrt{2}$일 때, $\dfrac{y}{x}+\dfrac{x}{y}$의 값은?

① $\dfrac{\sqrt{6}}{2}$ ② 8 ③ $6\sqrt{2}$
④ 10 ⑤ $12\sqrt{6}$

유형 | **15**   **곱셈 공식의 변형(2)**

개념원리 중학수학 3-1 76쪽

(1) $x^2+\dfrac{1}{x^2}=\left(x+\dfrac{1}{x}\right)^2-2=\left(x-\dfrac{1}{x}\right)^2+2$

(2) $\left(x+\dfrac{1}{x}\right)^2=\left(x-\dfrac{1}{x}\right)^2+4$

(3) $\left(x-\dfrac{1}{x}\right)^2=\left(x+\dfrac{1}{x}\right)^2-4$

0425 ●◁대표문제

$x-\dfrac{1}{x}=3$일 때, $\left(x+\dfrac{1}{x}\right)^2$의 값은?

① 7   ② 8   ③ 10

④ 13   ⑤ 15

0426 중

다음 식의 값을 구하시오.

(1) $x-\dfrac{1}{x}=4$일 때, $x^2+\dfrac{1}{x^2}$의 값

(2) $x+\dfrac{1}{x}=\sqrt{6}$일 때, $x^2+\dfrac{1}{x^2}$의 값

0427 상 중

$x^2+\dfrac{1}{x^2}=18$일 때, $x+\dfrac{1}{x}$의 값은? (단, $x>0$)

① 3   ② $2\sqrt{3}$ ③ 4

④ $3\sqrt{2}$ ⑤ $2\sqrt{5}$

0428 상

$x+\dfrac{1}{x}=2\sqrt{7}$일 때, $x-\dfrac{1}{x}$의 값을 구하시오.

(단, $0<x<1$)

유형 | **16**   **곱셈 공식의 변형(3)**

$x^2+ax\pm1=0\,(a\neq0)$의 꼴의 조건이 주어진 경우

⇨ $x\neq0$이므로 양변을 x로 나누면

$x+a\pm\dfrac{1}{x}=0$ ∴ $x\pm\dfrac{1}{x}=-a$

0429 ●◁대표문제

$x^2-8x+1=0$일 때, $x^2+\dfrac{1}{x^2}$의 값은?

① 56   ② 58   ③ 60

④ 62   ⑤ 64

0430 중

$x^2+4x-1=0$일 때, $\left(x+\dfrac{1}{x}\right)^2$의 값을 구하시오.

0431 상 중 ●◁서술형

$x^2-5x+1=0$일 때, $x^2-7+\dfrac{1}{x^2}$의 값을 구하시오.

0432 상

$x^2+3x-1=0$일 때, $x^2+x-\dfrac{1}{x}+\dfrac{1}{x^2}$의 값을 구하시오.

중요

0433

$\left(-x-\dfrac{1}{2}y\right)^2=x^2+Axy+By^2$일 때, 상수 A, B에 대하여 $A-B$의 값은?

① $-\dfrac{5}{4}$ ② $-\dfrac{3}{4}$ ③ $\dfrac{1}{2}$

④ $\dfrac{3}{4}$ ⑤ $\dfrac{5}{4}$

0434

다음 중 $(-a+b)(-a-b)$와 전개식이 같은 것은?

① $(a+b)(-a-b)$ ② $(a-b)(-a-b)$

③ $-(a-b)^2$ ④ $(a+b)(a-b)$

⑤ $-(a+b)(a-b)$

0435

다음 중 □ 안에 알맞은 수가 나머지 넷과 <u>다른</u> 하나는?

① $(x-7)(x+5)=x^2-□x-35$

② $(x+6)\left(x-\dfrac{1}{3}\right)=x^2+\dfrac{17}{3}x-□$

③ $(x+y)(x+2y)=x^2+3xy+□y^2$

④ $(a+4)(a-2)=a^2+□a-8$

⑤ $(a-3b)(-a+5b)=-a^2+□ab-15b^2$

중요

0436

$3(2x+1)^2-(5x+6)(2x-3)$을 전개하면?

① $2x^2-15$ ② $2x^2+9x-15$

③ $2x^2+9x+21$ ④ $2x^2+15x+18$

⑤ $2x^2+15x+21$

0437

오른쪽 그림은 가로의 길이가 $5a$, 세로의 길이가 $4a$인 직사각형을 네 개의 직사각형으로 나눈 것이다. 색칠한 부분의 넓이의 합은?

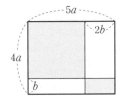

① $20a^2-13ab+4b^2$

② $20a^2+13ab+4b^2$

③ $20a^2-13ab+2b^2$

④ $20a^2-13ab$

⑤ $20a^2+13ab$

0438

$(3x+a)(2x-1)$의 전개식에서 x의 계수가 상수항의 7배일 때, 상수 a의 값은?

① -1 ② $-\dfrac{1}{2}$ ③ $\dfrac{1}{3}$

④ 1 ⑤ 2

중요

0439

다음 중 옳은 것은?

① $(x+3y)^2=x^2+6x+9y^2$

② $\left(x-\dfrac{3}{4}\right)^2=x^2-\dfrac{3}{2}x+\dfrac{9}{16}$

③ $(-a+5)(-a-5)=-a^2+25$

④ $(-3x-2y)^2=9x^2-12xy+4y^2$

⑤ $(2x+3y)(4x-5y)=8x^2-2xy-15y^2$

0440

다음 중 전개하였을 때, x의 계수가 나머지 넷과 <u>다른</u> 하나 는?

① $(2x-3)^2$ ② $(x-7)(x-5)$

③ $(x+2)(7x-2)$ ④ $(-x+8)(-x+4)$

⑤ $(5x+3)(x-3)$

0441

오른쪽 그림과 같이 가로의 길이가 $3a+1$, 세로의 길이가 $5a+1$인 직 사각형 모양의 땅에 폭이 2로 일정한 길을 내었을 때, 길을 제외한 땅의 넓이를 구하시오.

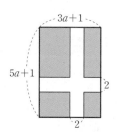

중요

0442

$(a+b+1)(a-b+1)$을 전개하면?

① a^2-b^2-2a-1 ② a^2-b^2-2a+1

③ a^2-b^2+2a+1 ④ a^2+b^2-2a+1

⑤ a^2+b^2+2a+1

0443

곱셈 공식을 이용하여 60.2×59.8을 계산하려고 할 때, 다 음 중 어떤 곱셈 공식을 이용하는 것이 가장 편리한가?

① $(a+b)^2=a^2+2ab+b^2$ (단, $b>0$)

② $(a-b)^2=a^2-2ab+b^2$ (단, $b>0$)

③ $(a+b)(a-b)=a^2-b^2$

④ $(x+a)(x+b)=x^2+(a+b)x+ab$

⑤ $(ax+b)(cx+d)=acx^2+(ad+bc)x+bd$

0444

$(\sqrt{3}-2)(a\sqrt{3}+4)$가 유리수가 되도록 하는 유리수 a의 값은?

① -4 ② -2 ③ 0

④ 2 ⑤ 4

0445

$x=\dfrac{\sqrt{2}+1}{\sqrt{2}-1}$일 때, x^2-6x-7의 값을 구하시오.

0446

$x+y=6$, $(x+3)(y+3)=24$일 때, x^2+xy+y^2의 값을 구하시오.

중요

0447

$x+\dfrac{1}{x}=4$일 때, $\left(x-\dfrac{1}{x}\right)^2$의 값은?

① 4 ② 8 ③ 12

④ 16 ⑤ 20

정답과 풀이 p.32

서술형 주관식

중요
0448
$(x+ay+5)(2x+3y+b)$의 전개식에서 상수항이 5, xy의 계수가 -5일 때, 상수 a, b에 대하여 $a+b$의 값을 구하시오.

0449
$(3x-Ay+2)^2$의 전개식에서 xy의 계수가 -24, y의 계수가 B일 때, $A+B$의 값을 구하시오. (단, A는 상수)

0450
$x+y=6$, $x^2+y^2=30$일 때, $\dfrac{y}{x}+\dfrac{x}{y}$의 값을 구하시오.

0451
$x^2+7x+1=0$일 때, $x^2+\dfrac{1}{x^2}$의 값을 구하시오.

실력 UP

○ 실력 UP 집중 학습은 실력 Up⁺로!!

0452
$(2+1)(2^2+1)(2^4+1)(2^8+1)$을 전개하면?

① $2^{16}-1$　　② 2^{16}　　③ $2^{16}+1$
④ $2^{32}-1$　　⑤ $2^{32}+1$

0453
$(x+5)(x-4)$를 전개하는데 -4를 A로 잘못 보고 전개하였더니 x^2+9x+B가 되었고, $(3x-2)(x+1)$을 전개하는데 3을 D로 잘못 보고 전개하였더니 Cx^2-8x-2가 되었다. 이때 $A-B-C$의 값을 구하시오.
(단, A, B, C, D는 상수)

0454
$x^2+6x+9=0$일 때, $(x-1)(x+2)(x+4)(x+7)$의 값을 구하시오.

0455
$x=\dfrac{\sqrt{6}+\sqrt{2}}{\sqrt{6}-\sqrt{2}}$, $y=\dfrac{\sqrt{6}-\sqrt{2}}{\sqrt{6}+\sqrt{2}}$일 때, x^2-xy+y^2의 값을 구하시오.

04 인수분해

04-1 인수분해의 뜻

○ 개념플러스

(1) **인수**: 하나의 다항식을 두 개 이상의 다항식의 곱으로 나타낼 때, 각각의 식을 처음 다항식의 **인수**라 한다.

(2) **인수분해**: 하나의 다항식을 두 개 이상의 인수의 곱으로 나타내는 것을 그 다항식을 **인수분해**한다고 한다.

$$x^2+3x+2 \xrightarrow[\text{전개}]{\text{인수분해}} \underbrace{(x+1)(x+2)}_{\text{인수}}$$

▪ 모든 다항식에서 1과 자기 자신은 그 다항식의 인수이다.

04-2 공통인 인수로 묶어 인수분해하기

다항식의 각 항에 공통인 인수가 있을 때는 분배법칙을 이용하여 공통인 인수로 묶어 내어 인수분해한다.

$$\Rightarrow ma+mb=m(a+b)$$

공통인 인수

▪ 인수분해할 때는 공통인 인수가 남지 않도록 모두 묶어 낸다.
예 $2a^2b-10b^2$의 인수분해
$\Rightarrow 2(a^2b-5b^2)\ (\times)$
$2b(a^2-5b)\ (\bigcirc)$

04-3 인수분해 공식

(1) **완전제곱식**: 다항식의 제곱으로 된 식 또는 이 식에 상수를 곱한 식
예 $(a+b)^2$, $2(x-y)^2$

(2) $a^2 \pm 2ab+b^2$ 꼴의 인수분해

① $a^2+2ab+b^2=(a+b)^2$ ② $a^2-2ab+b^2=(a-b)^2$

참고 x^2+ax+b가 완전제곱식이 될 조건

① b의 조건 $\Rightarrow b=\left(\dfrac{a}{2}\right)^2$ ② a의 조건 $\Rightarrow a=\pm 2\sqrt{b}$ (단, $b>0$)

▪ 특별한 조건이 없으면 다항식의 인수분해는 유리수의 범위에서 더 이상 인수분해할 수 없을 때까지 인수분해한다.

(3) a^2-b^2 꼴의 인수분해

$a^2-b^2=(a+b)(a-b)$ ← 항이 2개이면서 제곱의 차의 꼴이면 합·차 공식을 이용한다.

(4) $x^2+(a+b)x+ab$ 꼴의 인수분해

$x^2+\underset{\text{합}}{(a+b)}x+\underset{\text{곱}}{ab}=(x+a)(x+b)$ ← 항이 3개이면서 x^2의 계수가 1인 경우

예 다항식 x^2+4x+3에서 곱이 3, 합이 4인 두 정수를 오른쪽 표에서 찾으면 1과 3이므로
$x^2+4x+3=(x+1)(x+3)$

곱이 3인 두 정수	두 정수의 합
1, 3	4
$-1, -3$	-4

(5) $acx^2+(ad+bc)x+bd$ 꼴의 인수분해

$acx^2+(ad+bc)x+bd=(ax+b)(cx+d)$ ← 항이 3개이면서 x^2의 계수가 1이 아닌 경우

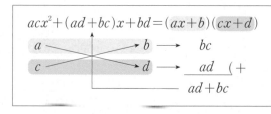

정답과 풀이 p.34

04-1 인수분해의 뜻

[0456~0459] 다음 식은 어떤 다항식을 인수분해한 것인지 구하시오.

0456 $(x+3)^2$

0457 $(x+3)(x-3)$

0458 $(x+2)(x-5)$

0459 $(3x+1)(x-2)$

04-2 공통인 인수로 묶어 인수분해하기

[0460~0462] 다음 다항식의 공통인 인수를 구하고, 인수분해하시오.

0460 $ax+bx-cx$

0461 x^2-x

0462 $2m^3-6m^2$

[0463~0465] 다음 식을 인수분해하시오.

0463 $x^2y^2-2xy^2$

0464 $4a^2b-16ab^2$

0465 $3x^2y+xy^2-2xy$

[0466~0468] 다음 식을 인수분해하시오.

0466 $a(x-2)+5(x-2)$

0467 $(a-b)^2-x(a-b)$

0468 $(2x+3)(a-1)+(2x+3)(3a+2)$

04-3 인수분해 공식

[0469~0471] 다음 식을 인수분해하시오.

0469 $x^2+x+\dfrac{1}{4}$

0470 $25x^2-10x+1$

0471 $4x^2+4xy+y^2$

[0472~0475] 다음 식이 완전제곱식이 되도록 □ 안에 알맞은 수를 써넣으시오.

0472 $x^2+10x+\boxed{}$ **0473** $a^2-24ab+\boxed{}b^2$

0474 $x^2+\boxed{}x+81$ **0475** $a^2+\boxed{}a+\dfrac{1}{25}$

[0476~0478] 다음 식을 인수분해하시오.

0476 $4x^2-9$

0477 $9a^2-b^2$

0478 $81x^2-\dfrac{1}{16}y^2$

[0479~0481] 다음 식을 인수분해하시오.

0479 $x^2+8x+15$

0480 $x^2+3x-18$

0481 $x^2-xy-20y^2$

[0482~0484] 다음 식을 인수분해하시오.

0482 $3x^2+4x+1$

0483 $6x^2-13x+6$

0484 $2x^2-xy-6y^2$

04-4 **복잡한 식의 인수분해**

○ 개념플러스

(1) 공통인 인수가 있으면 공통인 인수로 묶은 후 인수분해 공식을 이용한다.

예 $3xy^2 - 9xy - 12x = \boxed{3x}(y^2 - 3y - 4) = 3x(y+1)(y-4)$
  └→ 공통인 인수로 묶어 낸다.

(2) 공통부분이 있으면 공통부분을 한 문자로 놓은 후 인수분해한다.

예 $(\underline{x-3y}-2)(\underline{x-3y}-1)-6$ $\Big\}$ $x-3y$를 A로 놓는다.
$= (A-2)(A-1)-6$
$= A^2 - 3A - 4$ $\Big\}$ 인수분해한다.
$= (A+1)(A-4)$ $\Big\}$ A에 $x-3y$를 대입한다.
$= (x-3y+1)(x-3y-4)$

(3) 항이 4개인 식의 인수분해

① 공통인 인수가 생기도록 (2개의 항)+(2개의 항)으로 묶는다.

예 $xy + x - y - 1 = x(y+1) - (y+1) = (x-1)(y+1)$

② $A^2 - B^2$의 꼴이 되도록 (3개의 항)+(1개의 항) 또는 (1개의 항)+(3개의 항)으로 묶는다.

예 $x^2 - 4y^2 + 4y - 1 = x^2 - (4y^2 - 4y + 1)$
$= x^2 - (2y-1)^2 = (x+2y-1)(x-2y+1)$

▪ $A^2 - B^2$의 꼴이 되도록 묶는 경우 완전제곱식이 되는 3개의 항을 찾는다.

(4) 항이 5개 이상이거나 문자가 여러 개인 식의 인수분해

차수가 낮은 문자에 대하여 내림차순으로 정리한다.

예 $x^2 - xy - 3x + 4y - 4 = (-x+4)y + (x^2 - 3x - 4)$ ←─ y에 대하여 내림차순으로 정리
$= -(x-4)y + (x-4)(x+1)$
$= (x-4)(x-y+1)$

▪ **내림차순**: 다항식을 어떤 문자에 대하여 차수가 높은 항부터 낮은 항의 순서로 나열하는 것

04-5 **인수분해를 이용한 수의 계산**

복잡한 수의 계산에서 인수분해 공식을 이용하면 수의 계산을 간단히 할 수 있다.

(1) **공통인 인수로 묶은 후 계산하기** ⇨ $ma + mb = m(a+b)$

예 $28 \times 7 + 28 \times 3 = 28(7+3) = 28 \times 10 = 280$

(2) **완전제곱식 이용하기** ⇨ $a^2 + 2ab + b^2 = (a+b)^2$, $a^2 - 2ab + b^2 = (a-b)^2$

예 $29^2 + 58 + 1 = 29^2 + 2 \times 29 \times 1 + 1^2 = (29+1)^2 = 30^2 = 900$

(3) **제곱의 차 이용하기** ⇨ $a^2 - b^2 = (a+b)(a-b)$

예 $87^2 - 13^2 = (87+13)(87-13) = 100 \times 74 = 7400$

04-6 **인수분해를 이용한 식의 값의 계산**

주어진 식에 직접 대입하는 것보다 주어진 식을 인수분해한 후 문자의 값을 대입하여 식의 값을 구한다.

예 $x = \sqrt{2} + 1$, $y = \sqrt{2} - 1$일 때, $x^2 - y^2$의 값
  └→ $x+y = 2\sqrt{2}$, $x-y = 2$이므로 $x^2 - y^2 = (x+y)(x-y) = 2\sqrt{2} \times 2 = 4\sqrt{2}$

04-4 복잡한 식의 인수분해

[0485~0487] 다음 식을 공통인 인수로 묶어 내어 인수분해하시오.

0485 a^3+4a^2+8a

0486 x^3-9x

0487 $2ax^2-10ax+12a$

[0488~0491] 다음 식을 인수분해하시오.

0488 $(a+2)^2+2(a+2)+1$

0489 $(x+y)^2-16$

0490 $(3x+1)^2-4(3x+1)-32$

0491 $2(x+y)^2+5(x+y)-3$

[0492~0495] 다음 □ 안에 공통으로 들어갈 식을 구하시오.

0492 $x^2-xy+x-y=x(\boxed{})+(\boxed{})$
$\qquad\qquad =(\boxed{})(x+1)$

0493 $a^2-4a+ab-4b=a(\boxed{})+b(\boxed{})$
$\qquad\qquad\qquad =(\boxed{})(a+b)$

0494 $a^2+6a+9-b^2=(a^2+6a+9)-b^2$
$\qquad\qquad\qquad =(\boxed{})^2-b^2$
$\qquad\qquad\qquad =(\boxed{}+b)(\boxed{}-b)$

0495 $x^2-2x+1-4y^2=(x^2-2x+1)-4y^2$
$\qquad\qquad\qquad =(\boxed{})^2-(2y)^2$
$\qquad\qquad\qquad =(\boxed{}+2y)(\boxed{}-2y)$

[0496~0498] 다음 식을 인수분해하시오.

0496 $x^2-y^2+2x-2y$

0497 $4-x^2-y^2+2xy$

0498 x^3-x^2+x-1

0499 다음은 $x^2+2xy-2x-6y-3$을 인수분해하는 과정이다. □ 안에 알맞은 것을 써넣으시오.

$x^2+2xy-2x-6y-3$
$=2y(\boxed{})+x^2-2x-3$
$=2y(\boxed{})+(x+1)(\boxed{})$
$=(\boxed{})(x+\boxed{}+1)$

04-5 인수분해를 이용한 수의 계산

[0500~0504] 인수분해 공식을 이용하여 다음을 계산하시오.

0500 $15\times47-15\times45$

0501 $51^2-102+1$

0502 62^2-38^2

0503 $30\times51^2-30\times49^2$

0504 $\sqrt{50^2-30^2}$

04-6 인수분해를 이용한 식의 값의 계산

[0505~0508] 인수분해 공식을 이용하여 다음 식의 값을 구하시오.

0505 $x=202$일 때, x^2-4x+4

0506 $x=1+\sqrt{2}$, $y=1-\sqrt{2}$일 때, $x^2-2xy+y^2$

0507 $a=7.2$, $b=2.8$일 때, a^2-b^2

0508 $x+y=5$, $x-y=9$일 때, $x^2-y^2+4x-4y$

유형 | 01 인수

하나의 다항식을 두 개 이상의 다항식의 곱으로 나타낼 때, 각각의 식을 처음 다항식의 인수라 한다.

예 $2x^2-xy=x(2x-y)$일 때, $2x^2-xy$의 인수

⇨ $1, x, 2x-y, x(2x-y)$

0509 ◦● 대표문제

다음 중 $3a^2(a+b)$의 인수가 <u>아닌</u> 것은?

① 1 　　② $3a^2$ 　　③ $a(a+b)$

④ $3a+b$ 　　⑤ $3a(a+b)$

0510 하

다음 중 $x-1$을 인수로 갖지 <u>않는</u> 것은?

① $x-1$ 　　　② $5(x-1)$

③ $(x-1)+x$ 　　　④ $(2x+1)(x-1)$

⑤ $(x-1)^2$

0511 중 하

다음 보기 중 $2(x-2)(2x+1)$의 인수인 것을 모두 고른 것은?

―― 보기 ――

ㄱ. 2 　　　　　　　ㄴ. $2x-2$

ㄷ. $2x+1$ 　　　　　ㄹ. $2x+2$

ㅁ. $(x-2)(2x+1)$ 　　ㅂ. $2(x-2)(2x+1)$

① ㄱ, ㄴ, ㅁ 　　　② ㄴ, ㄹ, ㅂ

③ ㄱ, ㄷ, ㄹ, ㅁ 　　④ ㄱ, ㄷ, ㅁ, ㅂ

⑤ ㄴ, ㄷ, ㄹ, ㅁ, ㅂ

유형 | 02 공통인 인수를 이용한 인수분해

공통인 인수가 있을 때는 분배법칙을 이용하여 공통인 인수로 묶어 내어 인수분해한다.

$$mA+mB-mC=m(A+B-C)$$

0512 ◦● 대표문제

다음 중 $-4x^2y+2xy$의 인수가 <u>아닌</u> 것은?

① xy 　　② $2x+1$ 　　③ $x(2x-1)$

④ $y(2x-1)$ 　　⑤ $xy(2x-1)$

0513 중 하

다음 중 인수분해한 것이 옳은 것은?

① $7a^2-a=7a(a-1)$

② $3x^2-15x=3(x^2-5x)$

③ $4x^2y-3xy+x=x(4xy-3y)$

④ $-2x^2-8x=-2x(x+4)$

⑤ $10ax-5ay=a(10x-5y)$

0514 중 하

$(a-b)^2+(a+b)(b-a)$를 인수분해하면?

① $-2a(a-b)$ 　　② $-2b(a-b)$ 　　③ $2a(a-b)$

④ $2b(a-b)$ 　　⑤ $2b(a+b)$

0515 중

$(x-2y)(x-1)-y(2y-x)$가 x의 계수가 1인 두 일차식의 곱으로 인수분해될 때, 두 일차식의 합을 구하시오.

유형 | 03 $a^2 \pm 2ab + b^2$ 꼴의 인수분해

개념원리 중학수학 3−1 87쪽

항이 3개이고 제곱인 항이 2개인 경우

(1) $a^2 + 2ab + b^2 = (a+b)^2$

(2) $a^2 - 2ab + b^2 = (a-b)^2$

0516 ●●대표문제

다음 중 완전제곱식으로 인수분해할 수 없는 것은?

① $x^2 + 10x + 25$ ② $x^2 - 12xy + 36y^2$

③ $9a^2 - 12ab + 4b^2$ ④ $4a^2 - 20ab - 25b^2$

⑤ $2x^2 - 2x + \dfrac{1}{2}$

0517 중하

다음 중 $\dfrac{4}{25}a^2 - \dfrac{3}{5}ab + \dfrac{9}{16}b^2$의 인수인 것은?

① $a - \dfrac{3}{16}$ ② $a + \dfrac{3}{4}$ ③ $\dfrac{2}{5}a - \dfrac{3}{4}b$

④ $\dfrac{2}{5}a + \dfrac{3}{4}b$ ⑤ $\dfrac{2}{25}a - \dfrac{3}{16}b$

0518 중

다음 중 인수분해한 것이 옳지 않은 것은?

① $-4x^2 + 16x - 16 = -4(x-2)^2$

② $3ax^2 - 24axy + 48ay^2 = 3(x-4y)^2$

③ $a^2 - a + \dfrac{1}{4} = \left(a - \dfrac{1}{2}\right)^2$

④ $a^2 - 16ab + 64b^2 = (a-8b)^2$

⑤ $4x^2 - 12x + 9 = (2x-3)^2$

0519 상중

$ax^2 + 24xy + by^2 = (4x + cy)^2$일 때, 상수 a, b, c에 대하여 $a+b+c$의 값을 구하시오.

유형 | 04 완전제곱식이 되도록 하는 미지수의 값 구하기

개념원리 중학수학 3−1 88쪽

(1) x^2의 계수가 1인 경우

$x^2 + ax + b$ $(b>0)$의 꼴에서

$\Rightarrow b = \left(\dfrac{a}{2}\right)^2$, $a = \pm 2\sqrt{b}$

(2) x^2의 계수가 1이 아닌 경우

$(ax)^2 \pm 2 \times ax \times by + (by)^2 = (ax \pm by)^2$ (복부호 동순)

0520 ●●대표문제

다음 두 식이 모두 완전제곱식이 되도록 하는 양수 m, n에 대하여 $\dfrac{m}{n}$의 값을 구하시오.

$$4x^2 - 20x + m, \quad x^2 + nx + \dfrac{1}{16}$$

0521 중하

$\dfrac{1}{4}x^2 + axy + y^2$이 완전제곱식이 되도록 하는 상수 a의 값은?

① -2 ② $-\dfrac{1}{2}$ ③ $\pm\dfrac{1}{2}$

④ ± 1 ⑤ ± 2

0522 중

$4x^2 + (5+k)xy + 9y^2$이 완전제곱식이 되도록 하는 모든 상수 k의 값의 합은?

① -24 ② -10 ③ 2

④ 10 ⑤ 24

0523 중 ●●서술형

$(x+2)(x-6) + k$가 완전제곱식이 되도록 하는 상수 k의 값을 구하시오.

유형 | 05 근호 안이 완전제곱식으로 인수분해되는 식

근호 안의 식을 인수분해한 후 부호에 주의하여 근호를 없앤다.

$$\Rightarrow \sqrt{a^2}=\begin{cases} a & (a\geq 0) \\ -a & (a<0) \end{cases}$$

0524 ●●대표문제

$-4<x<3$일 때, $\sqrt{x^2-6x+9}+\sqrt{x^2+8x+16}$을 간단히 하면?

① -7　　　　② 1　　　　③ 7

④ $-2x+7$　　⑤ $2x+1$

0525 중 ●●서술형

$0<a<1$일 때, $\sqrt{a^2+2a+1}-\sqrt{a^2-2a+1}$을 간단히 하시오.

0526 중

$2<x<6$일 때, $\sqrt{9x^2-36x+36}-\sqrt{x^2-12x+36}$을 간단히 하시오.

0527 상 중

$0<2x<1$일 때, $\sqrt{x^2+x+\dfrac{1}{4}}+\sqrt{x^2-x+\dfrac{1}{4}}-\sqrt{x^2}$을 간단히 하시오.

유형 | 06 a^2-b^2 꼴의 인수분해

항이 2개이면서 제곱의 차의 꼴인 경우
⇨ 합·차 공식 이용
$$A^2-B^2=(A+B)(A-B)$$

0528 ●●대표문제

다음 중 x^4-x^2의 인수가 <u>아닌</u> 것은?

① $x-1$　　　　② x　　　　③ $x+1$

④ x^2　　　　⑤ $(x+1)^2$

0529 중 하

다음 중 인수분해한 것이 옳은 것은?

① $x^2-25=(x-5)^2$

② $\dfrac{1}{4}x^2-y^2=\dfrac{1}{4}(x+y)(x-y)$

③ $x^4-1=(x^2-1)^2$

④ $-x^3+x=-x(x+1)(x-1)$

⑤ $16a^2-81b^2=(4a+9)(4a-9)$

0530 중

$-18x^2+98y^2=a(bx+cy)(bx-cy)$일 때, 정수 a, b, c에 대하여 $a-b+c$의 값은? (단, $a<0$, $b>0$, $c>0$)

① -2　　　　② -1　　　　③ 0

④ 1　　　　⑤ 2

0531 중

$(a-1)x^2+(1-a)y^2$을 인수분해하시오.

유형 | 07 $x^2+(a+b)x+ab$ 꼴의 인수분해

항이 3개이면서 x^2의 계수가 1인 이차식의 인수분해

(ⅰ) 합이 일차항의 계수, 곱이 상수항인 두 수를 찾는다.

(ⅱ) 두 일차식의 곱으로 나타낸다.

$\Rightarrow x^2+(a+b)x+ab=(x+a)(x+b)$

0532 ●○ 대표문제

$x^2+Ax+21=(x+B)(x-3)$일 때, 상수 A, B에 대하여 $A+B$의 값은?

① -17 ② -18 ③ -19

④ -20 ⑤ -21

0533 중

다음 식을 인수분해하시오.

(1) $x^2-3x-28$

(2) $3x^2+6x-72$

(3) $a^3-4a^2b-32ab^2$

0534 중

x의 계수가 1인 두 일차식의 곱이 $(x-6)(x+2)-33$일 때, 두 일차식의 합은?

① $2x-11$ ② $2x-7$ ③ $2x-4$

④ $2x+4$ ⑤ $2x+11$

0535 상 중

$x^2+Ax-8=(x+a)(x+b)$에서 a, b가 정수일 때, 다음 중 상수 A의 값이 될 수 없는 것은?

① -7 ② -2 ③ 2

④ 6 ⑤ 7

유형 | 08 $acx^2+(ad+bc)x+bd$ 꼴의 인수분해

항이 3개이면서 x^2의 계수가 1이 아닌 이차식의 인수분해

$\Rightarrow acx^2+(ad+bc)x+bd=(ax+b)(cx+d)$

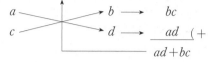

0536 ●○ 대표문제

$2x^2-7xy+3y^2=(ax+by)(cx+dy)$일 때, 정수 a, b, c, d에 대하여 $a+b+c+d$의 값은? (단, $a>0$)

① -2 ② -1 ③ 0

④ 1 ⑤ 2

0537 중 하

다음 식을 인수분해하시오.

(1) $6x^2-x-12$

(2) $9x^2-21xy+6y^2$

(3) $10a^2+3ab-4b^2$

0538 중

$4x^2+9x-9=(x+a)(4x+b)$일 때, 정수 a, b에 대하여 $a+b$의 값은?

① -6 ② -3 ③ 0

④ 3 ⑤ 6

0539 중

$3x^2+(7a+4)x-8$을 인수분해하면 $(x+b)(3x+2)$일 때, 상수 a, b에 대하여 $a-b$의 값을 구하시오.

유형 | 09 인수분해 공식 종합

(1) $a^2+2ab+b^2=(a+b)^2$

(2) $a^2-2ab+b^2=(a-b)^2$

(3) $a^2-b^2=(a+b)(a-b)$

(4) $x^2+(a+b)x+ab=(x+a)(x+b)$

(5) $acx^2+(ad+bc)x+bd=(ax+b)(cx+d)$

0540 ◦●대표문제

다음 중 인수분해한 것이 옳지 <u>않은</u> 것은?

① $25x^2-30xy+9y^2=(5x-3y)^2$

② $3x^2-xy-10y^2=(x+2y)(3x-5y)$

③ $x^2+\dfrac{2}{3}x+\dfrac{1}{9}=\left(x+\dfrac{1}{3}\right)^2$

④ $\dfrac{4}{9}a^2-\dfrac{1}{4}b^2=\left(\dfrac{2}{3}a+\dfrac{1}{2}b\right)\left(\dfrac{2}{3}a-\dfrac{1}{2}b\right)$

⑤ $12x^2-2x-2=2(2x-1)(3x+1)$

0541 중

다음 중 □ 안에 알맞은 수가 나머지 넷과 <u>다른</u> 하나는?

① $x^2-3x-10=(x+\square)(x-5)$

② $3x^2+\square x-5=(x-1)(3x+5)$

③ $x^2-4y^2=(x+2y)(x-\square y)$

④ $5x^2-7xy+\square y^2=(x-y)(5x-2y)$

⑤ $\square x^2+4x-2=-2(x-1)^2$

0542 중

다음 **보기**에서 $x-5$를 인수로 갖는 다항식을 모두 고른 것은?

┌──── 보기 ┃────
ㄱ. $2x^2-11x+5$ ㄴ. x^2-x-20
ㄷ. $3x^2+13x-10$ ㄹ. $2x^2-4x-30$
└─────────────

① ㄱ, ㄴ 　② ㄷ, ㄹ 　③ ㄱ, ㄴ, ㄷ

④ ㄱ, ㄴ, ㄹ 　⑤ ㄱ, ㄴ, ㄷ, ㄹ

유형 | 10 두 다항식의 공통인 인수

두 다항식을 각각 인수분해한 후 공통으로 들어 있는 인수를 찾는다.

0543 ◦●대표문제

다음 두 다항식의 공통인 인수는?

$$x^2-x-6,\ 2x^2+x-6$$

① $x-2$ 　② $x+2$ 　③ $x-3$

④ $2x-3$ 　⑤ $2x+3$

0544 중

다음 중 나머지 넷과 1이 아닌 공통인 인수를 갖지 <u>않는</u> 것은?

① $-2a^2b+2ab$ 　② $a^2+2ab-3b^2$

③ $-3a+3b$ 　④ $2a^2-3ab+b^2$

⑤ a^3b-ab^3

0545 중

다음 두 다항식의 공통인 인수가 $ax+b$일 때, 정수 a, b에 대하여 ab의 값을 구하시오. (단, $a>0$)

$$6x^2+x-2,\ 8x^2-10x+3$$

0546 상중 ◦●서술형

두 다항식 $9x^2-1$, $3x^2+2x-1$의 공통인 인수는 $ax-1$이고, 두 다항식 x^2+5x-6, $5x^2-3x-2$의 공통인 인수는 $x+b$일 때, 상수 a, b에 대하여 $a-b$의 값을 구하시오.

유형 | 11 인수가 주어진 이차식의 미지수의 값 구하기

(1) 일차식 $px+q$가 이차식 ax^2+bx+c의 인수이면

$\Rightarrow ax^2+bx+c=(px+q)(\square x+\triangle)$

　　　　주어진 인수 나머지 인수

(2) 다항식이 $px+q$를 인수로 갖는다.

$\Rightarrow$ 다항식을 $px+q$로 나누면 나누어떨어진다.

0547 ●● 대표문제

$x-3$이 $2x^2+ax-3$의 인수일 때, 상수 a의 값은?

① -5 　　　　② -3 　　　　③ 1

④ 4 　　　　⑤ 6

0548 중

다항식 $5x^2+Ax-6$을 $5x-3$으로 나누면 나누어떨어질 때, 상수 A의 값은?

① 1 　　　　② 3 　　　　③ 5

④ 7 　　　　⑤ 9

0549 중

다항식 $12x^2-Axy-2y^2$이 $4x+y$를 인수로 가질 때, 다음 중 이 다항식의 다른 한 인수는? (단, A는 상수)

① $2x-3y$ 　　　② $2x+3y$ 　　　③ $3x-y$

④ $3x-2y$ 　　　⑤ $3x+2y$

0550 상 중

다음 두 다항식의 공통인 인수가 $x-1$일 때, 상수 a, b에 대하여 $a+b$의 값을 구하시오.

$$2x^2-3x+a,\ 7x^2+bx-3$$

유형 | 12 계수 또는 상수항을 잘못 보고 인수분해한 경우

잘못 본 것을 제외한 나머지 값은 제대로 보았다는 것을 이용한다.

(1) 상수항을 잘못 본 식 $\Rightarrow x^2+ax+b$

　　　　　　　제대로 본 수 잘못 본 수

(2) x의 계수를 잘못 본 식 $\Rightarrow x^2+cx+d$

　　　　　　　잘못 본 수 제대로 본 수

(1), (2)에서 처음 이차식은 x^2+ax+d

0551 ●● 대표문제

x^2의 계수가 1인 어떤 이차식을 준상이는 x의 계수를 잘못 보아 $(x+1)(x-8)$로 인수분해하였고, 진영이는 상수항을 잘못 보아 $(x-4)(x+6)$으로 인수분해하였다. 처음 이차식을 바르게 인수분해한 것은?

① $(x+2)(x-4)$ 　　　② $(x-2)(x+4)$

③ $(x-3)(x+8)$ 　　　④ $(x-4)(x+6)$

⑤ $(x+1)(x-6)$

0552 중 ●● 서술형

x^2의 계수가 1인 어떤 이차식을 영진이는 상수항을 잘못 보아 $(x+4)(x-5)$로 인수분해하였고, 형우는 x의 계수를 잘못 보아 $(x-2)(x+3)$으로 인수분해하였다. 처음 이차식을 바르게 인수분해하시오.

0553 상 중

x에 대한 어떤 이차식을 예지는 x의 계수를 잘못 보아 $(x+6)(2x-1)$로 인수분해하였고, 유나는 상수항을 잘못 보아 $(x+4)(2x-7)$로 인수분해하였다. 처음 이차식을 바르게 인수분해하시오.

유형 | 13 인수분해의 도형에의 활용

(1) (직사각형의 넓이)=(가로의 길이)×(세로의 길이)
(2) (사다리꼴의 넓이)
$=\dfrac{1}{2}\times\{(윗변의 길이)+(아랫변의 길이)\}\times(높이)$

유형 | 14 공통부분이 있는 식의 인수분해

(1) 공통부분을 한 문자로 놓고 인수분해한 후 문자에 원래의 식을 대입하여 정리한다.
(2) 공통부분이 2개 있으면 각각을 서로 다른 문자로 놓고 인수분해한다.

0554 ●━대표문제

오른쪽 그림과 같이 넓이가 $2x^2+11x+5$이고, 세로의 길이가 $x+5$인 직사각형의 가로의 길이를 구하시오.

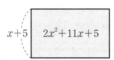

$x+5$ $2x^2+11x+5$

0555 중

다음 그림의 직사각형을 모두 사용하여 하나의 큰 정사각형을 만들 때, 이 정사각형의 한 변의 길이는?

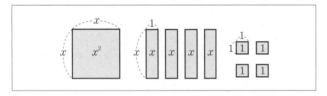

① x　　　　② $x+1$　　　　③ $x+2$
④ $2x$　　　　⑤ $2x+1$

0556 중

오른쪽 그림과 같은 사다리꼴의 넓이가 $3a^2-5a+2$일 때, 이 사다리꼴의 높이를 구하시오.

$a-5$
$a+3$

0557 상 중 ●━서술형

다음 그림에서 두 도형 A, B의 넓이가 같을 때, 도형 B의 가로의 길이를 구하시오.

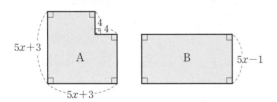

$5x+3$　A　$\dfrac{4}{4}$　　B　$5x-1$
$5x+3$

0558 ●━대표문제

$(a-b-2)(a-b+5)-18$을 인수분해하면?

① $(a-b+1)(a-b-1)$
② $(a+b-1)(a+b+2)$
③ $(a-b-4)(a-b+7)$
④ $(a-b+4)(a-b-7)$
⑤ $(a+b+4)(a+b+2)$

0559 중

다음 식을 인수분해하시오.

(1) $(3x-1)^2-4(y+1)^2$
(2) $(a+b+1)(a+b-1)-3$

0560 중

$2(2x+3)^2+5(2x+3)-3$을 인수분해하였더니 $2(x+a)(4x+b)$가 되었다. 이때 상수 a, b에 대하여 $a-b$의 값은?

① -2　　　　② -1　　　　③ 0
④ 1　　　　⑤ 2

0561 상 중

$6(x+4)^2+11(x+4)(x-1)-10(x-1)^2$이 x의 계수와 상수항이 모두 자연수인 두 일차식의 곱으로 인수분해될 때, 두 일차식의 합을 구하시오.

유형 | 15 · 항이 4개인 식의 인수분해 − 두 항씩 묶기

개념원리 중학수학 3−1 99쪽

항이 4개인 경우
⇨ 공통인 인수가 생기도록 (2개의 항)+(2개의 항)으로 묶는다.

0562 ◉대표문제

다음 중 $x^2-2x+2y-y^2$의 인수인 것을 모두 고르면?

(정답 2개)

① $x-y-2$ ② $x-y$ ③ $x+y-2$

④ $x+y$ ⑤ $x+y+2$

0563 중

$x^2-9y^2-2x+6y$를 인수분해하면?

① $(x-3y)(x-3y+2)$ ② $(x-3y)(x+3y-2)$

③ $(x-3y)(x+3y+2)$ ④ $(x+3y)(x-3y-2)$

⑤ $(x+3y)(x-3y+2)$

0564 중

$x^3+5-x-5x^2$이 x의 계수가 1인 세 일차식의 곱으로 인수분해될 때, 세 일차식의 합을 구하시오.

0565 상 중

다음 두 다항식의 공통인 인수를 구하시오.

$$xy+y^2-x-y, \quad xy+1-x-y$$

유형 | 16 · 항이 4개인 식의 인수분해 − 세 항을 묶기

개념원리 중학수학 3−1 100쪽

항 4개 중 3개가 완전제곱식으로 인수분해되는 경우
⇨ (3개의 항)+(1개의 항) 또는 (1개의 항)+(3개의 항)으로 묶어
A^2-B^2의 꼴로 나타낸 후 $A^2-B^2=(A+B)(A-B)$를 이용한다.

0566 ◉대표문제

$9x^2-6xy+y^2-4$를 인수분해하면?

① $(3x-y-2)(3x+y-2)$

② $(3x-y-2)(3x+y+2)$

③ $(3x-y+2)(3x-y-2)$

④ $(3x-y+2)(3x+y+2)$

⑤ $(3x+y+2)(3x+y-2)$

0567 중

다음 중 $a^2-4b^2-4bc-c^2$의 인수인 것을 모두 고르면?

(정답 2개)

① $a-2b-c$ ② $a+2b-c$ ③ $a+2b+c$

④ $a-4b+c$ ⑤ $a+4b-c$

0568 중 ◉서술형

$16-x^2+4xy-4y^2$이 $(a+x+by)(a-x+cy)$로 인수분해될 때, 상수 a, b, c에 대하여 abc의 값을 구하시오.

(단, $a>0$)

0569 중

$25x^2-9y^2+12yz-4z^2$이 x의 계수가 5인 두 일차식의 곱으로 인수분해될 때, 두 일차식의 합을 구하시오.

유형 | 17   **인수분해 공식을 이용한 수의 계산**

복잡한 수의 계산에서 인수분해 공식을 이용하면 편리한 경우가 있다.

0570 ●◀**대표문제**

인수분해 공식을 이용하여 다음을 계산할 때, $A-B$의 값을 구하시오.

> $A=12.5^2-5\times12.5+2.5^2$
> $B=\sqrt{52^2-48^2}$

0571 중하

다음 중 $64^2-36^2=100\times28$임을 설명하는 데 가장 알맞은 인수분해 공식은? (단, $a>0$, $b>0$)

① $a^2+2ab+b^2=(a+b)^2$
② $a^2-2ab+b^2=(a-b)^2$
③ $a^2-b^2=(a+b)(a-b)$
④ $x^2+(a+b)x+ab=(x+a)(x+b)$
⑤ $acx^2+(ad+bc)x+bd=(ax+b)(cx+d)$

0572 중

인수분해 공식을 이용하여 $\dfrac{999\times1000+999}{1000^2-1}$를 계산하시오.

0573 중

인수분해 공식을 이용하여 $3^2-5^2+7^2-9^2+11^2-13^2$을 계산하면?

① -96 ② -48 ③ 24
④ 48 ⑤ 96

유형 | 18   **인수분해 공식을 이용한 식의 값**

(ⅰ) 값을 구하려는 식을 인수분해한다.
(ⅱ) 조건으로 주어진 문자의 값을 바로 대입하거나 변형하여 대입한다.

0574 ●◀**대표문제**

$x+y=-3$, $x-y=\sqrt{5}$일 때, $x^2-y^2+4x-4y$의 값은?

① -5 ② $-2\sqrt{5}$ ③ $\sqrt{5}$
④ $2\sqrt{5}$ ⑤ 10

0575 중

$x=\dfrac{1}{2+\sqrt{3}}$, $y=\dfrac{1}{2-\sqrt{3}}$일 때, x^3y-xy^3의 값은?

① $-8\sqrt{3}$ ② $-4\sqrt{3}$ ③ $4\sqrt{3}$
④ 8 ⑤ $8\sqrt{3}$

0576 중

$\sqrt{2}$의 소수 부분을 x라 할 때, $(x+4)^2-6(x+4)+8$의 값은?

① -2 ② -1 ③ 1
④ 2 ⑤ 3

0577 상중

$x=1+\sqrt{3}$일 때, $\dfrac{x^3-3x^2-x+3}{x^2-2x-3}$의 값을 구하시오.

유형 | 19   ( )( )( )( )+k 꼴의 인수분해

(i) 공통부분이 생기도록 2개씩 묶어 전개한다.
    └─→ 상수항의 합이 같아지도록 묶는다.
(ii) 공통부분을 한 문자로 놓고 인수분해한다.

0578 ●대표문제

$x(x+1)(x+2)(x+3)-15$를 인수분해하면?

① $(x^2-3x-3)(x^2-3x+5)$
② $(x^2-3x+3)(x^2-3x-5)$
③ $(x^2+3x-3)(x^2+3x+5)$
④ $(x^2+3x+3)(x^2+3x-5)$
⑤ $(x-1)(x-5)(x^2+3x-3)$

0579 중

다음 중 $(x+1)(x+3)(x-2)(x-4)+24$의 인수가 아닌 것을 모두 고르면? (정답 2개)

① $x-3$ ② $x-2$ ③ $x+2$
④ x^2+x-8 ⑤ x^2-x-8

0580 상 중 ●서술형

다음 식을 인수분해하시오.

$$(a-1)(a-3)(a-5)(a-7)+15$$

0581 상 중

$(x-5)(x-3)(x+1)(x+3)+36=(x^2+ax+b)^2$일 때, 상수 a, b에 대하여 $a-b$의 값을 구하시오.

유형 | 20   항이 5개 이상인 복잡한 식의 인수분해

(i) 차수가 낮은 문자에 대하여 내림차순으로 정리한다. 이때 문자의 차수가 모두 같으면 어느 한 문자에 대하여 내림차순으로 정리한다.
(ii) 공통인수로 묶어 내거나 인수분해 공식을 이용하여 인수분해한다.

0582 ●대표문제

$x^2-xy-6x+3y+9$를 인수분해하면?

① $(x-3)(x-y-3)$ ② $(x-3)(x-y+3)$
③ $(x-3)(x+y-3)$ ④ $(x-3)(x+y+3)$
⑤ $(x+3)(x+y+3)$

0583 상 중

다음 중 $x^2-2xy+y^2-8x+8y+16$의 인수인 것은?

① $x+y+4$ ② $x+y-4$ ③ $x-y+4$
④ $x-y+1$ ⑤ $x-y-4$

0584 상

$x^2+6xy+9y^2-4x-12y-32$는 x의 계수가 1인 두 일차식의 곱으로 인수분해된다. 이때 두 일차식의 합을 구하시오.

0585 상

$x^2-4xy+3y^2-6x+2y-16$을 인수분해하였더니 $(x-y+a)(x+by+c)$일 때, 상수 a, b, c에 대하여 $a-b+c$의 값을 구하시오.

0586

다음 식에 대한 설명 중 옳지 <u>않은</u> 것은?

$$2x^2y - 4xy \underset{\text{ⓛ}}{\overset{\text{㉠}}{\rightleftharpoons}} 2xy(x-2)$$

① ㉠의 과정을 인수분해한다고 한다.
② ⓛ의 과정을 전개한다고 한다.
③ $2x^2y$, $-4xy$의 공통인 인수는 $2xy$이다.
④ ⓛ의 과정에서 결합법칙이 이용된다.
⑤ $2x$, xy, $2(x-2)$는 모두 $2xy(x-2)$의 인수이다.

0587

다음 식이 모두 완전제곱식이 될 때, 양수 A의 값이 가장 큰 것은?

① $x^2 - 2x + A$ ② $x^2 + Axy + \dfrac{1}{9}y^2$

③ $Ax^2 - 4x + 1$ ④ $9x^2 + 6x + A$

⑤ $4x^2 + Ax + \dfrac{1}{4}$

중요

0588

$0 < a < b$일 때, $\sqrt{a^2 - 2ab + b^2} - \sqrt{a^2 + 2ab + b^2}$을 간단히 하면?

① $-2a$ ② $-2b$ ③ $2a$
④ $2b$ ⑤ $2a + 2b$

0589

$6x^2 + ax - 20$을 인수분해하면 $(2x+b)(cx-4)$일 때, 상수 a, b, c에 대하여 $a+b+c$의 값을 구하시오.

0590

다음 중 $x - 3$을 인수로 갖지 <u>않는</u> 것은?

① $x^3 - 9x$ ② $xy^2 - 3xy$

③ $2x^2 - 5x - 3$ ④ $x^2 - 2x - 3$

⑤ $3x^2 - 10x + 3$

0591

다음 세 다항식이 1이 아닌 공통인 인수를 가질 때, 상수 a의 값은?

$$2x^2y - 4xy, \quad 2x^2 - 5x + 2, \quad x^2 + 4x + a$$

① -12 ② -6 ③ 6
④ 12 ⑤ 18

0592

밑면의 가로의 길이가 $2x+1$이고 세로의 길이가 $x+2$인 직육면체의 부피가 $2(x-5)x^2 + 5(x-5)x + 2(x-5)$일 때, 이 직육면체의 모든 모서리의 길이의 합은?

① $4x - 2$ ② $10x + 5$ ③ $12x - 10$
④ $12x + 2$ ⑤ $16x - 8$

중요
0593

다음 두 다항식의 공통인 인수는?

$$(x+1)^2-2(x+1)-24$$
$$(5x-3)^2-(3x+7)^2$$

① $2x-1$ ② $x-5$ ③ $x+1$
④ $x+5$ ⑤ $2x+1$

0594

다음 중 인수분해한 것이 옳은 것은?

① $-3a^2-12ab=3a(a-4b)$
② $-4x^2+196=(2x+14)(2x-14)$
③ $(a+b)x-(a+b)(y-z)=(a+b)(x+y-z)$
④ $(x+y)^2-5(x+y)+6=(x+y+2)(x+y+3)$
⑤ $(2x+1)^2-(x-3)^2=(3x-2)(x+4)$

0595

다음 중 $x^2+y^2-1-x^2y^2$의 인수가 <u>아닌</u> 것은?

① $x+y$ ② $x+1$ ③ $1-y$
④ $x-1$ ⑤ $1+y$

중요
0596

$16x^2-8x+1-y^2$이 x의 계수가 4인 두 일차식의 곱으로 인수분해될 때, 두 일차식의 합은?

① $6x-2$ ② $8x-2$ ③ $8x+2$
④ $-2y+2$ ⑤ $2y+2$

중요
0597

$x+y=3+\sqrt{3}$, $x-y=\sqrt{3}$일 때, x^2-3x-y^2+3y의 값은?

① -3 ② $-\sqrt{3}$ ③ $\sqrt{3}$
④ 3 ⑤ $2\sqrt{3}$

0598

$(x+1)(x+3)(x-5)(x-7)+k$가 완전제곱식이 되도록 하는 상수 k의 값은?

① 49 ② 56 ③ 58
④ 63 ⑤ 64

0599

$x^2-3xy+7x+3y-8$을 인수분해하면?

① $(x-1)(x-3y-8)$
② $(x-1)(x-3y+8)$
③ $(x-1)(x+3y+8)$
④ $(x+1)(x-3y+8)$
⑤ $(x+1)(x+3y-8)$

0600

$x^2+y^2-2yz+2zx-2xy=A(x-y+2z)$일 때, 다항식 A를 구하시오.

04 | 인수분해

서술형 주관식

0601
다음 두 식이 모두 완전제곱식이 되도록 하는 양수 A, B 에 대하여 AB의 값을 구하시오.

$$4x^2-12xy+Ay^2, \quad \frac{1}{9}x^2+Bx+4$$

0602
x에 대한 어떤 이차식의 일차항의 계수와 상수항을 서로 바꿔서 인수분해하였더니 $(x+6)(x-1)$이 되었다. 처음 이차식을 바르게 인수분해하시오.

0603
$(x^2-3x)^2-8(x^2-3x)-20$은 일차항의 계수가 1인 네 일차식의 곱으로 인수분해된다. 이때 네 일차식의 합을 구하시오.

0604
$x=\dfrac{\sqrt{2}-\sqrt{3}}{\sqrt{2}+\sqrt{3}}$, $y=\dfrac{\sqrt{2}+\sqrt{3}}{\sqrt{2}-\sqrt{3}}$일 때, x^2+y^2-2xy의 값을 구하시오.

실력 UP

○ 실력 UP 집중 학습은 실력 Up⁺로!!

0605
$0<a<1$일 때,
$$\sqrt{(-3a)^2}+\sqrt{\left(a+\frac{1}{a}\right)^2-4}-\sqrt{\left(a-\frac{1}{a}\right)^2+4}$$를 간단히 하시오.

0606
인수분해 공식을 이용하여
$$\left(1-\frac{1}{2^2}\right)\left(1-\frac{1}{3^2}\right)\left(1-\frac{1}{4^2}\right)\cdots\left(1-\frac{1}{10^2}\right)\left(1-\frac{1}{11^2}\right)$$
을 계산하면?

① $\dfrac{1}{11}$ ② $\dfrac{5}{11}$ ③ $\dfrac{1}{2}$

④ $\dfrac{6}{11}$ ⑤ $\dfrac{12}{11}$

0607
자연수 $2^{160}-1$은 30과 40 사이의 두 자연수로 나누어떨어진다. 이 두 자연수의 합은?

① 64   ② 66   ③ 68

④ 70   ⑤ 72

0608
$a+b=3$, $ab=1$일 때, $a^2-b^2+5a-5b$의 값을 구하시오. (단, $a>b$)

이차방정식

05 이차방정식의 풀이

05-1 이차방정식

(1) x에 대한 이차방정식

등식의 모든 항을 좌변으로 이항하여 정리하였을 때

$(x$에 대한 이차식$)=0$

의 꼴로 나타내어지는 방정식

(2) x에 대한 이차방정식은 일반적으로 다음과 같이 나타낼 수 있다.

$ax^2+bx+c=0$ (a, b, c는 상수, $a\neq0$)

⑩ $2x^2+3=-x+4 \Rightarrow 2x^2+x-1=0$ (이차방정식이다.)

$3x^2-x+2=1+3x^2 \Rightarrow -x+1=0$ (이차방정식이 아니다.)

> ○ 개념플러스
>
> ▪ 이차방정식이 되려면
> ⇨ 등식의 모든 항을 좌변으로
> 이항하여 정리하였을 때
> (이차항의 계수)$\neq0$

05-2 이차방정식의 해

(1) **이차방정식의 해(근)** : 이차방정식 $ax^2+bx+c=0$을 참이 되게 하는 x의 값

$$x=p가 \ 이차방정식 \qquad \rightleftharpoons \qquad x=p를 \ ax^2+bx+c=0에$$
$$ax^2+bx+c=0의 \ 해이다. \qquad\qquad 대입하면 \ 등식이 \ 성립한다.$$
$$\Rightarrow ap^2+bp+c=0$$

(2) **이차방정식을 푼다** : 이차방정식의 해를 모두 구하는 것

> ▪ x에 대한 이차방정식에서 x에
> 대한 특별한 조건이 없으면
> x의 값의 범위는 실수 전체로
> 생각한다.

05-3 인수분해를 이용한 이차방정식의 풀이

(1) **$AB=0$의 성질** : 두 수 또는 두 식 A, B에 대하여

$AB=0$이면 $A=0$ 또는 $B=0$

(2) **인수분해를 이용한 이차방정식의 풀이**

① 주어진 이차방정식을 정리한다.   ⇨ $ax^2+bx+c=0$

② 좌변을 인수분해한다.   ⇨ $a(x-\alpha)(x-\beta)=0$

③ $AB=0$의 성질을 이용한다.   ⇨ $x-\alpha=0$ 또는 $x-\beta=0$

④ 해를 구한다.   ⇨ $x=\alpha$ 또는 $x=\beta$

⑩ 이차방정식 $3x^2-7x=6$을 푸시오.

$3x^2-7x=6$ ① $ax^2+bx+c=0$의 꼴로 정리한다.

$3x^2-7x-6=0$ ② 좌변을 인수분해한다.

$(3x+2)(x-3)=0$ ③ $AB=0$의 성질을 이용한다.

$3x+2=0$ 또는 $x-3=0$ ④ 해를 구한다.

$x=-\dfrac{2}{3}$ 또는 $x=3$

> ▪ ① $AB=0$이면
> ㉠ $A=0$이고 $B\neq0$
> ㉡ $A\neq0$이고 $B=0$
> ㉢ $A=0$이고 $B=0$
> 중 하나가 성립한다.
> ⇨ $A=0$ 또는 $B=0$
> ② $AB\neq0$이면
> ⇨ $A\neq0$이고 $B\neq0$

05-1 이차방정식

[0609~0612] 다음 중 x에 대한 이차방정식인 것은 ○표, 이차방정식이 아닌 것은 ×표를 ( ) 안에 써넣으시오.

0609 $2x-1=x^2+6$ (   )

0610 $-2x^2+x^3=6x-3+x^3$ (   )

0611 $x(x-2)=x^2+3$ (   )

0612 $(x+1)(x-3)=0$ (   )

0613 방정식 $ax^2+bx+c=0$이 x에 대한 이차방정식이 되기 위한 조건을 구하시오.

05-2 이차방정식의 해

[0614~0617] 다음 [ ] 안의 수가 주어진 이차방정식의 해인 것은 ○표, 해가 아닌 것은 ×표를 ( ) 안에 써넣으시오.

0614 $(x-2)(x+3)=0$ $[-3]$ (   )

0615 $x^2+3x-28=0$ $[7]$ (   )

0616 $2x^2-3x+1=0$ $\left[\dfrac{1}{2}\right]$ (   )

0617 $x^2-12x+35=0$ $[-5]$ (   )

[0618~0620] x의 값이 -1, 0, 1, 2일 때, 다음 이차방정식의 해를 구하시오.

0618 $x(x-1)=0$

0619 $x^2+x-2=0$

0620 $2x^2-3x-2=0$

[0621~0622] 다음을 만족시키는 상수 a의 값을 구하시오.

0621 이차방정식 $x^2+3x+a=0$의 한 근이 $x=-4$이다.

0622 이차방정시 $2x^2+ax+2=0$의 한 근이 $x-2$이다.

05-3 인수분해를 이용한 이차방정식의 풀이

0623 다음 **보기** 중 $AB=0$인 것을 모두 고르시오.

┤ 보기 ├
ㄱ. $A=0$, $B=0$ ㄴ. $A\neq0$, $B=0$
ㄷ. $A=0$, $B\neq0$ ㄹ. $A\neq0$, $B\neq0$

[0624~0628] 다음 이차방정식을 푸시오.

0624 $(x-4)(x-9)=0$

0625 $(x+5)(x-6)=0$

0626 $x(x-7)=0$

0627 $(2x+3)(x+1)=0$

0628 $\dfrac{1}{3}(x-1)(x-2)=0$

[0629~0632] 다음 이차방정식을 인수분해를 이용하여 푸시오.

0629 $x^2+5x-14=0$

0630 $x^2-6x-7=0$

0631 $6x^2-5x-6=0$

0632 $4x^2-8x+3=0$

05-4 이차방정식의 중근

○ 개념플러스

(1) **이차방정식의 중근**: 이차방정식의 두 해가 중복될 때, 이 해를 주어진 이차방정식의 중근이라 한다.

(2) **이차방정식이 중근을 가질 조건**

① 이차방정식이 (완전제곱식)$=0$의 꼴로 나타내어지면 이 이차방정식은 중근을 갖는다.

② 이차방정식 $x^2+ax+b=0$이 중근을 가지려면 $b=\left(\dfrac{a}{2}\right)^2$이어야 한다.

$\qquad\qquad\qquad$ └▶ (상수항)$=\left(\dfrac{x의\ 계수}{2}\right)^2$

05-5 제곱근을 이용한 이차방정식의 풀이

(1) 이차방정식 $x^2=q\ (q\geq0)$의 해 $\Rightarrow x=\pm\sqrt{q}$

(2) 이차방정식 $(x+p)^2=q\ (q\geq0)$의 해 $\Rightarrow x=-p\pm\sqrt{q}$

▪ $x=-p\pm\sqrt{q}$는
$x=-p+\sqrt{q}$ 또는
$x=-p-\sqrt{q}$를 간단히 나타낸 것이다.

참고

	$q>0$	$q=0$	$q<0$
$x^2=q$의 해	$x=\pm\sqrt{q}$	$x=0$	해는 없다.
$(x+p)^2=q$의 해	$x=-p\pm\sqrt{q}$	$x=-p$	해는 없다.

05-6 완전제곱식을 이용한 이차방정식의 풀이

이차방정식 $ax^2+bx+c=0$의 좌변이 인수분해되지 않을 때 $(x+p)^2=q$의 꼴로 고쳐서 제곱근을 이용하여 풀 수 있다.

> (ⅰ) x^2의 계수로 양변을 나누어 x^2의 계수를 1로 만든다.
> (ⅱ) 상수항을 우변으로 이항한다.
> (ⅲ) 양변에 $\left(\dfrac{x의\ 계수}{2}\right)^2$을 더한다.
> (ⅳ) 좌변을 완전제곱식으로 고친다.
> (ⅴ) 제곱근을 이용하여 해를 구한다.

▪ 이차방정식 $x^2+px=q$에서 좌변을 완전제곱식으로 만들려면 양변에 $\left(\dfrac{p}{2}\right)^2$을 더해야 한다.

⑨ 이차방정식 $2x^2+3x-1=0$을 푸시오.

$2x^2+3x-1=0$

$x^2+\dfrac{3}{2}x-\dfrac{1}{2}=0$ $\qquad$ (ⅰ) 양변을 x^2의 계수 2로 나눈다.

$x^2+\dfrac{3}{2}x=\dfrac{1}{2}$ $\qquad$ (ⅱ) 상수항 $-\dfrac{1}{2}$을 우변으로 이항한다.

$x^2+\dfrac{3}{2}x+\left(\dfrac{3}{4}\right)^2=\dfrac{1}{2}+\left(\dfrac{3}{4}\right)^2$ $\qquad$ (ⅲ) 양변에 $\left(\dfrac{x의\ 계수}{2}\right)^2$, 즉 $\left(\dfrac{3}{4}\right)^2$을 더한다.

$\left(x+\dfrac{3}{4}\right)^2=\dfrac{17}{16}$ $\qquad$ (ⅳ) 좌변을 완전제곱식으로 고친다.

$x+\dfrac{3}{4}=\pm\dfrac{\sqrt{17}}{4}$ $\quad\therefore x=\dfrac{-3\pm\sqrt{17}}{4}$ $\qquad$ (ⅴ) 제곱근을 이용하여 해를 구한다.

05-4 이차방정식의 중근

[0633~0636] 다음 이차방정식을 푸시오.

0633 $(x+7)^2=0$

0634 $x^2+2x+1=0$

0635 $4x^2-4x=-1$

0636 $9x^2+4=12x$

[0637~0639] 다음 이차방정식이 중근을 가질 때, 상수 a의 값을 구하시오.

0637 $x^2+6x+a=0$

0638 $x^2-3x+a=0$

0639 $x^2-\dfrac{4}{5}x+a=0$

05-5 제곱근을 이용한 이차방정식의 풀이

[0640~0642] 다음 이차방정식을 제곱근을 이용하여 푸시오.

0640 $2x^2=20$

0641 $x^2-8=0$

0642 $4x^2-5=0$

[0643~0646] 다음 이차방정식을 제곱근을 이용하여 푸시오.

0643 $(x-3)^2=64$

0644 $4(x-2)^2=20$

0645 $(5x-2)^2-9=0$

0646 $3(x-1)^2-21=0$

05-6 완전제곱식을 이용한 이차방정식의 풀이

0647 다음은 이차방정식 $x^2+10x+13=0$을 $(x+p)^2=q$의 꼴로 나타내는 과정이다. □ 안에 알맞은 수를 써넣으시오.

$x^2+10x+13=0$에서
$x^2+10x+\boxed{}=-13+\boxed{}$
$\therefore (x+\boxed{})^2=\boxed{}$

[0648~0651] 다음 이차방정식을 $(x+p)^2=q$의 꼴로 나타내시오.

0648 $x^2+4x+2=0$

0649 $2x^2+4x-7=0$

0650 $x^2+5x+3=0$

0651 $x^2-8x+6=0$

0652 다음은 완전제곱식을 이용하여 이차방정식 $4x^2-8x-3=0$의 해를 구하는 과정이다. □ 안에 알맞은 수를 써넣으시오.

$4x^2-8x-3=0$에서 $x^2-2x-\dfrac{3}{4}=0$
$x^2-2x+\boxed{}=\dfrac{3}{4}+\boxed{},\ (x-\boxed{})^2=\boxed{}$
$x-\boxed{}=\pm\boxed{}\qquad \therefore\ x=\boxed{}$

[0653~0656] 다음 이차방정식을 완전제곱식을 이용하여 푸시오.

0653 $x^2-4x-3=0$

0654 $x^2+8x-12=0$

0655 $2x^2+4x-3=0$

0656 $3x^2+2x-4=0$

유형 | 01   이차방정식의 뜻

등식의 모든 항을 좌변으로 이항하여 정리하였을 때
$$(x에 \ 대한 \ 이차식)=0$$
의 꼴로 나타내어지는 방정식을 x에 대한 이차방정식이라 한다.
⇨ $ax^2+bx+c=0$ $(a, b, c$는 상수, $a \neq 0)$

0657 ◦대표문제

다음 중 이차방정식인 것은?

① $2x^2-3x+5$　　　　② $x^3-2x^2+2=x^3-x-1$

③ $x-1=2x+3$　　　　④ $x^2=(x+1)^2+2x$

⑤ $(x+2)(x-1)=x^2+x^3$

0658 중 하

다음 **보기** 중 x에 대한 이차방정식이 아닌 것을 모두 고르시오.

　── 보기 ──

ㄱ. $x(x+3)=x^2$　　　ㄴ. $(x-4)(x+1)=0$

ㄷ. $9x^2=(3x+1)^2$　　ㄹ. $\dfrac{x^2-1}{2}=-3x$

ㅁ. $(2+x)(2-x)=x-x^2$

0659 중 하

이차방정식 $(x-2)^2-x=2x-5x^2$을 $6x^2+ax+b=0$의 꼴로 나타낼 때, 상수 a, b에 대하여 $a+b$의 값을 구하시오.

0660 중

다음 중 방정식 $(k-1)x^2+5x=x^2-6$이 x에 대한 이차방정식이 되도록 하는 상수 k의 값이 아닌 것은?

① -2　　　② -1　　　③ 1

④ 2　　　⑤ 3

유형 | 02   이차방정식의 해

$x=p$가 이차방정식 $ax^2+bx+c=0$의 해이다.
⇨ $x=p$를 $ax^2+bx+c=0$에 대입하면 등식이 성립한다.
⇨ $ap^2+bp+c=0$

0661 ◦대표문제

다음 중 [　] 안의 수가 주어진 이차방정식의 해가 아닌 것을 모두 고르면? (정답 2개)

① $x^2-9=0$　$[-3]$　　② $\dfrac{1}{2}x^2+x+\dfrac{1}{2}=0$　$[-1]$

③ $2x^2-3x+2=0$　$[2]$　④ $(x-3)^2-4=0$　$[1]$

⑤ $(x+1)(2x-1)=0$　$\left[-\dfrac{1}{2}\right]$

0662 하

다음 이차방정식 중 $x=2$를 해로 갖는 것은?

① $(x+1)(x+2)=0$　　② $-x^2+2=0$

③ $x^2+4x+4=0$　　　④ $3x^2-5x-2=0$

⑤ $x^2+6x=2x^2-x-18$

0663 중 하

다음 이차방정식 중 $x=-1$, $x=2$를 모두 해로 갖는 것은?

① $x^2-6=-x$　　　　② $x^2-3x-4=0$

③ $x^2+2x=3x+2$　　④ $x(x-2)=x+4$

⑤ $(x-2)^2=2-x$

0664 중

부등식 $3x-8<x$를 만족시키는 자연수 x 중에서 이차방정식 $x^2-2x-3=0$의 해를 구하시오.

유형 | 03 이차방정식의 한 근이 주어졌을 때 미지수의 값 구하기

개념원리 중학수학 3-1 115쪽

미지수를 포함한 이차방정식의 한 근이 $x=p$일 때

$\Rightarrow x=p$를 주어진 이차방정식에 대입하여 미지수의 값을 구한다.

예 이차방정식 $x^2-3x+2a=0$의 한 근이 $x=-2$일 때

$\Rightarrow (-2)^2-3\times(-2)+2a=0 \quad \therefore a=-5$

0665 •◀대표문제

이차방정식 $2x^2-(5+a)x+a+1=0$의 한 근이 $x=3$일 때, 상수 a의 값은?

① -3 ② -2 ③ 1

④ 2 ⑤ 3

0666 중하

이차방정식 $2x^2-ax+2=0$의 한 근이 $x=\dfrac{1}{2}$일 때, 상수 a의 값은?

① -5 ② -2 ③ 2

④ 3 ⑤ 5

0667 중

이차방정식 $3x^2+ax-6=0$의 한 근이 $x=1$이고 이차방정식 $x^2-5x+b=0$의 한 근이 $x=-4$일 때, 상수 a, b에 대하여 $a-b$의 값을 구하시오.

0668 중 •◀서술형

$x=-2$가 이차방정식 $x^2-5x+a=0$의 근이면서 $3x^2+bx-6=0$의 근일 때, 상수 a, b에 대하여 $a+b$의 값을 구하시오.

유형 | 04 $AB=0$의 성질을 이용한 이차방정식의 풀이

개념원리 중학수학 3-1 119쪽

이차방정식 $(ax-b)(cx-d)=0$의 해를 구하면

$ax-b=0$ 또는 $cx-d=0$이므로 $x=\dfrac{b}{a}$ 또는 $x=\dfrac{d}{c}$이다.

0669 •◀대표문제

다음 이차방정식 중 해가 $x=\dfrac{1}{2}$ 또는 $x=-1$인 것은?

① $\left(x-\dfrac{1}{2}\right)(x-1)=0$ ② $\left(x-\dfrac{1}{2}\right)(x+1)=0$

③ $(2x-1)(x+1)=0$ ④ $(2x+1)(x-1)=0$

⑤ $(2x+1)(x+1)=0$

0670 중하

이차방정식 $(x-3)(x+5)=0$의 두 근을 $x=\alpha$ 또는 $x=\beta$라 할 때, $\alpha^2-\beta^2$의 값을 구하시오. (단, $\alpha>\beta$)

0671 중

다음 **보기**에서 두 근의 차가 4인 이차방정식을 모두 고른 것은?

┤ 보기 ├

ㄱ. $x(x-3)=0$

ㄴ. $(x+1)(x-3)=0$

ㄷ. $(x+1)(x+4)=0$

ㄹ. $(x+3)(x+1)=0$

ㅁ. $(x+2)(x-2)=0$

① ㄱ, ㄷ   ② ㄱ, ㄹ   ③ ㄴ, ㄷ

④ ㄴ, ㅁ   ⑤ ㄹ, ㅁ

유형 | 05 인수분해를 이용한 이차방정식의 풀이

(i) 주어진 이차방정식을 $ax^2+bx+c=0$의 꼴로 나타낸다.

(ii) 좌변을 인수분해한다.

(iii) $AB=0$이면 $A=0$ 또는 $B=0$임을 이용하여 해를 구한다.

0672 ◀●대표문제

이차방정식 $6x^2+5x-4=0$의 두 근의 합을 A, 차를 B라 할 때, $A-B$의 값은?

① -3 ② $-\dfrac{8}{3}$ ③ $-\dfrac{1}{6}$

④ $\dfrac{1}{6}$ ⑤ 1

0673 중하

이차방정식 $3x^2-5x-2=0$의 해가 $x=\alpha$ 또는 $x=\beta$일 때, $\alpha+3\beta$의 값을 구하시오. (단, $\alpha>\beta$)

0674 중

이차방정식 $2(x-1)(3x-1)=1-x^2$을 풀면?

① $x=-7$ 또는 $x=-1$ ② $x=-1$ 또는 $x=-\dfrac{1}{7}$

③ $x=-1$ 또는 $x=\dfrac{1}{7}$ ④ $x=\dfrac{1}{7}$ 또는 $x=1$

⑤ $x=1$ 또는 $x=7$

0675 중

이차방정식 $2x^2+x-6=0$의 두 근 사이에 있는 정수의 개수는?

① 1개   ② 2개   ③ 3개

④ 4개   ⑤ 5개

0676 중

이차방정식 $x^2+ax-8=0$의 한 근이 $x=2$일 때, 상수 a의 값과 다른 한 근을 구하면?

① $a=-2$, $x=-4$ ② $a=-2$, $x=4$

③ $a=2$, $x=-4$ ④ $a=2$, $x=4$

⑤ $a=3$, $x=-4$

0677 중

이차방정식 $x^2-x-2=0$의 한 근을 $x=\alpha$, $x^2-2x-8=0$의 한 근을 $x=\beta$라 할 때, $|\alpha-\beta|$의 값 중에서 가장 큰 값은?

① 3   ② 4   ③ 5

④ 6   ⑤ 7

0678 상중 ◀●서술형

이차방정식 $2x(x-6)=(x-4)^2-11$의 해가 $x=\alpha$ 또는 $x=\beta$일 때, 이차방정식 $x^2+ax+a-\beta=0$의 해를 구하시오. (단, $\alpha>\beta$)

0679 상중

이차방정식 $(a-2)x^2+4ax+(a+1)^2-1=0$의 한 근이 $x=-1$일 때, 다른 한 근을 구하시오. (단, a는 상수)

유형 | 06 **두 이차방정식의 공통인 근**

두 이차방정식의 공통인 근
➡ 각각의 이차방정식을 푼 후 공통인 근을 찾는다.

0680 ◀대표문제

다음 두 이차방정식의 공통인 근을 구하시오.

$$x^2+6x-16=0, \quad 3x^2-2x-8=0$$

0681 중

두 이차방정식 $x^2-2x-3=0$과 $3x^2+8x+5=0$의 공통이 아닌 두 근의 곱을 구하시오.

0682 중

다음 두 이차방정식의 공통인 근이 $x=\dfrac{3}{2}$일 때, 상수 a, b에 대하여 $a+b$의 값을 구하시오.

$$6x^2-13x+a=0, \quad 4x^2+bx-3=0$$

0683 중

두 이차방정식 $x^2-x-2=0$, $2x^2+x-1=0$의 공통인 근이 이차방정식 $x^2+5x+k=0$의 한 근일 때, 상수 k의 값을 구하시오.

유형 | 07 **이차방정식의 중근**

이차방정식이 $a(x-m)^2=0$의 꼴로 나타내어지면 이 이차방정식은 중근 $x=m$을 갖는다.

0684 ◀대표문제

다음 이차방정식 중 중근을 갖지 <u>않는</u> 것을 모두 고르면? (정답 2개)

① $x^2-\dfrac{4}{25}=0$ ② $x^2-4x=-4$

③ $(x-4)(x+2)=-9$ ④ $4x^2-4x+1=0$

⑤ $2x^2-5x-3=0$

0685 중 하

다음 **보기** 중 중근을 갖는 이차방정식의 개수를 구하시오.

┃ 보기 ┃

ㄱ. $x^2=9$ ㄴ. $(x+1)(x-2)=x-3$

ㄷ. $x^2=x$ ㄹ. $3x^2-75=0$

ㅁ. $x^2-10x+25=0$ ㅂ. $x^2=-x^2+8$

0686 중 하

이차방정식 $x^2+\dfrac{4}{3}x+\dfrac{4}{9}=0$이 중근 $x=a$를 갖고, 이차방정식 $9x^2-12x+4=0$이 중근 $x=b$를 가질 때, $a-b$의 값을 구하시오.

0687 중

이차방정식 $x^2+ax+b=0$이 중근 $x=-2$를 가질 때, 상수 a, b에 대하여 $a+b$의 값을 구하시오.

유형 | 08 **이차방정식이 중근을 가질 조건**

이차방정식 $x^2+Ax+B=0$이 중근을 가질 조건
$\Rightarrow x^2+Ax+B=0$이 (완전제곱식)$=0$의 꼴로 나타내어진다.
$\Rightarrow B=\left(\dfrac{A}{2}\right)^2 \leftarrow$ (상수항)$=\left(\dfrac{x의\ 계수}{2}\right)^2$

0688 ●대표문제

이차방정식 $x^2+8x+3p+1=0$이 중근을 가질 때, 상수 p의 값은?

① 3 ② 4 ③ 5
④ 6 ⑤ 7

0689 중

이차방정식 $x^2+6x+p+2=0$이 중근을 가질 때, 이차방정식 $5x^2+px-6=0$의 해를 구하시오. (단, p는 상수)

0690 중

다음 중 이차방정식 $x^2-(m-3)x+2m-1=0$이 중근을 갖도록 하는 상수 m의 값을 모두 고르면? (정답 2개)

① -13 ② -1 ③ 1
④ 13 ⑤ 24

0691 중

이차방정식 $3x^2-12x+4a-8=0$이 중근 $x=b$를 가질 때, $a+b$의 값은? (단, a는 상수)

① 3 ② 5 ③ 7
④ 9 ⑤ 11

유형 | 09 **제곱근을 이용한 이차방정식의 풀이**

(1) $x^2=q\ (q \geq 0) \Rightarrow x=\pm\sqrt{q}$

(2) $ax^2=q\ (a \neq 0,\ aq \geq 0) \Rightarrow x=\pm\sqrt{\dfrac{q}{a}}$

(3) $(x+p)^2=q\ (q \geq 0) \Rightarrow x=-p\pm\sqrt{q}$

(4) $a(x+p)^2=q\ (a \neq 0,\ aq \geq 0) \Rightarrow x=-p\pm\sqrt{\dfrac{q}{a}}$

0692 ●대표문제

이차방정식 $4(x+5)^2=24$의 해가 $x=p\pm\sqrt{q}$일 때, 유리수 p, q에 대하여 $p+q$의 값은?

① -2 ② -1 ③ 0
④ 1 ⑤ 2

0693 중하

다음 중 이차방정식 $\left(x+\dfrac{1}{2}\right)^2-k+5=0$이 해를 가질 때, 상수 k의 값이 될 수 없는 것은?

① 3 ② 5 ③ 7
④ 9 ⑤ 11

0694 중

이차방정식 $3(x+a)^2-9=0$의 해가 $x=2\pm\sqrt{b}$일 때, 유리수 a, b에 대하여 $a-b$의 값을 구하시오.

0695 중

이차방정식 $5(x+a)^2=b$의 해가 $x=3\pm\sqrt{3}$일 때, 상수 a, b에 대하여 $a+b$의 값을 구하시오.

유형 | **10**　**완전제곱식의 꼴로 나타내기**

개념원리 중학수학 3-1 127쪽

이차방정식 $ax^2+bx+c=0$을 $(x+p)^2=q$의 꼴로 나타내기

(i) x^2의 계수로 양변을 나누어 x^2의 계수를 1로 만든다.

(ii) 상수항을 우변으로 이항한다.

(iii) 양변에 $\left(\dfrac{x의\ 계수}{2}\right)^2$을 더한다.

(iv) $(x+p)^2=q$의 꼴로 나타낸다.

0696 ●●대표문제

이차방정식 $2x^2-4x-3=0$을 $(x+a)^2=b$의 꼴로 나타낼 때, 상수 a, b에 대하여 $a+b$의 값은?

① $-\dfrac{5}{2}$　　　② $-\dfrac{3}{2}$　　　③ -1

④ $\dfrac{3}{2}$　　　⑤ $\dfrac{5}{2}$

0697 중하

이차방정식 $\dfrac{1}{2}x^2-3x-6=0$을 $(x+a)^2=b$의 꼴로 나타낼 때, 상수 a, b에 대하여 $\dfrac{b}{a}$의 값을 구하시오.

0698 중

이차방정식 $2(x-1)^2=(x-4)^2$을 $(x+m)^2=n$의 꼴로 나타낼 때, 상수 m, n에 대하여 $m+n$의 값을 구하시오.

0699 상중

이차방정식 $x^2-ax+b=0$을 $(x+p)^2=0$의 꼴로 나타내었다. $a+b=8$일 때, 상수 p의 값을 구하시오.

(단, $p>0$, a, b는 상수이다.)

유형 | **11**　**완전제곱식을 이용한 이차방정식의 풀이**

개념원리 중학수학 3-1 127쪽

이차방정식을 $(x+p)^2=q$의 꼴로 나타낸 후 제곱근을 이용하여 해를 구한다.

0700 ●●대표문제

다음은 완전제곱식을 이용하여 이차방정식 $2x^2-6x+1=0$의 해를 구하는 과정이다. 상수 A~E의 값으로 옳지 <u>않은</u> 것은?

> 양변을 A로 나누면 $x^2-3x+\dfrac{1}{2}=0$
>
> $x^2-3x=-\dfrac{1}{2}$, $x^2-3x+B=-\dfrac{1}{2}+B$
>
> $(x+C)^2=\dfrac{D}{4}$, $x+C=\pm\dfrac{\sqrt{D}}{2}$　　$\therefore x=\dfrac{E\pm\sqrt{D}}{2}$

① $A=2$　　　② $B=\dfrac{9}{4}$　　　③ $C=-\dfrac{3}{4}$

④ $D=7$　　　⑤ $E=3$

0701 중 ●●서술형

이차방정식 $x^2+6x=p$를 완전제곱식을 이용하여 풀었더니 해가 $x=q\pm\sqrt{10}$이었다. 이때 유리수 p, q에 대하여 pq의 값을 구하시오.

0702 중

이차방정식 $3x^2-6x-2=0$을 $(x+a)^2=b$의 꼴로 나타내어 풀었더니 해가 $x=\dfrac{c\pm\sqrt{d}}{3}$이었다. 유리수 a, b, c, d에 대하여 $abcd$의 값을 구하시오.

유형 UP

개념원리 중학수학 3-1 115쪽

유형 12 이차방정식의 한 근이 문자로 주어졌을 때, 식의 값 구하기

이차방정식 $x^2+px+q=0$의 한 근이 $x=\alpha\ (\alpha\neq0)$일 때,
$\underbrace{\alpha^2+p\alpha+q=0}_{\textstyle ㉠}$이므로 다음과 같이 나타낼 수 있다.

(1) $\alpha^2+p\alpha=-q$

(2) $\alpha+\dfrac{q}{\alpha}=-p$ ← ㉠의 양변을 α로 나누어 정리한 식

0703 ●대표문제

이차방정식 $x^2-3x-1=0$의 한 근을 $x=\alpha$라 할 때, 다음 중 옳지 <u>않은</u> 것은?

① $\alpha^2-3\alpha-1=0$
② $2\alpha^2-6\alpha=2$
③ $1+3\alpha-\alpha^2=0$
④ $3\alpha^2-9\alpha+8=4$
⑤ $\alpha-\dfrac{1}{\alpha}=3$

0704 상 중

이차방정식 $x^2+5x-1=0$의 한 근을 $x=\alpha$라 할 때, $\alpha^2+\dfrac{1}{\alpha^2}$의 값을 구하시오.

0705 상 중 ●서술형

이차방정식 $x^2+3x-1=0$의 한 근을 $x=a$, 이차방정식 $x^2-5x-2=0$의 한 근을 $x=b$라 할 때, $2a^2+6a+b^2-5b$의 값을 구하시오.

0706 상

이차방정식 $x^2-4x+1=0$의 한 근을 $x=\alpha$라 할 때, 다음 식의 값을 구하시오.

$$\alpha^3-4\alpha^2+2\alpha+\dfrac{1}{\alpha}$$

유형 13 이차방정식의 한 근이 다른 이차방정식의 한 근이 되는 경우

이차방정식 $ax^2+bx+c=0$의 한 근이 이차방정식 $a'x^2+b'x+c'=0$의 한 근일 때

(ⅰ) $ax^2+bx+c=0$의 근을 구한다.

(ⅱ) (ⅰ)에서 구한 근 중에서 조건을 만족시키는 근 $x=\alpha$를 $a'x^2+b'x+c'=0$에 대입하여 미지수의 값을 구한다.

0707 ●대표문제

이차방정식 $x^2-7x+6=0$의 두 근 중 작은 근이 이차방정식 $4x^2+(a-1)x-5=0$의 한 근일 때, 상수 a의 값은?

① -3
② -2
③ -1
④ 1
⑤ 2

0708 중

이차방정식 $2x^2-x-6=0$의 두 근 중 큰 근이 이차방정식 $x^2+a(x-a)-1=0$의 한 근일 때, 양수 a의 값은?

① 1
② 2
③ 3
④ 4
⑤ 5

0709 상 중

이차방정식 $x^2+ax-3=0$의 한 근이 $x=3$이고 다른 한 근이 이차방정식 $3x^2-8x+b=0$의 한 근일 때, b의 값을 구하시오. (단, a, b는 상수)

중단원 마무리하기

중요

0710

다음 중 이차방정식인 것은?

① $x^2=(x-2)(x+5)$
② $x+4=(x-2)^2$
③ $(x-3)^2=(x+1)^2$
④ $(2x-1)(x+1)-2x^2(1+x)$
⑤ $2(x+4)^2=(x-1)^2+(x+1)^2$

0711

다음 중 방정식 $(ax-3)(2x+1)=4x^2+2x$가 x에 대한 이차방정식이 되도록 하는 상수 a의 값이 <u>아닌</u> 것은?

① -2 ② -1 ③ 0
④ 1 ⑤ 2

0712

다음 이차방정식 중 $x=-3$을 해로 갖지 <u>않는</u> 것은?

① $x^2-9=0$ ② $x^2+3x=0$
③ $x^2-2x-15=0$ ④ $2x^2+4x+5=0$
⑤ $(x+1)(x-2)=10$

0713

이차방정식 $(k-3)x^2-kx+3=0$의 한 근이 $x=3$일 때, 상수 k의 값은?

① -2 ② -1 ③ 1
④ 2 ⑤ 4

0714

다음 이차방정식 중 해가 나머지 넷과 <u>다른</u> 하나는?

① $(x+3)(x-2)=0$ ② $(x-2)\left(\dfrac{1}{3}x+1\right)=0$
③ $\left(\dfrac{1}{2}x-1\right)(x+3)=0$ ④ $\left(\dfrac{1}{2}x-1\right)\left(\dfrac{1}{3}x+1\right)=0$
⑤ $(3x+1)\left(\dfrac{1}{2}x-1\right)=0$

0715

이차방정식 $(x-3)(x+5)=x-3$을 풀면?

① $x=-4$ 또는 $x=-3$
② $x=-4$ 또는 $x=3$
③ $x=-3$ 또는 $x=-5$
④ $x=3$ 또는 $x=-5$
⑤ $x=3$ 또는 $x=5$

0716

이차방정식 $x^2-3x+a=0$의 한 근이 $x=-1$일 때, 다음 두 이차방정식의 공통인 근을 구하시오. (단, a는 상수)

$$x^2+(a+3)x-2=0$$
$$(1-a)x^2+(2a-1)x-2=0$$

0717

다음 이차방정식 중 중근을 갖는 것은?

① $9x^2-9=0$

② $3-x^2=6(x+2)$

③ $(x+2)(x-2)=2x-1$

④ $x+4=(x-2)^2$

⑤ $x^2-10x+10=0$

0718

이차방정식 $3(x-5)^2=m-4$가 중근을 가질 때, 이차방정식 $x^2-mx-12=0$의 해는? (단, m은 상수)

① $x=-6$ 또는 $x=2$ ② $x=-2$ 또는 $x=4$

③ $x=-2$ 또는 $x=6$ ④ $x=2$ 또는 $x=4$

⑤ $x=2$ 또는 $x=6$

0719

두 이차방정식 $3x^2+5ax-2=0$과 $x^2-bx+c=0$을 동시에 만족시키는 근은 $x=2$이고 이차방정식 $x^2-bx+c=0$이 중근을 가질 때, 상수 a, b, c에 대하여 $a+b-c$의 값을 구하시오.

0720

이차방정식 $(x-a)^2=k$가 해를 가질 조건은?

(단, a, k는 상수)

① $a\geq0$ ② $k\geq0$ ③ $k>0$

④ $a<0$ ⑤ $k<0$

0721

이차방정식 $2(x-2)^2=14$의 두 근의 합은?

① $-2\sqrt{7}$ ② $-\sqrt{7}$ ③ 0

④ 2 ⑤ 4

0722

이차방정식 $3x^2-4x-2=0$을 $(x+a)^2=b$의 꼴로 나타낼 때, 상수 a, b에 대하여 $a+b$의 값은?

① $-\dfrac{2}{3}$ ② $\dfrac{4}{9}$ ③ $\dfrac{2}{3}$

④ $\dfrac{10}{9}$ ⑤ 3

0723

이차방정식 $x^2+3x-6=0$의 한 근을 $x=p$, 이차방정식 $2x^2+x-1=0$의 한 근을 $x=q$라 할 때, $(2p^2+6p+1)(2q^2+q+3)$의 값을 구하시오.

0724

두 이차방정식 $x^2+x+a=0$, $(x+2)(x-b)=0$의 해가 서로 같을 때, 상수 a, b에 대하여 $b-a$의 값을 구하시오.

서술형 주관식

0725

이차방정식 $(m-1)x^2-(m^2+2m-2)x+2=0$의 한 근이 $x=2$이고, 다른 한 근을 $x=n$이라 할 때, $m+n$의 값을 구하시오. (단, m은 상수)

0726

다음 세 이차방정식이 단 하나의 공통인 근을 가질 때, 상수 p의 값을 구하시오.

$$x^2-3x=-2, \quad x^2-px+6=0, \quad x^2-4x+8=2x$$

0727

이차방정식 $3x^2-12x-24=0$을 완전제곱식을 이용하여 풀었더니 해가 $x=a\pm2\sqrt{b}$가 되었다. 자연수 a, b에 대하여 $a+b$의 값을 구하시오.

0728

이차방정식 $x^2-ax-5=0$의 한 근이 $x=5$이고 다른 한 근이 이차방정식 $3x^2+7x+b=0$의 한 근일 때, 상수 a, b에 대하여 $a+b$의 값을 구하시오.

실력 UP

○ 실력 UP 집중 학습은 실력 UP⁺로!!

0729

직선 $ax+2y=2$가 점 $(1-a, a^2)$을 지나고 제3사분면을 지나지 않을 때, 상수 a의 값을 구하시오.

0730

이차방정식 $x^2-(k-2)x+16=0$이 중근을 가질 때의 상수 k의 값이 이차방정식 $x^2-ax+b=0$의 두 근이다. 이 때 상수 a, b에 대하여 $a+b$의 값을 구하시오.

0731

$x^2+5xy-14y^2=0$을 만족시키는 실수 x, y에 대하여 $\dfrac{x^2-xy+y^2}{x^2+y^2}$의 값을 구하시오. (단, $xy>0$)

0732

이차방정식 $x^2-4x+1=0$의 한 근을 $x=a$라 할 때, $a^2+3a-\dfrac{3}{a}+\dfrac{1}{a^2}$의 값을 구하시오. (단, $a>1$)

06 이차방정식의 활용

06-1 이차방정식의 근의 공식

(1) **근의 공식**: 이차방정식 $ax^2+bx+c=0$의 근은

$$x=\frac{-b\pm\sqrt{b^2-4ac}}{2a} \ (단, \ b^2-4ac\geq0)$$

(2) **일차항의 계수가 짝수일 때의 근의 공식**

이차방정식 $ax^2+2b'x+c=0$의 근은
$\quad\rightarrow x$의 계수가 짝수

$$x=\frac{-b'\pm\sqrt{b'^2-ac}}{a} \ (단, \ b'^2-ac\geq0)$$

예 (1) 이차방정식 $x^2-3x-2=0$에서 $a=1, b=-3, c=-2$이므로

$$x=\frac{-(-3)\pm\sqrt{(-3)^2-4\times1\times(-2)}}{2\times1}=\frac{3\pm\sqrt{17}}{2}$$

(2) 이차방정식 $2x^2-6x-1=0$에서 $a=2, b'=-3, c=-1$이므로

$$x=\frac{-(-3)\pm\sqrt{(-3)^2-2\times(-1)}}{2}=\frac{3\pm\sqrt{11}}{2}$$

참고 인수분해가 되면 인수분해를 이용하여 해를 구하고 인수분해가 어려운 경우 근의 공식을 이용하여 해를 구한다.

• 근의 공식 유도 과정

$ax^2+bx+c=0 \ (a\neq0)$

$x^2+\dfrac{b}{a}x+\dfrac{c}{a}=0$

$x^2+\dfrac{b}{a}x=-\dfrac{c}{a}$

$x^2+\dfrac{b}{a}x+\left(\dfrac{b}{2a}\right)^2$

$=-\dfrac{c}{a}+\left(\dfrac{b}{2a}\right)^2$

$\left(x+\dfrac{b}{2a}\right)^2=\dfrac{b^2-4ac}{4a^2}$

$x+\dfrac{b}{2a}=\pm\dfrac{\sqrt{b^2-4ac}}{2a}$

$\therefore x=\dfrac{-b\pm\sqrt{b^2-4ac}}{2a}$

06-2 복잡한 이차방정식의 풀이

(1) **괄호가 있으면 전개**하여 $ax^2+bx+c=0$의 꼴로 고친다.
(2) **계수가 분수 또는 소수**이면 양변에 적당한 수를 곱하여 모든 계수를 **정수**로 고친다.
　① 계수가 분수이면 ⇨ 양변에 분모의 최소공배수를 곱한다.
　② 계수가 소수이면 ⇨ 양변에 10, 100, 1000, …을 곱한다.
(3) **공통부분이 있으면** 공통부분을 한 문자로 놓고 정리한다.

06-3 이차방정식의 근의 개수

이차방정식 $ax^2+bx+c=0$의 서로 다른 근의 개수는 b^2-4ac의 **부호**에 의해 결정된다.
(1) $b^2-4ac > 0$이면 서로 다른 두 근 ⎤
(2) $b^2-4ac = 0$이면 중근　　　　　　⎦$b^2-4ac\geq0$이면 근을 갖는다.
(3) $b^2-4ac < 0$이면 근이 없다.

• x의 계수가 짝수인 이차방정식 $ax^2+2b'x+c=0$의 근의 개수를 판별할 때는 b^2-4ac의 부호 대신에 b'^2-ac의 부호를 사용하면 편리하다.

• $x=\dfrac{-b\pm\sqrt{b^2-4ac}}{2a}$에서 $b^2-4ac<0$이면 $\sqrt{b^2-4ac}$의 값이 존재하지 않으므로 이차방정식의 근은 없다.

예

이차방정식	b^2-4ac의 부호	근의 개수
$x^2+x-5=0$	$1^2-4\times1\times(-5)>0$	2개
$4x^2-4x+1=0$	$(-4)^2-4\times4\times1=0$	1개
$2x^2-x+1=0$	$(-1)^2-4\times2\times1<0$	0개

06-1 이차방정식의 근의 공식

[0733~0734] 근의 공식을 이용하여 이차방정식의 해를 구하는 과정이다. □ 안에 알맞은 수를 써넣으시오.

0733 $2x^2+5x+1=0$에서 $a=\square$, $b=\square$, $c=1$

$\therefore x=\dfrac{-\square\pm\sqrt{\square^2-4\times\square\times 1}}{2\times\square}=\boxed{}$

0734 $3x^2+x-1=0$에서 $a=3$, $b=\square$, $c=\square$

$\therefore x=\dfrac{-\square\pm\sqrt{\square^2-4\times 3\times(\square)}}{2\times 3}=\boxed{}$

[0735~0738] 다음 이차방정식을 근의 공식을 이용하여 푸시오.

0735 $2x^2+x-4=0$

0736 $4x^2-5x-1=0$

0737 $x^2-4x=-2$

0738 $6x-1=-x^2+3$

[0743~0748] 다음 이차방정식을 푸시오.

0743 $\dfrac{1}{3}x^2+\dfrac{4}{3}x+1=0$

0744 $\dfrac{x^2+1}{6}=x+\dfrac{4}{3}$

0745 $x^2-0.1x-0.2=0$

0746 $0.01x^2+0.08=0.12x$

0747 $\dfrac{1}{2}x^2-\dfrac{1}{4}x-0.5=0$

0748 $\dfrac{1}{5}x^2-0.5x+\dfrac{3}{10}=0$

0749 다음은 이차방정식 $(x-2)^2+3(x-2)-10=0$ 을 푸는 과정이다. □ 안에 알맞은 수를 써넣으시오.

$(x-2)^2+3(x-2)-10=0$ ⟩ $x-2=A$로 놓기
$A^2+3A-10=0$ ⟩ 좌변을 인수분해하기
$(A+5)(A-\square)=0$ ⟩ A의 값 구하기
$\therefore A=-5$ 또는 $A=\square$ ⟩ $A=x-2$를 대입하기
$x-2=-5$ 또는 $x-2=\square$ ⟩ 해 구하기
$\therefore x=-3$ 또는 $x=\square$

06-2 복잡한 이차방정식의 풀이

[0739~0742] 다음 이차방정식을 푸시오.

0739 $2x(x+1)=5x+9$

0740 $(x-3)(x-4)=7$

0741 $(x+1)^2=3x+2$

0742 $2(x+5)(x-5)=(x-2)^2$

06-3 이차방정식의 근의 개수

[0750~0753] 다음 이차방정식의 근의 개수를 구하시오.

0750 $x^2+x-6=0$

0751 $9x^2-6x+1=0$

0752 $(x+3)^2=12$

0753 $2x-7=(x+2)(x-2)$

06-4 　이차방정식 구하기

(1) 두 근이 α, β이고 x^2의 계수가 a인 이차방정식

⇨ $a(x-\alpha)(x-\beta)=0$

　　예 두 근이 -4, 3이고 x^2의 계수가 1인 이차방정식은

　　　$(x+4)(x-3)=0$, 즉 $x^2+x-12=0$

(2) 중근이 α이고 x^2의 계수가 a인 이차방정식

⇨ $a(x-\alpha)^2=0$

　　예 중근이 -3이고 x^2의 계수가 2인 이차방정식은

　　　$2(x+3)^2=0$, 즉 $2x^2+12x+18=0$

06-5 　이차방정식의 활용

이차방정식의 활용 문제는 다음과 같은 순서로 푼다.

(ⅰ) **미지수 정하기**: 문제의 뜻을 이해하고 구하고자 하는 것을 미지수 x로 놓는다.

(ⅱ) **방정식 세우기**: 문제의 뜻에 맞게 x에 대한 이차방정식을 세운다.

(ⅲ) **방정식 풀기**: 이차방정식을 푼다.

(ⅳ) **확인하기**: 구한 해가 문제의 뜻에 맞는지 확인한다.

▪ 이차방정식의 모든 해가 문제의 답이 되는 것은 아니므로 구한 해가 문제의 뜻에 맞는지 반드시 확인한다.

[참고] (1) 수에 대한 문제

　　　① 연속하는 두 정수 ⇨ x, $x+1$ 또는 $x-1$, x

　　　② 연속하는 세 정수 ⇨ $x-1$, x, $x+1$

　　　③ 연속하는 두 짝수 ⇨ x, $x+2$ (x는 짝수) 또는 $2x$, $2x+2$ (x는 자연수)

　　　④ 연속하는 두 홀수 ⇨ x, $x+2$ (x는 홀수) 또는 $2x-1$, $2x+1$ (x는 자연수)

　　(2) 도형에 대한 문제

　　　① (삼각형의 넓이)$=\dfrac{1}{2}\times$(밑변의 길이)$\times$(높이)

　　　② (직사각형의 넓이)$=$(가로의 길이)$\times$(세로의 길이)

　　　③ (사다리꼴의 넓이)$=\dfrac{1}{2}\times\{$(윗변의 길이)$+$(아랫변의 길이)$\}\times$(높이)

　　　④ (원의 넓이)$=\pi\times$(반지름의 길이)^2

　　　⑤ 직사각형 모양의 땅에 폭이 일정한 길을 만드는 경우 다음 그림의 세 직사각형에서 색칠한 부분의 넓이는 모두 같음을 이용한다.

▪ 길이, 넓이, 부피, 시간, 속력, 거리 등은 양수가 되어야 하고, 사람 수, 나이 등은 자연수가 되어야 한다.

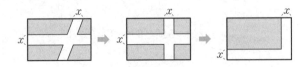

06-4 이차방정식 구하기

[0754~0758] 다음 두 수를 근으로 하는 x에 대한 이차방정식을 $x^2+ax+b=0$의 꼴로 나타내시오.

0754 3, 6

0755 0, 4

0756 -5 (중근)

0757 -2, 2

0758 -1, $-\dfrac{2}{3}$

[0759~0760] 다음 조건을 만족시키는 x에 대한 이차방정식을 $ax^2+bx+c=0$의 꼴로 나타내시오.

0759 두 근이 -1, 3이고 x^2의 계수가 $\dfrac{1}{3}$인 이차방정식

0760 중근이 $\dfrac{1}{2}$이고 x^2의 계수가 4인 이차방정식

06-5 이차방정식의 활용

0761 어떤 수를 제곱한 수는 어떤 수의 3배보다 28만큼 크다고 한다. 다음 물음에 답하시오.

(1) 어떤 수를 x라 할 때, x에 대한 이차방정식을 $x^2+ax+b=0$의 꼴로 나타내시오.

(2) x의 값을 모두 구하시오.

0762 연속하는 두 자연수의 제곱의 합이 85이다. 다음 물음에 답하시오.

(1) 두 자연수를 x, $x+1$로 놓고 x에 대한 이차방정식을 세우시오.

(2) x의 값을 구하시오.

(3) 두 자연수를 구하시오.

0763 오른쪽 그림과 같이 가로의 길이가 10 cm, 세로의 길이가 7 cm인 직사각형의 각 변을 x cm 씩 줄였더니 넓이가 40 cm²가 되었다. 다음 물음에 답하시오.

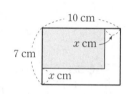

(1) 새로운 직사각형의 가로, 세로의 길이를 차례로 x에 대한 식으로 나타내시오.

(2) 새로운 직사각형의 넓이를 이용하여 세운 x에 대한 이차방정식을 $x^2+ax+b=0$의 꼴로 나타내시오.

(3) x의 값을 구하시오.

0764 지면에서 초속 35 m로 쏘아 올린 공의 x초 후의 높이가 $(35x-5x^2)$ m일 때, 다음 물음에 답하시오.

(1) 이 공이 지면에 떨어질 때의 높이를 구하시오.

(2) 이 공이 지면에 떨어지는 것은 쏘아 올린 지 몇 초 후인지 구하시오.

유형 익히기

유형 | 01 이차방정식의 근의 공식

(1) 이차방정식 $ax^2+bx+c=0$의 근
$\Rightarrow x=\dfrac{-b\pm\sqrt{b^2-4ac}}{2a}$ (단, $b^2-4ac\geq0$)

(2) 이차방정식 $ax^2+2b'x+c=0$의 근
$\Rightarrow x=\dfrac{-b'\pm\sqrt{b'^2-ac}}{a}$ (단, $b'^2-ac\geq0$)

0765 ●○대표문제

이차방정식 $2x^2-3x-1=0$의 근이 $x=\dfrac{A\pm\sqrt{B}}{4}$일 때, 유리수 A, B에 대하여 $A+B$의 값은?

① 8 ② 12 ③ 17
④ 20 ⑤ 23

0766 중하

이차방정식 $x^2-4x-6=0$의 두 근 중 큰 근을 α라 할 때, $\alpha-2$의 값은?

① $-\sqrt{10}$ ② $4-\sqrt{10}$ ③ $\sqrt{10}$
④ 4 ⑤ $4+\sqrt{10}$

0767 중하

이차방정식 $2x^2-6x+k=0$의 근이 $x=\dfrac{3\pm\sqrt{19}}{2}$일 때, 상수 k의 값은?

① -5 ② -2 ③ 2
④ 4 ⑤ 5

0768 중 ●○서술형

이차방정식 $ax^2-6x-2=0$의 근이 $x=\dfrac{3\pm\sqrt{b}}{4}$일 때, 유리수 a, b에 대하여 $a+b$의 값을 구하시오.

유형 | 02 괄호가 있는 이차방정식의 풀이

전개하여 $ax^2+bx+c=0$의 꼴로 정리한 후 이차방정식을 푼다.

0769 ●○대표문제

이차방정식 $5(x-1)^2+7x=(2x-3)(3x+1)$을 풀면?

① $x=-4$ 또는 $x=2$ ② $x=-2$ 또는 $x=4$
③ $x=-2\pm2\sqrt{3}$ ④ $x=2\pm2\sqrt{3}$
⑤ $x=2\pm3\sqrt{2}$

0770 중

이차방정식 $3(x^2+4)=(x-3)^2-2(x-2)$의 두 근의 차는?

① 1 ② $\sqrt{3}$ ③ $2\sqrt{2}$
④ $3\sqrt{2}$ ⑤ 5

0771 중

이차방정식 $5x(x-3)-6=2(x+2)(x-4)$의 두 근을 α, β라 할 때, $3\alpha-\beta$의 값을 구하시오. (단, $\alpha<\beta$)

0772 상중

이차방정식 $4(x-2)^2=3(x-1)^2$의 두 근 사이에 있는 정수의 개수는?

① 5개 ② 6개 ③ 7개
④ 8개 ⑤ 9개

유형 | 03   계수가 분수인 이차방정식의 풀이

양변에 분모의 최소공배수를 곱하여 계수를 정수로 고친 후 이차
방정식을 푼다.

0773 ◀●대표문제

이차방정식 $\dfrac{(x-2)^2}{2}=\dfrac{x^2+6}{3}$ 을 풀면?

① $x=-12$ 또는 $x=0$ ② $x=-4$ 또는 $x=-3$

③ $x=0$ 또는 $x=12$ ④ $x=2$ 또는 $x=6$

⑤ $x=3$ 또는 $x=4$

0774 중

이차방정식 $4x-\dfrac{x^2+1}{3}=2(x-1)$의 두 근의 차는?

① $-2\sqrt{14}$ ② -6 ③ 6

④ $2\sqrt{14}$ ⑤ $6+2\sqrt{14}$

0775 중

이차방정식 $\dfrac{1}{2}x+\dfrac{1}{8}=-\dfrac{1}{4}x^2$의 근이 $x=a\pm\dfrac{\sqrt{b}}{2}$일 때,
유리수 a, b에 대하여 ab의 값을 구하시오.

0776 중

이차방정식 $\dfrac{1}{2}x^2-\dfrac{1}{4}x+a=0$의 해가 $x=\dfrac{b\pm\sqrt{33}}{4}$일 때,
유리수 a, b에 대하여 $a+b$의 값은?

① -2 ② -1 ③ 0

④ 1 ⑤ 2

유형 | 04   계수가 소수인 이차방정식의 풀이

양변에 10, 100, 1000, $\cdots$을 곱하여 계수를 정수로 고친 후 이차
방정식을 푼다.

0777 ◀●대표문제

이차방정식 $0.09x^2-0.18x=0.05$의 두 근을 α, β라 할
때, $\alpha-\beta$의 값은? (단, $\alpha>\beta$)

① $2\sqrt{14}$ ② 4 ③ $\sqrt{14}$

④ 3 ⑤ $\dfrac{2\sqrt{14}}{3}$

0778 중 하

이차방정식 $x^2-0.3x-0.1=0$을 풀면?

① $x=-\dfrac{1}{5}$ 또는 $x=-\dfrac{1}{2}$ ② $x=-\dfrac{1}{5}$ 또는 $x=\dfrac{1}{2}$

③ $x=-\dfrac{1}{3}$ 또는 $x=\dfrac{1}{2}$ ④ $x=-\dfrac{1}{2}$ 또는 $x=\dfrac{1}{5}$

⑤ $x=\dfrac{1}{3}$ 또는 $x=\dfrac{1}{2}$

0779 중

이차방정식 $0.03x^2+0.01x-0.1=0$의 두 근을 α, β라 할
때, 일차방정식 $\alpha x-\beta=0$의 해를 구하시오. (단, $\alpha<\beta$)

0780 중 ◀●서술형

이차방정식 $0.7(x-1)^2=\dfrac{2}{5}(x-2)(2x-1)$의 근이
$x=p\pm2\sqrt{q}$일 때, 유리수 p, q에 대하여 $p+q$의 값을 구
하시오.

유형 | 05 **공통부분이 있는 이차방정식의 풀이**

(ⅰ) 공통부분을 A로 놓고 정리한다.

(ⅱ) 인수분해 또는 근의 공식을 이용하여 A의 값을 구한다.

(ⅲ) A에 원래의 식을 대입하여 x의 값을 구한다.

0781 ●대표문제

이차방정식 $\dfrac{1}{5}(2x+3)^2+\dfrac{1}{2}(2x+3)-\dfrac{3}{10}=0$의 두 근

을 α, β라 할 때, $4\alpha-\beta$의 값은? (단, $\alpha>\beta$)

① -8 ② -3 ③ -2

④ 2 ⑤ 8

0782 중

이차방정식 $(x-2)^2+2(x-2)-15=0$의 해를 구하시오.

0783 중

$(x-y)(x-y-5)=14$일 때, $3x-3y$의 값은?

(단, $x>y$)

① 14 ② 17 ③ 19

④ 21 ⑤ 24

0784 상 중 ●서술형

두 수 a, b에 대하여 $3(a-b)^2-10(a-b)-8=0$이고

$a+b=6$일 때, a, b의 값을 구하시오. (단, $a>b$)

유형 | 06 **이차방정식의 근의 개수**

이차방정식 $ax^2+bx+c=0$의 근의 개수

⇨ b^2-4ac의 부호에 의해 결정

(1) $b^2-4ac>0$ ⇨ 서로 다른 두 근 ⎤ $b^2-4ac \geq 0$이면 근이 존재

(2) $b^2-4ac=0$ ⇨ 중근 ⎦

(3) $b^2-4ac<0$ ⇨ 근이 없다.

0785 ●대표문제

다음 **보기**의 이차방정식 중 근이 **없는** 것을 모두 고른 것은?

┃ 보기 ┃

ㄱ. $x^2+7x+12=0$ ㄴ. $x^2-2x+2=0$

ㄷ. $2x^2+x+5=0$ ㄹ. $2x^2-7x-3=0$

① ㄱ, ㄴ   ② ㄱ, ㄷ   ③ ㄱ, ㄹ

④ ㄴ, ㄷ   ⑤ ㄴ, ㄹ

0786 중

이차방정식 $x^2-3x-p=0$이 서로 다른 두 근을 가질 때,

상수 p의 값의 범위를 구하시오.

0787 중

이차방정식 $x^2+(2k-1)x+k^2=0$이 근을 가질 때, 다음

중 상수 k의 값이 될 수 **없는** 것은?

① $-\dfrac{1}{2}$ ② $-\dfrac{1}{4}$ ③ 0

④ $\dfrac{1}{4}$ ⑤ $\dfrac{1}{2}$

0788 상 중

다음 **보기**에서 이차방정식 $3x^2-6x+m=0$의 근에 대한

설명으로 옳은 것을 모두 고르시오. (단, m은 상수)

┃ 보기 ┃

ㄱ. $m=3$이면 중근을 갖는다.

ㄴ. $m>3$이면 근이 없다.

ㄷ. $m=0$이면 중근을 갖는다.

ㄹ. $m<0$이면 서로 다른 두 근을 갖는다.

유형 07 이차방정식이 중근을 가질 조건

개념원리 중학수학 3-1 144쪽

이차방정식 $ax^2+bx+c=0$이 중근을 가질 조건
$\Rightarrow b^2-4ac=0$

0789 ◀대표문제

이차방정식 $x^2+6x+2k-1=0$이 중근 $x=a$를 가질 때, $k+a$의 값은? (단, k는 상수)

① -2 ② -1 ③ 1
④ 2 ⑤ 3

0790 중

이차방정식 $2x^2-(a+2)x+8=0$이 중근을 갖도록 하는 모든 상수 a의 값의 합은?

① -6 ② -4 ③ 2
④ 4 ⑤ 6

0791 중

다음 두 이차방정식이 모두 중근을 가질 때, 상수 m, n에 대하여 $m-n$의 값을 구하시오.

$$x^2-6x-m=0, \quad x^2-2(m+5)x+n=0$$

0792 상 중

이차방정식 $3x^2+ax+12=0$이 음수인 중근을 가질 때, 상수 a의 값을 구하시오.

유형 08 두 근이 주어질 때 이차방정식 구하기

개념원리 중학수학 3-1 145쪽

(1) 두 근이 α, β이고 x^2의 계수가 a인 이차방정식
$\Rightarrow a(x-\alpha)(x-\beta)=0$
(2) 중근이 α이고 x^2의 계수가 a인 이차방정식
$\Rightarrow a(x-\alpha)^2=0$

0793 ◀대표문제

이차방정식 $2x^2+ax+b=0$의 두 근이 $-\dfrac{1}{2}$, 3일 때, 상수 a, b에 대하여 $a-b$의 값은?

① -2 ② -1 ③ 0
④ 1 ⑤ 2

0794 중

이차방정식 $8x^2+2ax+b=0$의 중근이 $\dfrac{1}{2}$일 때, 상수 a, b에 대하여 $a+b$의 값을 구하시오.

0795 중

이차방정식 $x^2+ax-b=0$의 두 근이 -2, 4일 때, a, b를 두 근으로 하고 x^2의 계수가 1인 이차방정식은?
(단, a, b는 상수)

① $x^2+6x+16=0$ ② $x^2+6x-16=0$
③ $x^2-6x-16=0$ ④ $x^2-6x+16=0$
⑤ $x^2+16x+6=0$

0796 상 중

이차방정식 $x^2+ax+b=0$의 두 근이 -5, -1일 때, $a+1$, $b+1$을 두 근으로 하고 x^2의 계수가 2인 이차방정식을 구하시오. (단, a, b는 상수)

개념원리 중학수학 3-1 149쪽

유형 | 09 이차방정식의 활용 – 식이 주어진 경우

(ⅰ) 주어진 식을 이용하여 이차방정식을 세운다.

(ⅱ) 이차방정식을 푼다.

(ⅲ) 문제의 조건에 맞는 해를 택한다. (자연수, 정수 등)

0797 ●대표문제

n각형의 대각선의 개수는 $\dfrac{n(n-3)}{2}$개이다. 대각선의 개수가 77개인 다각형은?

① 오각형   ② 구각형   ③ 십일각형

④ 십사각형   ⑤ 십육각형

0798 중

1부터 자연수 n까지의 합은 $\dfrac{n(n+1)}{2}$이다. 합이 120이 되려면 1부터 얼마까지의 자연수를 더해야 하는가?

① 13   ② 14   ③ 15

④ 16   ⑤ 17

0799 중

n명 중 대표 2명을 뽑는 경우의 수는 $\dfrac{n(n-1)}{2}$이다. 동아리 회원 중 대표 2명을 뽑는 경우의 수가 66일 때, 이 동아리 회원은 몇 명인지 구하시오.

0800 중

다음 그림과 같이 점을 찍어 삼각형 모양을 만들 때, n번째 삼각형에 사용한 점의 개수는 $\dfrac{n(n+1)}{2}$개이다. 사용한 점의 개수가 21개인 삼각형은 몇 번째 삼각형인지 구하시오.

첫 번째   두 번째   세 번째

중요

개념원리 중학수학 3-1 149쪽

유형 | 10 이차방정식의 활용 – 수

(1) 연속하는 두 정수 ⇨ x, $x+1$ 또는 $x-1$, x

(2) 연속하는 세 정수 ⇨ $x-1$, x, $x+1$

(3) 연속하는 두 짝수

     ⇨ x, $x+2$ (x는 짝수) 또는 $2x$, $2x+2$ (x는 자연수)

(4) 연속하는 두 홀수

     ⇨ x, $x+2$ (x는 홀수) 또는 $2x-1$, $2x+1$ (x는 자연수)

0801 ●대표문제

연속하는 세 자연수가 있다. 가장 큰 수의 제곱이 다른 두 수의 곱의 3배보다 24만큼 작을 때, 이 세 자연수의 합은?

① 9   ② 12   ③ 15

④ 18   ⑤ 21

0802 중

연속하는 두 자연수 중 작은 수의 제곱의 3배는 큰 수의 제곱보다 3만큼 크다고 할 때, 두 수의 곱은?

① 2   ② 3   ③ 4

④ 5   ⑤ 6

0803 중

연속하는 홀수인 두 자연수의 제곱의 합이 130일 때, 두 수 중 큰 수는?

① 7   ② 9   ③ 11

④ 13   ⑤ 15

0804 중 ●서술형

어떤 자연수를 제곱해서 2배를 해야 하는데 2를 더하여 제곱하였더니 원래 구하려던 값보다 92만큼 작아졌다. 어떤 자연수를 구하시오.

유형 | 11   이차방정식의 활용 − 실생활

(ⅰ) 구하고자 하는 것을 미지수 x로 놓는다.

(ⅱ) 문제의 뜻에 맞게 이차방정식을 세운다.

(ⅲ) 이차방정식을 푼다.

(ⅳ) 문제의 조건에 맞는 해를 택한다.

0805 •◀대표문제

볼펜 195개를 몇 명의 학생들에게 남김없이 똑같이 나누어 주었다. 학생 한 명이 받은 볼펜의 개수가 학생 수보다 2만큼 작다고 할 때, 학생은 모두 몇 명인가?

① 13명　　② 15명　　③ 23명
④ 27명　　⑤ 30명

0806 중

책상 위에 펼쳐져 있는 책의 두 면의 쪽수의 곱이 930이었다. 이 두 면의 쪽수의 합을 구하시오.

0807 중 •◀서술형

지원이와 동생의 나이의 차는 4살이고, 지원이의 나이의 제곱은 동생의 나이의 제곱에 3배를 한 것보다 6살이 많다고 한다. 이때 지원이의 나이를 구하시오.

0808 중

해성이네 학교에서는 2박 3일 동안 수련회를 가기로 하였는데 3일간의 날짜를 각각 제곱하여 더했더니 434이었다. 수련회의 출발 날짜는?

① 10일　　② 11일　　③ 12일
④ 13일　　⑤ 14일

유형 | 12   이차방정식의 활용 − 쏘아 올린 물체

(1) 쏘아 올린 물체의 높이가 h m인 경우는 물체가 올라갈 때와 내려올 때 두 번 생긴다.

(단, 가장 높이 올라간 경우는 제외한다.)

(2) 물체가 지면에 떨어질 때의 높이는 0 m이다.

0809 •◀대표문제

지면에서 초속 40 m로 똑바로 위로 쏘아 올린 공의 t초 후의 높이는 $(40t-5t^2)$ m라 한다. 이 공이 지면에 떨어지는 것은 쏘아 올린 지 몇 초 후인가?

① 5초 후　　② 6초 후　　③ 7초 후
④ 8초 후　　⑤ 9초 후

0810 중

어떤 고래가 수면 위로 올라오면서 뿜어 올린 물의 x초 후의 높이는 $(750x-500x^2)$ cm라 한다. 뿜어 올린 물의 높이가 처음으로 250 cm가 되는 것은 몇 초 후인지 구하시오.

0811 중

지면으로부터 120 m 높이의 건물 옥상에서 초속 50 m로 위로 쏘아 올린 물체의 x초 후의 지면으로부터의 높이는 $(-5x^2+50x+120)$ m라 한다. 이 물체의 지면으로부터의 높이가 200 m가 되는 것은 쏘아 올린 지 몇 초 후인지 모두 구하시오.

0812 상 중

지면에서 초속 60 m로 똑바로 위로 쏘아 올린 로켓의 t초 후의 높이는 $(60t-5t^2)$ m라 한다. 이때 로켓이 높이가 160 m 이상인 지점을 지나는 것은 몇 초 동안인지 구하시오.

유형 | 13 이차방정식의 활용 — 도형 (1)

한 변의 길이가 x cm인 정사각형의 가로의 길이를 a cm 줄이고 세로의 길이를 b cm 늘여 만든 직사각형의
(가로의 길이)$=(x-a)$ cm, (세로의 길이)$=(x+b)$ cm

0813 ●대표문제

오른쪽 그림과 같이 가로, 세로의 길이가 각각 16 cm, 12 cm인 직사각형에서 가로의 길이는 매초 1 cm씩 줄어들고, 세로의 길이는 매초 2 cm씩 늘어나고 있다. 이때 처음 직사각형의 넓이와 같아지는 것은 몇 초 후인지 구하시오.

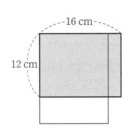

0814 중

둘레의 길이가 46 cm이고 넓이가 120 cm²인 직사각형을 만들려고 한다. 이 직사각형의 가로와 세로의 길이의 차를 구하시오.

0815 중

오른쪽 그림과 같이 가로, 세로의 길이가 각각 10 m, 7 m인 직사각형 모양의 화단이 있다. 가로, 세로의 길이를 똑같은 길이만큼 늘였더니 그 넓이가 처음 화단의 넓이보다 60 m²만큼 늘어났다면 가로, 세로의 길이는 처음보다 몇 m만큼 늘어난 것인지 구하시오.

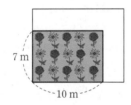

0816 중

밑변의 길이와 높이가 같은 삼각형에서 밑변의 길이를 2배로 늘이고 높이를 5 cm만큼 늘였더니 그 넓이가 처음 삼각형의 넓이의 3배가 되었다. 이때 처음 삼각형의 넓이를 구하시오.

유형 | 14 이차방정식의 활용 — 도형 (2)

다음 세 직사각형에서 색칠한 부분의 넓이는 모두 같다.

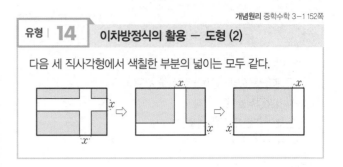

0817 ●대표문제

오른쪽 그림과 같이 한 변의 길이가 20 m인 정사각형 모양의 땅에 폭이 x m로 일정한 길을 내었더니 길을 제외한 부분의 넓이가 289 m²가 되었다. 이때 x의 값을 구하시오.

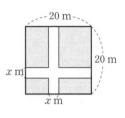

0818 중

가로의 길이가 세로의 길이보다 9 m 더 긴 직사각형 모양의 땅에 오른쪽 그림과 같이 폭이 2 m로 일정한 길을 내었더니 길을 제외한 부분의 넓이가 162 m²가 되었다. 이 땅의 가로의 길이를 구하시오.

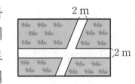

0819 중 ●서술형

오른쪽 그림과 같은 정사각형 모양의 종이의 네 귀퉁이에서 한 변의 길이가 3 cm인 정사각형을 잘라 내고, 그 나머지로 뚜껑이 없는 직육면체 모양의 상자를 만들었더니 그 부피가 243 cm³가 되었다. 이때 처음 정사각형의 한 변의 길이를 구하시오.

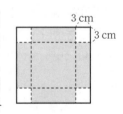

0820 상 중

오른쪽 그림과 같이 폭이 50 cm인 양철판의 양쪽을 같은 높이만큼 직각으로 접어 올려 물받이를 만들려고 한다. 색칠한 단면의 넓이가 200 cm²일 때, 물받이의 높이가 될 수 있는 것을 모두 구하시오.

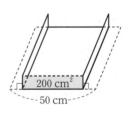

유형 UP

개념원리 중학수학 3-1 151쪽

유형 | 15 이차방정식의 활용 - 도형 (3)

도형의 넓이를 구하는 공식을 이용하여 넓이에 대한 이차방정식을 세운다.
(1) (직사각형의 넓이)=(가로의 길이)×(세로의 길이)
(2) (삼각형의 넓이)=$\frac{1}{2}$×(밑변의 길이)×(높이)

0821 ●○ 대표문제

오른쪽 그림과 같은 두 정사각형의 넓이의 합이 52 cm²일 때, 큰 정사각형의 한 변의 길이를 구하시오.

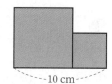
-10 cm-

0822 중

오른쪽 그림과 같이 ∠C=90°, $\overline{AC}=\overline{BC}=8$ cm인 직각이등변삼각형 ABC에서 $\overline{BQ}=2\overline{AP}$이고 △PQC의 넓이가 12 cm²일 때, $\overline{AP}$의 길이를 구하시오.

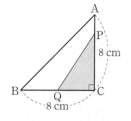
A
P
8 cm
B
Q
C
-8 cm-

0823 중

오른쪽 그림과 같이 세 정사각형이 포개어져 있다. 가장 큰 정사각형의 넓이가 나머지 두 정사각형의 넓이의 합과 같을 때, 색칠한 부분의 넓이를 구하시오.

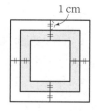
1 cm

0824 상 중

오른쪽 그림과 같이 ∠B=90°, $\overline{AB}=\overline{BC}=16$ cm인 직각이등변삼각형 ABC에서 세 변 BC, AC, AB 위에 각각 점 D, E, F를 잡아서 만든 직사각형 BDEF의 넓이가 63 cm²일 때, △EDC의 넓이를 구하시오. (단, $\overline{BD}<8$ cm)

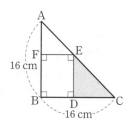
A
F   E
16 cm
B   D   C
-16 cm-

유형 | 16 이차방정식의 활용 - 도형 (4)

원의 반지름의 길이가 r cm일 때
(1) (원의 둘레의 길이)=$2\pi r$ cm
(2) (원의 넓이)=πr^2 cm²

0825 ●○ 대표문제

어떤 원의 반지름의 길이를 4 cm만큼 늘였더니 그 넓이는 처음 원의 넓이의 3배가 되었다. 이때 처음 원의 반지름의 길이는?

① $(1+\sqrt{3})$ cm ② $(2+\sqrt{3})$ cm ③ 4 cm
④ $(2+2\sqrt{3})$ cm ⑤ $(3+2\sqrt{3})$ cm

0826 중

높이가 밑면의 반지름의 길이보다 5 cm 더 긴 원기둥이 있다. 이 원기둥의 옆넓이가 300π cm²일 때, 원기둥의 높이를 구하시오.

0827 상 중 ●○ 서술형

오른쪽 그림과 같이 원 모양인 연못의 둘레에 폭이 2 m인 산책로를 만들었더니 산책로의 넓이가 연못의 넓이의 $\frac{1}{2}$이 되었다. 이때 연못의 반지름의 길이를 구하시오.

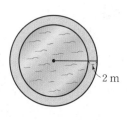
2 m

0828 상 중

오른쪽 그림과 같이 세 반원으로 이루어진 도형이 있다. $\overline{AB}=10$ cm이고 색칠한 부분의 넓이가 6π cm²일 때, $\overline{AC}$의 길이를 구하시오. (단, $\overline{AC}>\overline{CB}$)

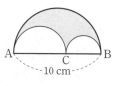
A   C   B
-10 cm-

0829

이차방정식 $3x^2-8x+a=0$의 근이 $x=\dfrac{b\pm\sqrt{10}}{3}$일 때, 유리수 a, b에 대하여 $a+b$의 값은?

① 2   ② 4   ③ 6

④ 8   ⑤ 10

0830

이차방정식 $\dfrac{(x+2)(x-3)}{3}=\dfrac{x(x-4)}{2}$의 두 근 중 큰 근을 a라 할 때, 부등식 $n<a<n+1$을 만족시키는 정수 n의 값은?

① 5   ② 6   ③ 7

④ 8   ⑤ 9

0831

이차방정식 $0.5x^2+\dfrac{4}{3}x+\dfrac{1}{6}=0$의 근이 $x=\dfrac{a\pm\sqrt{b}}{3}$일 때, 유리수 a, b에 대하여 $a+b$의 값은?

① 9   ② 11   ③ 13

④ 15   ⑤ 17

0832

방정식 $2(x+2y)^2-17(x+2y)-9=0$을 만족시키는 자연수 x, y의 순서쌍 (x, y)의 개수를 구하시오.

0833

이차방정식 $3x^2-2x+p=0$이 서로 다른 두 근을 가질 때, 다음 중 상수 p의 값이 될 수 없는 것은?

① -3 ② -1 ③ $-\dfrac{1}{3}$

④ 0   ⑤ $\dfrac{1}{3}$

0834

이차방정식 $4x^2-2x+\dfrac{k}{8}=0$이 중근을 가질 때, 이차방정식 $(k-1)x^2-kx-1=0$의 해는? (단, k는 상수)

① $x=-2\pm\sqrt{2}$ ② $x=-1\pm\sqrt{2}$ ③ $x=1\pm\sqrt{2}$

④ $x=2\pm\sqrt{2}$ ⑤ $x=\pm2$

0835

이차방정식 $6x^2+ax+b=0$의 두 근이 $\dfrac{1}{3}$, $\dfrac{1}{2}$일 때, a, b를 두 근으로 하고 x^2의 계수가 1인 이차방정식은?

(단, a, b는 상수)

① $x^2-5x+6=0$ ② $x^2-4x-5=0$

③ $x^2-36=0$ ④ $x^2+4x-5=0$

⑤ $x^2+6x-16=0$

0836

두 자리의 자연수가 있다. 이 수의 십의 자리의 숫자와 일의 자리의 숫자의 합은 11이고, 곱은 이 수보다 26만큼 작다고 할 때, 이 수를 구하시오.

0837

지난해 6월 한 달 동안 비가 온 날이 며칠인지 조사하였더니 비가 온 날수의 제곱이 비가 오지 않은 날수의 4배보다 3이 작았다. 지난해 6월 한 달 동안 비가 온 날은 모두 며칠인지 구하시오. (단, 6월은 30일까지 있다.)

중요

0838

지면으로부터 80 m 높이의 건물 옥상에서 초속 30 m로 똑바로 위로 쏘아 올린 물체의 t초 후의 지면으로부터의 높이를 h m라 하면 $h=-5t^2+30t+80$인 관계가 성립한다. 이 물체가 지면에 떨어지는 것은 쏘아 올린 지 몇 초 후인지 구하시오.

0839

오른쪽 그림과 같은 직사각형 ABCD에서 점 P는 점 A를 출발하여 점 B까지 매초 1 cm의 속력으로 $\overline{AB}$ 위를 움직이고,

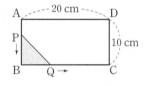

점 Q는 점 B를 출발하여 점 C까지 매초 2 cm의 속력으로 $\overline{BC}$ 위를 움직인다. 두 점 P, Q가 동시에 출발하였을 때, △PBQ의 넓이가 16 cm²가 되는 것은 출발한 지 몇 초 후인지 모두 구하시오.

0840

반지름의 길이의 비가 3 : 5인 두 원의 둘레의 길이의 제곱의 합이 $136\pi^2$일 때, 큰 원의 반지름의 길이를 구하시오.

서술형 주관식

0841

이차방정식 $x^2+ax+b=0$의 두 근이 $-\dfrac{1}{2}$, $\dfrac{1}{5}$일 때, 이차방정식 $ax^2+bx-1=0$의 해를 구하시오.

(단, a, b는 상수)

0842

이차방정식 $x^2+3kx-2k-3=0$의 x의 계수와 상수항을 잘못 보고 서로 바꾸어 풀었더니 한 근이 $x=-3$이었다. 처음 이차방정식의 근을 구하시오. (단, k는 상수)

실력 UP

실력 UP 집중 학습은 실력 up⁺로!!

0843

어느 상점에서 어떤 상품의 가격을 $10x$ %만큼 인하하였더니 판매량이 $20x$ %만큼 늘어서 그 상품의 총 판매 금액이 가격 인하 전과 같아졌다고 할 때, x의 값을 구하시오.

0844

오른쪽 그림과 같이 긴 변의 길이가 x cm이고 모양과 크기가 같은 직사각형 모양의 타일 6개를 넓이가 1188 cm²인 직사각형 모양의 종이에

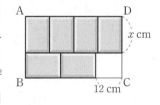

빈틈없이 붙였더니 긴 변의 길이가 12 cm인 직사각형 모양의 공간이 남았다. 이때 타일 한 개의 둘레의 길이를 구하시오.

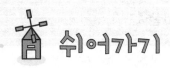 # 쉬어가기

키가 작은 우리 둘째 아이는 콩을 무척 싫어한다.

몸에 좋은 콩을 많이 먹어야 힘이 세지고 키도 자란다고 아무리 어르고 달래 봐도 꿈쩍도 안 한다.

그래서 생각해 낸 것이 콩나물이었는데, 그마저도 먹으려 하지 않았다.

어느 날 아침, 식탁에 놓인 콩나물국을 본 둘째가 볼멘소리로

"에이, 또 콩나물국이야? 맛없는데, 안 먹을래."

라며 투덜거렸다. 그러자 남편이

"콩나물에는 아스파라긴산이 들어 있어서 몸에 좋아. 키도 쑥쑥 자란단다. 그러니까 얼른 먹어."

라며 아이를 달랬다.

그런데 남편의 말을 들은 아이의 대답에 우리 가족은 배를 움켜쥐고 웃었다.

"아스파라긴산은 어디 있는 산이야? 여기서 멀어? 높아? 우리도 빨리 올라가 보자."

– 월간 「행복한 동행」 중에서(신상철 님) –

이차함수

07 이차함수와 그 그래프

07-1 이차함수의 뜻

함수 $y=f(x)$에서 y가 x에 대한 이차식
$$y=ax^2+bx+c \ (a, b, c는 상수, a\neq0)$$
로 나타내어질 때, 함수를 x에 대한 **이차함수**라 한다.

예 $y=x^2+x+2, y=x^2+4, y=-\dfrac{1}{2}x^2 \Rightarrow$ 이차함수이다.

$y=2x-1, y=\dfrac{3}{x} \Rightarrow$ 이차함수가 아니다.

참고 $y=ax^2+bx+c$가 이차함수가 되려면 반드시 $a\neq0$이어야 한다. 그러나 $b=0$ 또는 $c=0$이어도 된다.

○ 개념플러스

▪ y는 x에 대한 이차함수
$\Rightarrow y=(x$에 대한 이차식)

07-2 이차함수 $y=x^2$의 그래프

(1) **이차함수 $y=x^2$의 그래프의 성질**
① 원점 $O(0, 0)$을 지나고, 아래로 볼록한 곡선이다.
② y축에 대칭이다.
③ $x<0$일 때, x의 값이 증가하면 y의 값은 감소한다.
$x>0$일 때, x의 값이 증가하면 y의 값도 증가한다.
④ $y=-x^2$의 그래프와 x축에 서로 대칭이다.
참고 y축에 대칭 $\Rightarrow y$축을 접는 선으로 하여 접었을 때 완전히 포개어진다.
x축에 대칭 $\Rightarrow x$축을 접는 선으로 하여 접었을 때 완전히 포개어진다.

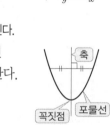

(2) **포물선** : 이차함수 $y=x^2$, $y=-x^2$의 그래프와 같은 모양의 곡선
① 축 : 포물선은 선대칭도형으로 그 대칭축을 포물선의 **축**이라 한다.
② 꼭짓점 : 포물선과 축의 교점을 포물선의 **꼭짓점**이라 한다.

▪ **이차함수 $y=-x^2$의 그래프의 성질**
① 원점 $O(0, 0)$을 지나고, 위로 볼록한 곡선이다.
② y축에 대칭이다.
③ $x<0$일 때, x의 값이 증가하면 y의 값도 증가한다.
$x>0$일 때, x의 값이 증가하면 y의 값은 감소한다.
④ $y=x^2$의 그래프와 x축에 서로 대칭이다.

▪ 특별한 말이 없으면 이차함수에서 x의 값의 범위는 실수 전체로 생각한다.

07-3 이차함수 $y=ax^2$의 그래프

(1) 원점 $O(0, 0)$을 꼭짓점으로 하는 포물선이다.
(2) y축에 대칭이다. $\Rightarrow$ 축의 방정식: $x=0(y$축)
(3) a의 부호에 따라 그래프의 모양이 달라진다.
① $a>0$일 때, 아래로 볼록하다.
② $a<0$일 때, 위로 볼록하다.
(4) a의 절댓값이 클수록 그래프의 폭이 좁아진다.
(5) $y=-ax^2$의 그래프와 x축에 서로 대칭이다.

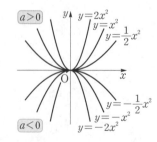

▪ 이차함수 $y=ax^2$에서
① a의 부호 $\Rightarrow$ 그래프의 모양 결정
② a의 절댓값 $\Rightarrow$ 그래프의 폭 결정

교과서문제 정복하기

07-1 이차함수의 뜻

[0845~0847] 다음 중 이차함수인 것은 ○표, 이차함수가 아닌 것은 ×표를 ( ) 안에 써넣으시오.

0845 $y=2x^2-(x+1)^2$ (   )

0846 $y=3(x+2)-8$ (   )

0847 $y=-\dfrac{1}{2}(x+1)(x-1)$ (   )

[0848~0850] 다음에서 y를 x에 대한 식으로 나타내고, 이차함수인지 아닌지 말하시오.

0848 밑변의 길이가 x cm, 높이가 $(8-x)$ cm인 삼각형의 넓이 y cm^2

0849 한 모서리의 길이가 x cm인 정육면체의 부피 y cm^3

0850 밑면의 반지름의 길이가 x cm, 높이가 12 cm인 원뿔의 부피 y cm^3

0851 이차함수 $f(x)=-2x^2+5x+1$에 대하여 다음 함숫값을 구하시오.

(1) $f(0)$ (2) $f(2)$

(3) $f(-3)$ (4) $f\left(\dfrac{1}{2}\right)$

07-2 이차함수 $y=x^2$의 그래프

0852 다음은 이차함수 $y=x^2$의 그래프에 대한 설명이다. ☐ 안에 알맞은 것을 써넣으시오.

(1) 원점 O$(0, 0)$을 지나고, ☐로 볼록한 곡선이다.
(2) ☐축에 대칭이다.
(3) $x<0$일 때, x의 값이 증가하면 y의 값은 ☐하고
   $x>0$일 때, x의 값이 증가하면 y의 값도 ☐한다.
(4) $y=-x^2$의 그래프와 ☐축에 서로 대칭이다.

07-3 이차함수 $y=ax^2$의 그래프

0853 이차함수 $y=\dfrac{2}{3}x^2$의 그래프에 대하여 다음을 구하시오.

(1) 꼭짓점의 좌표
(2) 축의 방정식
(3) x축에 대하여 대칭인 그래프를 나타내는 이차함수의 식

[0854~0856] 다음 보기의 이차함수에 대하여 물음에 답하시오.

┌─■ 보기 ■─────────────────┐

ㄱ. $y=3x^2$ ㄴ. $y=-\dfrac{1}{4}x^2$

ㄷ. $y=-3x^2$ ㄹ. $y=5x^2$

└──────────────────────────┘

0854 그래프가 위로 볼록한 것을 모두 고르시오.

0855 그래프의 폭이 가장 좁은 것을 고르시오.

0856 그래프가 x축에 서로 대칭인 것끼리 짝 지으시오.

[0857~0860] 다음 이차함수의 그래프가 아래 그림과 같을 때, 이차함수의 식에 알맞은 그래프를 고르시오.

0857 $y=-\dfrac{1}{2}x^2$

0858 $y=-x^2$

0859 $y=\dfrac{1}{2}x^2$

0860 $y=x^2$

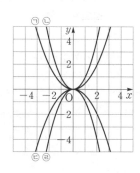

07-4 이차함수 $y=ax^2+q$의 그래프

이차함수 $y=ax^2+q$의 그래프는
(1) 이차함수 $y=ax^2$의 그래프를 y축의 방향으로 q만큼 평행이동
한 것이다.
　① $q>0$이면 y축의 양의 방향(위쪽)으로 평행이동
　② $q<0$이면 y축의 음의 방향(아래쪽)으로 평행이동
(2) **꼭짓점의 좌표**: $(0,\ q)$
(3) **축의 방정식**: $x=0(y$축$)$

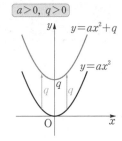

○ **개념플러스**

■ **평행이동**
한 도형을 일정한 방향으로 일
정한 거리만큼 이동하는 것

■ 이차함수의 그래프를 평행이동
해도 x^2의 계수 a는 변하지 않
으므로 그래프의 모양과 폭은
변하지 않는다.

07-5 이차함수 $y=a(x-p)^2$의 그래프

이차함수 $y=a(x-p)^2$의 그래프는
(1) 이차함수 $y=ax^2$의 그래프를 x축의 방향으로 p만큼 평
행이동한 것이다.
　① $p>0$이면 x축의 양의 방향(오른쪽)으로 평행이동
　② $p<0$이면 x축의 음의 방향(왼쪽)으로 평행이동
(2) **꼭짓점의 좌표**: $(p,\ 0)$
(3) **축의 방정식**: $x=p$

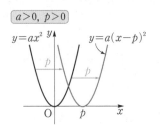

■ 증가, 감소의 범위는 축 $x=p$
를 기준으로 나뉜다. 즉, 이차
함수의 그래프를 x축의 방향으
로 평행이동하면 축이 변하므
로 증가, 감소하는 x의 값의 범
위도 변한다.

07-6 이차함수 $y=a(x-p)^2+q$의 그래프

이차함수 $y=a(x-p)^2+q$의 그래프는
(1) 이차함수 $y=ax^2$의 그래프를 x축의 방향으로 p만
큼, y축의 방향으로 q만큼 평행이동한 것이다.
(2) **꼭짓점의 좌표**: $(p,\ q)$
(3) **축의 방정식**: $x=p$

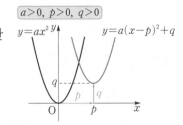

■ $y=a(x-p)^2+q$의 꼴을 이
차함수의 표준형이라 한다.

参고 이차함수 $y=ax^2$의 그래프의 평행이동

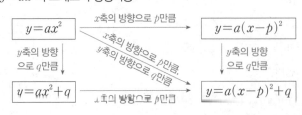

■ 이차함수의 그래프를 x축의 방
향으로 p만큼, y축의 방향으로
q만큼 평행이동한 그래프를 나
타내는 이차함수의 식 구하기
⇨ x 대신 $x-p$,
　y 대신 $y-q$를 대입

07-4 이차함수 $y=ax^2+q$의 그래프

[0861~0863] 다음 이차함수의 그래프를 y축의 방향으로 [ ] 안의 수만큼 평행이동한 그래프를 나타내는 이차함수의 식을 구하시오.

0861 $y=3x^2$ [5]

0862 $y=\dfrac{1}{5}x^2$ $\left[-\dfrac{1}{3} \right]$

0863 $y=-4x^2$ [-2]

[0864~0865] 다음 이차함수의 그래프의 꼭짓점의 좌표와 축의 방정식을 각각 구하시오.

0864 $y=\dfrac{1}{3}x^2-3$

0865 $y=-2x^2+1$

[0866~0867] 이차함수 $y=ax^2+q$의 그래프가 다음 그림과 같을 때, 상수 a, q의 부호를 각각 구하시오.

0866

0867

07-5 이차함수 $y=a(x-p)^2$의 그래프

[0868~0870] 다음 이차함수의 그래프를 x축의 방향으로 [ ] 안의 수만큼 평행이동한 그래프를 나타내는 이차함수의 식을 구하시오.

0868 $y=3x^2$ [-1]

0869 $y=-4x^2$ [-5]

0870 $y=-\dfrac{1}{3}x^2$ [3]

[0871~0872] 다음 이차함수의 그래프의 꼭짓점의 좌표와 축의 방정식을 각각 구하시오.

0871 $y=2(x+1)^2$

0872 $y=-\dfrac{1}{3}(x-4)^2$

[0873~0874] 이차함수 $y=a(x-p)^2$의 그래프가 다음 그림과 같을 때, 상수 a, p의 부호를 각각 구하시오.

0873   **0874**

07-6 이차함수 $y=a(x-p)^2+q$의 그래프

[0875~0877] 다음 이차함수의 그래프를 x축의 방향으로 p만큼, y축의 방향으로 q만큼 평행이동한 그래프를 나타내는 이차함수의 식을 구하시오.

0875 $y=3x^2$ [$p=-5$, $q=6$]

0876 $y=-4x^2$ [$p=3$, $q=-1$]

0877 $y=\dfrac{3}{4}x^2$ $\left[p=\dfrac{2}{5}, q=\dfrac{1}{2} \right]$

[0878~0879] 다음 이차함수의 그래프의 꼭짓점의 좌표와 축의 방정식을 각각 구하시오.

0878 $y=2(x+1)^2+5$

0879 $y=-3(x-2)^2-7$

[0880~0881] 이차함수 $y=a(x-p)^2+q$의 그래프가 다음 그림과 같을 때, 상수 a, p, q의 부호를 각각 구하시오.

0880   **0881**

중요

유형 | 01   이차함수의 뜻

y가 x에 대한 이차함수

⇨ $y=(x$에 대한 이차식$)$

  즉, $y=ax^2+bx+c$ $(a, b, c$는 상수, $a\neq0)$

예 $y=2x^2+3x+1$ ⇨ 이차함수이다.

  $y=3x+1$ ⇨ 이차함수가 아니다.

0882 ◦●대표문제

다음 중 이차함수인 것은?

① $y=4x-3$

② $y=\dfrac{x}{4}(x-2)+1$

③ $y=x(x+5)-x^2$

④ $y=\dfrac{1}{x^2}$

⑤ $y=(x-3)^2-(x+1)^2$

0883 중 하

다음 중 이차함수가 <u>아닌</u> 것을 모두 고르면? (정답 2개)

① $y=\dfrac{1}{5}x^2$

② $y=(2x+1)^2-2x^2$

③ $y=\dfrac{1}{x^2}+1$

④ $y=(1-x)(1+x)$

⑤ $y=x(2x^2+1)-1$

0884 중

다음 중 y가 x에 대한 이차함수인 것은?

① 한 변의 길이가 x인 정사각형의 둘레의 길이 y

② 반지름의 길이가 x인 원의 둘레의 길이 y

③ 밑변의 길이가 x, 높이가 2인 삼각형의 넓이 y

④ 밑변의 길이와 높이가 모두 x인 평행사변형의 넓이 y

⑤ 윗변의 길이가 x, 아랫변의 길이가 $2x$, 높이가 2인 사다리꼴의 넓이 y

유형 | 02   이차함수가 되는 조건

$y=ax^2+bx+c$가 x에 대한 이차함수가 되려면 $a\neq0$이어야 한다.

예 $y=(a-1)x^2+3x+1$이 이차함수가 되려면

  ⇨ $a-1\neq0$ ∴ $a\neq1$

0885 ◦●대표문제

$y=-ax(3-x)+2+5x^2$이 x에 대한 이차함수일 때, 다음 중 상수 a의 값이 될 수 <u>없는</u> 것은?

① -5 ② -3 ③ -2

④ 2   ⑤ 5

0886 중 하

$y=(x+1)^2-kx^2+5$가 x에 대한 이차함수가 되도록 하는 상수 k의 값의 조건을 구하시오.

0887 중

$y=k(k-5)x^2+7x+6x^2$이 x에 대한 이차함수일 때, 다음 중 상수 k의 값이 될 수 <u>없는</u> 것을 모두 고르면?

(정답 2개)

① -3 ② -2 ③ 0

④ 2   ⑤ 3

0888 중

$y=a^2x^2+3a(x-2)^2+4$가 x에 대한 이차함수가 되도록 하는 상수 a의 값의 조건을 구하시오.

유형 | 03 이차함수의 함숫값

개념원리 중학수학 3-1 166쪽

이차함수 $f(x)=ax^2+bx+c$에서 함숫값 $f(k)$
⇨ $x=k$일 때의 함숫값
⇨ x 대신 k를 대입했을 때의 $f(x)$의 값
⇨ $f(k)=ak^2+bk+c$

0889 ●─대표문제

이차함수 $f(x)=2x^2+ax+5$에서 $f(-2)=3$일 때, 상수 a의 값은?

① -5　　　② -3　　　③ 0
④ 3　　　⑤ 5

0890 중 하

이차함수 $f(x)=x^2-5x+4$에서 $f(0)f(-1)$의 값은?

① -8　　　② 0　　　③ 14
④ 32　　　⑤ 40

0891 중

이차함수 $f(x)=2x^2-5x-1$에서 $f(a)=2$일 때, 정수 a의 값을 구하시오.

0892 중 ●─서술형

이차함수 $f(x)=x^2+ax+b$에 대하여 $f(1)=2$, $f(-1)=4$일 때, 상수 a, b에 대하여 $2a-b$의 값을 구하시오.

유형 | 04 이차함수 $y=ax^2$의 그래프의 폭

개념원리 중학수학 3-1 167쪽

a의 절댓값의 크기에 따라 그래프의 폭이 결정된다.
⇨ 이차함수 $y=ax^2$의 그래프에서 a의 절댓값이 클수록 폭이 좁아진다.

0893 ●─대표문제

다음 이차함수 중 그래프가 위로 볼록하면서 폭이 가장 넓은 것은?

① $y=\dfrac{2}{3}x^2$　　② $y=-\dfrac{2}{3}x^2$　　③ $y=\dfrac{5}{3}x^2$
④ $y=-2x^2$　　⑤ $y=-\dfrac{8}{3}x^2$

0894 중

세 이차함수 $y=ax^2$, $y=-3x^2$, $y=-\dfrac{2}{5}x^2$의 그래프가 오른쪽 그림과 같을 때, 다음 중 상수 a의 값이 될 수 있는 것을 모두 고르면? (정답 2개)

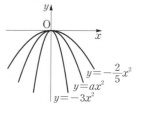

① $-\dfrac{7}{2}$　　　② -2　　　③ $-\dfrac{1}{2}$
④ $-\dfrac{1}{3}$　　　⑤ $-\dfrac{1}{5}$

0895 상 중

두 이차함수 $y=x^2$, $y=-\dfrac{1}{2}x^2$의 그래프는 오른쪽 그림과 같고 이차함수 $y=ax^2$의 그래프가 오른쪽 좌표평면의 색칠한 부분을 지날 때, 다음 중 상수 a의 값이 될 수 있는 것은?

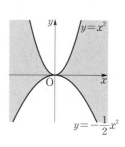

① -1　　　② $-\dfrac{2}{3}$　　　③ $-\dfrac{1}{3}$
④ $\dfrac{3}{2}$　　　⑤ 2

| 유형 | 05 | 이차함수 $y=ax^2$의 그래프 위의 점 |

점 (m, n)이 이차함수 $y=f(x)$의 그래프에 있다.
⇨ 이차함수 $y=f(x)$의 그래프가 점 (m, n)을 지난다.
⇨ $x=m$, $y=n$을 $y=f(x)$에 대입하면 성립한다.
  즉, $f(m)=n$

0896 ●대표문제

이차함수 $y=ax^2$의 그래프가 두 점 $(-1, 4)$, $(3, b)$를 지날 때, $a+b$의 값을 구하시오. (단, a는 상수)

0897 하

점 $(-3, 27)$이 이차함수 $y=ax^2$의 그래프 위에 있을 때, 상수 a의 값을 구하시오.

0898 중하

이차함수 $f(x)=ax^2$의 그래프가 점 $(-4, -8)$을 지날 때, $f(2)$의 값은? (단, a는 상수)

① -4 ② -2 ③ -1
④ 1 ⑤ 2

0899 중

오른쪽 그림과 같은 이차함수 $y=ax^2$의 그래프가 점 $(k, -3)$을 지날 때, 양수 k의 값을 구하시오.
(단, a는 상수)

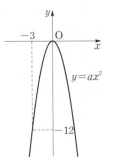

| 유형 | 06 | 이차함수 $y=ax^2$과 $y=-ax^2$의 그래프의 관계 |

$y=ax^2$의 그래프와 $y=-ax^2$의 그래프는 x축에 서로 대칭이다. └─ y 대신 $-y$ 대입 ─┘

0900 ●대표문제

다음 **보기**의 이차함수 중 그래프가 x축에 서로 대칭인 것끼리 짝 지으시오.

┤ 보기 ├

ㄱ. $y=-2x^2$ ㄴ. $y=-\frac{1}{2}x^2$ ㄷ. $y=\frac{4}{3}x^2$

ㄹ. $y=-\frac{3}{4}x^2$ ㅁ. $y=2x^2$ ㅂ. $y=-\frac{4}{3}x^2$

0901 하

다음 중 이차함수 $y=\frac{1}{5}x^2$의 그래프와 x축에 서로 대칭인 그래프를 나타내는 이차함수의 식은?

① $y=-5x^2$ ② $y=-x^2$ ③ $y=-\frac{1}{5}x^2$
④ $y=x^2$ ⑤ $y=5x^2$

0902 중하

이차함수 $y=3x^2$의 그래프와 x축에 서로 대칭인 이차함수의 그래프가 점 $\left(\frac{1}{3}, k\right)$를 지날 때, k의 값을 구하시오.

0903 중 ●서술형

이차함수 $y=-\frac{1}{4}x^2$의 그래프는 점 $(-4, a)$를 지나고, 이차함수 $y=bx^2$의 그래프와 x축에 서로 대칭일 때, ab의 값을 구하시오. (단, b는 상수)

유형 | 07   이차함수 $y=ax^2$의 그래프의 성질

(1) 원점 $O(0, 0)$을 꼭짓점으로 하는 포물선이다.

(2) y축에 대칭이다. ⇨ 축의 방정식: $x=0$ (y축)

(3) a의 부호에 따라 그래프의 모양이 달라진다.

   ① $a>0$일 때, 아래로 볼록 ($\smile$)

   ② $a<0$일 때, 위로 볼록 ($\frown$)

(4) a의 절댓값이 클수록 그래프의 폭이 좁아진다.

(5) $y=-ax^2$의 그래프와 x축에 서로 대칭이다.

0904 ◀대표문제

다음 중 이차함수 $y=-3x^2$의 그래프에 대한 설명으로 옳은 것을 모두 고르면? (정답 2개)

① 꼭짓점의 좌표는 $(-3, 0)$이다.

② 축의 방정식은 $x=0$이다.

③ $y=3x^2$의 그래프와 y축에 서로 대칭이다.

④ 점 $(1, -3)$을 지난다.

⑤ y축을 축으로 하고 아래로 볼록한 포물선이다.

0905 중하

다음 중 이차함수 $y=ax^2$의 그래프에 대한 설명으로 옳지 <u>않은</u> 것을 모두 고르면? (정답 2개)

① a의 값에 관계없이 원점을 지난다.

② a의 값이 클수록 폭이 좁아진다.

③ $y=-ax^2$의 그래프와 x축에 서로 대칭이다.

④ 점 $\left(\dfrac{1}{a}, \dfrac{1}{a}\right)$을 지난다.

⑤ $x>0$일 때, x의 값이 증가하면 y의 값도 증가한다.

0906 중

다음 이차함수의 그래프에 대한 설명 중 옳지 <u>않은</u> 것은?

> (가) $y=-5x^2$　　(나) $y=\dfrac{3}{5}x^2$　　(다) $y=5x^2$

① 그래프가 아래로 볼록한 것은 (나)와 (다)이다.

② 모두 y축을 축으로 하는 그래프이다.

③ (가)와 (다)는 x축에 서로 대칭이다.

④ $x<0$일 때, x의 값이 증가하면 y의 값도 증가하는 그래프는 (나)이다.

⑤ (가)는 제3, 4사분면을 지난다.

유형 | 08   이차함수의 식 구하기 (1)

원점을 꼭짓점으로 하는 포물선을 그래프로 하는 이차함수의 식 구하기

(ⅰ) 구하는 식을 $y=ax^2$으로 놓는다.

(ⅱ) $y=ax^2$에 그래프가 지나는 점의 좌표를 대입하여 상수 a의 값을 구한다.

0907 ◀대표문제

오른쪽 그림과 같이 원점을 꼭짓점으로 하고 점 $(2, -3)$을 지나는 포물선을 그래프로 하는 이차함수의 식을 구하시오.

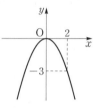

0908 중하

원점을 꼭짓점으로 하는 이차함수의 그래프가 두 점 $(-2, -1)$, $(k, -4)$를 지날 때, 양수 k의 값을 구하시오.

0909 중

이차함수 $y=f(x)$의 그래프가 오른쪽 그림과 같을 때, $f(-2)$의 값은?

① -36　　　② -18

③ 36　　　④ 63

⑤ 72

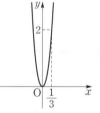

0910 상중 ◀◀서술형

오른쪽 그림과 같은 이차함수의 그래프와 x축에 서로 대칭인 그래프를 나타내는 이차함수의 식을 구하시오.

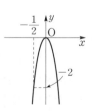

유형 | **09** 이차함수 $y=ax^2+q$의 그래프

(1) $y=ax^2$의 그래프를 y축의 방향으로 q만큼 평행이동 $\Rightarrow y=ax^2+q$
(2) 꼭짓점의 좌표: $(0, q)$
(3) 축의 방정식: $x=0$ (y축)

$\boxed{a>0, \ q>0}$
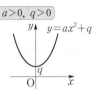

0911 ◀ 대표문제

이차함수 $y=3x^2$의 그래프를 y축의 방향으로 -5만큼 평행이동하면 점 $(-2, a)$를 지날 때, a의 값을 구하시오.

0912 중 하

다음 중 이차함수 $y=-\dfrac{1}{2}x^2+1$의 그래프는?

①   ②   ③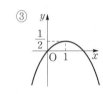

④   ⑤

0913 중 하

이차함수 $y=-\dfrac{3}{2}x^2+q$의 그래프가 점 $(2, -5)$를 지날 때, 이 그래프의 꼭짓점의 좌표는? (단, q는 상수)

① $(0, 0)$ ② $(0, -1)$ ③ $(0, 1)$
④ $(-1, 0)$ ⑤ $(1, 0)$

0914 중 ● 서술형

이차함수 $y=ax^2+q$의 그래프가 두 점 $(3, 5)$, $(-6, 14)$를 지날 때, 상수 a, q에 대하여 $3aq$의 값을 구하시오.

유형 | **10** 이차함수 $y=ax^2+q$의 그래프의 성질

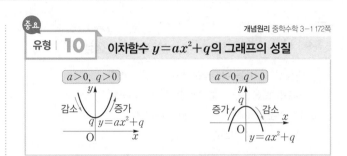

0915 ◀ 대표문제

다음 중 이차함수 $y=-3x^2+2$의 그래프에 대한 설명으로 옳지 <u>않은</u> 것을 모두 고르면? (정답 2개)

① 꼭짓점의 좌표는 $(2, 0)$이다.
② 축의 방정식은 $x=0$이다.
③ $x<0$일 때, x의 값이 증가하면 y의 값도 증가한다.
④ $y=-3x^2$의 그래프를 y축의 방향으로 2만큼 평행이동한 것이다.
⑤ $y=-5x^2+2$의 그래프보다 폭이 좁다.

0916 중

다음 **보기** 중 이차함수 $y=5x^2-3$의 그래프에 대한 설명으로 옳은 것을 모두 고르시오.

┌─ 보기 ─
ㄱ. 모든 사분면을 지난다.
ㄴ. 꼭짓점의 좌표는 $(0, 3)$이다.
ㄷ. 점 $(-1, 2)$를 지난다.
ㄹ. $y=5x^2$의 그래프를 x축의 방향으로 -3만큼 평행이동한 것이다.

0917 중

다음 중 이차함수 $y=-\dfrac{1}{3}x^2-2$의 그래프에 대한 설명으로 옳지 <u>않은</u> 것은?

① y축에 대칭이다.
② 꼭짓점의 좌표는 $(0, -2)$이다.
③ 제3, 4사분면을 지난다.
④ $x>0$일 때, x의 값이 증가하면 y의 값도 증가한다.
⑤ $y=-\dfrac{1}{3}x^2$의 그래프를 y축의 방향으로 -2만큼 평행이동한 것이다.

유형 | **11** 이차함수의 식 구하기 (2)

개념원리 중학수학 3-1 173쪽

꼭짓점의 좌표가 $(0, q)$인 포물선을 그래프로 하는 이차함수의 식은 $y=ax^2+q$로 놓는다.

0918 ◦●대표문제

오른쪽 그림과 같은 포물선을 그래프로 하는 이차함수의 식은?

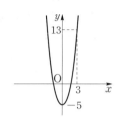

① $y=-2x^2+8$
② $y=-x^2+5$
③ $y=x^2-5$
④ $y=2x^2-5$
⑤ $y=2x^2-9$

0919 중 하

다음 중 꼭짓점의 좌표가 $(0, -1)$이고 점 $(2, -3)$을 지나는 이차함수의 그래프 위의 점이 <u>아닌</u> 것은?

① $(-2, -3)$　② $(-1, -1)$　③ $\left(3, -\dfrac{11}{2}\right)$

④ $(4, -9)$　　⑤ $(6, -19)$

0920 중

이차함수 $y=f(x)$의 그래프가 오른쪽 그림과 같을 때, $f(-3)+3f(2)$의 값을 구하시오.

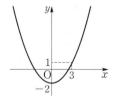

유형 | **12** 이차함수 $y=a(x-p)^2$의 그래프

개념원리 중학수학 3-1 177쪽, 178쪽

(1) $y=ax^2$의 그래프를 x축의 방향으로 p만큼 평행이동 $\Rightarrow y=a(x-p)^2$

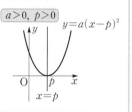

(2) 꼭짓점의 좌표: $(p, 0)$
(3) 축의 방정식: $x=p$

0921 ◦●대표문제

이차함수 $y=\dfrac{2}{3}(x+2)^2$의 그래프의 꼭짓점의 좌표는 (a, b)이고, 축의 방정식이 $x=c$일 때, $a-b+c$의 값을 구하시오.

0922 중 하

이차함수 $y=-4x^2$의 그래프를 x축의 방향으로 -3만큼 평행이동하면 점 $(-1, k)$를 지난다. 이때 k의 값을 구하시오.

0923 중 하

다음 중 이차함수 $y=\dfrac{1}{4}(x-2)^2$의 그래프는?

① 　② 　③

④ 　⑤

0924 중 ◦●서술형

이차함수 $y=-\dfrac{1}{5}x^2$의 그래프를 x축의 방향으로 a만큼 평행이동한 그래프는 꼭짓점의 좌표가 $(-1, 0)$이고, 점 $(4, b)$를 지난다. 이때 $a+b$의 값을 구하시오.

유형 13 이차함수 $y=a(x-p)^2$의 그래프의 성질

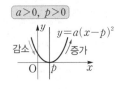 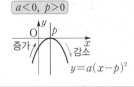

0925 •대표문제

다음 중 이차함수 $y=\dfrac{3}{4}(x+1)^2$의 그래프에 대한 설명으로 옳지 <u>않은</u> 것은?

① 축의 방정식은 $x=-1$이다.

② 꼭짓점의 좌표는 $(-1,\ 0)$이다.

③ $y=\dfrac{3}{4}x^2$의 그래프를 x축의 방향으로 1만큼 평행이동한 것이다.

④ $y=-\dfrac{3}{4}(x+1)^2$의 그래프와 x축에 서로 대칭이다.

⑤ $x>-1$일 때, x의 값이 증가하면 y의 값도 증가한다.

0926 중 하

이차함수 $y=3(x-2)^2$의 그래프에서 x의 값이 증가할 때 y의 값은 감소하는 x의 값의 범위를 구하시오.

0927 중

다음 **보기** 중 이차함수 $y=-2x^2$의 그래프를 x축의 방향으로 -5만큼 평행이동한 그래프에 대한 설명으로 옳은 것을 모두 고르시오.

┃ 보기 ┃

ㄱ. 꼭짓점의 좌표는 $(-5,\ 0)$이다.

ㄴ. 직선 $x=5$에 대칭이다.

ㄷ. 이차함수 $y=2x^2$의 그래프와 폭이 같다.

ㄹ. $x>-5$일 때, x의 값이 증가하면 y의 값도 증가한다.

유형 14 이차함수의 식 구하기 (3)

꼭짓점의 좌표가 $(p,\ 0)$인 포물선을 그래프로 하는 이차함수의 식은 $y=a(x-p)^2$으로 놓는다.

0928 •대표문제

오른쪽 그림과 같은 포물선을 그래프로 하는 이차함수의 식을 구하시오.

0929 중

오른쪽 그림과 같은 포물선이 점 $(-2,\ k)$를 지날 때, k의 값은?

① 6 ② 7

③ 8 ④ 9

⑤ 10

0930 중

직선 $x=1$을 축으로 하고 x축에 접하는 포물선의 y축과의 교점의 좌표가 $(0,\ -3)$일 때, 다음 중 이 포물선을 그래프로 하는 이차함수의 식은?

① $y=(x-1)^2-3$ ② $y=(x-1)^2+3$

③ $y=-3(x+1)^2$ ④ $y=-3(x-1)^2$

⑤ $y=3(x-1)^2$

유형 | 15 **이차함수 $y=a(x-p)^2+q$의 그래프**

$y=ax^2$의 그래프를 x축의 방향으로 p만큼, y축의 방향으로 q만큼 평행이동
$\Rightarrow y=a(x-p)^2+q$

$a>0,\ p>0,\ q>0$

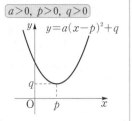

0931 ◀대표문제

이차함수 $y=5x^2$의 그래프를 x축의 방향으로 -1만큼, y축의 방향으로 -4만큼 평행이동한 그래프가 점 $(1,\ a)$를 지날 때, a의 값을 구하시오.

0932 하

이차함수 $y=-\dfrac{2}{3}x^2$의 그래프를 x축의 방향으로 m만큼, y축의 방향으로 n만큼 평행이동하였더니 $y=-\dfrac{2}{3}(x+1)^2-5$의 그래프와 일치하였다. 이때 $m+n$의 값을 구하시오.

0933 중하

다음 중 이차함수 $y=-\dfrac{1}{2}(x-3)^2-4$의 그래프는?

0934 중

이차함수 $y=2(x+3)^2-5$의 그래프가 지나지 않는 사분면을 모두 말하시오.

중요

유형 | 16 **이차함수 $y=a(x-p)^2+q$의 그래프의 꼭짓점의 좌표와 축의 방정식**

이차함수 $y=a(x-p)^2+q$의 그래프에서
(1) 꼭짓점의 좌표: $(p,\ q)$
(2) 축의 방정식: $x=p$

0935 ◀대표문제

이차함수 $y=a(x+p)^2-3$의 그래프가 직선 $x=-2$를 축으로 하고, 점 $(-3,\ 1)$을 지날 때, 상수 $a,\ p$에 대하여 $a-p$의 값을 구하시오.

0936 중하

다음 이차함수의 그래프 중 꼭짓점이 제3사분면 위에 있는 것은?

① $y=-2x^2+1$

② $y=\dfrac{1}{5}x^2-1$

③ $y=2(x-3)^2+4$

④ $y=-\dfrac{1}{3}(x-2)^2-4$

⑤ $y=\dfrac{1}{2}(x+3)^2-3$

0937 중하 ◀서술형

이차함수 $y=-3x^2$의 그래프를 x축의 방향으로 5만큼, y축의 방향으로 -2만큼 평행이동한 그래프는 꼭짓점의 좌표가 $(p,\ q)$이고 직선 $x=k$를 축으로 한다. 이때 $p-q+k$의 값을 구하시오.

0938 중

이차함수 $y=2(x-p)^2+q$의 그래프의 축의 방정식은 $x=-3$이고 꼭짓점이 직선 $y=-4x+6$ 위에 있을 때, 상수 $p,\ q$에 대하여 $p+q$의 값을 구하시오.

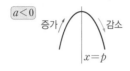

유형 | **17** 이차함수 $y=a(x-p)^2+q$의 그래프에서 증가, 감소하는 x의 값의 범위

축 $x=p$를 기준으로 나눈다.

(1) $a>0$인 경우
① $x<p$ ⇨ x의 값이 증가하면 y의 값은 감소
② $x>p$ ⇨ x의 값이 증가하면 y의 값도 증가

(2) $a<0$인 경우
① $x<p$ ⇨ x의 값이 증가하면 y의 값도 증가
② $x>p$ ⇨ x의 값이 증가하면 y의 값은 감소

$a>0$
감소 / 증가
$x=p$

$a<0$
증가 / 감소
$x=p$

0939 ●대표문제

이차함수 $y=\dfrac{1}{2}(x+4)^2-5$의 그래프에서 x의 값이 증가할 때 y의 값도 증가하는 x의 값의 범위를 구하시오.

0940 중

이차함수 $y=-\dfrac{3}{5}x^2$의 그래프를 x축의 방향으로 2만큼, y축의 방향으로 -1만큼 평행이동한 그래프에서 x의 값이 증가할 때 y의 값은 감소하는 x의 값의 범위를 구하시오.

0941 중

다음 이차함수의 그래프 중 x의 값이 증가할 때 y의 값도 증가하는 x의 값의 범위가 $x>-3$인 것은?

① $y=-2(x+1)^2-1$ ② $y=-x^2+3$

③ $y=-\dfrac{1}{3}(x+3)^2-2$ ④ $y=(x+3)^2+4$

⑤ $y=6(x-3)^2-3$

유형 | **18** 이차함수 $y=a(x-p)^2+q$의 그래프의 성질

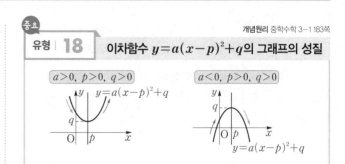

$a>0,\ p>0,\ q>0$

$y=a(x-p)^2+q$

$a<0,\ p>0,\ q>0$

$y=a(x-p)^2+q$

0942 ●대표문제

다음 중 이차함수 $y=3(x+2)^2-1$의 그래프에 대한 설명으로 옳지 <u>않은</u> 것은?

① 꼭짓점의 좌표는 $(-2,\ -1)$이다.
② 직선 $x=-2$를 축으로 한다.
③ y축과 만나는 점의 좌표는 $(0,\ 11)$이다.
④ $x>-2$일 때, x의 값이 증가하면 y의 값은 감소한다.
⑤ $y=3x^2$의 그래프를 x축의 방향으로 -2만큼, y축의 방향으로 -1만큼 평행이동한 것이다.

0943 중

다음 **보기** 중 이차함수 $y=-\dfrac{1}{2}x^2$의 그래프를 x축의 방향으로 1만큼, y축의 방향으로 4만큼 평행이동한 그래프에 대한 설명으로 옳은 것을 모두 고른 것은?

보기
ㄱ. 축의 방정식은 $x=1$이다.
ㄴ. 꼭짓점의 좌표는 $(-1,\ 4)$이다.
ㄷ. 아래로 볼록한 그래프이다.
ㄹ. $y=\dfrac{1}{2}x^2$의 그래프와 그래프의 폭이 같다.
ㅁ. $x<1$일 때, x의 값이 증가하면 y의 값도 증가한다.
---

① ㄱ, ㄴ ② ㄴ, ㄹ ③ ㄱ, ㄷ, ㄹ
④ ㄱ, ㄹ, ㅁ ⑤ ㄴ, ㄷ, ㅁ

유형 | 19 **이차함수의 식 구하기 (4)**

꼭짓점의 좌표가 (p, q)인 포물선을 그래프로 하는 이차함수의 식은 $y=a(x-p)^2+q$로 놓는다.

0944 ●대표문제

오른쪽 그림은 이차함수 $y=-3x^2$의 그래프를 평행이동한 그래프이다. 이 그래프를 나타내는 이차함수의 식을 $y=a(x-p)^2+q$의 꼴로 나타내시오.
(단, a, p, q는 상수)

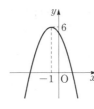

0945 중

이차함수 $y=a(x-p)^2+q$의 그래프가 오른쪽 그림과 같을 때, 상수 a, p, q에 대하여 apq의 값은?

① $-\dfrac{3}{2}$ ② $-\dfrac{3}{4}$

③ $-\dfrac{3}{8}$ ④ $\dfrac{3}{2}$ ⑤ 3

0946 중

꼭짓점의 좌표가 $(4, -1)$이고 점 $(5, 1)$을 지나는 이차함수의 그래프가 y축과 만나는 점의 좌표를 구하시오.

0947 중

다음 중 꼭짓점의 좌표가 $(3, -2)$이고, 점 $(-1, 14)$를 지나는 이차함수의 그래프 위의 점이 아닌 것은?

① $(-3, 34)$ ② $(-2, 23)$ ③ $(1, 2)$
④ $(2, -1)$ ⑤ $(4, 1)$

유형 | 20 **이차함수의 그래프의 평행이동과 대칭이동**

(1) 이차함수 $y=a(x-p)^2+q$의 그래프를 x축의 방향으로 m만큼, y축의 방향으로 n만큼 평행이동한 그래프의 식은

x 대신 $x-m$ 대입
$$\Rightarrow y-n=a(\overline{x-m}-p)^2+q$$
y 대신 $y-n$ 대입
$$\therefore y=a(x-m-p)^2+q+n$$

(2) x축에 대칭이동 $\Rightarrow y$ 대신 $-y$를 대입
y축에 대칭이동 $\Rightarrow x$ 대신 $-x$를 대입

0948 ●대표문제

이차함수 $y=2x^2-5$의 그래프를 x축에 대칭이동한 후 y축의 방향으로 b만큼 평행이동하였더니 이차함수 $y=ax^2+7$의 그래프와 일치하였다. 이때 상수 a, b에 대하여 ab의 값을 구하시오.

0949 중

이차함수 $y=-3(x+1)^2+2$의 그래프를 x축의 방향으로 m만큼, y축의 방향으로 n만큼 평행이동하였더니 $y=-3(x-1)^2-1$의 그래프와 일치하였다. 이때 $m+n$의 값을 구하시오.

0950 중

이차함수 $y=2(x-1)^2+3$의 그래프를 x축의 방향으로 -2만큼, y축의 방향으로 1만큼 평행이동하면 점 $(3, k)$를 지날 때, k의 값을 구하시오.

0951 중 ●서술형

이차함수 $y=a(x+2)^2-6$의 그래프를 x축에 대칭이동한 후 다시 y축에 대칭이동하면 점 $(3, 3)$을 지난다. 이때 상수 a의 값을 구하시오.

개념원리 중학수학 3-1 184쪽

중요

유형 | **21**　**이차함수 $y=a(x-p)^2+q$의 그래프에서 a, p, q의 부호 정하기**

(1) 그래프의 모양: a의 부호 결정
　⇨ 아래로 볼록(\\/)하면 $a>0$, 위로 볼록(/\\)하면 $a<0$
(2) 꼭짓점의 위치: p, q의 부호 결정
　① 꼭짓점이 제1사분면 위에 있으면 $p>0, q>0$
　② 꼭짓점이 제2사분면 위에 있으면 $p<0, q>0$
　③ 꼭짓점이 제3사분면 위에 있으면 $p<0, q<0$
　④ 꼭짓점이 제4사분면 위에 있으면 $p>0, q<0$

0952 ◆대표문제

이차함수 $y=a(x-p)^2+q$의 그래프가
오른쪽 그림과 같을 때, 상수 a, p, q의
부호는?

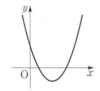

① $a>0, p>0, q>0$
② $a>0, p>0, q<0$
③ $a>0, p<0, q>0$
④ $a<0, p>0, q>0$
⑤ $a<0, p<0, q<0$

0953 중

이차함수 $y=ax^2+q$의 그래프가 오른쪽
그림과 같을 때, 다음 중 항상 옳은 것은?
（단, a, q는 상수）

① $a>0$　　　② $q<0$
③ $a-q>0$　　④ $aq<0$
⑤ $a+q<0$

0954 상 중 ◆서술형

이차함수 $y=a(x-p)^2+q$의 그래프가
오른쪽 그림과 같을 때, 이차함수
$y=q(x+p)^2+a$의 그래프의 꼭짓점은
제몇 사분면 위에 있는지 말하시오.
（단, a, p, q는 상수）

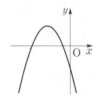

유형 | **22**　**이차함수의 그래프의 활용**

그래프 위의 한 점을 (p, q)로 놓은 후 주어진 조건을 이용하여
나머지 점의 좌표를 p, q를 이용하여 나타낸다.

0955 ◆대표문제

오른쪽 그림과 같이 x축과 평행한 선
분 AB가 있다. 점 A의 좌표는
$(0, 12)$이고, 점 B는 이차함수
$y=\frac{1}{3}x^2$의 그래프 위의 점이다.
□ACDB가 평행사변형이 되도록 두
점 C, D를 $y=\frac{1}{3}x^2$의 그래프 위에 잡을 때, 점 D의 좌표
를 구하시오.

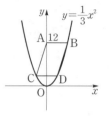

0956 중

오른쪽 그림은 이차함수
$y=ax^2+6$의 그래프이다. △ABC
의 넓이가 36일 때, 상수 a의 값을
구하시오.
（단, 점 A는 그래프의 꼭짓점이다.）

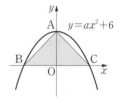

0957 상 중

오른쪽 그림에서 두 점 A, D는 이
차함수 $y=-x^2+15$의 그래프 위에
있고, 두 점 B, C는 x축 위에 있다.
□ABCD가 정사각형일 때,
□ABCD의 넓이를 구하시오.

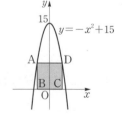

중단원 마무리하기

0958

다음 중 이차함수인 것은?

① $2x^2+3x+1=0$
② $y=-2(x+1)^2+2x^2$
③ $y=4x-5x^3$
④ $y=x(x-2)-3+x^2$
⑤ $y-x^2-x(x-3)$

0959

$y=m(2-m)x^2+3x^2+6$이 x에 대한 이차함수일 때, 다음 중 상수 m의 값이 될 수 없는 것을 모두 고르면?

(정답 2개)

① -3
② -1
③ 0
④ 1
⑤ 3

0960

두 이차함수 $y=ax^2$, $y=-\dfrac{4}{5}x^2$의 그래프가 오른쪽 그림과 같을 때, 상수 a의 값의 범위를 구하시오.

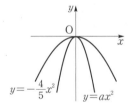

0961

이차함수 $y=\dfrac{4}{3}x^2$의 그래프를 y축의 방향으로 a만큼 평행이동하면 점 $(-3, 4)$를 지날 때, a의 값을 구하시오.

0962

다음 중 이차함수 $y=-4x^2+2$의 그래프에 대한 설명으로 옳지 <u>않은</u> 것은?

① 꼭짓점의 좌표는 $(0, 2)$이다.
② $x<0$일 때, x의 값이 증가하면 y의 값도 증가한다.
③ 모든 사분면을 지난다.
④ $y=4x^2+2$의 그래프와 x축에 서로 대칭이다.
⑤ $y=-4x^2$의 그래프를 y축의 방향으로 2만큼 평행이동한 것이다.

0963

이차함수 $y=3(x-p)^2$의 그래프의 축의 방정식이 $x=-2$이고 점 $(-3, k)$를 지날 때, $p+k$의 값을 구하시오. (단, p는 상수)

0964

오른쪽 그림은 이차함수 $y=a(x-p)^2$의 그래프이다. 이때 상수 a, p에 대하여 $a+p$의 값은?

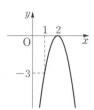

① -1
② 0
③ 1
④ 2
⑤ 3

0965

다음 이차함수의 그래프 중 모든 사분면을 지나는 것은?

① $y=3(x-2)^2+1$
② $y=-(x-2)^2$
③ $y=4(x-1)^2-3$
④ $y=-3(x-1)^2+5$
⑤ $y=\dfrac{1}{4}x^2+3$

0966

다음 중 이차함수 $y=-\frac{3}{4}(x-2)^2+5$의 그래프에 대한 설명으로 옳지 <u>않은</u> 것은?

① 꼭짓점의 좌표는 $(2, 5)$이다.
② 위로 볼록한 포물선이다.
③ 직선 $x=2$에 대칭이다.
④ 이차함수 $y=-\frac{3}{4}x^2+1$의 그래프를 x축의 방향으로 2만큼, y축의 방향으로 5만큼 평행이동한 것이다.
⑤ $x<2$일 때, x의 값이 증가하면 y의 값도 증가한다.

0967

오른쪽 그림과 같은 포물선을 그래프로 하는 이차함수의 식을 $y=a(x-p)^2+q$의 꼴로 나타내시오.

0968

다음 이차함수의 그래프 중 이차함수 $y=-3(x+2)^2-4$의 그래프를 평행이동하여 완전히 포갤 수 있는 것은?

① $y=-3(x+1)^2+2$
② $y=-\frac{1}{3}(x-2)^2+5$
③ $y=\frac{1}{3}(x-1)^2+5$
④ $y=3(x+2)^2-4$
⑤ $y=3(x-1)^2+4$

0969

이차함수 $y=5(x-2)^2-4$의 그래프를 x축의 방향으로 -3만큼 평행이동한 그래프에서 x의 값이 증가할 때 y의 값은 감소하는 x의 값의 범위는?

① $x<-1$
② $x>-1$
③ $x<1$
④ $x>1$
⑤ $x<2$

0970

일차함수 $y=ax-b$의 그래프가 오른쪽 그림과 같을 때, 다음 중 이차함수 $y=a(x-b)^2$의 그래프로 가장 알맞은 것은? (단, a, b는 상수)

①
②
③
④
⑤

0971

오른쪽 그림과 같이 이차함수 $y=\frac{1}{2}x^2$의 그래프 위의 점 A와 x축 위의 점 B$(8, 0)$이 있다. △AOB의 넓이가 18일 때, 점 A의 좌표를 구하시오. (단, O는 원점이고, 점 A는 제1사분면 위의 점이다.)

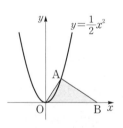

서술형 주관식

0972

이차함수 $f(x)=\dfrac{1}{3}x^2-2x+k$에서 $f(-3)=6$일 때, $f(6)$의 값을 구하시오. (단, k는 상수)

0973

이차함수 $y=\dfrac{1}{3}(x+p)^2+q$의 그래프는 점 $(5, -2)$를 지나고, x의 값이 증가할 때 y의 값도 증가하는 x의 값의 범위는 $x>2$이다. 이때 상수 p, q에 대하여 $p-q$의 값을 구하시오.

0974

이차함수 $y=3x^2+1$의 그래프를 x축의 방향으로 k만큼, y축의 방향으로 3만큼 평행이동한 그래프의 꼭짓점이 직선 $y=-4x+12$ 위에 있을 때, k의 값을 구하시오.

0975

이차함수 $y=a(x-p)^2+q$의 그래프는 오른쪽 그림의 그래프와 x축에 서로 대칭이고 점 $(1, 8)$을 지난다. 이때 상수 a, p, q에 대하여 $a-p-q$의 값을 구하시오.

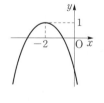

실력 UP

실력 UP 집중 학습은 실력 Up⁺로!!

0976

오른쪽 그림과 같이 두 이차함수 $y=ax^2$, $y=x^2$의 그래프가 직선 $x=2$와 제1사분면에서 만나는 점을 각각 P, Q라 하고 직선 $x=2$가 x축과 만나는 점을 R라 하자. $\overline{PQ} : \overline{QR}=2 : 1$일 때, 상수 a의 값을 구하시오. (단, $a>1$)

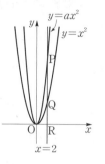

0977

오른쪽 그림에서 □ABCD는 정사각형이고 각 변은 x축 또는 y축에 평행하다. 두 점 A, C는 이차함수 $y=x^2$의 그래프 위의 점이고 점 D는 이차함수 $y=4x^2$의 그래프 위의 점일 때, 점 B의 좌표를 구하시오. (단, □ABCD는 제1사분면 위에 있다.)

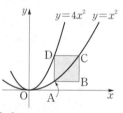

0978

오른쪽 그림과 같이 두 이차함수 $y=x^2$, $y=-\dfrac{1}{3}x^2$의 그래프 위에 있는 네 점 A, B, C, D를 꼭짓점으로 하는 사각형이 정사각형을 이룰 때, □ABCD의 넓이를 구하시오. (단, □ABCD의 각 변은 x축 또는 y축에 평행하다.)

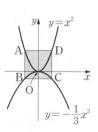

08 이차함수 $y=ax^2+bx+c$의 그래프

08-1 이차함수 $y=ax^2+bx+c$의 그래프

이차함수 $y=ax^2+bx+c$의 그래프는 $y=a(x-p)^2+q$의 꼴로 고쳐서 그린다.

$$y=ax^2+bx+c \Rightarrow y=a\left(x+\frac{b}{2a}\right)^2-\frac{b^2-4ac}{4a}$$

(1) **꼭짓점의 좌표** : $\left(-\dfrac{b}{2a},\ -\dfrac{b^2-4ac}{4a}\right)$

(2) **축의 방정식** : $x=-\dfrac{b}{2a}$

(3) **y축과의 교점의 좌표** : $(0,\ c)$

08-2 이차함수 $y=ax^2+bx+c$의 그래프에서 a, b, c의 부호

이차함수 $y=ax^2+bx+c\ (a\neq0)$의 그래프에서

(1) **a의 부호** : 그래프의 모양에 따라 결정

　① 아래로 볼록($\lor$) $\Rightarrow a>0$　　　② 위로 볼록($\land$) $\Rightarrow a<0$

(2) **b의 부호** : 축의 위치에 따라 결정

　① 축이 y축의 왼쪽에 위치 $\Rightarrow a$, b는 같은 부호

　② 축이 y축의 오른쪽에 위치 $\Rightarrow a$, b는 다른 부호

　③ 축이 y축과 일치 $\Rightarrow b=0$

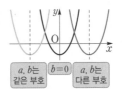

(3) **c의 부호** : y축과의 교점의 위치에 따라 결정

　① y축과의 교점이 x축보다 위쪽에 위치

　　$\Rightarrow c>0$

　② y축과의 교점이 x축보다 아래쪽에 위치 $\Rightarrow c<0$

　③ y축과의 교점이 원점에 위치 $\Rightarrow c=0$

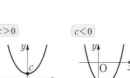

08-3 이차함수의 식 구하기

(1) **꼭짓점 $(p,\ q)$와 그래프 위의 다른 한 점을 알 때**

　(i) 이차함수의 식을 $y=a(x-p)^2+q$로 놓는다.

　(ii) (i)의 식에 다른 한 점의 좌표를 대입하여 a의 값을 구한다.

(2) **축의 방정식 $x=p$와 그래프 위의 두 점을 알 때**

　(i) 이차함수의 식을 $y=a(x-p)^2+q$로 놓는다.

　(ii) (i)의 식에 두 점의 좌표를 각각 대입하여 a, q의 값을 구한다.

(3) **그래프 위의 서로 다른 세 점을 알 때**

　(i) 이차함수의 식을 $y=ax^2+bx+c$로 놓는다.

　(ii) (i)의 식에 세 점의 좌표를 각각 대입하여 a, b, c의 값을 구한다.

(4) **x축과의 교점 $(\alpha,\ 0)$, $(\beta,\ 0)$과 그래프 위의 다른 한 점을 알 때**

　(i) 이차함수의 식을 $y=a(x-\alpha)(x-\beta)$로 놓는다.

　(ii) (i)의 식에 다른 한 점의 좌표를 대입하여 a의 값을 구한다.

○ **개념플러스**

■ $y=ax^2+bx+c$를 $y=a(x-p)^2+q$의 꼴로 고치기

$y=ax^2+bx+c$
$=a\left(x^2+\dfrac{b}{a}x\right)+c$
$=a\left\{x^2+\dfrac{b}{a}x+\left(\dfrac{b}{2a}\right)^2\right.$
$\left.-\left(\dfrac{b}{2a}\right)^2\right\}+c$
$=a\left(x+\dfrac{b}{2a}\right)^2-\dfrac{b^2-4ac}{4a}$

■ 이차함수의 그래프와

① x축과의 교점
　$\Rightarrow y=0$일 때의 x의 값을 구한다.

② y축과의 교점
　$\Rightarrow x=0$일 때의 y의 값을 구한다.

■ 축의 방정식이 $x=-\dfrac{b}{2a}$이므로

① 축이 y축의 왼쪽에 위치
　$\Rightarrow -\dfrac{b}{2a}<0$　$\therefore ab>0$

② 축이 y축의 오른쪽에 위치
　$\Rightarrow -\dfrac{b}{2a}>0$　$\therefore ab<0$

■ 꼭짓점의 좌표에 따른 이차함수의 식

꼭짓점	이차함수의 식
$(0,\ 0)$	$y=ax^2$
$(0,\ q)$	$y=ax^2+q$
$(p,\ 0)$	$y=a(x-p)^2$
$(p,\ q)$	$y=a(x-p)^2+q$

교과서문제 정복하기

08-1 이차함수 $y=ax^2+bx+c$의 그래프

[0979~0981] 다음 이차함수를 $y=a(x-p)^2+q$의 꼴로 나타내시오.

0979 $y=x^2-4x-3$

0980 $y=-3x^2+12x-5$

0981 $y=\frac{1}{5}x^2-2x$

[0982~0984] 다음 이차함수의 그래프의 꼭짓점의 좌표와 축의 방정식을 각각 구하시오.

0982 $y=x^2+8x+1$

0983 $y=-4x^2+2x-2$

0984 $y=-\frac{1}{2}x^2+3x-5$

08-2 이차함수 $y=ax^2+bx+c$의 그래프에서 a, b, c의 부호

0985 이차함수 $y=ax^2+bx+c$의 그래프가 오른쪽 그림과 같을 때, 다음 □ 안에 알맞은 부등호를 써넣으시오.
(단, a, b, c는 상수)

(1) 그래프가 아래로 볼록하므로 a □ 0
(2) 그래프의 축이 y축의 오른쪽에 있으므로
   ab □ 0 $\therefore b$ □ 0
(3) y축과의 교점이 x축보다 위쪽에 있으므로 c □ 0

[0986~0987] 이차함수 $y=ax^2+bx+c$의 그래프가 다음과 같을 때, 상수 a, b, c의 부호를 각각 정하시오.

0986

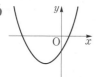

0987

08-3 이차함수의 식 구하기

[0988~0989] 다음을 만족시키는 포물선을 그래프로 하는 이차함수의 식을 $y=ax^2+bx+c$의 꼴로 나타내시오.

0988 꼭짓점의 좌표가 $(-3, 2)$이고, 점 $(-1, 4)$를 지난다.

0989 꼭짓점의 좌표가 $(-1, 3)$이고, 점 $(0, 2)$를 지난다.

[0990~0991] 다음을 만족시키는 포물선을 그래프로 하는 이차함수의 식을 $y=ax^2+bx+c$의 꼴로 나타내시오.

0990 축의 방정식이 $x=1$이고, 두 점 $(0, 2)$, $(-1, -1)$을 지난다.

0991 축의 방정식이 $x=-3$이고, 두 점 $(1, -5)$, $(-1, -17)$을 지난다.

[0992~0993] 다음 세 점을 지나는 포물선을 그래프로 하는 이차함수의 식을 $y=ax^2+bx+c$의 꼴로 나타내시오.

0992 $(-1, 0), (0, -6), (3, 12)$

0993 $(0, 1), (-2, 1), (1, -5)$

[0994~0995] 다음을 만족시키는 포물선을 그래프로 하는 이차함수의 식을 $y=ax^2+bx+c$의 꼴로 나타내시오.

0994 x축과 두 점 $(-3, 0), (1, 0)$에서 만나고, 점 $(3, 24)$를 지난다.

0995 x축과 두 점 $(-3, 0), (2, 0)$에서 만나고, 점 $(0, 6)$을 지난다.

유형 | 01 **이차함수 $y=ax^2+bx+c$를 $y=a(x-p)^2+q$의 꼴로 변형하기**

주어진 식을 완전제곱식이 포함된 꼴로 변형한다.

예 $y=2x^2-4x-1$

$=2(x^2-2x)-1$ ← x^2의 계수로 이차항과 일차항을 묶는다.

$=2(x^2-2x+1-1)-1$ ← 괄호 안에 $\left(\dfrac{x의\ 계수}{2}\right)^2$을 더하고 뺀다.

$=2(x^2-2x+1)-2-1$ ← 완전제곱식을 제외한 수를 괄호 밖으로 뺀다.

$=2(x-1)^2-3$ ← (완전제곱식)+(상수)의 꼴로 나타낸다.

0996 ◂● 대표문제

이차함수 $y=\dfrac{1}{2}x^2+x+1$을 $y=a(x-p)^2+q$의 꼴로 나타낼 때, 상수 a, p, q에 대하여 $a+p+q$의 값을 구하시오.

0997 중 하

다음 중 이차함수의 식을 $y=a(x-p)^2+q$의 꼴로 바르게 나타낸 것은?

① $y=2x^2-4x \Rightarrow y=2(x-1)^2$

② $y=x^2+6x+7 \Rightarrow y=(x+3)^2+2$

③ $y=-2x^2+12x-9 \Rightarrow y=-2(x+3)^2-9$

④ $y=-\dfrac{1}{4}x^2+x+2 \Rightarrow y=-\dfrac{1}{4}(x-2)^2+3$

⑤ $y=-\dfrac{1}{3}x^2+2x-2 \Rightarrow y=-\dfrac{1}{3}(x-2)^2+1$

0998 중 하

두 이차함수 $y=-2x^2+10x+1$, $y=-2(x-p)^2+q$의 그래프가 일치할 때, 상수 p, q에 대하여 $p+q$의 값을 구하시오.

유형 | 02 **이차함수 $y=ax^2+bx+c$의 그래프의 꼭짓점의 좌표와 축의 방정식**

$y=ax^2+bx+c \Rightarrow y=a(x-p)^2+q$의 꼴로 변형하여 구한다.

(1) 꼭짓점의 좌표: (p, q)

(2) 축의 방정식: $x=p$

0999 ◂● 대표문제

이차함수 $y=-3x^2+kx-4$의 그래프가 점 $(2, -4)$를 지날 때, 이 그래프의 꼭짓점의 좌표는? (단, k는 상수)

① $(-1, -1)$ ② $(1, -1)$ ③ $(2, -1)$

④ $(2, 2)$ ⑤ $(2, 3)$

1000 중 하

다음 이차함수 중에서 그래프의 축이 y축의 오른쪽에 있는 것은?

① $y=x^2-5$

② $y=-2(x+4)^2$

③ $y=-4(x+3)^2-5$

④ $y=2x^2+2x-3$

⑤ $y=-3x^2+6x-7$

1001 중 하

다음 이차함수 중에서 그래프의 꼭짓점이 제2사분면 위에 있는 것은?

① $y=x^2-4x+1$

② $y=-x^2-6x-11$

③ $y=2x^2+2x+3$

④ $y=3x^2-6x$

⑤ $y=\dfrac{1}{2}x^2-2x+3$

1002 중

두 이차함수 $y=\dfrac{1}{2}x^2-x+1$, $y=-2x^2+px+q$의 그래프의 꼭짓점이 일치할 때, 상수 p, q에 대하여 pq의 값을 구하시오.

1003 중

이차함수 $y=-\dfrac{1}{2}x^2+kx+3$의 그래프의 축의 방정식이 $x=4$일 때, 상수 k의 값을 구하시오.

1004 중

이차함수 $y=\dfrac{1}{2}x^2+2x-k$의 그래프의 꼭짓점이 직선 $y=2x+3$ 위에 있을 때, 상수 k의 값은?

① -1 ② 1 ③ 2

④ 3 ⑤ 5

1005 중

이차함수 $y=x^2+4kx+4k^2-2k+3$의 그래프의 꼭짓점이 제3사분면 위에 있도록 하는 상수 k의 값의 범위를 구하시오.

1006 상 중 •◦서술형

일차함수 $y=ax+b$의 그래프가 오른쪽 그림과 같을 때, 이차함수 $y=x^2+ax+b+1$의 그래프의 꼭짓점의 좌표를 구하시오.

(단, a, b는 상수)

유형 | 03 **이차함수 $y=ax^2+bx+c$의 그래프의 평행이동**

(i) $y=ax^2+bx+c$를 $y=a(x-p)^2+q$의 꼴로 변형한다.

(ii) x축의 방향으로 m만큼, y축의 방향으로 n만큼 평행이동한다.

⇨ x 대신 $x-m$, y 대신 $y-n$을 대입하면
$$y=a(x-m-p)^2+q+n$$

1007 •◦대표문제

이차함수 $y=2x^2-4x+1$의 그래프를 x축의 방향으로 a만큼, y축의 방향으로 b만큼 평행이동하였더니 이차함수 $y=2x^2+8x+3$의 그래프와 일치하였다. 이때 a^2+b^2의 값을 구하시오.

1008 중

이차함수 $y=-\dfrac{1}{3}x^2-2x+4$의 그래프를 x축의 방향으로 -2만큼 평행이동하면 점 $(1,\ k)$를 지난다. 이때 k의 값을 구하시오.

1009 중

이차함수 $y=4x^2-8x+5$의 그래프를 x축의 방향으로 m만큼, y축의 방향으로 3만큼 평행이동한 그래프의 꼭짓점의 좌표가 $(3,\ n)$일 때, $m+n$의 값은?

① -6 ② -2 ③ 2

④ 6 ⑤ 8

1010 상 중

이차함수 $y=x^2+bx+c$의 그래프를 x축의 방향으로 2만큼, y축의 방향으로 -1만큼 평행이동하였더니 이차함수 $y=x^2+2x-3$의 그래프와 일치하였다. 이때 상수 b, c에 대하여 $b+c$의 값을 구하시오.

유형 | 04 이차함수 $y=ax^2+bx+c$의 그래프 그리기

(i) 이차함수 $y=ax^2+bx+c$를 $y=a(x-p)^2+q$의 꼴로 변형하여 꼭짓점의 좌표 (p, q)를 구한다.

(ii) a의 부호에 따라 그래프의 모양을 결정한다.

 ⇨ $a>0$이면 아래로 볼록($\smile$), $a<0$이면 위로 볼록($\frown$)

(iii) y축과의 교점의 좌표는 $(0, c)$이다.

1011 ●대표문제

다음 중 이차함수 $y=-2x^2-4x+1$의 그래프는?

①   ②   ③

④   ⑤

1012 중

이차함수 $y=3x^2-2x+k$의 그래프가 제4사분면을 지나지 않도록 하는 상수 k의 값의 범위를 구하시오.

1013 중

다음 이차함수 중 그래프가 모든 사분면을 지나는 것은?

① $y=x^2+3x$ ② $y=\dfrac{1}{2}x^2-x-\dfrac{9}{2}$

③ $y=-x^2-4x-13$ ④ $y=2x^2-12x+14$

⑤ $y=3x^2-12x+11$

유형 | 05 이차함수 $y=ax^2+bx+c$의 그래프에서 증가, 감소하는 범위

$y=a(x-p)^2+q$의 꼴로 변형했을 때, 축 $x=p$를 기준으로 x의 값이 증가할 때 y의 값이 증가, 감소하는 x의 값의 범위가 나뉜다.

1014 ●대표문제

이차함수 $y=-\dfrac{1}{4}x^2-2x+1$의 그래프에서 x의 값이 증가할 때 y의 값은 감소하는 x의 값의 범위는?

① $x>-5$ ② $x<-4$ ③ $x>-4$

④ $x>1$ ⑤ $x<4$

1015 중하

다음 이차함수 중 그래프에서 x의 값이 증가할 때 y의 값도 증가하는 x의 값의 범위가 $x<2$인 것은?

① $y=2x^2-12x+20$ ② $y=3x^2-12x+13$

③ $y=-x^2+6x-7$ ④ $y=-2x^2+8x-7$

⑤ $y=-3x^2-12x-16$

1016 중 ●서술형

이차함수 $y=-2x^2+3kx-13$의 그래프가 점 $(1, -3)$을 지난다. 이 그래프에서 x의 값이 증가할 때 y의 값은 감소하는 x의 값의 범위를 구하시오.

1017 상중

이차함수 $y=\dfrac{2}{3}x^2-8x+15$의 그래프를 x축의 방향으로 -3만큼, y축의 방향으로 5만큼 평행이동한 그래프에서 x의 값이 증가할 때 y의 값도 증가하는 x의 값의 범위를 구하시오.

유형 | **06** 이차함수의 그래프와 x축, y축과의 교점

이차함수 $y=ax^2+bx+c$의 그래프와
(1) x축과의 교점의 x좌표 $\Rightarrow$ $y=0$을 대입하여 x의 값을 구한다.
(2) y축과의 교점의 y좌표 $\Rightarrow$ $x=0$을 대입하여 y의 값을 구한다.

1018 ●대표문제

이차함수 $y=2x^2-7x+3$의 그래프가 x축과 만나는 두 점의 x좌표가 각각 p, q이고 y축과 만나는 점의 y좌표가 r일 때, $p+q-r$의 값은?

① -2　　　② -1　　　③ $\dfrac{1}{2}$

④ 3　　　⑤ 5

1019 중

이차함수 $y=-4x^2+16x-15$의 그래프와 x축과의 두 교점을 각각 A, B라 할 때, $\overline{AB}$의 길이는?

① 1　　　② $\dfrac{3}{2}$　　　③ 2

④ 3　　　⑤ 4

1020 중 ●서술형

이차함수 $y=-x^2+2x+k$의 그래프는 x축과 서로 다른 두 점에서 만난다. 이 두 점 중 한 점의 좌표가 $(3, 0)$일 때, 다른 한 점의 좌표를 구하시오. (단, k는 상수)

1021 상 중

오른쪽 그림과 같이 이차함수 $y=-x^2-4x+k$의 그래프가 x축과 만나는 두 점을 각각 A, B라 하자. $\overline{AB}=6$일 때, 상수 k의 값을 구하시오.

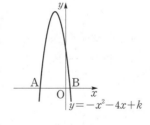

유형 | **07** 이차함수 $y=ax^2+bx+c$의 그래프의 성질

(1) 꼭짓점의 좌표 $\Rightarrow$ $y=a(x-p)^2+q$의 꼴로 변형하여 꼭짓점의 좌표 (p, q)를 구한다.
(2) x축과의 교점의 x좌표
　　$\Rightarrow$ $y=0$을 대입하여 x의 값을 구한다.
(3) y축과의 교점의 y좌표
　　$\Rightarrow$ $x=0$을 대입하여 y의 값을 구한다.
(4) 그래프의 증가, 감소하는 x의 값의 범위
　　$\Rightarrow$ 축 $x=p$를 기준으로 한다.

1022 ●대표문제

다음 중 이차함수 $y=-3x^2+4x-1$의 그래프에 대한 설명으로 옳은 것을 모두 고르면? (정답 2개)

① 꼭짓점의 좌표는 $\left(\dfrac{2}{3}, \dfrac{7}{3}\right)$이다.

② x축과 서로 다른 두 점에서 만난다.

③ y축과 만나는 점의 y좌표는 $\dfrac{1}{3}$이다.

④ $x>\dfrac{2}{3}$일 때, x의 값이 증가하면 y의 값도 증가한다.

⑤ $y=-3x^2$의 그래프를 x축의 방향으로 $\dfrac{2}{3}$만큼, y축의 방향으로 $\dfrac{1}{3}$만큼 평행이동한 것이다.

1023 중

다음 **보기** 중 이차함수 $y=\dfrac{1}{2}x^2-2x+3$의 그래프를 x축의 방향으로 1만큼, y축의 방향으로 -3만큼 평행이동한 그래프에 대한 설명으로 옳은 것을 모두 고르시오.

┌─── 보기 ───┐
ㄱ. 아래로 볼록한 포물선이다.
ㄴ. x축과 서로 다른 두 점에서 만난다.
ㄷ. 제3사분면을 지나지 않는다.
ㄹ. 꼭짓점의 좌표는 $(-3, -2)$이다.
ㅁ. $y=-\dfrac{1}{2}x^2$의 그래프와 폭이 같다.
ㅂ. $x>3$일 때, x의 값이 증가하면 y의 값은 감소한다.
└──────────┘

개념원리 중학수학 3–1 206쪽

유형 | 08 **x축과의 교점에 따른 이차함수의 그래프**

이차함수 $y=ax^2+bx+c$를 $y=a(x-p)^2+q$의 꼴로 변형하면 그래프가

(1) x축과 한 점에서 만난다.
  ⇨ $q=0$

(2) x축과 서로 다른 두 점에서 만난다.
  ⇨ $a>0$일 때, $q<0$
   $a<0$일 때, $q>0$

(3) x축과 만나지 않는다.
  ⇨ $a>0$일 때, $q>0$
   $a<0$일 때, $q<0$

1024 ●대표문제

이차함수 $y=-2x^2+4x+k-1$의 그래프가 x축에 접할 때, 상수 k의 값을 구하시오.

1025 중

이차함수 $y=-\dfrac{1}{2}x^2-4x+k+1$의 그래프가 x축과 서로 다른 두 점에서 만날 때, 상수 k의 값의 범위를 구하시오.

1026 중

이차함수 $y=x^2+6x-2a+5$의 그래프가 x축과 만나지 않을 때, 상수 a의 값의 범위는?

① $a<-2$ ② $a>-2$ ③ $-2<a<0$
④ $0<a<2$ ⑤ $a<2$

1027 중

이차함수 $y=-\dfrac{1}{3}x^2+2x-2k-6$의 그래프가 x축과 만나지 않을 때, 다음 중 상수 k의 값이 될 수 <u>없는</u> 것은?

① -2 ② -1 ③ $-\dfrac{1}{2}$
④ 0 ⑤ 2

1028 중

다음 이차함수의 그래프 중 x축과 서로 다른 두 점에서 만나는 것을 모두 고르면? (정답 2개)

① $y=x^2-x-2$ ② $y=-x^2+10x-25$
③ $y=-x^2-2x-1$ ④ $y=-2x^2-4x-5$
⑤ $y=-x^2+2x+3$

1029 중 ●서술형

이차함수 $y=-5x^2+10x+k$의 그래프를 y축의 방향으로 -2만큼 평행이동한 그래프가 x축과 만나지 않을 때, 상수 k의 값의 범위를 구하시오.

1030 삼 중

이차함수 $y=3x^2-6x+2a$의 그래프가 점 $(a,\ a^2+6)$을 지나고, x축과 서로 다른 두 점에서 만나도록 하는 상수 a의 값을 구하시오.

유형 | 09 이차함수 $y=ax^2+bx+c$의 그래프에서 a, b, c의 부호 (1)

중요

이차함수 $y=ax^2+bx+c$의 그래프에서

(1) 아래로 볼록($\vee$) $\Rightarrow a>0$

위로 볼록($\wedge$) $\Rightarrow a<0$

(2) 축이 y축의 왼쪽에 위치 $\Rightarrow ab>0$ (a, b는 같은 부호)

축이 y축의 오른쪽에 위치 $\Rightarrow ab<0$ (a, b는 다른 부호)

축이 y축과 일치 $\Rightarrow b=0$

(3) y축과의 교점이 x축보다 위쪽에 위치 $\Rightarrow c>0$

y축과의 교점이 x축보다 아래쪽에 위치 $\Rightarrow c<0$

y축과의 교점이 원점에 위치 $\Rightarrow c=0$

1031 ◆대표문제

이차함수 $y=ax^2+bx+c$의 그래프가 오른쪽 그림과 같을 때, 다음 중 옳은 것은? (단, a, b, c는 상수)

① $ab>0$ ② $ac>0$

③ $bc<0$ ④ $a+b+c>0$

⑤ $a-b+c>0$

1032 중 하

이차함수 $y=ax^2+bx+c$의 그래프가 오른쪽 그림과 같을 때, 상수 a, b, c의 부호는?

① $a>0, b>0, c>0$

② $a>0, b>0, c<0$

③ $a>0, b<0, c>0$

④ $a<0, b>0, c<0$

⑤ $a<0, b<0, c>0$

1033 중

오른쪽 그림과 같이 이차함수 $y=ax^2+bx+c$의 그래프의 꼭짓점이 y축 위에 있을 때, 상수 a, b, c에 대하여 다음 중 항상 양수인 것을 모두 고르면?

(정답 2개)

① ac ② $a+b$ ③ $b+c$

④ $a-c$ ⑤ abc

유형 | 10 이차함수의 식 구하기 －꼭짓점과 다른 한 점을 알 때

꼭짓점 (p, q)와 그래프 위의 다른 한 점 (x_1, y_1)을 알 때

(i) 이차함수의 식을 $y=a(x-p)^2+q$로 놓는다.

(ii) (i)의 식에 점 (x_1, y_1)의 좌표를 대입하여 a의 값을 구한다.

1034 ◆대표문제

이차함수 $y=ax^2+bx+c$의 그래프가 오른쪽 그림과 같을 때, 상수 a, b, c에 대하여 $a+b-c$의 값을 구하시오.

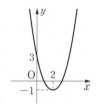

1035 중 하

꼭짓점의 좌표가 $(1, -2)$이고, 점 $(-2, 7)$을 지나는 포물선을 그래프로 하는 이차함수의 식은?

① $y=-x^2+2x-1$ ② $y=-x^2+2x+1$

③ $y=x^2-2x-1$ ④ $y=x^2-2x+1$

⑤ $y=x^2+2x+1$

1036 중

이차함수 $y=ax^2+bx+c$의 그래프가 오른쪽 그림과 같을 때, 상수 a, b, c에 대하여 $2a-b+c$의 값을 구하시오.

유형 | 11 **이차함수의 식 구하기**
─축의 방정식과 두 점을 알 때

축의 방정식 $x=p$와 그래프 위의 두 점 (x_1, y_1), (x_2, y_2)를 알
때
(i) 이차함수의 식을 $y=a(x-p)^2+q$로 놓는다.
(ii)(i)의 식에 두 점 (x_1, y_1), (x_2, y_2)의 좌표를 각각 대입하여
   a, q의 값을 구한다.

1037 ◀대표문제

직선 $x=2$를 축으로 하고, 두 점 $(0, 10)$, $(3, 1)$을 지나
는 포물선을 그래프로 하는 이차함수의 식은?

① $y=-3x^2-12x+10$ ② $y=-2x^2+12x+7$
③ $y=3x^2-12x+10$ ④ $y=3x^2+12x-10$
⑤ $y=4x^2-12x+9$

1038 중

축의 방정식이 $x=-1$이고, 두 점 $(-1, -5)$, $(1, 7)$을
지나는 이차함수의 그래프가 y축과 만나는 점의 y좌표를
구하시오.

1039 중

이차함수 $y=-2x^2+ax+b$의 그래프가
오른쪽 그림과 같이 직선 $x=1$을 축으로
할 때, 상수 a, b에 대하여 $a+b$의 값을
구하시오.

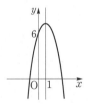

1040 중 ◀서술형

이차함수 $y=ax^2+bx+c$의 그래프가
오른쪽 그림과 이 직선 $x=-2$를 축으로
할 때, 상수 a, b, c에 대하여 $a+b+c$의
값을 구하시오.

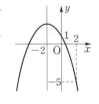

유형 | 12 **이차함수의 식 구하기─서로 다른 세 점을 알 때**

세 점 (x_1, y_1), (x_2, y_2), (x_3, y_3)을 알 때
(i) 이차함수의 식을 $y=ax^2+bx+c$로 놓는다.
(ii)(i)의 식에 세 점 (x_1, y_1), (x_2, y_2), (x_3, y_3)의 좌표를 각각
   대입하여 a, b, c의 값을 구한다.

1041 ◀대표문제

세 점 $(0, 8)$, $(-1, 9)$, $(2, 0)$을 지나는 포물선의 꼭짓
점의 좌표는?

① $(3, 6)$ ② $(2, -8)$ ③ $(1, -9)$
④ $(-1, 9)$ ⑤ $(-2, 8)$

1042 중

이차함수 $y=ax^2+bx+c$의 그래프가 세 점 $(1, 0)$,
$(0, 3)$, $(2, -1)$을 지날 때, 상수 a, b, c에 대하여 abc의
값은?

① -12 ② -6 ③ -3
④ 6 ⑤ 12

1043 상 중

오른쪽 그림과 같은 이차함수의 그래프가
점 $(k, 1)$을 지날 때, 음수 k의 값을 구하
시오.

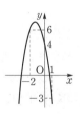

유형	13	이차함수의 식 구하기

이차함수의 식 구하기
－x축과의 두 교점과 다른 한 점을 알 때

x축의 두 교점 $(\alpha, 0)$, $(\beta, 0)$과 다른 한 점 (x_1, y_1)을 알 때
(i) 이차함수의 식을 $y=a(x-\alpha)(x-\beta)$로 놓는다.
(ii)(i)의 식에 다른 점 (x_1, y_1)의 좌표를 대입하여 a의 값을 구한다.

1044 ●대표문제●

이차함수 $y=ax^2+bx+c$의 그래프가 x축과 두 점 $(-2, 0)$, $(6, 0)$에서 만나고, y축과 점 $(0, 24)$에서 만난다. 이때 상수 a, b, c에 대하여 $\dfrac{c-b}{a}$의 값을 구하시오.

1045 중 하

이차함수 $y=-2x^2+3x-1$의 그래프를 평행이동하면 완전히 포갤 수 있고, x축과 두 점 $(-1, 0)$, $(3, 0)$에서 만나는 이차함수의 식은?

① $y=2x^2-4x+6$
② $y=2x^2+4x+6$
③ $y=-2x^2-4x+6$
④ $y=-2x^2+4x+6$
⑤ $y=-3x^2+4x-1$

1046 중 하

이차함수 $y=3x^2+ax+b$의 그래프가 x축과 두 점 $(-5, 0)$, $(1, 0)$에서 만날 때, 상수 a, b에 대하여 $a-b$의 값은?

① -27
② -9
③ -3
④ 9
⑤ 27

1047 중

세 점 $(2, 0)$, $(4, 0)$, $(3, k)$를 지나는 포물선을 그래프로 하는 이차함수의 식을 $y=x^2+bx+c$라 할 때, $b+c+k$의 값을 구하시오. (단, b, c는 상수)

1048 중

오른쪽 그림과 같은 그래프를 나타내는 이차함수의 식을 $y=ax^2+bx+c$의 꼴로 나타내시오. (단, a, b, c는 상수)

1049 중

이차함수 $y=\dfrac{1}{4}x^2$의 그래프와 모양이 같고, x축과 두 점 $(-6, 0)$, $(2, 0)$에서 만나는 이차함수의 그래프의 꼭짓점의 좌표를 구하시오.

1050 중

세 점 $(-3, 0)$, $(2, 0)$, $(3, 2)$를 지나는 이차함수의 그래프가 y축과 만나는 점의 좌표를 구하시오.

1051 중

오른쪽 그림과 같은 이차함수의 그래프의 꼭짓점의 y좌표를 구하시오.

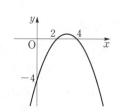

중요 | 유형 | 14 이차함수의 그래프와 삼각형의 넓이

다음을 이용하여 삼각형의 세 꼭짓점의 좌표를 구한다.

① 꼭짓점의 좌표 ⇨ $y=a(x-p)^2+q$의 꼴로 변형하여 꼭짓점의 좌표 (p, q)를 구한다.

② x축과의 교점의 좌표 ⇨ $y=ax^2+bx+c$에 $y=0$을 대입하여 구한다.

③ y축과의 교점의 좌표 ⇨ $y=ax^2+bx+c$에 $x=0$을 대입하면 $(0, c)$

1052 ●대표문제

오른쪽 그림은 이차함수 $y=-x^2+4x+5$의 그래프이다. 이 그래프와 y축과의 교점을 A, x축과의 교점을 각각 B, C라 할 때, △ABC의 넓이를 구하시오.

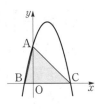

1053 중 ●서술형

오른쪽 그림은 이차함수 $y=3x^2-6x-9$의 그래프이다. 이 그래프와 x축과의 교점을 각각 A, B라 하고, 꼭짓점을 C라 할 때, △ABC의 넓이를 구하시오.

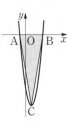

1054 상

오른쪽 그림은 이차함수 $y=-x^2+ax+b$의 그래프이다. 이 그래프와 x축과의 교점을 각각 A, B라 하고, 꼭짓점을 C라 할 때, △ABC의 넓이를 구하시오. (단, a, b는 상수)

유형 | 15 이차함수 $y=ax^2+bx+c$의 그래프에서 a, b, c의 부호 (2)

주어진 이차함수 $y=ax^2+bx+c$의 그래프에서 a, b, c의 부호를 판단한 후 a, b, c의 부호를 이용하여 구하려는 그래프로 알맞은 것을 찾는다.

1055 ●대표문제

이차함수 $y=ax^2+bx+c$의 그래프가 오른쪽 그림과 같을 때, 다음 중 이차함수 $y=cx^2+bx+a$의 그래프로 알맞은 것은? (단, a, b, c는 상수)

①   ②   ③

④   ⑤

1056 상 중

일차함수 $y=ax+b$의 그래프가 오른쪽 그림과 같을 때, 이차함수 $y=ax^2-bx$의 그래프가 지나지 않는 사분면을 모두 구하시오. (단, a, b는 상수)

1057 상 중

이차함수 $y=ax^2+bx+c$의 그래프가 제2, 3, 4사분면을 지날 때, 다음 중 이차함수 $y=cx^2+ax-b$의 그래프로 알맞은 것은?

①   ②   ③

④   ⑤

08 이차함수 $y=ax^2+bx+c$의 그래프

중요
1058

다음은 이차함수 $y=-\dfrac{2}{3}x^2+4x-5$를 $y=a(x-p)^2+q$의 꼴로 나타내는 과정이다. □ 안에 들어갈 양수로 옳은 것은?

$$y=-\frac{2}{3}x^2+4x-5$$
$$=-\frac{2}{3}(x^2-\boxed{①}x)-5$$
$$=-\frac{2}{3}(x^2-\boxed{①}x+\boxed{②}-\boxed{②})-5$$
$$=-\frac{2}{3}(x-\boxed{③})^2+\boxed{④}-5$$
$$=-\frac{2}{3}(x-\boxed{③})^2+\boxed{⑤}$$

① 8   ② 16   ③ 2
④ 6   ⑤ 3

1059

이차함수 $y=-\dfrac{1}{3}x^2+2x-k$의 그래프의 꼭짓점이 x축 위에 있을 때, 상수 k의 값을 구하시오.

1060

이차함수 $y=-3x^2+12x-8$의 그래프를 x축의 방향으로 -1만큼, y축의 방향으로 2만큼 평행이동하였더니 $y=ax^2+bx+c$의 그래프와 일치하였다. 이때 상수 a, b, c에 대하여 $a+b-c$의 값을 구하시오.

1061

이차함수 $y=ax^2+6ax+9a+3$의 그래프가 모든 사분면을 지날 때, 상수 a의 값의 범위는?

① $a<-\dfrac{1}{3}$ ② $a>-\dfrac{1}{3}$ ③ $-\dfrac{1}{3}<a<0$

④ $0<a<\dfrac{1}{3}$ ⑤ $a>\dfrac{1}{3}$

1062

오른쪽 그림은 이차함수 $y=x^2+4x-5$의 그래프이다. 점 C는 그래프의 꼭짓점이고 $\overline{BD}$는 x축에 평행할 때, 다음 중 옳지 <u>않은</u> 것은?

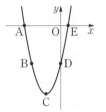

① $A(-5, 0)$ ② $B(-3, -5)$
③ $C(-2, -9)$ ④ $D(0, -5)$
⑤ $E(1, 0)$

중요
1063

이차함수 $y=-\dfrac{2}{3}x^2-4x+3$의 그래프에 대한 다음 설명 중 옳지 <u>않은</u> 것은?

① 위로 볼록한 포물선이다.
② 직선 $x=-3$을 축으로 한다.
③ $y=-\dfrac{2}{3}x^2$의 그래프를 x축의 방향으로 -3만큼, y축의 방향으로 9만큼 평행이동한 것이다.
④ $x>-3$일 때, x의 값이 증가하면 y의 값도 증가한다.
⑤ 모든 사분면을 지난다.

1064

이차함수 $y=\dfrac{1}{4}x^2-2x+3a$의 그래프가 x축과 서로 다른 두 점에서 만날 때, 다음 중 상수 a의 값이 될 수 있는 것을 모두 고르면? (정답 2개)

① $-\dfrac{1}{2}$ ② 1 ③ $\dfrac{4}{3}$

④ $\dfrac{3}{2}$ ⑤ 2

중요 1065

이차함수 $y=ax^2+bx+c$의 그래프가 오른쪽 그림과 같을 때, 다음 중 옳지 <u>않은</u> 것은?

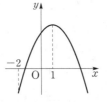

① $ab<0$ ② $ac<0$
③ $abc<0$ ④ $a+b+c>0$
⑤ $4a-2b+c>0$

중요 1066

오른쪽 그림과 같이 점 $(1, 6)$을 꼭짓점으로 하고, 점 $(0, 4)$를 지나는 포물선을 그래프로 하는 이차함수에서 $x=2$일 때의 y의 값을 구하시오.

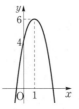

1067

이차함수 $y=ax^2+bx+c$의 그래프는 x축과 두 점 A, B에서 만나고 $\overline{AB}=4$이다. 꼭짓점의 좌표가 $(1, -16)$일 때, 이 이차함수의 그래프와 y축의 교점의 좌표를 구하시오.

1068

오른쪽 그림은 직선 $x=2$를 축으로 하는 이차함수 $y=ax^2+bx+c$의 그래프이다. 이때 상수 a, b, c에 대하여 $a+b-c$의 값은?

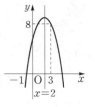

① -2 ② -1
③ 1 ④ 2
⑤ 3

1069

세 점 $(-1, 0)$, $(0, 6)$, $(4, -10)$을 지나는 포물선을 그래프로 하는 이차함수의 식이 $y=ax^2+bx+c$일 때, 상수 a, b, c에 대하여 $a+b+c$의 값은?

① 0 ② 2 ③ 4
④ 6 ⑤ 8

1070

오른쪽 그림은 이차함수 $y=\dfrac{1}{2}x^2+ax+b$의 그래프이다. 이 그래프의 꼭짓점을 A, x축과의 교점을 각각 O, B라 할 때, $\triangle$ABO의 넓이를 구하시오.

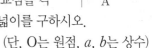

(단, O는 원점, a, b는 상수)

1071

일차함수 $y=ax+b$의 그래프가 오른쪽 그림과 같을 때, 이차함수 $y=bx^2+ax$의 그래프의 꼭짓점은 제 몇 사분면 위에 있는지 말하시오.

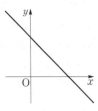

(단, a, b는 상수)

서술형 주관식

1072

이차함수 $y=-x^2+4x+1$의 그래프를 x축의 방향으로 a만큼, y축의 방향으로 b만큼 평행이동한 그래프가 오른쪽 그림과 같을 때, $a+b$의 값을 구하시오.

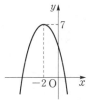

1073

이차함수 $y=3x^2-6kx+4k-3$의 그래프에서 $x<2$이면 x의 값이 증가할 때 y의 값은 감소하고, $x>2$이면 x의 값이 증가할 때 y의 값도 증가한다. 이 이차함수의 그래프의 꼭짓점의 좌표를 구하시오.(단, k는 상수)

1074

이차함수 $y=ax^2+bx+c$의 그래프가 오른쪽 그림과 같을 때, 이차함수 $y=bx^2+cx+a$의 그래프의 꼭짓점의 좌표를 구하시오. (단, a, b, c는 상수)

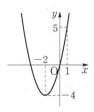

1075

오른쪽 그림과 같이 이차함수 $y=3x^2-5x-2$의 그래프가 x축과 만나는 두 점을 각각 A, B, y축과 만나는 점을 C, 꼭짓점을 D라 할 때, $\triangle ACB : \triangle ADB$를 가장 간단한 자연수의 비로 나타내시오.

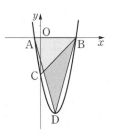

실력 UP

실력 UP 집중 학습은 실력 Up⁺로!!

1076

이차함수 $y=ax^2+bx+c$의 그래프가 다음 조건을 모두 만족시킬 때, 상수 a, b, c에 대하여 $a+b-c$의 값을 구하시오.

> (가) y축과의 교점이 원점과 일치한다.
> (나) 꼭짓점이 직선 $y=x+3$ 위의 점이다.
> (다) 그래프가 제2사분면을 지나지 않는다.
> (라) 이차함수 $y=-\dfrac{1}{4}x^2$의 그래프와 모양이 같다.

1077

오른쪽 그림은 이차함수 $y=-\dfrac{1}{2}x^2+2x+6$의 그래프이다. y축과의 교점을 A, x축과 양의 부분에서의 교점을 B, 꼭짓점을 C라 할 때, $\square AOBC$의 넓이를 구하시오. (단, O는 원점)

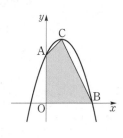

1078

이차함수 $y=ax^2+bx+c$의 그래프가 제1사분면만 지나지 않을 때, 이차함수 $y=-cx^2+abx-bc$의 그래프가 지나는 사분면은? (단, a, b, c는 상수)

① 제1, 2사분면   ② 제3, 4사분면
③ 제1, 2, 3사분면   ④ 제2, 3, 4사분면
⑤ 모든 사분면을 지난다.

혁명가의 기도

젊었을 때 나는 신께 빌었습니다.

'전 세계를 바꾸어 놓을 수 있는 그런 힘을 제게 주옵소서!'

내 눈에는 모든 사람들이 잘못되어 보였습니다. 나는 혁명가였던 것입니다.

좀더 성숙한 후 나는 다음과 같이 기도하기 시작했습니다.

'좀 욕심이 지나쳤던 것 같습니다.

인생은 내 손에서 떠나갔습니다.

인생의 많은 시간이 흘러 갔지만, 저는 한 사람도 바꾸질 못했습니다.

전 세계를 바꾸려고 한 것은 너무 큰 욕심이였나 봅니다.

그러나 가족만이라도 괜찮습니다. 제 가족을 변화시킬 수 있는 힘을 주옵소서!'

나이가 더 들어 가족조차도 변화시키기에 너무 버겁다는 것을 알게 되었습니다.

그때 비로소 깨닫게 됩니다.

나 자신만을 바꿀 수 있다면 그것으로 충분한 것입니다.

아니 충분한 정도가 아니라 그 이상일 것입니다.

'저는 이제야 올바른 지점에 도달했습니다. 제 자신을 변화시킬 수 있는 힘을 주옵소서!'

그러자 신께서

'이제는 시간이 없구나. 너는 처음부터 그렇게 구했어야 했다.

예전이라면 가능했겠지만 지금은 너무 늦었구나.'

실력
UP⁺

01 A, B가 다음과 같을 때, $3AB$의 값은?

$$A=(-\sqrt{6})^2-\sqrt{2^4}$$
$$B=-\sqrt{169}\div\sqrt{(-3)^2}+\sqrt{\frac{1}{9}}\times(-\sqrt{12})^2$$

① -18　　② -6　　③ -2
④ 2　　⑤ 6

02 다음 중 항상 옳은 것은?

① $\sqrt{(a-b)^2}=a-b$　② $\sqrt{(b-a)^2}=a-b$
③ $\sqrt{(a+b)^2}=a+b$　④ $\sqrt{a^2}=|a|$
⑤ $\sqrt{\frac{1}{a^2}}=\frac{1}{a}$

03 닮음비가 $1:3$인 두 정사각형의 넓이의 합이 $90\ \mathrm{cm}^2$일 때, 큰 정사각형의 한 변의 길이를 구하시오.

04 $ab<0$, $a-b<0$일 때, $\sqrt{a^2}-\sqrt{(-b)^2}+\sqrt{(b-a)^2}-\sqrt{(-5a)^2}$을 간단히 하면?

① $-3a$　　② $3a$　　③ a
④ 0　　⑤ $2b$

05 $A=\sqrt{(x-2)^2}-\sqrt{(x+2)^2}$일 때, 다음 **보기** 중 옳은 것을 모두 고른 것은?

| 보기 |

ㄱ. $x\geq2$일 때, $A=2x$이다.
ㄴ. $-2<x<2$일 때, $A=-2x$이다.
ㄷ. $x\leq-2$일 때, $A=4$이다.

① ㄱ　　② ㄱ, ㄴ　　③ ㄱ, ㄷ
④ ㄴ, ㄷ　　⑤ ㄱ, ㄴ, ㄷ

06 $\sqrt{45-2x}$가 양의 정수가 되도록 하는 자연수 x 중에서 가장 큰 수를 M, 가장 작은 수를 m이라 할 때, $M+m$의 값은?

① 32　　② 34　　③ 36
④ 38　　⑤ 40

07 다음 그림에서 두 정사각형 A, C의 넓이는 각각 $54n$, $12+n$이고 정사각형 A, C의 한 변의 길이가 모두 자연수일 때, 직사각형 B의 둘레의 길이는?
(단, n은 조건을 만족시키는 가장 작은 자연수이다.)

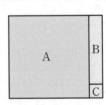

① 24　　② 30　　③ 36
④ 48　　⑤ 72

08 $\dfrac{3}{2} < \sqrt{x} - 2 < 3$을 만족시키는 x 중에서 $\sqrt{28-x}$가 자연수가 되도록 하는 모든 자연수 x의 값의 합은?

① 34   ② 43   ③ 55

④ 70   ⑤ 73

09 세 수 $\sqrt{3x}$, $\sqrt{4x}$, $\sqrt{5x}$가 모두 무리수가 되도록 하는 100 이하의 자연수 x의 개수는?

① 66개   ② 70개   ③ 74개

④ 77개   ⑤ 81개

10 아래 그림은 모눈 한 칸의 길이가 1인 정사각형이다. $\overline{AC}=\overline{AP}$, $\overline{AB}=\overline{AQ}$일 때, 다음 중 옳지 <u>않은</u> 것은?

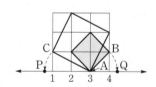

① 점 P에 대응하는 수는 $3-\sqrt{5}$이다.
② 점 Q에 대응하는 수는 $3+\sqrt{2}$이다.
③ 두 점 P, Q 사이에는 4개의 유리수가 있다.
④ 두 점 P, Q 사이에는 무수히 많은 무리수가 있다.
⑤ 두 점 P, Q 사이의 거리는 $\sqrt{2}+\sqrt{5}$이다.

11 다음 중 옳은 것을 모두 고르면? (정답 2개)

① 0과 1 사이에는 무리수가 없다.
② -2와 2 사이에는 무수히 많은 정수가 있다.
③ $\dfrac{1}{5}$과 $\dfrac{1}{3}$ 사이에는 무수히 많은 유리수가 있다.
④ $\sqrt{2}$와 $\sqrt{5}$ 사이에는 무리수만 있다.
⑤ 실수에 대응하는 점만으로 수직선을 완전히 메울 수 있다.

(도전)
12 $0 < a < 1$일 때, 다음 중 그 값이 두 번째로 큰 수는?

① a ② $\sqrt{a}$ ③ $\dfrac{1}{a}$

④ $\dfrac{1}{\sqrt{a}}$ ⑤ a^2

(도전)
13 a가 무리수일 때, 다음 **보기** 중 항상 무리수인 것을 모두 고른 것은?

┤ 보기 ├

ㄱ. $a+5$ ㄴ. $a-\sqrt{3}$ ㄷ. $\sqrt{7a}$

ㄹ. $2a$ ㅁ. a^2-4

① ㄱ, ㄹ   ② ㄴ, ㄷ   ③ ㄴ, ㄹ

④ ㄱ, ㄷ, ㅁ   ⑤ ㄴ, ㄹ, ㅁ

실력 Up⁺

01 $\sqrt{2}\times\sqrt{3}\times\sqrt{a}\times\sqrt{30}\times\sqrt{5a}=60$일 때, 자연수 a의 값은?

① 2   ② 3   ③ 4

④ 5   ⑤ 6

02 $a>0$, $b>0$이고 $ab=16$일 때,
$\dfrac{4}{a}\sqrt{\dfrac{a}{b}}-\dfrac{3}{b}\sqrt{\dfrac{b}{a}}$의 값은?

① $\dfrac{1}{2}$ ② $\dfrac{1}{4}$ ③ $\dfrac{1}{8}$

④ $\dfrac{1}{16}$ ⑤ $\dfrac{1}{32}$

03 다음 조건을 모두 만족시키는 자연수 x, y의 순서쌍 $(x,\ y)$의 개수는?

> ㈎ x가 y보다 크다.
> ㈏ x, y는 모두 두 자리 자연수이다.
> ㈐ $\sqrt{x}$와 $\sqrt{y}$의 합이 $\sqrt{162}$이다.

① 1개   ② 2개   ③ 3개

④ 4개   ⑤ 5개

04 $\sqrt{(5-2\sqrt{6})^2}+\sqrt{(2\sqrt{6}-5)^2}$을 간단히 하면?

① 0   ② 10   ③ $4\sqrt{6}$

④ $10-4\sqrt{6}$ ⑤ $10+4\sqrt{6}$

05 오른쪽 그림은 한 변의 길이가 4인 정사각형 안에 정사각형의 각 변의 중점을 꼭짓점으로 하는 정사각형을 계속 그린 것이다. 색칠한 부분의 둘레의 길이의 합을 구하시오.

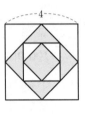

06 $\sqrt{\dfrac{3}{2}}+\sqrt{\dfrac{2}{3}}=a\sqrt{6}$일 때, 유리수 a의 값은?

① $\dfrac{1}{6}$ ② $\dfrac{1}{2}$ ③ $\dfrac{5}{6}$

④ 2   ⑤ 3

07 오른쪽 그림에서 모눈 한 칸은 한 변의 길이가 1인 정사각형이고 $\overline{AB}=\overline{FB}$, $\overline{BC}=\overline{BE}$일 때, 두 점 E, F 사이의 거리를 구하시오.

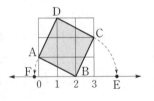

08 다음 그림과 같이 직선 l 위에 있는 한 변의 길이가 6인 정사각형 ABCD를 미끄러지지 않게 한 바퀴 굴렸다. 이때 점 A가 움직인 거리는?

① $(4+3\sqrt{2})\pi$ ② $(6+2\sqrt{2})\pi$
③ $(6+3\sqrt{2})\pi$ ④ $(10+3\sqrt{2})\pi$
⑤ $(12+6\sqrt{2})\pi$

09 $\sqrt{2}\left(\dfrac{2}{\sqrt{6}}+\dfrac{10}{\sqrt{12}}\right)-\sqrt{3}\left(\dfrac{6}{\sqrt{18}}+2\right)=a\sqrt{3}+b\sqrt{6}$일 때, 유리수 a, b에 대하여 $a+b$의 값은?

① $-\dfrac{2}{3}$ ② $-\dfrac{1}{3}$ ③ $\dfrac{1}{3}$
④ $\dfrac{2}{3}$ ⑤ $\dfrac{4}{3}$

10 다음 그림과 같은 정사각형 ABCD의 내부에 있는 두 정사각형 AEFG, FHCI의 넓이가 각각 3, 27일 때, 정사각형 ABCD의 넓이를 구하시오.

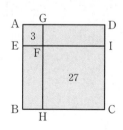

11 다음 그림과 같이 세 정사각형 A, B, C를 이어 붙여 새로운 도형을 만들었다. 이때 정사각형 A의 넓이는 정사각형 B의 넓이의 2배이고 정사각형 B의 넓이는 정사각형 C의 넓이의 2배이다. 정사각형 C의 넓이가 6일 때, 새로운 도형의 둘레의 길이를 구하시오.

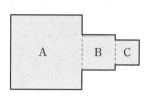

12 $\sqrt{224-x^2}=12.62$일 때, 주어진 제곱근표를 이용하여 양수 x의 값을 구하면?

수	2	3	4	5
2.1	1.456	1.459	1.463	1.466
2.2	1.490	1.493	1.497	1.500
2.3	1.523	1.526	1.530	1.533
2.4	1.556	1.559	1.562	1.565

① 1.466 ② 1.500 ③ 1.530
④ 1.533 ⑤ 1.565

도전
13 실수 a에 대하여 $[a]$는 a보다 크지 않은 가장 큰 정수를 나타내고 $<a>=a-[a]$로 나타내기로 하였다. 즉, $[\sqrt{2}]=1$, $<\sqrt{2}>=\sqrt{2}-1$일 때, $[3-\sqrt{2}]+<3+\sqrt{2}>$의 값은?

① $-2\sqrt{2}$ ② $-\sqrt{2}$ ③ 0
④ $\sqrt{2}$ ⑤ 2

01 $(x+A)(x+B)$를 전개하였더니 $x^2+Cx+16$이 되었다. 다음 중 C의 값이 될 수 <u>없는</u> 것은?

(단, A, B, C는 정수)

① -17　　② -12　　③ -8
④ 10　　⑤ 17

02 $(ax-5)(3x+b)$의 전개식에서 x의 계수가 6일 때, 한 자리 자연수 a, b에 대하여 a^2-b^2의 값은?

(단, $a>b$)

① 30　　② 35　　③ 40
④ 45　　⑤ 50

03 $(x-1)(x+1)(x^2+1)(x^4+1)(x^8+1)=x^a-b$ 일 때, 상수 a, b에 대하여 $a-b$의 값은?

① 7　　② 9　　③ 13
④ 15　　⑤ 17

04 소연이는 $(x-3)(x+5)$를 전개하는데 5를 A로 잘못 보아 x^2+6x+B가 되었고, 서준이는 $(2x-1)(3x+2)$를 전개하는데 3을 C로 잘못 보아 Dx^2+7x-2가 되었다. 상수 A, B, C, D에 대하여 $A+B+C+D$의 값을 구하시오.

05 오른쪽 그림과 같은 직사각형 ABCD에서 사각형 ABFE와 사각형 EGHD는 정사각형이다. $\overline{AD}=4a+1$, $\overline{AB}=3a-1$일 때, 사각형 GFCH의 넓이를 구하시오.

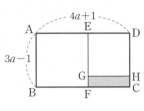

06 $(x-3)(x-2)(x+1)(x+2)$의 전개식이 $x^4+ax^3+bx^2+cx+d$일 때, 상수 a, b, c, d에 대하여 $a-b-c-d$의 값은?

① -29　　② -26　　③ -21
④ -15　　⑤ -11

07 $99\times101\times(10^4+1)(10^8+1)=10^x-1$일 때, 자연수 x의 값은?

① 12　　② 13　　③ 14
④ 15　　⑤ 16

08 $(\sqrt{2}+\sqrt{3}-\sqrt{5})(\sqrt{2}+\sqrt{3}+2\sqrt{5})$ 를 계산하시오.

09 $\dfrac{x-\sqrt{7}}{\sqrt{7}+1}+\dfrac{y-\sqrt{7}}{\sqrt{7}-1}$ 을 계산한 값이 유리수가 되도록 하는 유리수 x, y에 대하여 $2x+y=8$이 성립할 때, $x-y$의 값은?

① 10   ② 12   ③ 14
④ 16   ⑤ 18

10 $f(x)=\sqrt{x+2}+\sqrt{x+1}$일 때,

$\dfrac{1}{f(1)}+\dfrac{1}{f(2)}+\dfrac{1}{f(3)}+\cdots+\dfrac{1}{f(30)}$의 값은?

① $\sqrt{2}$ ② $3\sqrt{2}$ ③ 5
④ $5\sqrt{2}$ ⑤ 7

11 $(x+y)^2-(x-y)^2=24$, $(x-5)(y-5)=11$일 때, $\dfrac{3}{x}+\dfrac{3}{y}$의 값을 구하시오.

12 $x-y=2$, $x^2+y^2=12$일 때, $\dfrac{y}{x}+\dfrac{x}{y}$의 값을 구하시오.

13 $x^2-2x-1=0$일 때, $\left(x^2-\dfrac{3}{x^2}\right)\left(3x^2-\dfrac{1}{x^2}\right)$의 값은?

① 80   ② 84   ③ 88
④ 92   ⑤ 96

14 $x^2-3x-2=0$일 때, $(x+1)(x+3)(x-4)(x-6)$의 값은?

① 30   ② 32   ③ 34
④ 36   ⑤ 38

15 (도전) $x=\sqrt{125}-3\sqrt{14}$, $y=\sqrt{126}+5\sqrt{5}$일 때, $x^{2020}y^{2022}+x^{2024}y^{2022}$의 값을 구하시오.

실력 Up⁺

01 다음 등식을 만족시키는 상수 a, b, c에 대하여 $a+b+c$의 값은?

$$9x^2-6x+1=(3x+a)^2$$
$$x^2-49=(x+b)(x-7)$$
$$6x^2+7x-5=(2x-1)(3x+c)$$

① -11　　　② -3　　　③ 1
④ 3　　　　⑤ 11

02 $0<a<1$일 때, $\sqrt{a^2+\dfrac{1}{a^2}+2}-\sqrt{a^2+\dfrac{1}{a^2}-2}+\sqrt{(-a)^2}$을 간단히 하시오.

03 다음 두 다항식의 공통인 인수가 $x-2$일 때, 상수 a, b에 대하여 $a-b$의 값은?

$$3x^2-x+a, \qquad x^2+bx+14$$

① -1　　　② 0　　　③ 1
④ 2　　　　⑤ 3

04 x^2의 계수가 1인 어떤 이차식을 인수분해하는데 정민이는 x의 계수를 잘못 보아 $(x+3)(x-12)$로 인수분해하였고, 세진이는 상수항을 잘못 보아 $(x-2)(x-3)$으로 인수분해하였다. 처음 이차식을 바르게 인수분해한 것은?

① $(x-12)(x+4)$　　　② $(x-9)(x-3)$
③ $(x-2)(x-9)$　　　④ $(x+3)(x+4)$
⑤ $(x+4)(x-9)$

05 오른쪽 그림과 같이 원 모양의 잔디밭 둘레에 폭이 3 m로 일정하고 그 넓이가 198π m²인 산책로가 있다. 이 산책로의 한 가운데를 지나는 원의 둘레의 길이는?

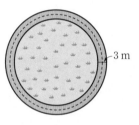

① 33π m　　　② 44π m　　　③ 55π m
④ 66π m　　　⑤ 77π m

06 다음 그림의 직사각형을 모두 사용하여 하나의 큰 직사각형을 만들 때, 그 직사각형의 둘레의 길이는?

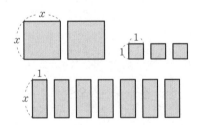

① $3x+4$　　　② $4x+3$　　　③ $6x+8$
④ $8x+6$　　　⑤ $16x+12$

07 다음 중 $x^3+x^2y-xy^2-y^3$의 인수가 <u>아닌</u> 것은?

① $x-y$
② $x+y$
③ $(x+y)(x-y)$
④ $(x+y)^2(x-y)$
⑤ $(x+y)(x-y)^2$

08 인수분해 공식을 이용하여 다음을 계산하시오.

$$10^2-20^2+30^2-40^2+\cdots+90^2-100^2$$

09 인수분해 공식을 이용하여 $\dfrac{\sqrt{1.29^2-1.21^2}}{\sqrt{2.58^2-2.42^2}}$ 을 계산하시오.

10 자연수 $5^{32}-1$이 25와 30 사이의 어떤 자연수로 나누어떨어진다고 할 때, 이 자연수를 구하시오.

11 $2x^2-11xy+15y^2+5x-14y+3$
$=(2x+ay+b)(x+cy+d)$일 때, 정수 a, b, c, d에 대하여 $a+b+c+d$의 값은?

① -4
② -2
③ -1
④ 2
⑤ 4

도전

12 두 개의 주머니 A, B 속에 모양과 크기가 같은 구슬이 6개씩 들어 있다. 각 주머니에서 구슬을 한 개씩 꺼낼 때, A 주머니에서 꺼낸 공에 적힌 수를 a, B 주머니에서 꺼낸 공에 적힌 수를 b라 하자. 이때 다항식 x^2-ax+b가 완전제곱식이 될 확률을 구하시오.

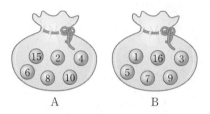

도전

13 오른쪽 그림과 같이 강아지 한 마리가 다음과 같은 규칙에 의해 움직인다고 할 때, 출발한 지 16일 후 강아지의 위치를 좌표로 나타내시오. (단, 점 O를 좌표평면 위의 원점, 동쪽 방향을 x축의 양의 방향으로 한다.)

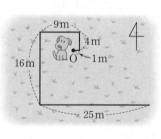

점 O에서 출발하여 첫째 날은 동쪽으로 1 m, 둘째 날은 북쪽으로 4 m, 셋째 날은 서쪽으로 9 m, 넷째 날은 남쪽으로 16 m, 다섯째 날은 동쪽으로 25 m 이동한다. 이와같이 동쪽, 북쪽, 서쪽, 남쪽, …의 순서로 n번째 날은 n^2 m를 이동한다.

01 다음 중 $(a-3)x^2+2(x+2)^2=7$이 x에 대한 이차방정식이 되도록 하는 상수 a의 값이 <u>아닌</u> 것은?

① -3 ② -2 ③ -1

④ 1 ⑤ 3

02 x에 대한 이차방정식

$(a-1)x^2-(a^2+1)x+3(a+4)=0$의 두 근이 $x=3$ 또는 $x=b$일 때, 상수 a, b에 대하여 $a+3b$의 값은? (단, $a\neq0$)

① -12 ② -6 ③ 3

④ 6 ⑤ 12

03 직선 $ax+2y=-8$이 점 $(a+2, -a^2)$을 지나고 제1사분면을 지나지 않을 때, 상수 a의 값은?

① 1 ② 2 ③ 3

④ 4 ⑤ 5

04 연립방정식 $\begin{cases} (7-2a)x+y=1 \\ x+(a-2)y=1 \end{cases}$의 해가 존재하지 않을 때, 상수 a의 값은?

① $\dfrac{3}{2}$ ② 2 ③ $\dfrac{5}{2}$

④ 3 ⑤ $\dfrac{7}{2}$

05 이차방정식 $x^2-(2a-1)x+4a=0$의 일차항의 계수와 상수항을 바꾸어 놓은 이차방정식을 풀었더니 한 근이 $x=3$이었다. 처음 이차방정식의 두 근의 곱은? (단, a는 상수)

① -4 ② -1 ③ 1

④ 4 ⑤ 7

06 이차방정식 $x^2+ax+8-a=0$이 중근 $x=p$를 가질 때, $a+p$의 값은? (단, a는 상수이고 $a<0$)

① -6 ② -4 ③ -2

④ 0 ⑤ 2

07 이차방정식 $2x^2+18x=6x-m$이 중근 $x=a$를 갖고, 이차방정식 $x^2-x-k=0$의 해가 $x=a$ 또는 $x=b$일 때, $a+b+m+k$의 값은?

(단, m, k는 상수)

① 23 ② 25 ③ 27

④ 29 ⑤ 31

08 이차방정식 $(x-5)^2=7k$의 서로 다른 두 근이 정수가 되도록 하는 가장 작은 자연수 k의 값을 구하시오.

09 이차방정식 $5x^2-20x-15=0$을 완전제곱식을 이용하여 풀었더니 해가 $x=A\pm\sqrt{B}$이었다. 이때 유리수 A, B에 대하여 $A+B$의 값은?

① 5　　　　② 6　　　　③ 7
④ 8　　　　⑤ 9

10 이차방정식 $x^2-5x+2=0$의 한 근이 $x=a$이고, 이차방정식 $3x^2+4x-9=0$의 한 근이 $x=b$일 때, 상수 a, b에 대하여 $a^2+3b^2-5a+4b$의 값은?

① 7　　　　② 11　　　　③ 13
④ 15　　　　⑤ 17

11 이차방정식 $x^2+x-1=0$의 한 근을 $x=a$라 할 때, $\dfrac{a^2}{1-a}-\dfrac{5a}{1-a^2}$의 값은?

① -5　　　② -4　　　③ -3
④ -2　　　⑤ -1

12 $<x>$는 자연수 x의 약수의 개수를 나타낸다. 이때 $<x>^2+<x>-6=0$을 만족시키는 10 이하의 자연수 x의 개수를 구하시오.

13 이차방정식 $3x^2-5x-2=0$의 두 근 중 양수인 근이 이차방정식 $3(x-2a)+9=(x+1)^2$의 한 근일 때, 이 방정식의 다른 한 근을 구하시오.

도전
14 실수 x에 대하여 이차식 $f(x)$가 $f(x+1)-f(x)=3x$, $f(0)=1$을 만족시킬 때, 이차방정식 $f(x)=x$를 풀면?

① $x=-\dfrac{2}{3}$ 또는 $x=-1$

② $x=-\dfrac{2}{3}$ 또는 $x=1$

③ $x=1$ 또는 $x=2$

④ $x=1$ 또는 $x=\dfrac{2}{3}$

⑤ $x=2$ 또는 $x=3$

01 이차방정식 $2x^2+5x-1=0$의 근이 $x=\dfrac{A\pm\sqrt{B}}{4}$일 때, 유리수 A, B에 대하여 $A+B$의 값은?

① 25   ② 28   ③ 31
④ 34   ⑤ 37

02 이차방정식 $ax^2+bx+c=0$의 근의 공식을 $x=\dfrac{-b\pm\sqrt{b^2-4ac}}{a}$로 잘못 알고 어떤 이차방정식의 근을 구했더니 -5, 3이 나왔다. 이 이차방정식의 옳은 두 근의 곱을 구하시오.

03 이차방정식 $\dfrac{1}{4}x^2+2x+\dfrac{5}{3}=-\dfrac{7}{12}$의 두 근 사이에 있는 정수의 개수는?

① 2개   ② 3개   ③ 4개
④ 5개   ⑤ 6개

04 다음 중 이차방정식 $x^2+2ax-3a=0$의 근에 대한 설명으로 옳은 것을 모두 고르면? (정답 2개)

(단, a는 상수)

① $a=2$이면 서로 다른 두 근을 갖는다.
② 한 근이 $x=2$이면 $a=4$이다.
③ 한 근이 $x=1$이면 다른 한 근은 $x=3$이다.
④ $a=1$이면 근이 없다.
⑤ $a=-3$이면 중근을 갖는다.

05 한 개의 주사위를 두 번 던져서 첫 번째 나온 눈의 수를 a, 두 번째 나온 눈의 수를 b라 할 때, 이차방정식 $x^2-2ax+b^2=0$이 중근을 가질 확률은?

① $\dfrac{1}{18}$ ② $\dfrac{1}{9}$ ③ $\dfrac{1}{6}$
④ $\dfrac{1}{3}$ ⑤ $\dfrac{1}{2}$

06 이차방정식 $x^2+bx+c=0$을 푸는데 혜나는 일차항의 계수를 잘못 보고 풀어 $x=2$ 또는 $x=3$의 해를 얻었고, 희원이는 상수항을 잘못 보고 풀어 $x=-2$ 또는 $x=-5$의 해를 얻었다. 이때 처음 주어진 이차방정식의 해를 바르게 구하면?

① $x=-5$ 또는 $x=2$
② $x=-2$ 또는 $x=2$
③ $x=-2$ 또는 $x=3$
④ $x=-1$ 또는 $x=-6$
⑤ $x=1$ 또는 $x=6$

07 다음 표는 일정한 규칙에 따라 어떤 식과 결과를 나타낸 것이다. □ 안에 알맞은 자연수를 구하시오.

자연수	식	결과
1	$1 \times 2 + 3 \times 1$	5
2	$2 \times 3 + 3 \times 2$	12
3	$3 \times 4 + 3 \times 3$	21
⋮	⋮	⋮
□		320

08 지면으로부터 80 m 높이의 건물 옥상에서 초속 30 m로 똑바로 위로 쏘아 올린 공의 t초 후의 지면으로부터의 높이는 $(-5t^2 + 30t + 80)$ m라 한다. 이 공이 지면에 떨어지는 것은 쏘아올린 지 몇 초 후인가?

① 5초 후   ② 6초 후   ③ 7초 후
④ 8초 후   ⑤ 9초 후

09 두 직선 $y = \dfrac{2}{3}x + 4$, $x = a$와 x축, y축으로 둘러싸인 부분의 넓이가 36일 때, 양수 a의 값은?

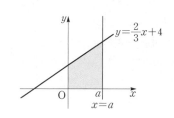

① 5   ② 6   ③ 7
④ 8   ⑤ 9

10 오른쪽 그림과 같이 가로와 세로의 길이의 비가 3 : 2인 직사각형 모양의 과수원에 폭이 일정한 길을 내었더니 길을 제외한 부분의 넓이가 120 m²가 되었다. 이때 과수원의 가로의 길이를 구하시오.

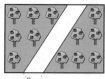

11 오른쪽 그림과 같이 $\overline{AB} = \overline{AD}$인 사다리꼴 ABCD의 꼭짓점 D에서 $\overline{BC}$에 내린 수선의 발을 H라 하면 $\overline{HC} = 3$ cm이다. □ABCD의 넓이가 22 cm²일 때, $\overline{BC}$의 길이를 구하시오.

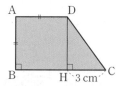

12 다음 그림은 지름의 길이가 40 cm인 원 안에 두 개의 원을 접하도록 그린 것이다. 색칠한 부분의 넓이가 128π cm²일 때, 가장 작은 원의 반지름의 길이는? (단, 세 원의 중심은 한 직선 위에 있다.)

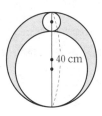

① 6 cm   ② 5 cm   ③ 4 cm
④ 3 cm   ⑤ 2 cm

실력 Up⁺

01 이차함수 $f(x)=3x^2+ax+b$이고 $f(1)=0$, $f(2)=10$일 때, $f(-1)$의 값은? (단, a, b는 상수)

① -4 ② -3 ③ -2

④ 1 ⑤ 3

02 네 이차함수 $y=-x^2$, $y=-\dfrac{1}{2}x^2$, $y=x^2$, $y=2x^2$의 그래프가 오른쪽 그림과 같다. 포물선 ㉠이 점 $(2, a)$를 지날 때, a의 값을 구하시오.

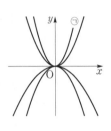

03 이차함수 $y=-5x^2$의 그래프와 x축에 대칭인 그래프가 점 $(a, 20a)$를 지날 때, a의 값은? (단, $a\neq 0$)

① 1 ② 2 ③ 3

④ 4 ⑤ 5

04 다음 **보기** 중 이차함수 $y=-3(x-2)^2+12$의 그래프에 대한 설명으로 옳은 것을 모두 고른 것은?

▶ 보기 ◀

ㄱ. 꼭짓점의 좌표는 $(-2, 12)$이다.

ㄴ. $y=-3x^2$의 그래프를 x축의 방향으로 -2만큼, y축의 방향으로 12만큼 평행이동한 것이다.

ㄷ. x축과 만나는 점의 좌표는 $(0, 0)$, $(4, 0)$이다.

ㄹ. x의 값이 증가할 때, y의 값은 감소하는 x의 값의 범위는 $x<2$이다.

ㅁ. 제 2사분면을 지나지 않는다.

---

① ㄱ, ㄴ   ② ㄷ, ㄹ   ③ ㄷ, ㅁ

④ ㄱ, ㄴ, ㄷ   ⑤ ㄷ, ㄹ, ㅁ

05 다음 조건을 모두 만족시키는 포물선을 그래프로 하는 이차함수의 식을 $y=a(x-p)^2+q$의 꼴로 나타내시오.

⑺ 꼭짓점은 직선 $y=3x-1$ 위에 있다.

⑴ 이차함수 $y=2(x-3)^2+5$의 그래프를 평행이동하면 겹쳐지는 그래프이다.

⑵ y축과의 교점의 좌표는 $(0, 4)$이다.

⑶ 축은 y축의 오른쪽에 있다.

---

06 이차함수 $y=\dfrac{2}{3}(x+1)^2$의 그래프를 x축의 방향으로 k만큼, y축의 방향으로 $k+3$만큼 평행이동한 그래프의 꼭짓점이 제2사분면 위에 있을 때, k의 값의 범위를 구하시오.

07 이차함수 $y=\dfrac{1}{2}x^2$의 그래프를 x축에 대칭이동한 후 다시 x축의 방향으로 -3만큼, y축의 방향으로 6만큼 평행이동하였더니 이차함수 $y=a(x-p)^2+q$의 그래프와 일치하였다. 이때 상수 a, p, q에 대하여 apq의 값은?

① -9 ② -6 ③ 8
④ 9 ⑤ 10

08 다음 그림은 이차함수 $y=-a(x+p)^2-q$의 그래프이다. 다음 중 옳은 것은? (단, a, p, q는 상수)

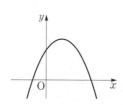

① $a-p<0$ ② $p+q>0$ ③ $pq>0$
④ $apq<0$ ⑤ $a^2p+q>0$

09 오른쪽 그림과 같이 두 이차함수 $y=-2x^2+8$과 $y=a(x-b)^2$의 그래프가 서로의 꼭짓점을 지날 때, 상수 a, b에 대하여 $a+b$의 값을 구하시오. (단, $b<0$)

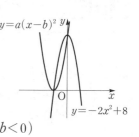

10 오른쪽 그림과 같은 두 이차함수 $y=-3x^2$과 $y=-3(x-1)^2+3$의 그래프에서 색칠한 부분의 넓이를 구하시오.

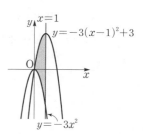

11 오른쪽 그림에서 두 점 P, Q는 각각 이차함수 $y=x^2+2$, $y=-2(x-2)^2$의 그래프 위의 점이고 $\overline{PQ}$는 x축과 수직이다. $\overline{PQ}=13$일 때, 점 P의 좌표를 구하시오. (단, 점 P는 제1사분면 위에 있다.)

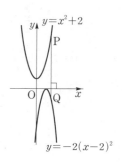

01 일차함수 $y=-2x+3$의 그래프가 이차함수 $y=-x^2-4x+m$의 그래프의 꼭짓점을 지날 때, 상수 m의 값은?

① 1 ② 2 ③ 3
④ 4 ⑤ 5

02 두 이차함수 $y=\dfrac{1}{2}x^2-2x+1$,

$y=-x^2+mx+n$의 그래프의 꼭짓점이 일치할 때, 상수 m, n에 대하여 $m+n$의 값은?

① -2 ② -1 ③ 0
④ 1 ⑤ 2

03 이차함수 $y=-\dfrac{3}{2}x^2+3mx+2m-5$의 그래프에서 x의 값이 증가할 때, y의 값도 증가하는 x의 값의 범위가 $x<1$이다. 이때 이 그래프의 꼭짓점의 좌표는?
(단, m은 상수)

① $\left(1, -\dfrac{5}{2}\right)$ ② $\left(1, -\dfrac{3}{2}\right)$ ③ $\left(1, -\dfrac{1}{2}\right)$

④ $\left(2, -\dfrac{5}{2}\right)$ ⑤ $\left(2, -\dfrac{3}{2}\right)$

04 이차함수 $y=2x^2-4x+k$의 그래프가 x축과 만나는 두 점 사이의 거리가 6일 때, 상수 k의 값을 구하시오.

05 다음 중 이차함수 $y=\dfrac{1}{2}x^2-3x+4$의 그래프에 대한 설명으로 옳은 것은?

① 위로 볼록한 포물선이다.
② 직선 $x=-3$에 대칭이다.
③ 그래프가 제2, 3, 4사분면을 지난다.
④ x축과 만나는 두 점 사이의 거리가 2이다.
⑤ 이차함수 $y=-\dfrac{2}{3}x^2$의 그래프보다 폭이 좁다.

06 이차함수 $y=ax^2+bx+c$의 그래프가 오른쪽 그림과 같을 때, **보기**에서 옳은 것을 모두 고른 것은?
(단, a, b, c는 상수)

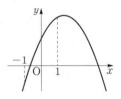

┃ 보기 ┃
ㄱ. $a+b+c<0$ ㄴ. $a-b+c<0$
ㄷ. $a-b<0$ ㄹ. $ac>0$
ㅁ. $4a-2b+c<0$ ㅂ. $abc>0$

① ㄱ, ㄴ, ㄷ ② ㄴ, ㄷ, ㅁ ③ ㄴ, ㄹ, ㅁ
④ ㄷ, ㄹ, ㅁ ⑤ ㄹ, ㅁ, ㅂ

07 제4사분면을 지나지 않는 이차함수 $y=ax^2+bx+c$의 그래프의 꼭짓점의 좌표가 $(-1, -5)$일 때, 상수 a의 값의 범위는?

① $a\leq-5$ ② $-5<a\leq0$ ③ $-5<a<5$
④ $a<5$ ⑤ $a\geq5$

08 세 점 $(2, 7)$, $(0, -5)$, $(-1, -8)$을 지나는 이차함수 $y=ax^2+bx+c$의 그래프에서 꼭짓점을 A, x축과 만나는 두 점을 B, C라고 할 때, $\triangle ABC$의 넓이는?

① 5   ② 27   ③ 30
④ 36   ⑤ 54

09 이차함수 $f(x)=ax^2+bx+6$의 그래프가 x축과 두 점 $(m, 0)$, $(3m, 0)$에서 만나고, $f(-1)=f(5)$이다. 상수 a, b에 대하여 ab의 값은?

① -16 ② -8 ③ -6
④ 6   ⑤ 16

10 다음 그림은 이차함수 $y=2x^2-4x-3$과 $y=2x^2-12x+13$의 그래프이다. 색칠한 부분의 넓이를 구하시오.

(단, P, Q는 각 포물선의 꼭짓점이다.)

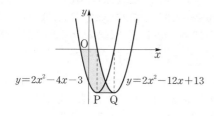

11 오른쪽 그림은 이차함수 $y=-\dfrac{1}{4}x^2+x+8$의 그래프이다. 이 그래프의 꼭짓점을 A, y축과의 교점을 B라 할 때, $\triangle ABO$의 넓이를 구하시오. (단, O는 원점)

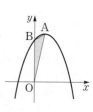

12 이차함수 $y=a(x^2-3x+2)$의 그래프가 x축과 만나는 두 점을 각각 A, B라 하고 꼭짓점을 C라 할 때, $\triangle ABC$의 넓이가 2가 되도록 하는 양수 a의 값을 구하시오.

13 이차함수 $y=ax^2+bx+c$의 그래프가 오른쪽 그림과 같을 때, 다음 중 이차함수 $y=acx^2+abx+bc$의 그래프로 적당한 것은?

(단, a, b, c는 상수)

①   ②   ③

④   ⑤

제곱근표 (1)

수	0	1	2	3	4	5	6	7	8	9
1.0	1.000	1.005	1.010	1.015	1.020	1.025	1.030	1.034	1.039	1.044
1.1	1.049	1.054	1.058	1.063	1.068	1.072	1.077	1.082	1.086	1.091
1.2	1.095	1.100	1.105	1.109	1.114	1.118	1.122	1.127	1.131	1.136
1.3	1.140	1.145	1.149	1.153	1.158	1.162	1.166	1.170	1.175	1.179
1.4	1.183	1.187	1.192	1.196	1.200	1.204	1.208	1.212	1.217	1.221
1.5	1.225	1.229	1.233	1.237	1.241	1.245	1.249	1.253	1.257	1.261
1.6	1.265	1.269	1.273	1.277	1.281	1.285	1.288	1.292	1.296	1.300
1.7	1.304	1.308	1.311	1.315	1.319	1.323	1.327	1.330	1.334	1.338
1.8	1.342	1.345	1.349	1.353	1.356	1.360	1.364	1.367	1.371	1.375
1.9	1.378	1.382	1.386	1.389	1.393	1.396	1.400	1.404	1.407	1.411
2.0	1.414	1.418	1.421	1.425	1.428	1.432	1.435	1.439	1.442	1.446
2.1	1.449	1.453	1.456	1.459	1.463	1.466	1.470	1.473	1.476	1.480
2.2	1.483	1.487	1.490	1.493	1.497	1.500	1.503	1.507	1.510	1.513
2.3	1.517	1.520	1.523	1.526	1.530	1.533	1.536	1.539	1.543	1.546
2.4	1.549	1.552	1.556	1.559	1.562	1.565	1.568	1.572	1.575	1.578
2.5	1.581	1.584	1.587	1.591	1.594	1.597	1.600	1.603	1.606	1.609
2.6	1.612	1.616	1.619	1.622	1.625	1.628	1.631	1.634	1.637	1.640
2.7	1.643	1.646	1.649	1.652	1.655	1.658	1.661	1.664	1.667	1.670
2.8	1.673	1.676	1.679	1.682	1.685	1.688	1.691	1.694	1.697	1.700
2.9	1.703	1.706	1.709	1.712	1.715	1.718	1.720	1.723	1.726	1.729
3.0	1.732	1.735	1.738	1.741	1.744	1.746	1.749	1.752	1.755	1.758
3.1	1.761	1.764	1.766	1.769	1.772	1.775	1.778	1.780	1.783	1.786
3.2	1.789	1.792	1.794	1.797	1.800	1.803	1.806	1.808	1.811	1.814
3.3	1.817	1.819	1.822	1.825	1.828	1.830	1.833	1.836	1.838	1.841
3.4	1.844	1.847	1.849	1.852	1.855	1.857	1.860	1.863	1.865	1.868
3.5	1.871	1.873	1.876	1.879	1.881	1.884	1.887	1.889	1.892	1.895
3.6	1.897	1.900	1.903	1.905	1.908	1.910	1.913	1.916	1.918	1.921
3.7	1.924	1.926	1.929	1.931	1.934	1.936	1.939	1.942	1.944	1.947
3.8	1.949	1.952	1.954	1.957	1.960	1.962	1.965	1.967	1.970	1.972
3.9	1.975	1.977	1.980	1.982	1.985	1.987	1.990	1.992	1.995	1.997
4.0	2.000	2.002	2.005	2.007	2.010	2.012	2.015	2.017	2.020	2.022
4.1	2.025	2.027	2.030	2.032	2.035	2.037	2.040	2.042	2.045	2.047
4.2	2.049	2.052	2.054	2.057	2.059	2.062	2.064	2.066	2.069	2.071
4.3	2.074	2.076	2.078	2.081	2.083	2.086	2.088	2.090	2.093	2.095
4.4	2.098	2.100	2.102	2.105	2.107	2.110	2.112	2.114	2.117	2.119
4.5	2.121	2.124	2.126	2.128	2.131	2.133	2.135	2.138	2.140	2.142
4.6	2.145	2.147	2.149	2.152	2.154	2.156	2.159	2.161	2.163	2.166
4.7	2.168	2.170	2.173	2.175	2.177	2.179	2.182	2.184	2.186	2.189
4.8	2.191	2.193	2.195	2.198	2.200	2.202	2.205	2.207	2.209	2.211
4.9	2.214	2.216	2.218	2.220	2.223	2.225	2.227	2.229	2.232	2.234
5.0	2.236	2.238	2.241	2.243	2.245	2.247	2.249	2.252	2.254	2.256
5.1	2.258	2.261	2.263	2.265	2.267	2.269	2.272	2.274	2.276	2.278
5.2	2.280	2.283	2.285	2.287	2.289	2.291	2.293	2.296	2.298	2.300
5.3	2.302	2.304	2.307	2.309	2.311	2.313	2.315	2.317	2.319	2.322
5.4	2.324	2.326	2.328	2.330	2.332	2.335	2.337	2.339	2.341	2.343

제곱근표 (2)

수	0	1	2	3	4	5	6	7	8	9
5.5	2.345	2.347	2.349	2.352	2.354	2.356	2.358	2.360	2.362	2.364
5.6	2.366	2.369	2.371	2.373	2.375	2.377	2.379	2.381	2.383	2.385
5.7	2.387	2.390	2.392	2.394	2.396	2.398	2.400	2.402	2.404	2.406
5.8	2.408	2.410	2.412	2.415	2.417	2.419	2.421	2.423	2.425	2.427
5.9	2.429	2.431	2.433	2.435	2.437	2.439	2.441	2.443	2.445	2.447
6.0	2.449	2.452	2.454	2.456	2.458	2.460	2.462	2.464	2.466	2.468
6.1	2.470	2.472	2.474	2.476	2.478	2.480	2.482	2.484	2.486	2.488
6.2	2.490	2.492	2.494	2.496	2.498	2.500	2.502	2.504	2.506	2.508
6.3	2.510	2.512	2.514	2.516	2.518	2.520	2.522	2.524	2.526	2.528
6.4	2.530	2.532	2.534	2.536	2.538	2.540	2.542	2.544	2.546	2.548
6.5	2.550	2.551	2.553	2.555	2.557	2.559	2.561	2.563	2.565	2.567
6.6	2.569	2.571	2.573	2.575	2.577	2.579	2.581	2.583	2.585	2.587
6.7	2.588	2.590	2.592	2.594	2.596	2.598	2.600	2.602	2.604	2.606
6.8	2.608	2.610	2.612	2.613	2.615	2.617	2.619	2.621	2.623	2.625
6.9	2.627	2.629	2.631	2.632	2.634	2.636	2.638	2.640	2.642	2.644
7.0	2.646	2.648	2.650	2.651	2.653	2.655	2.657	2.659	2.661	2.663
7.1	2.665	2.666	2.668	2.670	2.672	2.674	2.676	2.678	2.680	2.681
7.2	2.683	2.685	2.687	2.689	2.691	2.693	2.694	2.696	2.698	2.700
7.3	2.702	2.704	2.706	2.707	2.709	2.711	2.713	2.715	2.717	2.718
7.4	2.720	2.722	2.724	2.726	2.728	2.729	2.731	2.733	2.735	2.737
7.5	2.739	2.740	2.742	2.744	2.746	2.748	2.750	2.751	2.753	2.755
7.6	2.757	2.759	2.760	2.762	2.764	2.766	2.768	2.769	2.771	2.773
7.7	2.775	2.777	2.778	2.780	2.782	2.784	2.786	2.787	2.789	2.791
7.8	2.793	2.795	2.796	2.798	2.800	2.802	2.804	2.805	2.807	2.809
7.9	2.811	2.812	2.814	2.816	2.818	2.820	2.821	2.823	2.825	2.827
8.0	2.828	2.830	2.832	2.834	2.835	2.837	2.839	2.841	2.843	2.844
8.1	2.846	2.848	2.850	2.851	2.853	2.855	2.857	2.858	2.860	2.862
8.2	2.864	2.865	2.867	2.869	2.871	2.872	2.874	2.876	2.877	2.879
8.3	2.881	2.883	2.884	2.886	2.888	2.890	2.891	2.893	2.895	2.897
8.4	2.898	2.900	2.902	2.903	2.905	2.907	2.909	2.910	2.912	2.914
8.5	2.915	2.917	2.919	2.921	2.922	2.924	2.926	2.927	2.929	2.931
8.6	2.933	2.934	2.936	2.938	2.939	2.941	2.943	2.944	2.946	2.948
8.7	2.950	2.951	2.953	2.955	2.956	2.958	2.960	2.961	2.963	2.965
8.8	2.966	2.968	2.970	2.972	2.973	2.975	2.977	2.978	2.980	2.982
8.9	2.983	2.985	2.987	2.988	2.990	2.992	2.993	2.995	2.997	2.998
9.0	3.000	3.002	3.003	3.005	3.007	3.008	3.010	3.012	3.013	3.015
9.1	3.017	3.018	3.020	3.022	3.023	3.025	3.027	3.028	3.030	3.032
9.2	3.033	3.035	3.036	3.038	3.040	3.041	3.043	3.045	3.046	3.048
9.3	3.050	3.051	3.053	3.055	3.056	3.058	3.059	3.061	3.063	3.064
9.4	3.066	3.068	3.069	3.071	3.072	3.074	3.076	3.077	3.079	3.081
9.5	3.082	3.084	3.085	3.087	3.089	3.090	3.092	3.094	3.095	3.097
9.6	3.098	3.100	3.102	3.103	3.105	3.106	3.108	3.110	3.111	3.113
9.7	3.114	3.116	3.118	3.119	3.121	3.122	3.124	3.126	3.127	3.129
9.8	3.130	3.132	3.134	3.135	3.137	3.138	3.140	3.142	3.143	3.145
9.9	3.146	3.148	3.150	3.151	3.153	3.154	3.156	3.158	3.159	3.161

제곱근표 (3)

수	0	1	2	3	4	5	6	7	8	9
10	3,162	3,178	3,194	3,209	3,225	3,240	3,256	3,271	3,286	3,302
11	3,317	3,332	3,347	3,362	3,376	3,391	3,406	3,421	3,435	3,450
12	3,464	3,479	3,493	3,507	3,521	3,536	3,550	3,564	3,578	3,592
13	3,606	3,619	3,633	3,647	3,661	3,674	3,688	3,701	3,715	3,728
14	3,742	3,755	3,768	3,782	3,795	3,808	3,821	3,834	3,847	3,860
15	3,873	3,886	3,899	3,912	3,924	3,937	3,950	3,962	3,975	3,987
16	4,000	4,012	4,025	4,037	4,050	4,062	4,074	4,087	4,099	4,111
17	4,123	4,135	4,147	4,159	4,171	4,183	4,195	4,207	4,219	4,231
18	4,243	4,254	4,266	4,278	4,290	4,301	4,313	4,324	4,336	4,347
19	4,359	4,370	4,382	4,393	4,405	4,416	4,427	4,438	4,450	4,461
20	4,472	4,483	4,494	4,506	4,517	4,528	4,539	4,550	4,561	4,572
21	4,583	4,593	4,604	4,615	4,626	4,637	4,648	4,658	4,669	4,680
22	4,690	4,701	4,712	4,722	4,733	4,743	4,754	4,764	4,775	4,785
23	4,796	4,806	4,817	4,827	4,837	4,848	4,858	4,868	4,879	4,889
24	4,899	4,909	4,919	4,930	4,940	4,950	4,960	4,970	4,980	4,990
25	5,000	5,010	5,020	5,030	5,040	5,050	5,060	5,070	5,079	5,089
26	5,099	5,109	5,119	5,128	5,138	5,148	5,158	5,167	5,177	5,187
27	5,196	5,206	5,215	5,225	5,235	5,244	5,254	5,263	5,273	5,282
28	5,292	5,301	5,310	5,320	5,329	5,339	5,348	5,357	5,367	5,376
29	5,385	5,394	5,404	5,413	5,422	5,431	5,441	5,450	5,459	5,468
30	5,477	5,486	5,495	5,505	5,514	5,523	5,532	5,541	5,550	5,559
31	5,568	5,577	5,586	5,595	5,604	5,612	5,621	5,630	5,639	5,648
32	5,657	5,666	5,675	5,683	5,692	5,701	5,710	5,718	5,727	5,736
33	5,745	5,753	5,762	5,771	5,779	5,788	5,797	5,805	5,814	5,822
34	5,831	5,840	5,848	5,857	5,865	5,874	5,882	5,891	5,899	5,908
35	5,916	5,925	5,933	5,941	5,950	5,958	5,967	5,975	5,983	5,992
36	6,000	6,008	6,017	6,025	6,033	6,042	6,050	6,058	6,066	6,075
37	6,083	6,091	6,099	6,107	6,116	6,124	6,132	6,140	6,148	6,156
38	6,164	6,173	6,181	6,189	6,197	6,205	6,213	6,221	6,229	6,237
39	6,245	6,253	6,261	6,269	6,277	6,285	6,293	6,301	6,309	6,317
40	6,325	6,332	6,340	6,348	6,356	6,364	6,372	6,380	6,387	6,395
41	6,403	6,411	6,419	6,427	6,434	6,442	6,450	6,458	6,465	6,473
42	6,481	6,488	6,496	6,504	6,512	6,519	6,527	6,535	6,542	6,550
43	6,557	6,565	6,573	6,580	6,588	6,595	6,603	6,611	6,618	6,626
44	6,633	6,641	6,648	6,656	6,663	6,671	6,678	6,686	6,693	6,701
45	6,708	6,716	6,723	6,731	6,738	6,745	6,753	6,760	6,768	6,775
46	6,782	6,790	6,797	6,804	6,812	6,819	6,826	6,834	6,841	6,848
47	6,856	6,863	6,870	6,877	6,885	6,892	6,899	6,907	6,914	6,921
48	6,928	6,935	6,943	6,950	6,957	6,964	6,971	6,979	6,986	6,993
49	7,000	7,007	7,014	7,021	7,029	7,036	7,043	7,050	7,057	7,064
50	7,071	7,078	7,085	7,092	7,099	7,106	7,113	7,120	7,127	7,134
51	7,141	7,148	7,155	7,162	7,169	7,176	7,183	7,190	7,197	7,204
52	7,211	7,218	7,225	7,232	7,239	7,246	7,253	7,259	7,266	7,273
53	7,280	7,287	7,294	7,301	7,308	7,314	7,321	7,328	7,335	7,342
54	7,348	7,355	7,362	7,369	7,376	7,382	7,389	7,396	7,403	7,409

제곱근표 (4)

수	0	1	2	3	4	5	6	7	8	9
55	7,416	7,423	7,430	7,436	7,443	7,450	7,457	7,463	7,470	7,477
56	7,483	7,490	7,497	7,503	7,510	7,517	7,523	7,530	7,537	7,543
57	7,550	7,556	7,563	7,570	7,576	7,583	7,589	7,596	7,603	7,609
58	7,616	7,622	7,629	7,635	7,642	7,649	7,655	7,662	7,668	7,675
59	7,681	7,688	7,694	7,701	7,707	7,714	7,720	7,727	7,733	7,740
60	7,746	7,752	7,759	7,765	7,772	7,778	7,785	7,791	7,797	7,804
61	7,810	7,817	7,823	7,829	7,836	7,842	7,849	7,855	7,861	7,868
62	7,874	7,880	7,887	7,893	7,899	7,906	7,912	7,918	7,925	7,931
63	7,937	7,944	7,950	7,956	7,962	7,969	7,975	7,981	7,987	7,994
64	8,000	8,006	8,012	8,019	8,025	8,031	8,037	8,044	8,050	8,056
65	8,062	8,068	8,075	8,081	8,087	8,093	8,099	8,106	8,112	8,118
66	8,124	8,130	8,136	8,142	8,149	8,155	8,161	8,167	8,173	8,179
67	8,185	8,191	8,198	8,204	8,210	8,216	8,222	8,228	8,234	8,240
68	8,246	8,252	8,258	8,264	8,270	8,276	8,283	8,289	8,295	8,301
69	8,307	8,313	8,319	8,325	8,331	8,337	8,343	8,349	8,355	8,361
70	8,367	8,373	8,379	8,385	8,390	8,396	8,402	8,408	8,414	8,420
71	8,426	8,432	8,438	8,444	8,450	8,456	8,462	8,468	8,473	8,479
72	8,485	8,491	8,497	8,503	8,509	8,515	8,521	8,526	8,532	8,538
73	8,544	8,550	8,556	8,562	8,567	8,573	8,579	8,585	8,591	8,597
74	8,602	8,608	8,614	8,620	8,626	8,631	8,637	8,643	8,649	8,654
75	8,660	8,666	8,672	8,678	8,683	8,689	8,695	8,701	8,706	8,712
76	8,718	8,724	8,729	8,735	8,741	8,746	8,752	8,758	8,764	8,769
77	8,775	8,781	8,786	8,792	8,798	8,803	8,809	8,815	8,820	8,826
78	8,832	8,837	8,843	8,849	8,854	8,860	8,866	8,871	8,877	8,883
79	8,888	8,894	8,899	8,905	8,911	8,916	8,922	8,927	8,933	8,939
80	8,944	8,950	8,955	8,961	8,967	8,972	8,978	8,983	8,989	8,994
81	9,000	9,006	9,011	9,017	9,022	9,028	9,033	9,039	9,044	9,050
82	9,055	9,061	9,066	9,072	9,077	9,083	9,088	9,094	9,099	9,105
83	9,110	9,116	9,121	9,127	9,132	9,138	9,143	9,149	9,154	9,160
84	9,165	9,171	9,176	9,182	9,187	9,192	9,198	9,203	9,209	9,214
85	9,220	9,225	9,230	9,236	9,241	9,247	9,252	9,257	9,263	9,268
86	9,274	9,279	9,284	9,290	9,295	9,301	9,306	9,311	9,317	9,322
87	9,327	9,333	9,338	9,343	9,349	9,354	9,359	9,365	9,370	9,375
88	9,381	9,386	9,391	9,397	9,402	9,407	9,413	9,418	9,423	9,429
89	9,434	9,439	9,445	9,450	9,455	9,460	9,466	9,471	9,476	9,482
90	9,487	9,492	9,497	9,503	9,508	9,513	9,518	9,524	9,529	9,534
91	9,539	9,545	9,550	9,555	9,560	9,566	9,571	9,576	9,581	9,586
92	9,592	9,597	9,602	9,607	9,612	9,618	9,623	9,628	9,633	9,638
93	9,644	9,649	9,654	9,659	9,664	9,670	9,675	9,680	9,685	9,690
94	9,695	9,701	9,706	9,711	9,716	9,721	9,726	9,731	9,737	9,742
95	9,747	9,752	9,757	9,762	9,767	9,772	9,778	9,783	9,788	9,793
96	9,798	9,803	9,808	9,813	9,818	9,823	9,829	9,834	9,839	9,844
97	9,849	9,854	9,859	9,864	9,869	9,874	9,879	9,884	9,889	9,894
98	9,899	9,905	9,910	9,915	9,920	9,925	9,930	9,935	9,940	9,945
99	9,950	9,955	9,960	9,965	9,970	9,975	9,980	9,985	9,990	9,995

개념원리와 만나는 모든 방법

다양한 이벤트, 동기부여 콘텐츠 등
공부 자극에 필요한 모든 콘텐츠를 보고 싶다면?

 개념원리 공식 인스타그램
@wonri_with

교재 속 QR코드 문제 풀이 영상 공부법까지
수학 공부에 필요한 모든 것

 개념원리 공식 유튜브 채널
youtube.com/개념원리2022

개념원리에서 만들어지는 모든 콘텐츠를
정기적으로 받고 싶다면?

 개념원리 공식
카카오뷰 채널

개념원리 RPM

중학 수학 3-1

정답과 풀이

개념원리 수학연구소

개념원리 RPM 중학 수학 3-1

정답과 풀이

| 친절한 풀이 정확하고 이해하기 쉬운 친절한 풀이

| 다른 풀이 수학적 사고력을 키우는 다양한 해결 방법 제시

| 서술형 분석 모범 답안과 단계별 배점 제시로 서술형 문제 완벽 대비

개념원리 RPM

중학 수학 3-1

정답과 풀이

01 제곱근과 실수

본문 p. 9, 11

교과서문제 정복하기

0001 답 0

0002 답 $3, -3$

0003 답 없다.

0004 답 $16, -16$

0005 답 $0.7, -0.7$

0006 답 $\dfrac{2}{11}, -\dfrac{2}{11}$

0007 답 $\pm\sqrt{10}$

0008 답 $\pm\sqrt{29}$

0009 답 $\pm\sqrt{3.8}$

0010 답 $\pm\sqrt{\dfrac{6}{35}}$

0011 답 3

0012 답 -5

0013 답 ± 10

0014 답 0.6

0015 답 -1.5

0016 답 $\pm\dfrac{8}{9}$

0017 답 8

0018 답 35

0019 답 -43

0020 답 13

0021 답 -21

0022 답 -3.2

0023 (주어진 식)$=3+2=5$ 답 5

0024 (주어진 식)$=9-6=3$ 답 3

0025 (주어진 식)$=10\times 0.3=3$ 답 3

0026 (주어진 식)$=\dfrac{5}{6}\div\dfrac{5}{3}=\dfrac{5}{6}\times\dfrac{3}{5}=\dfrac{1}{2}$ 답 $\dfrac{1}{2}$

0027 $a>0$일 때, $2a>0$, $-7a<0$이므로
(주어진 식)$=2a+\{-(-7a)\}$
$\qquad\qquad=2a+7a=9a$ 답 $9a$

0028 $a>0$일 때, $-3a<0$, $-4a<0$이므로
(주어진 식)$=-(-3a)-\{-(-4a)\}$
$\qquad\qquad=3a-4a=-a$ 답 $-a$

0029 $a<0$일 때, $5a<0$, $-8a>0$이므로
(주어진 식)$=-5a-(-8a)$
$\qquad\qquad=-5a+8a=3a$ 답 $3a$

0030 $a<0$일 때, $-4a>0$, $-a>0$이므로
(주어진 식)$=-4a+(-a)=-5a$ 답 $-5a$

0031 답 $<$

0032 답 $>$

0033 $4=\sqrt{16}$이므로 $\sqrt{13}<4$ 답 $<$

0034 $\dfrac{1}{2}=\sqrt{\dfrac{1}{4}}$이므로 $\dfrac{1}{2}<\sqrt{\dfrac{1}{2}}$ 답 $<$

0035 $\sqrt{21}<\sqrt{22}$이므로 $-\sqrt{21}>-\sqrt{22}$ 답 $>$

0036 $4=\sqrt{16}$이므로 $\sqrt{19}>4$
$\therefore -\sqrt{19}<-4$ 답 $<$

0037 $2<\sqrt{x}\leq 3$의 각 변을 제곱하면
$4<x\leq 9$
이때 x는 자연수이므로 $x=5, 6, 7, 8, 9$ 답 $5, 6, 7, 8, 9$

0038 $3 \leq \sqrt{2x} < 4$의 각 변을 제곱하면

$9 \leq 2x < 16$ $\therefore \dfrac{9}{2} \leq x < 8$

이때 x는 자연수이므로 $x=5, 6, 7$ **冒 5, 6, 7**

0039 $\sqrt{0.16}=\sqrt{0.4^2}=0.4$이므로 유리수이다. **冒 유**

0040 **冒 무**

0041 **冒 유**

0042 **冒 무**

0043 $\sqrt{(-1)^2}=1$이므로 유리수이다. **冒 유**

0044 $8.232323\cdots=8.\dot{2}\dot{3}$이므로 유리수이다. **冒 유**

0045 **冒 무**

0046 $\sqrt{\dfrac{4}{9}}=\sqrt{\left(\dfrac{2}{3}\right)^2}=\dfrac{2}{3}$이므로 유리수이다. **冒 유**

0047 **冒 ○**

0048 무한소수 중 순환소수는 유리수이다. **冒 ×**

0049 순환소수는 유리수이다. **冒 ×**

0050 **冒 ○**

0051 정수가 아닌 유리수는 유한소수 또는 순환소수로 나타낼
수 있다. **冒 ×**

0052 **冒 ○**

0053 $\sqrt{\dfrac{9}{16}}=\sqrt{\left(\dfrac{3}{4}\right)^2}=\dfrac{3}{4}$이므로 유리수이다. **冒 ×**

0054 $\sqrt{25}=\sqrt{5^2}=5$이므로 유리수이다. **冒 ○**

0055 $\overline{\text{AC}}=\sqrt{1^2+1^2}=\sqrt{2}$이므로
점 P에 대응하는 수는 $1+\sqrt{2}$
점 Q에 대응하는 수는 $1-\sqrt{2}$ **冒 P: $1+\sqrt{2}$, Q: $1-\sqrt{2}$**

0056 $\overline{\text{AC}}=\sqrt{1^2+2^2}=\sqrt{5}$이므로
점 P에 대응하는 수는 $\sqrt{5}$
점 Q에 대응하는 수는 $-\sqrt{5}$ **冒 P: $\sqrt{5}$, Q: $-\sqrt{5}$**

0057 $\overline{\text{AC}}=\sqrt{2^2+1^2}=\sqrt{5}$이므로
점 P에 대응하는 수는 $1+\sqrt{5}$
점 Q에 대응하는 수는 $1-\sqrt{5}$ **冒 P: $1+\sqrt{5}$, Q: $1-\sqrt{5}$**

0058 **冒 <, <**

0059 $(\sqrt{5}+1)-4=\sqrt{5}-3=\sqrt{5}-\sqrt{9}<0$

$\therefore \sqrt{5}+1<4$ **冒 <**

0060 $(\sqrt{13}-2)-(\sqrt{13}-1)=-1<0$

$\therefore \sqrt{13}-2<\sqrt{13}-1$ **冒 <**

0061 $(\sqrt{7}-3)-(\sqrt{8}-3)=\sqrt{7}-\sqrt{8}<0$

$\therefore \sqrt{7}-3<\sqrt{8}-3$ **冒 <**

0062 $(-\sqrt{2}+\sqrt{10})-(-\sqrt{3}+\sqrt{10})=-\sqrt{2}+\sqrt{3}>0$

$\therefore -\sqrt{2}+\sqrt{10}>-\sqrt{3}+\sqrt{10}$ **冒 >**

0063 $(4-\sqrt{3})-(\sqrt{15}-\sqrt{3})=4-\sqrt{15}=\sqrt{16}-\sqrt{15}>0$

$\therefore 4-\sqrt{3}>\sqrt{15}-\sqrt{3}$ **冒 >**

유형 익히기

본문 p.12~23

0064 ① 제곱근 13은 $\sqrt{13}$이다.

② $0.2^2=(-0.2)^2=0.04$이므로 0.04의 제곱근은 ±0.2이다.

③ 음수의 제곱근은 없다.

④ $\sqrt{25}=5$의 제곱근은 $\pm\sqrt{5}$이다.

⑤ $-\sqrt{2}$는 2의 음의 제곱근이다.

따라서 옳은 것은 ④이다. **冒 ④**

0065 x가 7의 제곱근이므로 $x=\pm\sqrt{7}$ **冒 ②**

0066 $a^2=16$, $b^2=25$이므로 $a^2+b^2=41$ **冒 41**

0067 ①, ②, ④, ⑤ ±3 ③ $\sqrt{9}=3$ **冒 ③**

0068 $(-4)^2=16$의 양의 제곱근은 4이므로 $A=4$

$\sqrt{16}=4$의 음의 제곱근은 -2이므로 $B=-2$

$\therefore A-B=6$ **冒 6**

0069 ③ $\sqrt{36}=6$의 제곱근은 $\pm\sqrt{6}$이다.

④ $\sqrt{225}=\sqrt{15^2}=15$의 제곱근은 $\pm\sqrt{15}$이다.

⑤ $(-0.5)^2=0.25$의 제곱근은 ±0.5이다. **冒 ③, ⑤**

0070 제곱근 $\dfrac{64}{9}$는 $\dfrac{8}{3}$이므로 $A=\dfrac{8}{3}$ ·········· ㉮

$\sqrt{625}=25$의 음의 제곱근은 -5이므로 $B=-5$ ·········· ㉯

$\therefore 3A-B=3\times\dfrac{8}{3}-(-5)=13$ ·········· ㉰

🔲 **13**

단계	채점요소	배점
㉮	A의 값 구하기	40%
㉯	B의 값 구하기	40%
㉰	$3A-B$의 값 구하기	20%

0071 한 변의 길이가 $2\,cm$인 정사각형의 넓이는 $4\,cm^2$, 한 변의 길이가 $4\,cm$인 정사각형의 넓이는 $16\,cm^2$이므로 두 정사각형의 넓이의 합은
$4+16=20\ (cm^2)$
넓이가 $20\,cm^2$인 정사각형의 한 변의 길이를 $x\,cm$라 하면
$x^2=20$
이때 $x>0$이므로 $x=\sqrt{20}$
따라서 구하는 정사각형의 한 변의 길이는 $\sqrt{20}\,cm$이다. 🔲 ④

0072 ① $\sqrt{256}=16$의 제곱근은 $\pm\sqrt{16}=\pm4$
② $\sqrt{0.09}=0.3$의 제곱근은 $\pm\sqrt{0.3}$
③ $\sqrt{\dfrac{16}{81}}=\dfrac{4}{9}$의 제곱근은 $\pm\sqrt{\dfrac{4}{9}}=\pm\dfrac{2}{3}$
④ $\sqrt{\dfrac{4}{25}}=\dfrac{2}{5}$의 제곱근은 $\pm\sqrt{\dfrac{2}{5}}$
⑤ $2.\dot{7}=\dfrac{25}{9}$의 제곱근은 $\pm\sqrt{\dfrac{25}{9}}=\pm\dfrac{5}{3}$

따라서 제곱근을 근호를 사용하지 않고 나타낼 수 없는 것은 ②, ④이다. 🔲 ②, ④

0073 ① $\sqrt{169}=13$
② $\sqrt{121}=11$
④ $\sqrt{\dfrac{1}{144}}=\dfrac{1}{12}$
⑤ $-\sqrt{\dfrac{289}{36}}=-\dfrac{17}{6}$

따라서 근호를 사용하지 않고 나타낼 수 없는 것은 ③이다.
🔲 ③

0074 주어진 수의 제곱근을 각각 구하면
$28\ \Rightarrow\ \pm\sqrt{28}$
$\dfrac{1}{36}\ \Rightarrow\ +\sqrt{\dfrac{1}{36}}=+\dfrac{1}{6}$
$1.69\ \Rightarrow\ \pm\sqrt{1.69}=\pm1.3$

$0.\dot{4}=\dfrac{4}{9}\ \Rightarrow\ \pm\sqrt{\dfrac{4}{9}}=\pm\dfrac{2}{3}$

$\dfrac{81}{121}\ \Rightarrow\ \pm\sqrt{\dfrac{81}{121}}=\pm\dfrac{9}{11}$

따라서 제곱근을 근호를 사용하지 않고 나타낼 수 있는 것은 $\dfrac{1}{36}$, 1.69, $0.\dot{4}$, $\dfrac{81}{121}$의 4개이다. 🔲 **4개**

0075 ㄱ. $\sqrt{625}=25$의 제곱근은 ±5
ㄴ. 정사각형의 한 변의 길이를 a라 하면
　$a^2=49$
　이때 $a>0$이므로 $a=7$
ㄷ. 정육면체의 한 모서리의 길이를 a라 하면
　$6a^2=90$, $a^2=15$
　이때 $a>0$이므로 $a=\sqrt{15}$
따라서 근호를 사용하지 않고 나타낼 수 있는 것은 ㄱ, ㄴ이다.
🔲 ㄱ, ㄴ

0076 ② $\sqrt{0.09}=\sqrt{0.3^2}=0.3$
⑤ $-\sqrt{\dfrac{4}{49}}=-\sqrt{\left(\dfrac{2}{7}\right)^2}=-\dfrac{2}{7}$ 🔲 ⑤

0077 ① 5
②, ③, ④, ⑤ -5 🔲 ①

0078 $\sqrt{\left(-\dfrac{1}{4}\right)^2}=\dfrac{1}{4}$의 양의 제곱근은 $\dfrac{1}{2}$이므로 $A=\dfrac{1}{2}$
$(\sqrt{10})^2=10$의 음의 제곱근은 $-\sqrt{10}$이므로 $B=-\sqrt{10}$
$\therefore AB^2=\dfrac{1}{2}\times(-\sqrt{10})^2=\dfrac{1}{2}\times10=5$ 🔲 **5**

0079 $\sqrt{7^2}=7$, $(-\sqrt{3})^2=3$, $-\sqrt{5^2}=-5$, $-(-\sqrt{2})^2=-2$, $\sqrt{(-6)^2}=6$이므로 작은 것부터 차례로 나열하면
$-\sqrt{5^2}$, $-(-\sqrt{2})^2$, $(-\sqrt{3})^2$, $\sqrt{(-6)^2}$, $\sqrt{7^2}$
따라서 세 번째에 오는 수는 $(-\sqrt{3})^2$이다. 🔲 $(-\sqrt{3})^2$

0080 (주어진 식)$=\sqrt{11^2}-3\div\sqrt{\left(\dfrac{3}{5}\right)^2}-4$
$=11-3\times\dfrac{5}{3}-4$
$=11-5-4=2$ 🔲 ③

0081 (주어진 식)$=5+7-6=6$ 🔲 ④

0082 (주어진 식)$=3-6\div(-9)$
$=3+\dfrac{2}{3}=\dfrac{11}{3}$ 🔲 ⑤

0083 (주어진 식)$=8-\sqrt{9^2}+\sqrt{13^2}\times(-4)$
$\qquad\qquad =8-9+13\times(-4)$
$\qquad\qquad =8-9-52=-53$ 답 ①

0084 (주어진 식)$=\sqrt{\left(\dfrac{6}{5}\right)^2}\div\sqrt{0.2^2}\times\dfrac{2}{3}$
$\qquad\qquad =\dfrac{6}{5}\div 0.2\times\dfrac{2}{3}$
$\qquad\qquad =\dfrac{6}{5}\times 5\times\dfrac{2}{3}=4$ 답 ④

0085 $A=\sqrt{7^2}-3\times\dfrac{1}{3}+\sqrt{(2\times5)^2}=7-1+2\times5$
$\qquad\qquad =7-1+10=16$
$\therefore\sqrt{A}=\sqrt{16}=4$ 답 ③

0086 $2a^2+b^2-3c^2=2\times(\sqrt{5})^2+(-\sqrt{2})^2-3\times(\sqrt{6})^2$
$\qquad\qquad\qquad =2\times5+2-3\times6$
$\qquad\qquad\qquad =10+2-18=-6$ 답 -6

0087 $A=\sqrt{64}-\sqrt{(-5)^2}+\sqrt{3^2}-(-\sqrt{7})^2$
$\qquad =\sqrt{8^2}-5+3-7$
$\qquad =8-5+3-7=-1$ .... ㉮

$B=(\sqrt{0.9})^2\div(-\sqrt{0.1})^2\times\sqrt{\left(\dfrac{1}{3}\right)^2}+\sqrt{(-11)^2}$

$\qquad =0.9\div0.1\times\dfrac{1}{3}+11$

$\qquad =9\times\dfrac{1}{3}+11=3+11=14$ .... ㉯

$\therefore A+B=13$ .... ㉰

답 **13**

단계	채점요소	배점
㉮	A의 값 구하기	40%
㉯	B의 값 구하기	40%
㉰	$A+B$의 값 구하기	20%

0088 ④ $-\sqrt{9a^2}=-\sqrt{(3a)^2}=-3a$ 답 ④

0089 $\sqrt{64a^2}=\sqrt{(8a)^2}$이고 $8a<0$이므로
$\sqrt{64a^2}=\sqrt{(8a)^2}=-8a$ 답 ②

0090 $a<0$일 때, $-a>0$이므로
$\sqrt{(-a)^2}=-a>0$
$-\sqrt{a^2}=-(-a)=a<0$

$-\sqrt{(5a)^2}=-(-5a)=5a<0$
$(-\sqrt{-a})^2=-a>0$
$-\sqrt{(-a)^2}=-(-a)=a<0$
따라서 그 값이 양수인 것은 $\sqrt{(-a)^2}$, $(-\sqrt{-a})^2$의 2개이다.
답 **2개**

0091 ㄱ. $-a>0$이므로 $-\sqrt{(-a)^2}=-(-a)=a$
ㄴ. $2a<0$이므로 $\sqrt{(2a)^2}=-2a$
ㄷ. $\sqrt{36a^2}=\sqrt{(6a)^2}$이고 $6a<0$이므로
$\qquad -\sqrt{36a^2}=-\sqrt{(6a)^2}=-(-6a)=6a$
ㄹ. $-3a>0$이므로 $\sqrt{(-3a)^2}=-3a$
따라서 옳은 것은 ㄱ, ㄹ이다. 답 ③

0092 $-4a<0$, $-b>0$이므로
(주어진 식)$=-(-4a)-3\times(-b)$
$\qquad\qquad =4a+3b$ 답 ①

0093 $-2a<0$, $3a>0$이므로
(주어진 식)$=\sqrt{(-2a)^2}-\sqrt{(3a)^2}$
$\qquad\qquad =-(-2a)-3a$
$\qquad\qquad =2a-3a=-a$ 답 ④

0094 $3a<0$, $9a<0$, $-5a>0$이므로
(주어진 식)$=\sqrt{(3a)^2}+\sqrt{(9a)^2}-\sqrt{(-5a)^2}$
$\qquad\qquad =-3a+(-9a)-(-5a)$
$\qquad\qquad =-3a-9a+5a=-7a$ 답 ③

0095 $a-b>0$에서 $a>b$이고, $ab<0$에서 a, b의 부호가 서로 반대이므로 $a>0$, $b<0$, $-2a<0$ .... ㉮

$\therefore\sqrt{a^2}-\sqrt{(-2a)^2}+\sqrt{b^2}=a-\{-(-2a)\}+(-b)$ .... ㉯

$\qquad\qquad =a-2a-b$
$\qquad\qquad =-a-b$ .... ㉰

답 $-a-b$

단계	채점요소	배점
㉮	a, b, $-2a$의 부호 판별하기	40%
㉯	근호 없애기	40%
㉰	식을 간단히 하기	20%

0096 $-1<a<2$에서 $a-2<0$, $1+a>0$이므로
(주어진 식)$=-(a-2)-(1+a)$
$\qquad\qquad =-a+2-1-a=-2a+1$ 답 ①

0097 $x<5$에서 $x-5<0$, $5-x>0$이므로

(주어진 식)$=-(x-5)+(5-x)$

$\qquad\qquad\quad =-x+5+5-x$

$\qquad\qquad\quad =-2x+10$ 　　　　　　답 ②

0098 $2<a<3$에서 $2-a<0$, $3-a>0$이므로

$6-2a=2(3-a)>0$

$\therefore$ (주어진 식)$=-(2-a)+(6-2a)$

$\qquad\qquad\qquad =-2+a+6-2a$

$\qquad\qquad\qquad =-a+4$ 　　　답 $-a+4$

0099 $a-b<0$에서 $a<b$이고, $ab<0$에서 a, b의 부호가 서로 반대이므로 $a<0$, $b>0$

$\therefore 5a<0$, $b-a>0$, $-b<0$

$\therefore$ (주어진 식)$=-5a-(b-a)-\{-(-b)\}$

$\qquad\qquad\qquad =-5a-b+a-b$

$\qquad\qquad\qquad =-4a-2b$ 　　　답 $-4a-2b$

0100 $252x=2^2\times3^2\times7\times x$이므로 $x=7\times$(자연수)^{2}의 꼴이어야 한다.

따라서 가장 작은 두 자리 자연수 x의 값은

$7\times2^2=28$ 　　　　　　답 ③

0101 $\dfrac{40a}{3}=\dfrac{2^3\times5\times a}{3}$이므로 $a=2\times3\times5\times$(자연수)^{2}의 꼴이어야 한다.

따라서 가장 작은 자연수 a의 값은

$2\times3\times5=30$ 　　　　　　답 30

0102 $56a=2^3\times7\times a$이므로 $a=2\times7\times$(자연수)^{2}의 꼴이어야 한다. 이때 $1<a<20$이므로 $a=2\times7=14$

즉, $\sqrt{56a}=\sqrt{2^3\times7\times(2\times7)}=\sqrt{(2^2\times7)^2}=2^2\times7=28$이므로

$b=28$

$\therefore a+b=42$ 　　　　　　답 42

0103 $12n=2^2\times3\times n$이므로 $n=3\times$(자연수)^{2}의 꼴이어야 한다.

　　　　　　　　　　　　　　　　　　　⑦

이때 $10<n<50$이므로 자연수 n의 값은

$3\times2^2=12$, $3\times3^2=27$, $3\times4^2=48$

　　　　　　　　　　　　　　　　　　　④

따라서 모든 자연수 n의 값의 합은

$12+27+48=87$

　　　　　　　　　　　　　　　　　　　⑤

답 87

단계	채점요소	배점
⑦	$n=3\times$(자연수)^{2}의 꼴임을 알기	30%
④	n의 값 구하기	50%
⑤	모든 n의 값의 합 구하기	20%

0104 $\sqrt{\dfrac{360}{x}}=\sqrt{\dfrac{2^3\times3^2\times5}{x}}$가 자연수가 되려면 x는 360의 약수이면서 $2\times5\times$(자연수)^{2}의 꼴이어야 한다.

따라서 가장 작은 자연수 x의 값은

$2\times5=10$ 　　　　　　답 ③

0105 $\sqrt{\dfrac{48}{x}}=\sqrt{\dfrac{2^4\times3}{x}}$이 자연수가 되려면 x는 48의 약수이면서 $3\times$(자연수)^{2}의 꼴이어야 한다.

따라서 가장 작은 두 자리 자연수 x의 값은

$3\times2^2=12$ 　　　　　　답 12

0106 $\sqrt{\dfrac{504}{n}}$가 가장 큰 자연수가 되려면 n은 가장 작은 자연수이어야 한다.

　　　　　　　　　　　　　　　　　　　⑦

이때 $\sqrt{\dfrac{504}{n}}=\sqrt{\dfrac{2^3\times3^2\times7}{n}}$이므로

　　　　　　　　　　　　　　　　　　　④

n은 504의 약수이면서 $2\times7\times$(자연수)^{2}의 꼴이어야 한다.

따라서 가장 작은 자연수 n의 값은

$2\times7=14$

　　　　　　　　　　　　　　　　　　　⑤

답 14

단계	채점요소	배점
⑦	n이 가장 작은 자연수일 때 $\sqrt{\dfrac{504}{n}}$가 가장 큰 자연수임을 알기	20%
④	$\sqrt{\dfrac{504}{n}}$의 분자를 소인수분해하여 나타내기	40%
⑤	n의 값 구하기	40%

0107 b의 값이 가장 크려면 a의 값이 가장 작아야 한다.

$\sqrt{\dfrac{90}{a}}=\sqrt{\dfrac{2\times3^2\times5}{a}}$가 자연수가 되려면 a는 90의 약수이면서 $2\times5\times$(자연수)^{2}의 꼴이어야 하므로 가장 작은 자연수 a의 값은 $2\times5=10$

$\therefore$ (가장 큰 b의 값)$=\sqrt{\dfrac{90}{a}}=\sqrt{\dfrac{90}{10}}=\sqrt{9}=3$ 　　답 3

0108 $\sqrt{67+x}$가 자연수가 되려면 $67+x$는 67보다 큰 제곱수이어야 한다.

이때 67보다 큰 제곱수 중에서 가장 작은 수는 81이므로

$67+x=81$ 　　$\therefore x=14$ 　　　　　　답 ③

0109 $\sqrt{13+n}$이 자연수가 되려면 $13+n$은 13보다 큰 제곱수이어야 한다.

즉, $13+n=16,\ 25,\ 36,\ 49,\ 64,\ \cdots$이므로

$n=3,\ 12,\ 23,\ 36,\ 51,\ \cdots$

따라서 자연수 n의 값이 아닌 것은 ④이다.　　　目 ④

0110 $\sqrt{110+x}$가 자연수가 되려면 $110+x$는 110보다 큰 제곱수이어야 한다.

즉, $110+x=121,\ 144,\ 169,\ 196,\ \cdots$이므로

$x=11,\ 34,\ 59,\ 86,\ \cdots$

따라서 60 이하의 자연수 x는 $11,\ 34,\ 59$의 3개이다.　目 **3개**

0111 $\sqrt{46+m}$이 자연수가 되려면 $46+m$은 46보다 큰 제곱수이어야 한다.

이때 46보다 큰 제곱수 중에서 가장 작은 수는 49이므로

$46+m=49$　　$\therefore m=3$

$m=3$일 때, $n=\sqrt{46+3}=\sqrt{49}=7$

$\therefore m+n=10$　　目 ③

0112 $\sqrt{25-x}$가 정수가 되려면 $25-x$는 25보다 작은 제곱수 또는 0이어야 한다.

즉, $25-x=0,\ 1,\ 4,\ 9,\ 16$이므로

$x=25,\ 24,\ 21,\ 16,\ 9$

따라서 구하는 자연수 x의 개수는 5개이다.　目 ③

0113 $\sqrt{14-x}$가 정수가 되려면 $14-x$는 14보다 작은 제곱수 또는 0이어야 한다.

즉, $14-x=0,\ 1,\ 4,\ 9$이므로

$x=14,\ 13,\ 10,\ 5$

따라서 모든 자연수 x의 값의 합은

$14+13+10+5=42$　　目 **42**

0114 $\sqrt{28-x}$가 자연수가 되려면 $28-x$는 28보다 작은 제곱수이어야 한다.

즉, $28-x=1,\ 4,\ 9,\ 16,\ 25$이므로

$x=27,\ 24,\ 19,\ 12,\ 3$

⋯⋯⋯⋯⋯⋯⋯⋯⋯⋯⋯⋯⋯⋯⋯⋯⋯⋯ ㉮

따라서 $M=27,\ m=3$이므로

⋯⋯⋯⋯⋯⋯⋯⋯⋯⋯⋯⋯⋯⋯⋯⋯⋯⋯ ㉯

$M-m=24$

⋯⋯⋯⋯⋯⋯⋯⋯⋯⋯⋯⋯⋯⋯⋯⋯⋯⋯ ㉰

目 **24**

단계	채점요소	배점
㉮	자연수 x의 값 구하기	60%
㉯	$M,\ m$의 값 구하기	20%
㉰	$M-m$의 값 구하기	20%

0115 ① $4=\sqrt{16}$이므로 $4<\sqrt{20}$

② $\sqrt{5}>\sqrt{2}$이므로 $-\sqrt{5}<-\sqrt{2}$

③ $0<\sqrt{2}<\sqrt{3}$이므로 $\dfrac{1}{\sqrt{2}}>\dfrac{1}{\sqrt{3}}$

④ $\dfrac{1}{3}=\sqrt{\dfrac{1}{9}}$이므로 $\dfrac{1}{3}>\sqrt{\dfrac{1}{10}}$

⑤ $0.7=\sqrt{0.49}$이므로 $\sqrt{0.7}>0.7$

따라서 대소 관계가 옳지 않은 것은 ⑤이다.　目 ⑤

0116 $\sqrt{2}>\sqrt{\dfrac{1}{2}}$이므로 $-\sqrt{2}<-\sqrt{\dfrac{1}{2}}$

$\dfrac{2}{3}=\sqrt{\dfrac{4}{9}}$이므로 $\dfrac{2}{3}<\sqrt{3}$

따라서 작은 것부터 차례로 나열하면

$-\sqrt{2},\ -\sqrt{\dfrac{1}{2}},\ 0,\ \dfrac{2}{3},\ \sqrt{3}$

이므로 네 번째에 오는 수는 $\dfrac{2}{3}$이다.　目 $\dfrac{2}{3}$

0117 $-\sqrt{\dfrac{1}{16}}=-\dfrac{1}{4},\ \sqrt{\left(-\dfrac{4}{9}\right)^2}=\dfrac{4}{9},\ \dfrac{1}{\sqrt{4}}=\dfrac{1}{2}$이므로

$\sqrt{\left(-\dfrac{4}{9}\right)^2}<\dfrac{1}{\sqrt{4}}<\sqrt{17}$　　$\therefore n=\sqrt{17}$

$-\sqrt{8}<-\sqrt{\dfrac{1}{16}}$　　$\therefore m=-\sqrt{8}$

$\therefore m^2+n^2=(-\sqrt{8})^2+(\sqrt{17})^2=8+17=25$　目 **25**

0118 $a=\dfrac{1}{4}$이라 하면

① $\sqrt{\dfrac{1}{a}}=\sqrt{4}=2$　　② $\dfrac{1}{a}=4$　　③ $\sqrt{a}=\sqrt{\dfrac{1}{4}}=\dfrac{1}{2}$

④ $a=\dfrac{1}{4}$　　⑤ $a^2=\dfrac{1}{16}$

따라서 그 값이 가장 큰 것은 ②이다.　目 ②

다른 풀이

① $\sqrt{\dfrac{1}{a}}>1$　　② $\dfrac{1}{a}>1$　　③ $0<\sqrt{a}<1$

④ $0<a<1$　　⑤ $0<a^2<1$

이때 $\dfrac{1}{a}>\sqrt{\dfrac{1}{a}}$이므로 $\dfrac{1}{a}$의 값이 가장 크다.

0119 $2=\sqrt{4}$에서 $2<\sqrt{5}$이므로

$2+\sqrt{5}>0,\ 2-\sqrt{5}<0$

$\therefore$ (주어진 식)$=(2+\sqrt{5})-\{-(2-\sqrt{5})\}$

$\qquad\qquad\qquad=2+\sqrt{5}+2-\sqrt{5}=4$　目 ②

0120 $1=\sqrt{1}$, $3=\sqrt{9}$에서 $1<\sqrt{5}<3$이므로
$3-\sqrt{5}>0$, $1-\sqrt{5}<0$
$\therefore$ (주어진 식)$=(3-\sqrt{5})-(1-\sqrt{5})$
$\qquad\qquad\quad=3-\sqrt{5}-1+\sqrt{5}=2$ **冒③**

0121 $3=\sqrt{9}$, $4=\sqrt{16}$에서 $3<\sqrt{10}<4$이므로
$3-\sqrt{10}<0$, $4-\sqrt{10}>0$
$\therefore$ (주어진 식)$=-(3-\sqrt{10})+(4-\sqrt{10})$
$\qquad\qquad\quad=-3+\sqrt{10}+4-\sqrt{10}=1$ **冒1**

0122 $2=\sqrt{4}$에서 $2<\sqrt{7}$이므로 $2-\sqrt{7}<0$, $\sqrt{7}-2>0$
$\therefore$ (주어진 식)$=-(2-\sqrt{7})-(\sqrt{7}-2)-2+7$
$\qquad\qquad\quad=-2+\sqrt{7}-\sqrt{7}+2-2+7=5$ **冒⑤**

0123 $8<\sqrt{7x}<10$의 각 변을 제곱하면
$64<7x<100$ $\qquad\therefore \dfrac{64}{7}<x<\dfrac{100}{7}$
따라서 자연수 x는 10, 11, 12, 13, 14이므로
$A=14$, $B=10$ $\qquad\therefore A-B=4$ **冒4**
다른 풀이
$8<\sqrt{7x}<10$에서 $\sqrt{64}<\sqrt{7x}<\sqrt{100}$
$64<7x<100$ $\qquad\therefore \dfrac{64}{7}<x<\dfrac{100}{7}$
따라서 자연수 x는 10, 11, 12, 13, 14이므로
$A=14$, $B=10$ $\qquad\therefore A-B=4$

0124 (1) $3\le\sqrt{x+2}<6$의 각 변을 제곱하면
$\quad 9\le x+2<36$ $\qquad\therefore 7\le x<34$
$\quad$ 따라서 자연수 x는 7, 8, $\cdots$, 33의 27개이다.
(2) $\sqrt{8}<x<\sqrt{47}$의 각 변을 제곱하면
$\quad 8<x^2<47$
$\quad$ 따라서 자연수 x는 3, 4, 5, 6의 4개이다.
(3) $-5\le-\sqrt{x}\le-2$에서 $2\le\sqrt{x}\le5$
$\quad$ 각 변을 제곱하면 $4\le x\le25$
$\quad$ 따라서 자연수 x는 4, 5, $\cdots$, 25의 22개이다.
冒(1) 27개 (2) 4개 (3) 22개

0125 $-4\le-\sqrt{2x-1}\le-3$에서
$3\le\sqrt{2x-1}\le4$
각 변을 제곱하면 $9\le2x-1\le16$
$10\le2x\le17$ $\qquad\therefore 5\le x\le\dfrac{17}{2}$
따라서 자연수 x 중에서 2의 배수는 6, 8이므로 구하는 합은
$6+8=14$ **冒⑤**

0126 $1<\sqrt{x}<2$의 각 변을 제곱하면 $1<x<4$이므로 이를 만족시키는 자연수 x는 2, 3이다. ······**㉮**

또 $\sqrt{2}<x<\sqrt{19}$의 각 변을 제곱하면 $2<x^2<19$이므로 이를 만족시키는 자연수 x는 2, 3, 4이다. ······**㉯**

따라서 두 부등식을 동시에 만족시키는 자연수 x는 2, 3이므로 구하는 합은
$2+3=5$ ······**㉰**
冒5

단계	채점요소	배점
㉮	$1<\sqrt{x}<2$를 만족시키는 자연수 x의 값 구하기	40%
㉯	$\sqrt{2}<x<\sqrt{19}$를 만족시키는 자연수 x의 값 구하기	40%
㉰	두 부등식을 동시에 만족시키는 모든 자연수 x의 값의 합 구하기	20%

0127 $\sqrt{0.\dot{4}}=\sqrt{\dfrac{4}{9}}=\sqrt{\left(\dfrac{2}{3}\right)^2}=\dfrac{2}{3}$ ⇨ 유리수
$3-\sqrt{2}$ ⇨ 무리수
π ⇨ 무리수
$\sqrt{(-3)^2}=3$ ⇨ 유리수
$\sqrt{0.04}=\sqrt{0.2^2}=0.2$ ⇨ 유리수
$0.345345\cdots=0.\dot{3}4\dot{5}=\dfrac{345}{999}=\dfrac{115}{333}$ ⇨ 유리수
따라서 무리수는 $3-\sqrt{2}$, π의 2개이다. **冒2개**

0128 $\sqrt{16}=\sqrt{4^2}=4$ ⇨ 유리수
$(-\sqrt{5})^2=5$ ⇨ 유리수
$\sqrt{3.6}$ ⇨ 무리수
$2.\dot{3}\dot{5}=\dfrac{235-2}{99}=\dfrac{233}{99}$ ⇨ 유리수
$-\sqrt{\dfrac{49}{64}}=-\sqrt{\left(\dfrac{7}{8}\right)^2}=-\dfrac{7}{8}$ ⇨ 유리수
$\sqrt{2}-1$ ⇨ 무리수
따라서 순환소수가 아닌 무한소수로 나타내어지는 것은 $\sqrt{3.6}$, $\sqrt{2}-1$이다. **冒$\sqrt{3.6}$, $\sqrt{2}-1$**

0129 각 정사각형의 한 변의 길이를 구하면 다음과 같다.
① $\sqrt{5}$ ② $\sqrt{10}$ ③ $\sqrt{24}$
④ $\sqrt{36}=6$ ⑤ $\sqrt{0.\dot{1}}=\sqrt{\dfrac{1}{9}}=\dfrac{1}{3}$
따라서 무리수가 아닌 것은 ④, ⑤이다. **冒④, ⑤**

0130 ① $a-\sqrt{7}=\sqrt{7}-\sqrt{7}=0$
② $3a=3\sqrt{7}$
③ $a^2=(\sqrt{7})^2=7$
④ $-\sqrt{7a^2}=-\sqrt{7\times7}=-7$

⑤ $-\sqrt{7}a=-\sqrt{7}\times\sqrt{7}=-7$

따라서 유리수가 아닌 것은 ②이다. 🖪 ②

0131 ① 순환소수는 무한소수이지만 유리수이다.

② 유한소수는 모두 유리수이다.

③ 유리수이면서 무리수인 수는 없다.

⑤ 소수는 유한소수와 무한소수로 이루어져 있다. 🖪 ④

0132 ㄷ. $\sqrt{4}$는 근호를 사용하여 나타낸 수이지만 유리수이다.

ㅁ. 무리수는 $\dfrac{(정수)}{(0이\ 아닌\ 정수)}$의 꼴로 나타낼 수 없다. 🖪 ③

0133 ④ $\sqrt{3}$은 무리수이므로 근호를 없앨 수 없는 수이다.

🖪 ④

0134 ③ $\dfrac{1}{3}$은 정수가 아니지만 유리수이다. 🖪 ③

0135 □ 안의 수는 무리수이다.

① $\sqrt{0.01}=0.1 \Rightarrow$ 유리수 　② $\sqrt{1.6} \Rightarrow$ 무리수

③ $\dfrac{3}{\sqrt{25}}=\dfrac{3}{5} \Rightarrow$ 유리수 　④ $\sqrt{\dfrac{1}{4}}=\dfrac{1}{2} \Rightarrow$ 유리수

⑤ $1.2333\cdots=1.2\dot{3} \Rightarrow$ 유리수

따라서 □ 안의 수에 해당하는 것은 ②이다. 🖪 ②

0136 실수는 유리수와 무리수로 이루어져 있으므로 $a-b$의 값은 무리수의 개수와 같다.

무리수는 π, $\sqrt{0.001}$, $-\sqrt{2.5}$의 3개이므로 $a-b=3$ 🖪 ②

0137 $\overline{AP}=\overline{AB}=\sqrt{1^2+1^2}=\sqrt{2}$,

$\overline{CQ}=\overline{CD}=\sqrt{1^2+1^2}=\sqrt{2}$이므로

ㄱ. 점 P에 대응하는 수는 $-2-\sqrt{2}$이다.

ㄴ. 점 Q에 대응하는 수는 $-1+\sqrt{2}$이다.

ㄷ. 두 점 P, Q에 대응하는 두 수의 합은

$(-2-\sqrt{2})+(-1+\sqrt{2})=-3$

따라서 옳은 것은 ㄴ, ㄷ이다. 🖪 ㄴ, ㄷ

0138 $\overline{AP}=\overline{AB}=\sqrt{1^2+3^2}=\sqrt{10}$이므로 점 P에 대응하는 수는 $-1+\sqrt{10}$이다. 🖪 $-1+\sqrt{10}$

0139 $\overline{AP}=\overline{AB}=\sqrt{2^2+3^2}=\sqrt{13}$이므로 점 P에 대응하는 수는 $2-\sqrt{13}$

.... ㉮

$\overline{AQ}=\overline{AC}=\sqrt{3^2+1^2}=\sqrt{10}$이므로 점 Q에 대응하는 수는 $2+\sqrt{10}$

.... ㉯

🖪 $P: 2-\sqrt{13}$, $Q: 2+\sqrt{10}$

단계	채점요소	배점
㉮	점 P에 대응하는 수 구하기	50%
㉯	점 Q에 대응하는 수 구하기	50%

0140 ㄱ. $3<\sqrt{10}<4$, $3<\sqrt{15}<4$이므로 $\sqrt{10}$과 $\sqrt{15}$ 사이에는 자연수가 없다.

ㅁ. 모든 무리수는 수직선 위의 한 점에 각각 대응한다

따라서 옳은 것은 ㄴ, ㄷ, ㄹ의 3개이다. 🖪 ③

0141 ① 두 무리수 $\sqrt{2}$와 $\sqrt{3}$ 사이에는 정수가 없다.

② 서로 다른 두 유리수 사이에는 무수히 많은 무리수도 있다.

④ 수직선은 유리수와 무리수, 즉 실수에 대응하는 점들로 완전히 메울 수 있다.

따라서 옳은 것은 ③, ⑤이다. 🖪 ③, ⑤

0142 ① 1과 $\sqrt{2}$ 사이에도 무리수가 무수히 많이 있으므로 1에 가장 가까운 무리수를 정할 수 없다.

④ $\sqrt{2}$와 $\sqrt{7}$ 사이에는 무수히 많은 무리수가 있다.

따라서 옳지 않은 것은 ①, ④이다. 🖪 ①, ④

0143 ① $3-(\sqrt{3}-1)=4-\sqrt{3}=\sqrt{16}-\sqrt{3}>0$

　$\therefore 3>\sqrt{3}-1$

② $(\sqrt{3}+1)-(\sqrt{3}+\sqrt{2})=1-\sqrt{2}=\sqrt{1}-\sqrt{2}<0$

　$\therefore \sqrt{3}+1<\sqrt{3}+\sqrt{2}$

③ $(\sqrt{3}+\sqrt{2})-(\sqrt{5}+\sqrt{2})=\sqrt{3}-\sqrt{5}<0$

　$\therefore \sqrt{3}+\sqrt{2}<\sqrt{5}+\sqrt{2}$

④ $(3+\sqrt{7})-(\sqrt{7}+\sqrt{8})=3-\sqrt{8}=\sqrt{9}-\sqrt{8}>0$

　$\therefore 3+\sqrt{7}>\sqrt{7}+\sqrt{8}$

⑤ $(2-\sqrt{3})-(\sqrt{5}-\sqrt{3})=2-\sqrt{5}=\sqrt{4}-\sqrt{5}<0$

　$\therefore 2-\sqrt{3}<\sqrt{5}-\sqrt{3}$

따라서 옳은 것은 ⑤이다. 🖪 ⑤

0144 ① $(\sqrt{15}+2)-5=\sqrt{15}-3=\sqrt{15}-\sqrt{9}>0$

　$\therefore \sqrt{15}+2 \boxed{>} 5$

② $(2+\sqrt{7})-(\sqrt{7}+\sqrt{3})=2-\sqrt{3}=\sqrt{4}-\sqrt{3}>0$

　$\therefore 2+\sqrt{7} \boxed{>} \sqrt{7}+\sqrt{3}$

③ $(-4-\sqrt{6})-(-\sqrt{13}-\sqrt{6})=-4+\sqrt{13}$

　　　　　　　　　　　$=-\sqrt{16}+\sqrt{13}<0$

　$\therefore -4-\sqrt{6} \boxed{<} -\sqrt{13}-\sqrt{6}$

④ $(8-\sqrt{8})-4=4-\sqrt{8}=\sqrt{16}-\sqrt{8}>0$

　$\therefore 8-\sqrt{8} \boxed{>} 4$

⑤ $\{\sqrt{18}-\sqrt{(-3)^2}\}-(\sqrt{15}-3)=\sqrt{18}-3-\sqrt{15}+3$

　　　　　　　　　　　　　$=\sqrt{18}-\sqrt{15}>0$

$$\therefore \sqrt{18}-\sqrt{(-3)^2} \boxed{>} \sqrt{15}-3$$

따라서 부등호가 나머지 넷과 다른 하나는 ③이다.   **目 ③**

0145 ㄱ. $(4-\sqrt{7})-(-\sqrt{10}+4)=-\sqrt{7}+\sqrt{10}>0$
$$\therefore 4-\sqrt{7}>-\sqrt{10}+4$$
ㄴ. $(\sqrt{5}-\sqrt{2})-(\sqrt{5}-1)=-\sqrt{2}+1<0$
$$\therefore \sqrt{5}-\sqrt{2}<\sqrt{5}-1$$
ㄷ. $(\sqrt{7}+4)-6=\sqrt{7}-2=\sqrt{7}-\sqrt{4}>0$
$$\therefore \sqrt{7}+4>6$$
ㄹ. $(-3+\sqrt{3})-\{\sqrt{3}-\sqrt{(-5)^2}\}=-3+\sqrt{3}-\sqrt{3}+5=2>0$
$$\therefore -3+\sqrt{3}>\sqrt{3}-\sqrt{(-5)^2}$$
ㅁ. $(2+\sqrt{10})-(\sqrt{10}+\sqrt{3})=2-\sqrt{3}=\sqrt{4}-\sqrt{3}>0$
$$\therefore 2+\sqrt{10}>\sqrt{10}+\sqrt{3}$$

따라서 옳은 것은 ㄴ, ㄷ, ㅁ이다.   **目 ④**

0146 $a-b=(\sqrt{5}+\sqrt{3})-(\sqrt{5}+1)=\sqrt{3}-1>0$이므로
$a>b$
$a-c=(\sqrt{5}+\sqrt{3})-(3+\sqrt{3})=\sqrt{5}-3=\sqrt{5}-\sqrt{9}<0$이므로
$a<c$
$$\therefore b<a<c$$ **目 ②**

0147 한 변의 길이가 가장 긴 정사각형의 넓이가 가장 크다.
$\sqrt{23}-5=\sqrt{23}-\sqrt{25}<0$ $\therefore \sqrt{23}<5$
$5-(4+\sqrt{2})=1-\sqrt{2}<0$ $\therefore 5<4+\sqrt{2}$
따라서 $\sqrt{23}<5<4+\sqrt{2}$이므로 C의 넓이가 가장 크다.   **目 C**

0148 $x-y=(\sqrt{7}+\sqrt{10})-(3+\sqrt{10})$
$$=\sqrt{7}-3=\sqrt{7}-\sqrt{9}<0$$
$$\therefore x<y$$

────────────────── **㉠**

$x-z=(\sqrt{7}+\sqrt{10})-(\sqrt{7}+3)$
$$=\sqrt{10}-3=\sqrt{10}-\sqrt{9}>0$$
$$\therefore x>z$$

────────────────── **㉡**

$$\therefore z<x<y$$

────────────────── **㉢**

따라서 가장 작은 수는 z이다.

────────────────── **㉣**

    目 z

단계	채점요소	배점
㉠	x, y의 대소 비교하기	30%
㉡	x, z의 대소 비교하기	30%
㉢	x, y, z의 대소 비교하기	20%
㉣	가장 작은 수 구하기	20%

0149 $-1-\sqrt{3}$은 음수이고 2, $1+\sqrt{3}$, $\sqrt{2}+\sqrt{3}$은 양수이다.
$2-(1+\sqrt{3})=1-\sqrt{3}<0$ $\therefore 2<1+\sqrt{3}$
$(1+\sqrt{3})-(\sqrt{2}+\sqrt{3})=1-\sqrt{2}<0$ $\therefore 1+\sqrt{3}<\sqrt{2}+\sqrt{3}$
$$\therefore -1-\sqrt{3}<2<1+\sqrt{3}<\sqrt{2}+\sqrt{3}$$
따라서 세 번째에 오는 수는 $1+\sqrt{3}$이다.   **目 $1+\sqrt{3}$**

0150 $\sqrt{4}<\sqrt{7}<\sqrt{9}$에서 $2<\sqrt{7}<3$이므로
$2-3<\sqrt{7}-3<3-3$
$$\therefore -1<\sqrt{7}-3<0$$
따라서 $\sqrt{7}-3$에 대응하는 점은 C이다.   **目 ③**

0151 $\sqrt{25}<\sqrt{27}<\sqrt{36}$에서 $5<\sqrt{27}<6$
따라서 $\sqrt{27}$에 대응하는 점은 C이다.   **目 점 C**

0152 $\sqrt{9}<\sqrt{10}<\sqrt{16}$에서 $3<\sqrt{10}<4$이므로
$3+2<\sqrt{10}+2<4+2$
$$\therefore 5<\sqrt{10}+2<6$$
따라서 $\sqrt{10}+2$에 대응하는 점이 있는 구간은 D이다.   **目 ④**

0153 (i) $\sqrt{1}<\sqrt{2}<\sqrt{4}$에서 $1<\sqrt{2}<2$이므로
    $-2<-\sqrt{2}<-1$ $\therefore -4<-2-\sqrt{2}<-3$
    따라서 $-2-\sqrt{2}$에 대응하는 점은 구간 A에 있다.
(ii) $\sqrt{1}<\sqrt{3}<\sqrt{4}$에서 $1<\sqrt{3}<2$이므로
    $-2<-\sqrt{3}<-1$
    따라서 $-\sqrt{3}$에 대응하는 점은 구간 C에 있다.
(iii) $\sqrt{4}<\sqrt{5}<\sqrt{9}$에서 $2<\sqrt{5}<3$이므로
    $-3<-\sqrt{5}<-2$ $\therefore 1<4-\sqrt{5}<2$
    따라서 $4-\sqrt{5}$에 대응하는 점은 구간 F에 있다.
이상에서 구하는 구간은 구간 A, 구간 C, 구간 F이다.
    目 구간 A, 구간 C, 구간 F

본문 p.24

유형 UP

0154 $\sqrt{9}=3$, $\sqrt{16}=4$이므로
$f(9)=f(10)=f(11)=f(12)=f(13)=f(14)=f(15)=3$
$f(16)=f(17)=4$
$$\therefore \text{(주어진 식)}=3\times 7+4\times 2=21+8=29$$ **目 ④**

0155 $\sqrt{16}<\sqrt{23}<\sqrt{25}$에서 $4<\sqrt{23}<5$이므로 $\sqrt{23}$보다 작은
자연수는 1, 2, 3, 4의 4개이다.
$$\therefore a=4$$
$\sqrt{49}<\sqrt{56}<\sqrt{64}$에서 $7<\sqrt{56}<8$이므로 $\sqrt{56}$보다 작은 자연수

는 1, 2, 3, 4, 5, 6, 7의 7개이다.

$\therefore b=7$

$\therefore b-a=3$ 　　　📋 **3**

0156 $\sqrt{121}<\sqrt{125}<\sqrt{144}$에서 $11<\sqrt{125}<12$

$\therefore N(125)=11$

$\sqrt{36}<\sqrt{43}<\sqrt{49}$에서 $6<\sqrt{43}<7$　　$\therefore N(43)=6$

$\therefore N(125)-N(43)=11-6=5$ 　　📋 **5**

0157 $N(x)=9$를 만족시키는 자연수 x는 $9\le\sqrt{x}<10$에서

$9^2\le(\sqrt{x})^2<10^2$이므로 $81\le x<100$

따라서 자연수 x는 81, 82, 83, $\cdots$, 99의 19개이다. 　📋 **③**

0158 ④ $\dfrac{\sqrt{6}-\sqrt{5}}{2}=\dfrac{2.449-2.236}{2}<\sqrt{5}$ 　📋 **④**

0159 ③ $\sqrt{5}-1=1.236<\sqrt{2}$

④ $\sqrt{2}+\dfrac{1}{2}=1.914$이므로 $\sqrt{2}<\sqrt{2}+\dfrac{1}{2}<\sqrt{5}$ 　📋 **③**

0160 $2=\sqrt{4}$, $3=\sqrt{9}$, $4=\sqrt{16}$이므로

$\sqrt{3}<2<4$, $\sqrt{3}<3<4$, $\sqrt{3}<\sqrt{10}<4$

$\sqrt{1}<\sqrt{3}<\sqrt{4}$에서 $1<\sqrt{3}<2$이므로

$3<\sqrt{3}+2<4$

$\sqrt{3}-0.1<\sqrt{3}$

따라서 $\sqrt{3}$과 4 사이에 있는 수는 2, 3, $\sqrt{10}$, $\sqrt{3}+2$이다.

　📋 **2, 3, $\sqrt{10}$, $\sqrt{3}+2$**

0161 $\sqrt{4}<\sqrt{6}<\sqrt{9}$에서 $2<\sqrt{6}<3$이므로

$-3<-\sqrt{6}<-2$　　$\therefore -2<1-\sqrt{6}<-1$

$\sqrt{1}<\sqrt{3}<\sqrt{4}$에서 $1<\sqrt{3}<2$이므로

$4<3+\sqrt{3}<5$

따라서 $1-\sqrt{6}$과 $3+\sqrt{3}$ 사이에 있는 정수는

-1, 0, 1, 2, 3, 4의 6개이다. 　📋 **6개**

📓 중단원 마무리하기
본문 p.25~27

0162 ① -2는 4의 음의 제곱근이다.

② $\sqrt{16}=\sqrt{4^2}=4$이므로 제곱근 $\sqrt{16}$은 $\sqrt{4}=2$이다.

③ 음수의 제곱근은 없다.

④ $\sqrt{169}=\sqrt{13^2}=13$

⑤ $(\sqrt{5})^2=5$이므로 $(\sqrt{5})^2$의 제곱근은 $\pm\sqrt{5}$이다.

따라서 옳은 것은 ⑤이다. 　📋 **⑤**

0163 196의 제곱근은 ±14이므로

$a=14$, $b=-14$ ($\because a>b$)

$\therefore a-2b-6=14-2\times(-14)-6=36$

따라서 36의 양의 제곱근은 6이다. 　📋 **③**

0164 ① $\sqrt{7^2}-\sqrt{(-7)^2}=7-7=0$

② $-\sqrt{5^2}+\sqrt{(-5)^2}=-5+5=0$

③ $(-\sqrt{2})^2+(\sqrt{2})^2=2+2=4$

④ $\sqrt{4^2}-(-\sqrt{4})^2=4-4=0$

⑤ $\sqrt{(-9)^2}-\sqrt{9^2}=9-9=0$

따라서 계산 결과가 나머지 넷과 다른 하나는 ③이다. 　📋 **③**

0165 (주어진 식)$=\sqrt{\left(\dfrac{3}{4}\right)^2}\times\sqrt{12^2}+2-5\div\dfrac{5}{7}$

$=\dfrac{3}{4}\times12+2-5\times\dfrac{7}{5}$

$=9+2-7=4$ 　📋 **⑤**

0166 $a<0$이므로 $-a>0$

③ $-\sqrt{(-a)^2}=-(-a)=a$

⑤ $(-\sqrt{-a})^2=(\sqrt{-a})^2=-a$ 　📋 **③, ⑤**

0167 $a>b$, $ab<0$이므로 $a>0$, $b<0$이고, $-2a<0$

$\therefore$ (주어진 식)$=a+(-b)-\{-(-2a)\}-(-b)$

$=a-b-2a+b$

$=-a$ 　📋 **$-a$**

0168 $a-b<0$, $b-c<0$, $c-a>0$이므로

(주어진 식)$=-(a-b)+\{-(b-c)\}+(c-a)$

$=-a+b-b+c+c-a$

$=-2a+2c$ 　📋 **②**

0169 $a+b$의 값이 가장 작으려면 a, b의 값이 모두 가장 작아야 한다.

$\sqrt{\dfrac{72a}{11}}=\sqrt{\dfrac{2^3\times3^2\times a}{11}}$가 자연수가 되려면

$a=2\times11\times(\text{자연수})^2$의 꼴이어야 하므로

가장 작은 a의 값은 $2\times11=22$

이때 가장 작은 b의 값은

$\sqrt{\dfrac{72a}{11}}=\sqrt{\dfrac{72\times22}{11}}=\sqrt{144}=12$

따라서 가장 작은 $a+b$의 값은 $22+12=34$ 　📋 **34**

0170 $x-y=-3-\sqrt{3}<0$, $x+y=11+\sqrt{3}>0$이므로

$\sqrt{(x-y)^2}-\sqrt{(x+y)^2}=-(-3-\sqrt{3})-(11+\sqrt{3})=-8$

　📋 **①**

0171 $\dfrac{7}{2}<\sqrt{x-1}\leq 5$의 각 변을 제곱하면

$\dfrac{49}{4}<x-1\leq 25$ $\therefore \dfrac{53}{4}<x\leq 26$

따라서 자연수 x 중에서 5의 배수는 15, 20, 25이므로 구하는 합은

$15+20+25=60$ 📋 **60**

0172 ㄷ. $\sqrt{64}-8=8-8=0$

ㄹ. $\sqrt{(-3)^2+4^2}=\sqrt{9+16}=\sqrt{25}=5$

ㅂ. $\sqrt{2^2+3^2}=\sqrt{4+9}=\sqrt{13}$

따라서 무리수인 것은 ㄱ, ㄴ, ㅂ이다.   📋 **ㄱ, ㄴ, ㅂ**

0173 $\overline{BP}=\overline{BD}=\sqrt{2}$이므로 점 B에 대응하는 수는

$(-\sqrt{2}-4)+\sqrt{2}=-4$

□ABCD는 한 변의 길이가 1인 정사각형이므로 점 A에 대응하는 수는

$-4-1=-5$

$\overline{AQ}=\overline{AC}=\sqrt{2}$이므로 점 Q에 대응하는 수는

$-5+\sqrt{2}$ 📋 **$-5+\sqrt{2}$**

0174 ① $-2<-\sqrt{3}<-1$, $3<\sqrt{10}<4$이므로 $-\sqrt{3}$과 $\sqrt{10}$ 사이의 정수는 -1, 0, 1, 2, 3의 5개이다.

③ 무한소수 중 순환소수는 유리수이지만 순환소수가 아닌 무한소수는 무리수이다.

⑤ $\sqrt{5}$와 $\sqrt{7}$ 사이에는 무수히 많은 무리수가 있다.

따라서 옳지 않은 것은 ③, ⑤이다.   📋 **③, ⑤**

0175 ① $(\sqrt{10}-1)-2=\sqrt{10}-3=\sqrt{10}-\sqrt{9}>0$

$\therefore \sqrt{10}-1>2$

② $(2+\sqrt{5})-(\sqrt{7}+\sqrt{5})=2-\sqrt{7}=\sqrt{4}-\sqrt{7}<0$

$\therefore 2+\sqrt{5}<\sqrt{7}+\sqrt{5}$

③ $(\sqrt{12}-3)-(\sqrt{12}-\sqrt{8})=-3+\sqrt{8}=-\sqrt{9}+\sqrt{8}<0$

$\therefore \sqrt{12}-3<\sqrt{12}-\sqrt{8}$

④ $(4-\sqrt{6})-(\sqrt{20}-\sqrt{6})=4-\sqrt{20}=\sqrt{16}-\sqrt{20}<0$

$\therefore 4-\sqrt{6}<\sqrt{20}-\sqrt{6}$

⑤ $(\sqrt{13}+2)-5=\sqrt{13}-3=\sqrt{13}-\sqrt{9}>0$

$\therefore \sqrt{13}+2>5$

따라서 옳지 않은 것은 ③, ⑤이다.   📋 **③, ⑤**

0176 $a-b=(\sqrt{3}+2)-(2+\sqrt{5})=\sqrt{3}-\sqrt{5}<0$이므로

$a<b$

$b-c=(2+\sqrt{5})-(\sqrt{7}+2)=\sqrt{5}-\sqrt{7}<0$이므로

$b<c$

$\therefore a<b<c$ 📋 **①**

0177 $2<\sqrt{7}<3$에서 $-3<-\sqrt{7}<-2$이므로

$-2<1-\sqrt{7}<-1$

따라서 $1-\sqrt{7}$에 대응하는 점은 A이다.

$3<\sqrt{10}<4$에서 $-1<\sqrt{10}-4<0$이므로 $\sqrt{10}-4$에 대응하는 점은 B이다.

$3<\sqrt{15}<4$이므로 $\sqrt{15}$에 대응하는 점은 D이다.

📋 **점 A, 점 B, 점 D**

0178 주어진 식의 양변을 제곱하면

$1.0\dot{6}\times\dfrac{n}{m}=(0.\dot{4})^2$, $\dfrac{96}{90}\times\dfrac{n}{m}=\left(\dfrac{4}{9}\right)^2$

$\therefore \dfrac{n}{m}=\dfrac{16}{81}\times\dfrac{90}{96}=\dfrac{5}{27}$ ㉮

따라서 $m=27$, $n=5$이므로

$m-n=22$ ㉯

📋 **22**

단계	채점요소	배점
㉮	$\dfrac{n}{m}$의 값 구하기	70%
㉯	$m-n$의 값 구하기	30%

0179 $ab>0$이므로 a, b는 같은 부호이다.

이때 $a+b>0$이므로 $a>0$, $b>0$

또 $a<b$이므로 $a-b<0$ ㉮

$\therefore$ (주어진 식)$=-(-a)+b-\{-(a-b)\}$ ㉯

$=a+b+a-b$

$=2a$ ㉰

📋 **$2a$**

단계	채점요소	배점
㉮	a, b, $a-b$의 부호 판별하기	30%
㉯	근호 없애기	50%
㉰	식을 간단히 하기	20%

0180 $\sqrt{60x}=\sqrt{2^2\times 3\times 5\times x}$가 자연수가 되려면 $x=3\times 5\times(\text{자연수})^2$의 꼴이어야 한다.   ㉮

$\sqrt{\dfrac{540}{x}}=\sqrt{\dfrac{2^2\times 3^3\times 5}{x}}$가 자연수가 되려면 x는 540의 약수이면서 $3\times 5\times(\text{자연수})^2$의 꼴이어야 한다.   ㉯

따라서 구하는 가장 작은 자연수 x의 값은

$3\times5=15$

$$\cdots\cdots\cdots\cdots\cdots\cdots\cdots\cdots\cdots ㉒$$

답 **15**

단계	채점요소	배점
㉮	$\sqrt{60x}$가 자연수가 되도록 하는 x의 꼴 알기	40%
㉯	$\sqrt{\dfrac{540}{x}}$이 자연수가 되도록 하는 x의 꼴 알기	40%
㉰	가장 작은 자연수 x의 값 구하기	20%

0181 $\sqrt{9}<\sqrt{14}<\sqrt{16}$에서 $3<\sqrt{14}<4$이므로
$5<2+\sqrt{14}<6$

$$\cdots\cdots\cdots\cdots\cdots\cdots\cdots\cdots\cdots ㉮$$

$\sqrt{121}<\sqrt{123}<\sqrt{144}$에서 $11<\sqrt{123}<12$이므로
$8<\sqrt{123}-3<9$

$$\cdots\cdots\cdots\cdots\cdots\cdots\cdots\cdots\cdots ㉯$$

따라서 $2+\sqrt{14}$, $\sqrt{123}-3$ 사이에 있는 정수는 6, 7, 8

$$\cdots\cdots\cdots\cdots\cdots\cdots\cdots\cdots\cdots ㉰$$

이므로 구하는 합은
$6+7+8=21$

$$\cdots\cdots\cdots\cdots\cdots\cdots\cdots\cdots\cdots ㉱$$

답 **21**

단계	채점요소	배점
㉮	$2+\sqrt{14}$의 범위 구하기	30%
㉯	$\sqrt{123}-3$의 범위 구하기	30%
㉰	두 수 사이에 있는 정수 구하기	20%
㉱	두 수 사이에 있는 모든 정수의 합 구하기	20%

0182 모든 경우의 수는 $6\times6=36$
$\sqrt{12ab}=\sqrt{2^2\times3\times ab}$가 자연수가 되려면 $ab=3\times(\text{자연수})^2$의 꼴이어야 하고, a, b는 주사위의 눈의 수이므로
$1\leq ab\leq36$
$\therefore ab=3,\ 12,\ 27$
(i) $ab=3$일 때, a, b의 순서쌍 $(a,\ b)$는
　$(1,\ 3)$, $(3,\ 1)$의 2개
(ii) $ab=12$일 때, a, b의 순서쌍 $(a,\ b)$는
　$(2,\ 6)$, $(3,\ 4)$, $(4,\ 3)$, $(6,\ 2)$의 4개
(iii) $ab=27$일 때, 이를 만족시키는 a, b의 순서쌍은 없다.
(i)~(iii)에서 $\sqrt{12ab}$가 자연수가 되는 경우의 수는
$2+4=6$이므로 구하는 확률은 $\dfrac{6}{36}=\dfrac{1}{6}$　답 $\dfrac{1}{6}$

0183 $1.4<\sqrt{x}<2.5$의 각 변을 제곱하면
$1.96<x<6.25$
이때 가장 큰 자연수 x는 6이므로 $a=6$
가장 작은 자연수 x는 2이므로 $b=2$

$\sqrt{\dfrac{a}{b}\times n}$, 즉 $\sqrt{3n}$이 자연수가 되도록 하는 자연수 n은
$3\times(\text{자연수})^2$의 꼴이므로
$n=3\times1^2,\ 3\times2^2,\ 3\times3^2,\ 3\times4^2,\ \cdots$
이때 $\sqrt{3n}$의 값은 각각 3, 6, 9, 12, $\cdots$이므로 $\sqrt{3n}$이 한 자리 자연수가 되도록 하는 자연수 n의 값은
$3\times1^2=3$, $3\times2^2=12$, $3\times3^2=27$　답 **3, 12, 27**

0184 $\sqrt{80-2a}-\sqrt{40+b}$의 값이 가장 큰 정수가 되려면 $\sqrt{80-2a}$는 가장 큰 정수가 되고 $\sqrt{40+b}$는 가장 작은 정수가 되어야 한다.
$\sqrt{80-2a}$가 정수가 되려면 $80-2a$는 80보다 작은 제곱수 또는 0이어야 하므로
$80-2a=0,\ 1,\ 4,\ \cdots,\ 64$
이때 $\sqrt{80-2a}$가 가장 큰 정수가 되는 것은
$80-2a=64$　$\therefore a=8$
또 $\sqrt{40+b}$가 정수가 되려면 $40+b$는 40보다 큰 제곱수이어야 하므로
$40+b=49,\ 64,\ \cdots$
이때 $\sqrt{40+b}$가 가장 작은 정수가 되는 것은
$40+b=49$　$\therefore b=9$
$\therefore a+b=17$　답 **17**

0185 $\sqrt{1}=1$, $\sqrt{4}=2$, $\sqrt{9}=3$, $\sqrt{16}=4$, $\sqrt{25}=5$이므로
$f(1)=f(2)=f(3)=1$
$f(4)=f(5)=f(6)=f(7)=f(8)=2$
$f(9)=f(10)=f(11)=f(12)=f(13)=f(14)=f(15)=3$
$f(16)=f(17)=f(18)=f(19)=f(20)=\cdots=f(24)=4$
따라서 $f(1)+f(2)+f(3)+\cdots+f(n)=54$를 만족시키는 자연수 n은
$f(1)+f(2)+\cdots+f(20)=1\times3+2\times5+3\times7+4\times5=54$
이므로 $n=20$　답 **20**

0186 답 $\sqrt{22}$

0187 답 $\sqrt{70}$

0188 답 $-6\sqrt{30}$

0189 답 $\sqrt{\dfrac{5}{2}}$

0190 $\sqrt{70} \div \sqrt{5} = \dfrac{\sqrt{70}}{\sqrt{5}} = \sqrt{\dfrac{70}{5}} = \sqrt{14}$ 답 $\sqrt{14}$

0191 $\sqrt{213} \div (-\sqrt{3}) = \dfrac{\sqrt{213}}{-\sqrt{3}} = -\sqrt{\dfrac{213}{3}} = -\sqrt{71}$

답 $-\sqrt{71}$

0192 $(-5\sqrt{6}) \div 10\sqrt{3} = \dfrac{-5\sqrt{6}}{10\sqrt{3}} = -\dfrac{1}{2}\sqrt{\dfrac{6}{3}} = -\dfrac{\sqrt{2}}{2}$

답 $-\dfrac{\sqrt{2}}{2}$

0193 $(-4\sqrt{6}) \div (-\sqrt{2}) = \dfrac{-4\sqrt{6}}{-\sqrt{2}} = 4\sqrt{\dfrac{6}{2}} = 4\sqrt{3}$

답 $4\sqrt{3}$

0194 답 2, 2

0195 답 5, 5, 3

0196 답 6, 6

0197 $\sqrt{52} = \sqrt{2^2 \times 13} = 2\sqrt{13}$ 답 $2\sqrt{13}$

0198 $3\sqrt{32} = 3\sqrt{4^2 \times 2} = 12\sqrt{2}$ 답 $12\sqrt{2}$

0199 $5\sqrt{27} = 5\sqrt{3^2 \times 3} = 15\sqrt{3}$ 답 $15\sqrt{3}$

0200 $6\sqrt{18} = 6\sqrt{3^2 \times 2} = 18\sqrt{2}$ 답 $18\sqrt{2}$

0201 답 16, 80

0202 답 9, 63

0203 $-7\sqrt{3} = -\sqrt{7^2 \times 3} = -\sqrt{147}$ 답 $-\sqrt{147}$

0204 $10\sqrt{5} = \sqrt{10^2 \times 5} = \sqrt{500}$ 답 $\sqrt{500}$

0205 $-\dfrac{\sqrt{11}}{2} = -\sqrt{\dfrac{11}{2^2}} = -\sqrt{\dfrac{11}{4}}$ 답 $-\sqrt{\dfrac{11}{4}}$

0206 $\dfrac{2\sqrt{3}}{5} = \sqrt{\dfrac{2^2 \times 3}{5^2}} = \sqrt{\dfrac{12}{25}}$ 답 $\sqrt{\dfrac{12}{25}}$

0207 답 (개) 9 (내) 23 (대) 9

0208 답 (개) 27 (내) 3 (대) 3 (래) 10

0209 $\sqrt{\dfrac{7}{16}} = \sqrt{\dfrac{7}{4^2}} = \dfrac{\sqrt{7}}{4}$ 답 $\dfrac{\sqrt{7}}{4}$

0210 $\sqrt{\dfrac{31}{144}} = \sqrt{\dfrac{31}{12^2}} = \dfrac{\sqrt{31}}{12}$ 답 $\dfrac{\sqrt{31}}{12}$

0211 $\sqrt{0.11} = \sqrt{\dfrac{11}{100}} = \sqrt{\dfrac{11}{10^2}} = \dfrac{\sqrt{11}}{10}$ 답 $\dfrac{\sqrt{11}}{10}$

0212 $\sqrt{0.24} = \sqrt{\dfrac{24}{100}} = \sqrt{\dfrac{2^2 \times 6}{10^2}} = \dfrac{2\sqrt{6}}{10} = \dfrac{\sqrt{6}}{5}$ 답 $\dfrac{\sqrt{6}}{5}$

0213 답 (개) $\sqrt{7}$ (내) $\sqrt{7}$ (대) 21

0214 $\dfrac{1}{\sqrt{3}} = \dfrac{\sqrt{3}}{\sqrt{3} \times \sqrt{3}} = \dfrac{\sqrt{3}}{3}$ 답 $\dfrac{\sqrt{3}}{3}$

0215 $-\dfrac{\sqrt{7}}{\sqrt{2}} = -\dfrac{\sqrt{7} \times \sqrt{2}}{\sqrt{2} \times \sqrt{2}} = -\dfrac{\sqrt{14}}{2}$ 답 $-\dfrac{\sqrt{14}}{2}$

0216 $-\dfrac{3\sqrt{2}}{\sqrt{13}} = -\dfrac{3\sqrt{2} \times \sqrt{13}}{\sqrt{13} \times \sqrt{13}} = -\dfrac{3\sqrt{26}}{13}$ 답 $-\dfrac{3\sqrt{26}}{13}$

0217 $\dfrac{3}{2\sqrt{6}} = \dfrac{3 \times \sqrt{6}}{2\sqrt{6} \times \sqrt{6}} = \dfrac{3\sqrt{6}}{12} = \dfrac{\sqrt{6}}{4}$ 답 $\dfrac{\sqrt{6}}{4}$

0218 답 $7\sqrt{3}$

0219 답 $-3\sqrt{5}$

0220 (주어진 식) $= (2+3)\sqrt{5} + (6-5)\sqrt{7}$
$= 5\sqrt{5} + \sqrt{7}$ 답 $5\sqrt{5} + \sqrt{7}$

0221 (주어진 식) $= (4-2)\sqrt{3} + (-5-1)\sqrt{2}$
$= 2\sqrt{3} - 6\sqrt{2}$ 답 $2\sqrt{3} - 6\sqrt{2}$

0222 (주어진 식)$=2\sqrt{3}-3\sqrt{3}=-\sqrt{3}$ 答 $-\sqrt{3}$

0223 (주어진 식)$=4\sqrt{3}+5\sqrt{3}-6\sqrt{3}=3\sqrt{3}$ 答 $3\sqrt{3}$

0224 (주어진 식)$=\sqrt{7}-2\sqrt{6}+3\sqrt{7}+4\sqrt{6}$
$=2\sqrt{6}+4\sqrt{7}$ 答 $2\sqrt{6}+4\sqrt{7}$

0225 (주어진 식)$=11\sqrt{3}-3\sqrt{6}-2\times2\sqrt{3}+5\times2\sqrt{6}$
$=11\sqrt{3}-3\sqrt{6}-4\sqrt{3}+10\sqrt{6}$
$=7\sqrt{3}+7\sqrt{6}$ 答 $7\sqrt{3}+7\sqrt{6}$

0226 (주어진 식)$=\sqrt{2}\times\sqrt{7}+\sqrt{2}\times\sqrt{5}$
$=\sqrt{14}+\sqrt{10}$ 答 $\sqrt{14}+\sqrt{10}$

0227 (주어진 식)$=\sqrt{3}\times\sqrt{6}-\sqrt{3}\times\sqrt{15}$
$=\sqrt{18}-\sqrt{45}$
$=3\sqrt{2}-3\sqrt{5}$ 答 $3\sqrt{2}-3\sqrt{5}$

0228 (주어진 식)$=\sqrt{7}\times2\sqrt{3}-\sqrt{7}\times4\sqrt{7}$
$=2\sqrt{21}-4\times7$
$=2\sqrt{21}-28$ 答 $2\sqrt{21}-28$

0229 (주어진 식)$=3\sqrt{2}\times\sqrt{2}-3\sqrt{2}\times2\sqrt{10}$
$=6-6\sqrt{20}$
$=6-12\sqrt{5}$ 答 $6-12\sqrt{5}$

0230 (주어진 식)$=(\sqrt{18}-\sqrt{6})\times\dfrac{1}{\sqrt{3}}$
$=\dfrac{\sqrt{18}}{\sqrt{3}}-\dfrac{\sqrt{6}}{\sqrt{3}}$
$=\sqrt{\dfrac{18}{3}}-\sqrt{\dfrac{6}{3}}$
$=\sqrt{6}-\sqrt{2}$ 答 $\sqrt{6}-\sqrt{2}$

0231 (주어진 식)$=(\sqrt{45}+\sqrt{30})\times\dfrac{1}{\sqrt{5}}$
$=\dfrac{\sqrt{45}}{\sqrt{5}}+\dfrac{\sqrt{30}}{\sqrt{5}}$
$=\sqrt{\dfrac{45}{5}}+\sqrt{\dfrac{30}{5}}$
$=\sqrt{9}+\sqrt{6}$
$=3+\sqrt{6}$ 答 $3+\sqrt{6}$

0232 答 (가) $\sqrt{3}$ (나) 3 (다) 18 (라) 2

0233 $\dfrac{4+\sqrt{3}}{\sqrt{5}}=\dfrac{(4+\sqrt{3})\times\sqrt{5}}{\sqrt{5}\times\sqrt{5}}$
$=\dfrac{4\sqrt{5}+\sqrt{15}}{5}$ 答 $\dfrac{4\sqrt{5}+\sqrt{15}}{5}$

0234 $\dfrac{\sqrt{2}-2}{\sqrt{3}}=\dfrac{(\sqrt{2}-2)\times\sqrt{3}}{\sqrt{3}\times\sqrt{3}}$
$=\dfrac{\sqrt{6}-2\sqrt{3}}{3}$ 答 $\dfrac{\sqrt{6}-2\sqrt{3}}{3}$

0235 $\dfrac{\sqrt{2}-2\sqrt{3}}{3\sqrt{2}}=\dfrac{(\sqrt{2}-2\sqrt{3})\times\sqrt{2}}{3\sqrt{2}\times\sqrt{2}}$
$=\dfrac{2-2\sqrt{6}}{6}=\dfrac{1-\sqrt{6}}{3}$ 答 $\dfrac{1-\sqrt{6}}{3}$

0236 $\dfrac{\sqrt{3}+\sqrt{2}}{\sqrt{12}}=\dfrac{\sqrt{3}+\sqrt{2}}{2\sqrt{3}}$
$=\dfrac{(\sqrt{3}+\sqrt{2})\times\sqrt{3}}{2\sqrt{3}\times\sqrt{3}}$
$=\dfrac{3+\sqrt{6}}{6}$ 答 $\dfrac{3+\sqrt{6}}{6}$

0237 答 2.128

0238 答 2.168

0239 答 (가) 100 (나) 10 (다) 17.32

0240 答 (가) 30 (나) 30 (다) 54.77

0241 答 (가) 100 (나) 10 (다) 0.5477

0242 答 (가) 100 (나) 10 (다) 0.1732

유형 익히기 본문 p.32 ~ 40

0243 ① $\sqrt{5}\sqrt{6}=\sqrt{5\times6}=\sqrt{30}$
② $-2\sqrt{3}\times\sqrt{10}=-2\sqrt{3\times10}=-2\sqrt{30}$
④ $\sqrt{\dfrac{3}{7}}\times\sqrt{\dfrac{28}{3}}=\sqrt{\dfrac{3}{7}\times\dfrac{28}{3}}=\sqrt{4}=2$
⑤ $-2\sqrt{\dfrac{16}{15}}\times3\sqrt{\dfrac{5}{8}}=-2\times3\times\sqrt{\dfrac{16}{15}\times\dfrac{5}{8}}=-6\sqrt{\dfrac{2}{3}}$
答 ③

0244 (주어진 식)$=3\times(-1)\times(-4)\times\sqrt{6}\times\sqrt{\dfrac{11}{6}}\times\sqrt{2}$

$\qquad\qquad=12\times\sqrt{6\times\dfrac{11}{6}\times2}$

$\qquad\qquad=12\sqrt{22}$ 　　　　답 ④

0245 $\sqrt{\dfrac{3}{4}}\times\sqrt{\dfrac{8}{3}}=\sqrt{\dfrac{3}{4}\times\dfrac{8}{3}}=\sqrt{2}$이므로 $a=2$

$\sqrt{\dfrac{7}{3}}\times5\sqrt{\dfrac{6}{14}}=5\sqrt{\dfrac{7}{3}\times\dfrac{6}{14}}=5$이므로 $b=5$

$\therefore a+b=7$ 　　　　답 **7**

0246 ① $\dfrac{\sqrt{5}}{\sqrt{20}}=\sqrt{\dfrac{5}{20}}=\sqrt{\dfrac{1}{4}}=\dfrac{1}{2}$

② $2\sqrt{18}\div4\sqrt{6}=\dfrac{2\sqrt{18}}{4\sqrt{6}}=\dfrac{1}{2}\sqrt{\dfrac{18}{6}}=\dfrac{\sqrt{3}}{2}$

③ $\dfrac{\sqrt{3}}{\sqrt{5}}\div\dfrac{\sqrt{12}}{\sqrt{40}}=\dfrac{\sqrt{3}}{\sqrt{5}}\times\dfrac{\sqrt{40}}{\sqrt{12}}=\sqrt{\dfrac{3}{5}\times\dfrac{40}{12}}=\sqrt{2}$

④ $\dfrac{\sqrt{45}}{\sqrt{15}}\div\dfrac{\sqrt{6}}{2\sqrt{14}}=\dfrac{\sqrt{45}}{\sqrt{15}}\times\dfrac{2\sqrt{14}}{\sqrt{6}}$

$\qquad\qquad=2\sqrt{\dfrac{45}{15}\times\dfrac{14}{6}}=2\sqrt{7}$

⑤ $\sqrt{24}\div\sqrt{12}\div\dfrac{1}{\sqrt{18}}=\sqrt{24}\times\dfrac{1}{\sqrt{12}}\times\sqrt{18}$

$\qquad\qquad=\sqrt{24\times\dfrac{1}{12}\times18}=\sqrt{36}=6$

따라서 옳지 않은 것은 ③이다. 　　　　답 ③

0247 $\sqrt{30}\div\dfrac{\sqrt{3}}{\sqrt{10}}=\sqrt{30}\times\dfrac{\sqrt{10}}{\sqrt{3}}=\sqrt{30\times\dfrac{10}{3}}$

$\qquad\qquad=\sqrt{100}=10$

따라서 $\sqrt{30}$은 $\dfrac{\sqrt{3}}{\sqrt{10}}$의 10배이다. 　　　　답 **10배**

0248 $\dfrac{\sqrt{10}}{\sqrt{7}}\div\dfrac{\sqrt{5}}{\sqrt{a}}=\dfrac{\sqrt{10}}{\sqrt{7}}\times\dfrac{\sqrt{a}}{\sqrt{5}}=\sqrt{\dfrac{10}{7}\times\dfrac{a}{5}}=\sqrt{\dfrac{2}{7}a}$

이때 $\sqrt{\dfrac{2}{7}a}=\sqrt{6}$이므로

$\dfrac{2}{7}a=6$ 　　$\therefore a=21$ 　　　　답 **21**

0249 $\dfrac{4\sqrt{7}}{\sqrt{2}}\div2\sqrt{3}\div\dfrac{\sqrt{7}}{\sqrt{6}}=\dfrac{4\sqrt{7}}{\sqrt{2}}\times\dfrac{1}{2\sqrt{3}}\times\dfrac{\sqrt{6}}{\sqrt{7}}$

$\qquad\qquad=\dfrac{4}{2}\times\sqrt{\dfrac{7\times6}{2\times3\times7}}$

$\qquad\qquad=2=a$

$\dfrac{2\sqrt{14}}{3}\div\dfrac{\sqrt{42}}{\sqrt{3}}\div\dfrac{2}{3\sqrt{6}}=\dfrac{2\sqrt{14}}{3}\times\dfrac{\sqrt{3}}{\sqrt{42}}\times\dfrac{3\sqrt{6}}{2}$

$\qquad\qquad=\dfrac{2\times3}{3\times2}\times\sqrt{\dfrac{14\times3\times6}{42}}$

$\qquad\qquad=\sqrt{6}=b$

$\therefore ab=2\sqrt{6}$ 　　　　답 $2\sqrt{6}$

0250 $\sqrt{128}=\sqrt{8^2\times2}=8\sqrt{2}$ 　　$\therefore a=8$

$\sqrt{180}=\sqrt{6^2\times5}=6\sqrt{5}$ 　　$\therefore b=5$

$\therefore \sqrt{ab}=\sqrt{8\times5}=\sqrt{2^2\times10}=2\sqrt{10}$ 　　　　답 ④

0251 (1) $\sqrt{50000}=\sqrt{5\times100^2}=100\sqrt{5}$ 　　$\therefore A=100$

$\sqrt{450}=\sqrt{15^2\times2}=15\sqrt{2}$ 　　$\therefore B=15$

$\therefore A+B=115$

(2) $\sqrt{12}\times\sqrt{18}\times\sqrt{75}=2\sqrt{3}\times3\sqrt{2}\times5\sqrt{3}$

$\qquad\qquad=30\times3\sqrt{2}$

$\qquad\qquad=90\sqrt{2}$

$\therefore a=90$

답 (1) **115** (2) **90**

0252 $\sqrt{150}=\sqrt{5^2\times6}=5\sqrt{6}$ 　　$\therefore a=6$ 　　　⑦

$8\sqrt{3}=\sqrt{8^2\times3}=\sqrt{192}$ 　　$\therefore b=192$ 　　　④

$\sqrt{208}=\sqrt{4^2\times13}=4\sqrt{13}$ 　　$\therefore c=4$ 　　　⑤

$\therefore a\sqrt{b+c}=6\sqrt{192+4}=6\sqrt{196}$

$\qquad\qquad=6\times14=84$ 　　　⑩

답 **84**

단계	채점요소	배점
⑦	a의 값 구하기	25%
④	b의 값 구하기	25%
⑤	c의 값 구하기	25%
⑩	$a\sqrt{b+c}$의 값 구하기	25%

0253 $a\sqrt{\dfrac{12b}{a}}+b\sqrt{\dfrac{27a}{b}}=\sqrt{a^2\times\dfrac{12b}{a}}+\sqrt{b^2\times\dfrac{27a}{b}}$

$\qquad\qquad=\sqrt{12ab}+\sqrt{27ab}$

$\qquad\qquad=2\sqrt{3ab}+3\sqrt{3ab}$

$\qquad\qquad=5\sqrt{3ab}$

$\qquad\qquad=5\sqrt{3\times48}$

$\qquad\qquad=5\sqrt{144}$

$\qquad\qquad=5\sqrt{12^2}$

$\qquad\qquad=5\times12$

$\qquad\qquad=60$ 　　　　답 ③

0254 ① $\sqrt{\dfrac{10}{121}}=\dfrac{\sqrt{10}}{\sqrt{121}}=\dfrac{\sqrt{10}}{11}$

② $\sqrt{\dfrac{28}{49}}=\dfrac{\sqrt{28}}{\sqrt{49}}=\dfrac{2\sqrt{7}}{7}$

③ $-\sqrt{\dfrac{12}{75}}=-\dfrac{\sqrt{12}}{\sqrt{75}}=-\dfrac{2\sqrt{3}}{5\sqrt{3}}=-\dfrac{2}{5}$

④ $\sqrt{0.24}=\sqrt{\dfrac{24}{100}}=\dfrac{\sqrt{24}}{\sqrt{100}}=\dfrac{2\sqrt{6}}{10}=\dfrac{\sqrt{6}}{5}$

⑤ $\sqrt{\dfrac{32}{144}}=\dfrac{\sqrt{32}}{\sqrt{144}}=\dfrac{4\sqrt{2}}{12}=\dfrac{\sqrt{2}}{3}$

따라서 옳은 것은 ①, ③이다.   🔳 ①, ③

0255 $\sqrt{\dfrac{30}{147}}=\sqrt{\dfrac{10}{49}}=\dfrac{\sqrt{10}}{\sqrt{49}}=\dfrac{\sqrt{10}}{7}$

따라서 $a=7$, $b=10$이므로

$a+b=17$ 🔳 **17**

0256 $\dfrac{\sqrt{5}}{2\sqrt{3}}=\sqrt{\dfrac{5}{12}}$ $\therefore a=\dfrac{5}{12}$

$\dfrac{\sqrt{3}}{3\sqrt{5}}=\sqrt{\dfrac{3}{45}}=\sqrt{\dfrac{1}{15}}$ $\therefore b=\dfrac{1}{15}$

$\therefore 4a+5b=4\times\dfrac{5}{12}+5\times\dfrac{1}{15}=\dfrac{5}{3}+\dfrac{1}{3}=2$ 🔳 **2**

0257 $\sqrt{\dfrac{150}{49}}=\dfrac{\sqrt{150}}{\sqrt{49}}=\dfrac{5\sqrt{6}}{7}$

$\therefore a=\dfrac{5}{7}$

                      🟠

$\sqrt{0.002}=\sqrt{\dfrac{2}{1000}}=\sqrt{\dfrac{20}{10000}}=\dfrac{\sqrt{20}}{\sqrt{10000}}=\dfrac{2\sqrt{5}}{100}=\dfrac{\sqrt{5}}{50}$

$\therefore b=\dfrac{1}{50}$

                      🟠

$\therefore \dfrac{1}{ab}=\dfrac{1}{a}\times\dfrac{1}{b}=\dfrac{7}{5}\times 50=70$

                      🟠

    🔳 **70**

단계	채점요소	배점
🟠	a의 값 구하기	40%
🟠	b의 값 구하기	40%
🟠	$\dfrac{1}{ab}$의 값 구하기	20%

0258 $\sqrt{450}=\sqrt{2\times 3^2\times 5^2}=\sqrt{2}\times(\sqrt{3})^2\times 5=5ab^2$ 🔳 ⑤

0259 $\sqrt{80}-\sqrt{147}=\sqrt{4^2\times 5}-\sqrt{7^2\times 3}$
$=4\sqrt{5}-7\sqrt{3}$
$=4B-7A$ 🔳 ④

0260 (1) $\sqrt{0.006}=\sqrt{\dfrac{60}{10000}}=\dfrac{\sqrt{60}}{\sqrt{10000}}$
$=\dfrac{2\sqrt{15}}{100}=\dfrac{\sqrt{15}}{50}=\dfrac{1}{50}a$

(2) $\sqrt{430}+\sqrt{0.43}=\sqrt{4.3\times 100}+\sqrt{\dfrac{43}{100}}$

$=10\sqrt{4.3}+\dfrac{\sqrt{43}}{10}=10a+\dfrac{1}{10}b$

    🔳 (1) $\dfrac{1}{50}a$ (2) $10a+\dfrac{1}{10}b$

0261 $\sqrt{7}=\sqrt{2+5}=\sqrt{(\sqrt{2})^2+(\sqrt{5})^2}=\sqrt{a^2+b^2}$ 🔳 ⑤

0262 $\dfrac{7}{\sqrt{18}}=\dfrac{7}{3\sqrt{2}}=\dfrac{7\times\sqrt{2}}{3\sqrt{2}\times\sqrt{2}}=\dfrac{7\sqrt{2}}{6}$ $\therefore A=\dfrac{7}{6}$

$\dfrac{3}{2\sqrt{3}}=\dfrac{3\times\sqrt{3}}{2\sqrt{3}\times\sqrt{3}}=\dfrac{3\sqrt{3}}{6}=\dfrac{\sqrt{3}}{2}$ $\therefore B=\dfrac{1}{2}$

$\therefore A+B=\dfrac{7}{6}+\dfrac{1}{2}=\dfrac{5}{3}$ 🔳 $\dfrac{5}{3}$

0263 ① $\dfrac{1}{\sqrt{3}}=\dfrac{\sqrt{3}}{\sqrt{3}\times\sqrt{3}}=\dfrac{\sqrt{3}}{3}$

② $\dfrac{6}{\sqrt{8}}=\dfrac{6}{2\sqrt{2}}=\dfrac{3}{\sqrt{2}}=\dfrac{3\times\sqrt{2}}{\sqrt{2}\times\sqrt{2}}=\dfrac{3\sqrt{2}}{2}$

③ $\dfrac{\sqrt{2}}{3\sqrt{5}}=\dfrac{\sqrt{2}\times\sqrt{5}}{3\sqrt{5}\times\sqrt{5}}=\dfrac{\sqrt{10}}{15}$

④ $\dfrac{3}{4\sqrt{7}}=\dfrac{3\times\sqrt{7}}{4\sqrt{7}\times\sqrt{7}}=\dfrac{3\sqrt{7}}{28}$

⑤ $\dfrac{2\sqrt{7}}{\sqrt{2}\sqrt{6}}=\dfrac{2\sqrt{7}}{\sqrt{12}}=\dfrac{2\sqrt{7}}{2\sqrt{3}}=\dfrac{\sqrt{7}}{\sqrt{3}}=\dfrac{\sqrt{7}\times\sqrt{3}}{\sqrt{3}\times\sqrt{3}}=\dfrac{\sqrt{21}}{3}$

따라서 옳지 않은 것은 ④이다.   🔳 ④

0264 $\dfrac{3\sqrt{a}}{2\sqrt{6}}=\dfrac{3\sqrt{a}\times\sqrt{6}}{2\sqrt{6}\times\sqrt{6}}=\dfrac{3\sqrt{6a}}{12}=\dfrac{\sqrt{6a}}{4}$이므로

$\dfrac{\sqrt{6a}}{4}=\dfrac{\sqrt{15}}{2}$에서

$\sqrt{6a}=2\sqrt{15}=\sqrt{60}$, $6a=60$

$\therefore a=10$ 🔳 ④

0265 $\dfrac{\sqrt{2}}{\sqrt{3}}=\dfrac{\sqrt{6}}{3}$, $\sqrt{3}=\dfrac{3\sqrt{3}}{3}=\dfrac{\sqrt{27}}{3}$, $\dfrac{2}{\sqrt{3}}=\dfrac{2\sqrt{3}}{3}=\dfrac{\sqrt{12}}{3}$,

$\dfrac{2}{3}=\dfrac{\sqrt{4}}{3}$이므로

                      🟠

큰 것부터 차례로 나열하면

$\sqrt{3}$, $\dfrac{2}{\sqrt{3}}$, $\dfrac{\sqrt{2}}{\sqrt{3}}$, $\dfrac{2}{3}$, $\dfrac{\sqrt{2}}{3}$

                      🟠

따라서 두 번째에 오는 수는 $\dfrac{2}{\sqrt{3}}$이다.

                      🟠

    🔳 $\dfrac{2}{\sqrt{3}}$

0266 (주어진 식)$=\dfrac{2\sqrt{2}}{\sqrt{15}}\times\dfrac{\sqrt{6}}{2}\times\dfrac{3\sqrt{5}}{\sqrt{3}}$

$\qquad\qquad=\dfrac{6}{\sqrt{3}}=\dfrac{6\sqrt{3}}{3}$

$\qquad\qquad=2\sqrt{3}$ 　　　　　　답 ④

0267 (주어진 식)$=\left(-\dfrac{2}{\sqrt{3}}\right)\times\dfrac{\sqrt{6}}{\sqrt{5}}\times\dfrac{3}{\sqrt{2}}$

$\qquad\qquad=-\dfrac{6}{\sqrt{5}}=-\dfrac{6\sqrt{5}}{5}$

$\therefore k=-\dfrac{6}{5}$ 　　　　　　답 $-\dfrac{6}{5}$

0268 ① $3\sqrt{12}\div(-2\sqrt{3})=(3\times2\sqrt{3})\times\left(-\dfrac{1}{2\sqrt{3}}\right)=-3$

② $2\sqrt{20}\div\sqrt{10}\times\sqrt{2}=(2\times2\sqrt{5})\times\dfrac{1}{\sqrt{10}}\times\sqrt{2}=4$

③ $\sqrt{18}\times\sqrt{48}\div\sqrt{108}=3\sqrt{2}\times4\sqrt{3}\times\dfrac{1}{6\sqrt{3}}=2\sqrt{2}$

④ $\sqrt{\dfrac{3}{4}}\div\dfrac{\sqrt{2}}{\sqrt{10}}\div\dfrac{\sqrt{5}}{3}=\dfrac{\sqrt{3}}{2}\div\dfrac{1}{\sqrt{5}}\div\dfrac{\sqrt{5}}{3}$

$\qquad\qquad=\dfrac{\sqrt{3}}{2}\times\sqrt{5}\times\dfrac{3}{\sqrt{5}}=\dfrac{3\sqrt{3}}{2}$

⑤ $\dfrac{5\sqrt{2}}{\sqrt{3}}\times\left(-\dfrac{\sqrt{7}}{\sqrt{5}}\right)\div\dfrac{\sqrt{14}}{2\sqrt{3}}=\dfrac{5\sqrt{2}}{\sqrt{3}}\times\left(-\dfrac{\sqrt{7}}{\sqrt{5}}\right)\times\dfrac{2\sqrt{3}}{\sqrt{14}}$

$\qquad\qquad=-\dfrac{10}{\sqrt{5}}=-\dfrac{10\sqrt{5}}{5}$

$\qquad\qquad=-2\sqrt{5}$

따라서 옳지 않은 것은 ④, ⑤이다. 　　답 ④, ⑤

0269 $3\sqrt{15}\div2\sqrt{18}\times2\sqrt{6}=3\sqrt{15}\times\dfrac{1}{6\sqrt{2}}\times2\sqrt{6}=3\sqrt{5}$

$\therefore a=3$

$\dfrac{\sqrt{50}}{2}\div(-6\sqrt{3})\times\sqrt{48}=\dfrac{5\sqrt{2}}{2}\times\left(-\dfrac{1}{6\sqrt{3}}\right)\times4\sqrt{3}=-\dfrac{5\sqrt{2}}{3}$

$\therefore b=-\dfrac{5}{3}$

$\therefore ab=-5$ 　　　　　　답 -5

0270 $\overline{\text{AD}}$를 한 변으로 하는 정사각형의 넓이가 32이므로

$\overline{\text{AD}}=\sqrt{32}=4\sqrt{2}$

$\overline{\text{CD}}$를 한 변으로 하는 정사각형의 넓이가 6이므로

$\overline{\text{CD}}=\sqrt{6}$

$\therefore \square\text{ABCD}=\overline{\text{AD}}\times\overline{\text{CD}}$

$\qquad\qquad=4\sqrt{2}\times\sqrt{6}$

$\qquad\qquad=4\sqrt{12}=8\sqrt{3}$ 　　　답 ④

0271 구하는 원의 반지름의 길이를 r cm라 하면

$\pi\times(4\sqrt{3})^2+\pi\times(5\sqrt{2})^2=\pi r^2$

$48\pi+50\pi=\pi r^2$, $r^2=98$

이때 $r>0$이므로 $r=\sqrt{98}=7\sqrt{2}$

따라서 구하는 원의 반지름의 길이는 $7\sqrt{2}$ cm이다.

답 $7\sqrt{2}$ cm

0272 원뿔의 높이를 x cm라 하면

$\dfrac{1}{3}\times\pi\times(3\sqrt{5})^2\times x=45\sqrt{6}\pi$

$15\pi x=45\sqrt{6}\pi$

$\therefore x=3\sqrt{6}$

따라서 원뿔의 높이는 $3\sqrt{6}$ cm이다. 　　답 $3\sqrt{6}$ cm

0273 (삼각형의 넓이)$=\dfrac{1}{2}\times x\times\sqrt{54}=\dfrac{1}{2}\times x\times3\sqrt{6}$

$\qquad\qquad\qquad=\dfrac{3\sqrt{6}}{2}x$

(직사각형의 넓이)$=\sqrt{48}\times\sqrt{27}=4\sqrt{3}\times3\sqrt{3}=36$

따라서 $\dfrac{3\sqrt{6}}{2}x=36$이므로

$x=36\times\dfrac{2}{3\sqrt{6}}=\dfrac{24}{\sqrt{6}}=4\sqrt{6}$ 　　답 $4\sqrt{6}$

0274 $A=(3+2-10)\sqrt{5}=-5\sqrt{5}$

$B=(4-6+1)\sqrt{3}=-\sqrt{3}$

$\therefore A-B=-5\sqrt{5}-(-\sqrt{3})$

$\qquad\qquad=\sqrt{3}-5\sqrt{5}$ 　　　答 ④

0275 $\dfrac{3\sqrt{3}}{4}+\dfrac{2\sqrt{6}}{5}-\dfrac{\sqrt{3}}{2}-\dfrac{2\sqrt{6}}{3}$

$=\left(\dfrac{3}{4}-\dfrac{1}{2}\right)\sqrt{3}+\left(\dfrac{2}{5}-\dfrac{2}{3}\right)\sqrt{6}$

$=\dfrac{\sqrt{3}}{4}-\dfrac{4\sqrt{6}}{15}$

따라서 $a=\dfrac{1}{4}$, $b=-\dfrac{4}{15}$이므로

$ab=-\dfrac{1}{15}$ 　　　　　　답 ②

0276 $\dfrac{\sqrt{a}}{3}-\dfrac{\sqrt{a}}{5}=\dfrac{2\sqrt{a}}{15}$이므로 $\dfrac{2\sqrt{a}}{15}=\dfrac{3}{5}$에서

$\sqrt{a}=\dfrac{9}{2}$ 　 $\therefore a=\dfrac{81}{4}$ 　　답 ⑤

0277 $1<\sqrt{3}<3$이므로 $3-\sqrt{3}>0$, $1-\sqrt{3}<0$

∴ (주어진 식) $=(3-\sqrt{3})-\{-(1-\sqrt{3})\}$

$$=3-\sqrt{3}+1-\sqrt{3}$$
$$=4-2\sqrt{3}$$

目 $4-2\sqrt{3}$

단계	채점요소	배점
㉮	근호 안의 부호 판단하기	40%
㉯	$\sqrt{(3-\sqrt{3})^2}$, $\sqrt{(1-\sqrt{3})^2}$을 근호를 사용하지 않고 나타내기	30%
㉰	주어진 식을 간단히 하기	30%

0278 $2\sqrt{75}+6\sqrt{8}-4\sqrt{27}-\sqrt{128}$
$=10\sqrt{3}+12\sqrt{2}-12\sqrt{3}-8\sqrt{2}$
$=4\sqrt{2}-2\sqrt{3}$
따라서 $a=4$, $b=-2$이므로
$a+b=2$

目 ③

0279 $\sqrt{175}-\sqrt{63}+\sqrt{28}=5\sqrt{7}-3\sqrt{7}+2\sqrt{7}=4\sqrt{7}$
∴ $k=4$

目 ②

0280 $\sqrt{24}+3\sqrt{a}-\sqrt{150}=\sqrt{54}$에서
$2\sqrt{6}+3\sqrt{a}-5\sqrt{6}=3\sqrt{6}$
$3\sqrt{a}=6\sqrt{6}$, $\sqrt{a}=2\sqrt{6}=\sqrt{24}$
∴ $a=24$

目 ④

0281 $\sqrt{125}-\sqrt{75}+\sqrt{108}-3\sqrt{20}$
$=5\sqrt{5}-5\sqrt{3}+6\sqrt{3}-6\sqrt{5}$
$=\sqrt{3}-\sqrt{5}$
$=a-b$

目 ③

0282 $\sqrt{45}-\dfrac{\sqrt{10}}{\sqrt{2}}+\dfrac{6}{\sqrt{3}}-\sqrt{27}$

$=3\sqrt{5}-\sqrt{5}+\dfrac{6\sqrt{3}}{3}-3\sqrt{3}$

$=3\sqrt{5}-\sqrt{5}+2\sqrt{3}-3\sqrt{3}$

$=-\sqrt{3}+2\sqrt{5}$

따라서 $a=-1$, $b=2$이므로
$ab=-2$

目 ②

0283 $\sqrt{18}-\dfrac{3}{\sqrt{8}}+\dfrac{2}{\sqrt{50}}=3\sqrt{2}-\dfrac{3}{2\sqrt{2}}+\dfrac{2}{5\sqrt{2}}$

$$=3\sqrt{2}-\dfrac{3\sqrt{2}}{4}+\dfrac{2\sqrt{2}}{10}$$

$$=\dfrac{49\sqrt{2}}{20}$$

∴ $k=\dfrac{49}{20}$

目 ③

0284 $b=a-\dfrac{1}{a}=\sqrt{5}-\dfrac{1}{\sqrt{5}}=\sqrt{5}-\dfrac{\sqrt{5}}{5}=\dfrac{4\sqrt{5}}{5}$

따라서 b는 a의 $\dfrac{4}{5}$배이다.

目 ⑤

0285 (주어진 식) $=4\sqrt{2}-\dfrac{6\sqrt{3}}{3}-5\sqrt{2}-\dfrac{6\sqrt{2}}{6}+4\sqrt{3}$

$$=4\sqrt{2}-2\sqrt{3}-5\sqrt{2}-\sqrt{2}+4\sqrt{3}$$

$$=-2\sqrt{2}+2\sqrt{3}$$

目 $-2\sqrt{2}+2\sqrt{3}$

0286 $\overline{AC}=\overline{AP}=\overline{BD}=\overline{BQ}=\sqrt{1^2+1^2}=\sqrt{2}$이므로
$p=-2+\sqrt{2}$, $q=-1-\sqrt{2}$
∴ $p-q=(-2+\sqrt{2})-(-1-\sqrt{2})$
$\qquad=-2+\sqrt{2}+1+\sqrt{2}$
$\qquad=-1+2\sqrt{2}$

目 $-1+2\sqrt{2}$

0287 $\overline{PR}=\overline{PA}=\overline{QS}=\overline{QB}=\sqrt{1^2+1^2}=\sqrt{2}$이므로
점 A의 좌표는 $-1+\sqrt{2}$, 점 B의 좌표는 $3-\sqrt{2}$이다.
따라서 두 점 A, B 사이의 거리는
$(3-\sqrt{2})-(-1+\sqrt{2})=3-\sqrt{2}+1-\sqrt{2}=4-2\sqrt{2}$

目 $4-2\sqrt{2}$

0288 $\overline{AB}=\overline{AP}=\overline{AD}=\overline{AQ}=\sqrt{1^2+2^2}=\sqrt{5}$이므로
$p=2+\sqrt{5}$, $q=2-\sqrt{5}$
∴ $2p-q=2(2+\sqrt{5})-(2-\sqrt{5})$
$\qquad=4+2\sqrt{5}-2+\sqrt{5}$
$\qquad=2+3\sqrt{5}$

目 $2+3\sqrt{5}$

0289 $\sqrt{3}\left(\dfrac{\sqrt{2}}{\sqrt{3}}-\dfrac{4\sqrt{15}}{3}\right)+\sqrt{2}(3-\sqrt{10})$

$=\sqrt{2}-\dfrac{4\sqrt{45}}{3}+3\sqrt{2}-\sqrt{20}$

$=\sqrt{2}-4\sqrt{5}+3\sqrt{2}-2\sqrt{5}$

$=4\sqrt{2}-6\sqrt{5}$

따라서 $a=4$, $b=-6$이므로
$a+b=-2$

目 ①

0290 (주어진 식)$=3+8-\sqrt{3}\left(4\sqrt{3}-\dfrac{1}{\sqrt{3}}\right)$

$\qquad\qquad =3+8-12+1=0$ 답 ②

0291 $3(\sqrt{45}-\sqrt{50})+2\sqrt{2}(4-\sqrt{10})$

$=3(3\sqrt{5}-5\sqrt{2})+8\sqrt{2}-2\sqrt{20}$

$=9\sqrt{5}-15\sqrt{2}+8\sqrt{2}-4\sqrt{5}$

$=-7\sqrt{2}+5\sqrt{5}$

따라서 $x=-7$, $y=5$이므로

$x+y=-2$ 답 -2

0292 $\sqrt{3}A-\sqrt{2}B=\sqrt{3}(\sqrt{2}+\sqrt{3})-\sqrt{2}(\sqrt{2}-\sqrt{3})$

$\qquad\qquad\quad =\sqrt{6}+3-2+\sqrt{6}$

$\qquad\qquad\quad =2\sqrt{6}+1$ 답 ②

0293 $\dfrac{2\sqrt{10}-\sqrt{75}}{3\sqrt{2}}=\dfrac{2\sqrt{10}-5\sqrt{3}}{3\sqrt{2}}$

$\qquad\qquad\qquad =\dfrac{(2\sqrt{10}-5\sqrt{3})\times\sqrt{2}}{3\sqrt{2}\times\sqrt{2}}$

$\qquad\qquad\qquad =\dfrac{4\sqrt{5}-5\sqrt{6}}{6}$

따라서 $a=\dfrac{4}{6}$, $b=-\dfrac{5}{6}$이므로

$a-b=\dfrac{9}{6}=\dfrac{3}{2}$ 답 $\dfrac{3}{2}$

0294 (주어진 식)

$=\dfrac{\sqrt{15}-\sqrt{3}}{\sqrt{3}}-\dfrac{5\sqrt{7}+2\sqrt{35}}{\sqrt{7}}$

$=\dfrac{(\sqrt{15}-\sqrt{3})\times\sqrt{3}}{\sqrt{3}\times\sqrt{3}}-\dfrac{(5\sqrt{7}+2\sqrt{35})\times\sqrt{7}}{\sqrt{7}\times\sqrt{7}}$

$=\dfrac{3\sqrt{5}-3}{3}-\dfrac{35+14\sqrt{5}}{7}$

$=\sqrt{5}-1-5-2\sqrt{5}$

$=-6-\sqrt{5}$ 답 ①

0295 $x=\dfrac{\sqrt{5}-\sqrt{2}}{3\sqrt{2}}=\dfrac{(\sqrt{5}-\sqrt{2})\times\sqrt{2}}{3\sqrt{2}\times\sqrt{2}}=\dfrac{\sqrt{10}-2}{6}$

$y=\dfrac{2\sqrt{6}-\sqrt{15}}{\sqrt{6}}=\dfrac{(2\sqrt{6}-\sqrt{15})\times\sqrt{6}}{\sqrt{6}\times\sqrt{6}}=\dfrac{12-3\sqrt{10}}{6}$

따라서 $x-y=\dfrac{-14+4\sqrt{10}}{6}=\dfrac{-7+2\sqrt{10}}{3}$이므로

$3(x-y)=3\times\dfrac{-7+2\sqrt{10}}{3}=-7+2\sqrt{10}$

답 $-7+2\sqrt{10}$

0296 $x=\dfrac{\sqrt{5}+\sqrt{3}}{\sqrt{2}}=\dfrac{(\sqrt{5}+\sqrt{3})\times\sqrt{2}}{\sqrt{2}\times\sqrt{2}}=\dfrac{\sqrt{10}+\sqrt{6}}{2}$

$y=\dfrac{\sqrt{5}-\sqrt{3}}{\sqrt{2}}=\dfrac{(\sqrt{5}-\sqrt{3})\times\sqrt{2}}{\sqrt{2}\times\sqrt{2}}=\dfrac{\sqrt{10}-\sqrt{6}}{2}$

·· ㉮

따라서

$x+y=\dfrac{\sqrt{10}+\sqrt{6}}{2}+\dfrac{\sqrt{10}-\sqrt{6}}{2}=\sqrt{10}$,

$x-y=\dfrac{\sqrt{10}+\sqrt{6}}{2}-\dfrac{\sqrt{10}-\sqrt{6}}{2}=\sqrt{6}$

이므로

·· ㉯

$\dfrac{x-y}{x+y}=\dfrac{\sqrt{6}}{\sqrt{10}}=\dfrac{\sqrt{3}}{\sqrt{5}}=\dfrac{\sqrt{15}}{5}$

·· ㉰

답 $\dfrac{\sqrt{15}}{5}$

단계	채점요소	배점
㉮	x, y의 분모를 유리화하기	40 %
㉯	$x+y$, $x-y$의 값 구하기	40 %
㉰	$\dfrac{x-y}{x+y}$의 값 구하기	20 %

0297 $\sqrt{3}(5+3\sqrt{2})-\dfrac{6-2\sqrt{2}}{\sqrt{3}}$

$=5\sqrt{3}+3\sqrt{6}-\dfrac{6\sqrt{3}-2\sqrt{6}}{3}$

$=5\sqrt{3}+3\sqrt{6}-2\sqrt{3}+\dfrac{2\sqrt{6}}{3}$

$=3\sqrt{3}+\dfrac{11\sqrt{6}}{3}$

따라서 $p=3$, $q=\dfrac{11}{3}$이므로

$pq=11$ 답 11

0298 (주어진 식)$=\dfrac{2\sqrt{2}}{\sqrt{5}}-2+\sqrt{2}+\dfrac{3\sqrt{10}}{5}-\sqrt{2}$

$\qquad\qquad =\dfrac{2\sqrt{10}}{5}-2+\dfrac{3\sqrt{10}}{5}$

$\qquad\qquad =\sqrt{10}-2$ 답 $\sqrt{10}-2$

0299 $\sqrt{5}x+2\sqrt{3}y=\sqrt{5}\left(\dfrac{6}{\sqrt{3}}+2\sqrt{5}\right)+2\sqrt{3}\left(4\sqrt{5}-\dfrac{\sqrt{3}}{3}\right)$

$\qquad\qquad\quad =\dfrac{6\sqrt{5}}{\sqrt{3}}+10+8\sqrt{15}-\dfrac{6}{3}$

$\qquad\qquad\quad =\dfrac{6\sqrt{15}}{3}+10+8\sqrt{15}-2$

$\qquad\qquad\quad =2\sqrt{15}+8\sqrt{15}+8$

$\qquad\qquad\quad =10\sqrt{15}+8$ 답 ⑤

0300 $A=2\sqrt{3}-2\sqrt{6}-\sqrt{3}+2\sqrt{3}=3\sqrt{3}-2\sqrt{6}$

·· ㉮

$$B=\sqrt{2}(\sqrt{6}+3\sqrt{3})-\frac{3\sqrt{2}-6}{\sqrt{3}}$$
$$=2\sqrt{3}+3\sqrt{6}-\sqrt{6}+2\sqrt{3}$$
$$=4\sqrt{3}+2\sqrt{6}$$

-- ㉯

$$\therefore A+B=(3\sqrt{3}-2\sqrt{6})+(4\sqrt{3}+2\sqrt{6})=7\sqrt{3}$$

-- ㉰

답 $7\sqrt{3}$

단계	채점요소	배점
㉮	A의 값 구하기	40%
㉯	B의 값 구하기	40%
㉰	$A+B$의 값 구하기	20%

0301 ① $(\sqrt{3}+1)-(2\sqrt{3}-2)=-\sqrt{3}+3$
$$=-\sqrt{3}+\sqrt{9}>0$$
$$\therefore \sqrt{3}+1>2\sqrt{3}-2$$
② $(4\sqrt{3}+1)-\sqrt{75}=4\sqrt{3}+1-5\sqrt{3}=-1+\sqrt{3}<0$
$$\therefore 4\sqrt{3}+1<\sqrt{75}$$
③ $(5\sqrt{6}+\sqrt{7})-(\sqrt{7}+6\sqrt{5})=5\sqrt{6}-6\sqrt{5}$
$$=\sqrt{150}-\sqrt{180}<0$$
$$\therefore 5\sqrt{6}+\sqrt{7}<\sqrt{7}+6\sqrt{5}$$
④ $(3+\sqrt{5})-(2\sqrt{2}+\sqrt{5})=3-2\sqrt{2}=\sqrt{9}-\sqrt{8}>0$
$$\therefore 3+\sqrt{5}>2\sqrt{2}+\sqrt{5}$$
⑤ $(2\sqrt{7}+\sqrt{2})-(\sqrt{7}+3\sqrt{2})=\sqrt{7}-2\sqrt{2}$
$$=\sqrt{7}-\sqrt{8}<0$$
$$\therefore 2\sqrt{7}+\sqrt{2}<\sqrt{7}+3\sqrt{2}$$
따라서 옳은 것은 ④이다.

답 ④

0302 ① $\sqrt{18}-(5-\sqrt{2})=3\sqrt{2}-5+\sqrt{2}$
$$=4\sqrt{2}-5$$
$$=\sqrt{32}-\sqrt{25}>0$$
$$\therefore \sqrt{18}>5-\sqrt{2}$$
② $(3-\sqrt{3})-(4-2\sqrt{3})=-1+\sqrt{3}>0$
$$\therefore 3-\sqrt{3}>4-2\sqrt{3}$$
③ $(5\sqrt{2}-2\sqrt{3})-(3\sqrt{2}+\sqrt{3})=2\sqrt{2}-3\sqrt{3}$
$$=\sqrt{8}-\sqrt{27}<0$$
$$\therefore 5\sqrt{2}-2\sqrt{3}<3\sqrt{2}+\sqrt{3}$$
④ $(3\sqrt{3}-4\sqrt{2})-(-\sqrt{12}+\sqrt{8})=3\sqrt{3}-4\sqrt{2}+2\sqrt{3}-2\sqrt{2}$
$$=5\sqrt{3}-6\sqrt{2}$$
$$=\sqrt{75}-\sqrt{72}>0$$
$$\therefore 3\sqrt{3}-4\sqrt{2}>-\sqrt{12}+\sqrt{8}$$
⑤ $(2\sqrt{7}-\sqrt{3})-(3\sqrt{3}+\sqrt{7})=\sqrt{7}-4\sqrt{3}$
$$=\sqrt{7}-\sqrt{48}<0$$
$$\therefore 2\sqrt{7}-\sqrt{3}<3\sqrt{3}+\sqrt{7}$$
따라서 옳지 않은 것은 ④이다.

답 ④

0303 $A-B=(2-\sqrt{3})-(2\sqrt{3}-3)$
$$=5-3\sqrt{3}$$
$$=\sqrt{25}-\sqrt{27}<0$$
$$\therefore A<B$$
$$B-C=(2\sqrt{3}-3)-(\sqrt{3}-1)$$
$$=\sqrt{3}-2$$
$$=\sqrt{3}-\sqrt{4}<0$$
$$\therefore B<C$$
$$\therefore A<B<C$$

답 $A<B<C$

0304 $a-b=(2\sqrt{7}-1)-(2\sqrt{6}+\sqrt{7}-1)$
$$=\sqrt{7}-2\sqrt{6}$$
$$=\sqrt{7}-\sqrt{24}<0$$
$$\therefore a<b$$
$$a-c=(2\sqrt{7}-1)-(\sqrt{7}+1)$$
$$=\sqrt{7}-2$$
$$=\sqrt{7}-\sqrt{4}>0$$
$$\therefore a>c$$
$$\therefore c<a<b$$

답 ⑤

0305 $\square ABCD=\frac{1}{2}\times\{\sqrt{27}+(\sqrt{48}+\sqrt{12})\}\times\sqrt{32}$
$$=\frac{1}{2}\times(3\sqrt{3}+4\sqrt{3}+2\sqrt{3})\times4\sqrt{2}$$
$$=\frac{1}{2}\times9\sqrt{3}\times4\sqrt{2}$$
$$=18\sqrt{6}(cm^2)$$

답 $18\sqrt{6}\ cm^2$

0306 넓이가 $8\ cm^2$, $18\ cm^2$, $32\ cm^2$인 정사각형의 한 변의 길이는 각각 $\sqrt{8}\ cm$, $\sqrt{18}\ cm$, $\sqrt{32}\ cm$, 즉 $2\sqrt{2}\ cm$, $3\sqrt{2}\ cm$, $4\sqrt{2}\ cm$이므로
$$\overline{AB}=2\sqrt{2}\ cm,\ \overline{BC}=3\sqrt{2}\ cm,\ \overline{CD}=4\sqrt{2}\ cm$$
$$\therefore \overline{AD}=\overline{AB}+\overline{BC}+\overline{CD}$$
$$=2\sqrt{2}+3\sqrt{2}+4\sqrt{2}=9\sqrt{2}(cm)$$

답 $9\sqrt{2}\ cm$

0307 직육면체의 높이를 x라 하면
$$\sqrt{12}\times\sqrt{3}\times x=18\sqrt{3}$$

-- ㉮

$$2\sqrt{3}\times\sqrt{3}\times x=18\sqrt{3},\ 6x=18\sqrt{3}$$
$$\therefore x=3\sqrt{3}$$

-- ㉯

따라서 직육면체의 모든 모서리의 길이의 합은
$$4(\sqrt{12}+\sqrt{3}+3\sqrt{3})=4(2\sqrt{3}+\sqrt{3}+3\sqrt{3})$$
$$=4\times6\sqrt{3}$$
$$=24\sqrt{3}$$

-- ㉰

답 $24\sqrt{3}$

단계	채점요소	배점
㉮	직육면체의 부피를 이용하여 높이에 대한 방정식 세우기	20%
㉯	직육면체의 높이 구하기	40%
㉰	모든 모서리의 길이의 합 구하기	40%

0308 (상자의 밑면의 가로의 길이)$=\sqrt{80}-2\sqrt{5}$
$\qquad\qquad\qquad\qquad\quad=4\sqrt{5}-2\sqrt{5}$
$\qquad\qquad\qquad\qquad\quad=2\sqrt{5}(\text{cm})$

(상자의 밑면의 세로의 길이)$=\sqrt{125}-2\sqrt{5}$
$\qquad\qquad\qquad\qquad\quad=5\sqrt{5}-2\sqrt{5}$
$\qquad\qquad\qquad\qquad\quad=3\sqrt{5}(\text{cm})$

(상자의 높이)$=\sqrt{5}\ \text{cm}$

$\therefore$ (상자의 부피)$=2\sqrt{5}\times3\sqrt{5}\times\sqrt{5}=30\sqrt{5}(\text{cm}^3)$

📖 $\mathbf{30\sqrt{5}\ cm^3}$

0309 ① $\sqrt{500}=\sqrt{5\times100}=10\sqrt{5}=10\times2.236=22.36$

② $\sqrt{0.5}=\sqrt{\dfrac{50}{100}}=\dfrac{\sqrt{50}}{10}=\dfrac{7.071}{10}=0.7071$

③ $\sqrt{5000}=\sqrt{50\times100}=10\sqrt{50}=10\times7.071=70.71$

④ $\sqrt{0.05}=\sqrt{\dfrac{5}{100}}=\dfrac{\sqrt{5}}{10}=\dfrac{2.236}{10}=0.2236$

⑤ $\sqrt{0.005}=\sqrt{\dfrac{50}{10000}}=\dfrac{\sqrt{50}}{100}=\dfrac{7.071}{100}=0.07071$

따라서 옳은 것은 ③이다. 📖 ③

0310 ① $\sqrt{0.00068}=\sqrt{\dfrac{6.8}{10000}}=\dfrac{\sqrt{6.8}}{100}=\dfrac{2.608}{100}=0.02608$

② $\sqrt{0.068}=\sqrt{\dfrac{6.8}{100}}=\dfrac{\sqrt{6.8}}{10}=\dfrac{2.608}{10}=0.2608$

③ $\sqrt{680}=\sqrt{6.8\times100}=10\sqrt{6.8}=10\times2.608=26.08$

④ $\sqrt{6800}=\sqrt{68\times100}=10\sqrt{68}$이므로 $\sqrt{68}$의 값이 주어져야 한다.

⑤ $\sqrt{68000}=\sqrt{6.8\times10000}=100\sqrt{6.8}$
$\qquad\qquad\quad=100\times2.608=260.8$

따라서 그 값을 구할 수 없는 것은 ④이다. 📖 ④

0311 $25.65=10\times2.565=10\sqrt{6.58}=\sqrt{6.58\times100}=\sqrt{658}$

$\therefore a=658$ 📖 **658**

0312 (1) $\sqrt{0.12}=\sqrt{\dfrac{12}{100}}=\dfrac{2\sqrt{3}}{10}=\dfrac{\sqrt{3}}{5}$
$\qquad\qquad=\dfrac{1.732}{5}=0.3464$

(2) $\sqrt{0.32}+\sqrt{\dfrac{1}{50}}=\sqrt{\dfrac{32}{100}}+\dfrac{1}{5\sqrt{2}}=\dfrac{4\sqrt{2}}{10}+\dfrac{\sqrt{2}}{10}$
$\qquad\qquad\qquad=\dfrac{\sqrt{2}}{2}=\dfrac{1.414}{2}=0.707$

📖 (1) **0.3464** (2) **0.707**

0313 (주어진 식)$=\dfrac{(3-4\sqrt{12})\times\sqrt{3}}{\sqrt{3}\times\sqrt{3}}-6k\sqrt{3}-6$
$\qquad\qquad\quad=\dfrac{3\sqrt{3}-24}{3}-6k\sqrt{3}-6$
$\qquad\qquad\quad=\sqrt{3}-8-6k\sqrt{3}-6$
$\qquad\qquad\quad=-14+(1-6k)\sqrt{3}$

이 값이 유리수가 되려면
$1-6k=0\qquad\therefore k=\dfrac{1}{6}$ 📖 ③

0314 (주어진 식)$=3+a\sqrt{3}-2\sqrt{3}(2-\sqrt{3})$
$\qquad\qquad\quad=3+a\sqrt{3}-4\sqrt{3}+6$
$\qquad\qquad\quad=9+(a-4)\sqrt{3}$

이 값이 유리수가 되려면
$a-4=0\qquad\therefore a=4$ 📖 **4**

0315 (주어진 식)$=a\sqrt{6}+3a-6+\sqrt{6}$
$\qquad\qquad\quad=3a-6+(a+1)\sqrt{6}$

이 값이 유리수가 되려면
$a+1=0\qquad\therefore a=-1$ 📖 ③

0316 $P=8\sqrt{6}+5a-5\sqrt{6}+3a\sqrt{6}+13$
$\qquad=5a+13+(3a+3)\sqrt{6}$

P가 유리수가 되려면 $3a+3=0\qquad\therefore a=-1$
$\therefore P=5\times(-1)+13=8$ 📖 $\boldsymbol{a=-1,\ P=8}$

0317 $2<\sqrt{7}<3$에서 $5<3+\sqrt{7}<6$이므로 $a=5$
$2\sqrt{6}=\sqrt{24}$에서 $4<\sqrt{24}<5$이므로 $b=2\sqrt{6}-4$
$\therefore a+b=2\sqrt{6}+1$ 📖 ①

0318 $1<\sqrt{2}<2$에서 $-2<-\sqrt{2}<-1$이므로
$4<6-\sqrt{2}<5$
따라서 $a=4$, $b=(6-\sqrt{2})-4=2-\sqrt{2}$이므로
$a-2b=4-2(2-\sqrt{2})=4-4+2\sqrt{2}$
$\qquad=2\sqrt{2}$ 📖 ③

0319 $1<\sqrt{3}<2$에서 $-2<-\sqrt{3}<-1$이므로
$1<3-\sqrt{3}<2\qquad\therefore a=1$
.... ㉮

$3<\sqrt{10}<4$에서 $4<\sqrt{10}+1<5$이므로
$b=(\sqrt{10}+1)-4=\sqrt{10}-3$
.... ㉯

$$\therefore \sqrt{10}a-b=\sqrt{10}\times 1-(\sqrt{10}-3)=3$$

━━━━━━━━━━━━━━━━━━━━━━━━━━━━━━━━━━ 🈯

🈯 **3**

단계	채점요소	배점
㉮	a의 값 구하기	40%
㉯	b의 값 구하기	40%
㉰	$\sqrt{10}a-b$의 값 구하기	20%

0320 $3<\sqrt{11}<4$이므로
$$a=\sqrt{11}-3 \qquad \therefore \sqrt{11}=a+3$$
이때 $16<\sqrt{275}<17$이므로 $\sqrt{275}$의 소수 부분은
$$\sqrt{275}-16=5\sqrt{11}-16=5(a+3)-16=5a-1 \qquad 🈯②$$

본문 p.42~44

📖 중단원 마무리하기

0321 ① $\sqrt{2^4\times 3^2\times 11}=2^2\times 3\times\sqrt{11}=12\sqrt{11}$
② $\sqrt{12}\times 5\sqrt{6}=2\sqrt{3}\times 5\sqrt{6}=10\sqrt{18}=30\sqrt{2}$
③ $2\sqrt{5}\div(-\sqrt{2})=-\dfrac{2\sqrt{5}}{\sqrt{2}}=-\sqrt{10}$
④ $\sqrt{\dfrac{3}{5}}\sqrt{\dfrac{40}{9}}=\sqrt{\dfrac{3}{5}\times\dfrac{40}{9}}=\sqrt{\dfrac{8}{3}}=\dfrac{2\sqrt{2}}{\sqrt{3}}=\dfrac{2\sqrt{6}}{3}$
⑤ $2\sqrt{18}\div\sqrt{6}\times\sqrt{2}=6\sqrt{2}\times\dfrac{1}{\sqrt{6}}\times\sqrt{2}=\dfrac{12}{\sqrt{6}}=2\sqrt{6}$
따라서 옳지 않은 것은 ④이다. 🈯④

0322 $3\sqrt{5}=\sqrt{3^2\times 5}=\sqrt{45}$이므로
$$15+3a=45,\ 3a=30 \qquad \therefore a=10 \qquad 🈯\mathbf{10}$$

0323 $\sqrt{0.28}+\sqrt{7000}=\sqrt{\dfrac{28}{100}}+\sqrt{70\times 100}$
$$=\dfrac{\sqrt{28}}{10}+10\sqrt{70}$$
$$=\dfrac{2\sqrt{7}}{10}+10\sqrt{70}$$
$$=\dfrac{\sqrt{7}}{5}+10\sqrt{70}$$
$$=\dfrac{1}{5}a+10b \qquad 🈯④$$

0324 $\dfrac{9\sqrt{3}}{\sqrt{5}}=\dfrac{9\sqrt{3}\times\sqrt{5}}{\sqrt{5}\times\sqrt{5}}=\dfrac{9\sqrt{15}}{5} \qquad \therefore a=\dfrac{9}{5}$
$$\dfrac{20}{\sqrt{27}}=\dfrac{20}{3\sqrt{3}}=\dfrac{20\times\sqrt{3}}{3\sqrt{3}\times\sqrt{3}}=\dfrac{20\sqrt{3}}{9} \qquad \therefore b=\dfrac{20}{9}$$

$$\therefore \sqrt{ab}=\sqrt{\dfrac{9}{5}\times\dfrac{20}{9}}=\sqrt{4}=2 \qquad 🈯②$$

0325 (직사각형의 넓이)$=4\sqrt{2}\times\sqrt{27}=4\sqrt{2}\times 3\sqrt{3}$
$$=12\sqrt{6}$$
(삼각형의 넓이)$=\dfrac{1}{2}\times\dfrac{2}{\sqrt{3}}\times x=\dfrac{\sqrt{3}}{3}x$
직사각형의 넓이가 삼각형의 넓이의 3배이므로
$$12\sqrt{6}=\dfrac{\sqrt{3}}{3}x\times 3,\ \sqrt{3}x=12\sqrt{6}$$
$$\therefore x=12\sqrt{2} \qquad 🈯\mathbf{12\sqrt{2}}$$

0326 ㄱ. $\sqrt{9}+\sqrt{25}=3+5=8$
ㄷ. $4\sqrt{3}-2\sqrt{3}=(4-2)\sqrt{3}=2\sqrt{3}$
따라서 옳은 것은 ㄱ, ㄷ이다. 🈯②

0327 $11=\sqrt{121}$이므로 $11-\sqrt{3}>0$
$4=\sqrt{16}$이므로 $\sqrt{12}-4<0$
$$\therefore (\text{주어진 식})=(11-\sqrt{3})-\{-(\sqrt{12}-4)\}$$
$$=11-\sqrt{3}+\sqrt{12}-4$$
$$=11-\sqrt{3}+2\sqrt{3}-4$$
$$=7+\sqrt{3} \qquad 🈯⑤$$

0328 $\sqrt{150}+\sqrt{24}-a\sqrt{6}=5\sqrt{6}+2\sqrt{6}-a\sqrt{6}$
$$=(7-a)\sqrt{6}$$
$\sqrt{54}=3\sqrt{6}$이므로 $(7-a)\sqrt{6}=3\sqrt{6}$
따라서 $7-a=3$이므로 $a=4$ 🈯②

0329 $(\text{주어진 식})=\dfrac{7}{-2\sqrt{3}+8\sqrt{3}-3\sqrt{3}}$
$$=\dfrac{7}{3\sqrt{3}}=\dfrac{7\times\sqrt{3}}{3\sqrt{3}\times\sqrt{3}}$$
$$=\dfrac{7\sqrt{3}}{9} \qquad 🈯③$$

0330 $3(3-2\sqrt{6})-\dfrac{\sqrt{3}}{3}(6\sqrt{3}-9\sqrt{2})$
$$=9-6\sqrt{6}-6+3\sqrt{6}=3-3\sqrt{6}$$
따라서 $a=3,\ b=-3$이므로
$$a+b=0 \qquad 🈯\mathbf{0}$$

0331 $(\text{주어진 식})=\dfrac{(2\sqrt{3}-\sqrt{2})\times\sqrt{2}}{\sqrt{2}\times\sqrt{2}}-\dfrac{(3\sqrt{2}+\sqrt{3})\times\sqrt{3}}{\sqrt{3}\times\sqrt{3}}$
$$=\dfrac{2\sqrt{6}-2}{2}-\dfrac{3\sqrt{6}+3}{3}$$
$$=\sqrt{6}-1-\sqrt{6}-1$$
$$=-2 \qquad 🈯②$$

0332 $A-B=(2\sqrt{3}-3)-\sqrt{3}$
$\qquad\quad=\sqrt{3}-3$
$\qquad\quad=\sqrt{3}-\sqrt{9}<0$
$\therefore A<B$
$A-C=(2\sqrt{3}-3)-(5-3\sqrt{3})$
$\qquad\quad=2\sqrt{3}-3-5+3\sqrt{3}$
$\qquad\quad=5\sqrt{3}-8$
$\qquad\quad=\sqrt{75}-\sqrt{64}>0$
$\therefore A>C$
$\therefore C<A<B$ $\qquad\qquad\qquad\qquad$ 📋 $C<A<B$

0333 (밑넓이)$=(\sqrt{2}+\sqrt{6})\times\sqrt{2}=2+\sqrt{12}$
$\qquad\qquad\qquad\qquad\qquad\quad=2+2\sqrt{3}$
(옆넓이)$=2\times\{(\sqrt{2}+\sqrt{6})+\sqrt{2}\}\times\sqrt{6}$
$\qquad\qquad=(4\sqrt{2}+2\sqrt{6})\times\sqrt{6}$
$\qquad\qquad=4\sqrt{12}+12=8\sqrt{3}+12$
$\therefore$ (겉넓이)$=$(밑넓이)$\times2+$(옆넓이)
$\qquad\qquad\quad=(2+2\sqrt{3})\times2+(8\sqrt{3}+12)$
$\qquad\qquad\quad=4+4\sqrt{3}+8\sqrt{3}+12$
$\qquad\qquad\quad=16+12\sqrt{3}$ $\qquad\qquad\qquad$ 📋 ②

0334 $\sqrt{232}=\sqrt{2.32\times100}=10\sqrt{2.32}=10\times1.523=15.23$
$\sqrt{0.00241}=\sqrt{\dfrac{24.1}{10000}}=\dfrac{\sqrt{24.1}}{100}=\dfrac{4.909}{100}=0.04909$
$\qquad\qquad\qquad\qquad\qquad\qquad$ 📋 **15.23, 0.04909**

0335 ① $\sqrt{0.15}=\sqrt{\dfrac{15}{100}}=\dfrac{\sqrt{15}}{10}=\dfrac{3.873}{10}=0.3873$
② $\sqrt{150}=\sqrt{1.5\times100}=10\sqrt{1.5}=10\times1.225=12.25$
③ $\sqrt{0.015}=\sqrt{\dfrac{1.5}{100}}=\dfrac{\sqrt{1.5}}{10}=\dfrac{1.225}{10}=0.1225$
④ $\sqrt{13.5}=\sqrt{1.5\times3^2}=3\sqrt{1.5}=3\times1.225=3.675$
⑤ $\sqrt{135}=\sqrt{15\times3^2}=3\sqrt{15}=3\times3.873=11.619$
따라서 옳지 않은 것은 ④이다. $\qquad\qquad\qquad$ 📋 ④

0336 $2<\sqrt{7}<3$이므로 $5<3+\sqrt{7}<6$
따라서 $3+\sqrt{7}$의 정수 부분은 5이므로
$a=(3+\sqrt{7})-5=-2+\sqrt{7}$
$2<\sqrt{7}<3$에서 $-3<-\sqrt{7}<-2$이므로
$2<5-\sqrt{7}<3$
따라서 $5-\sqrt{7}$의 정수 부분은 2이므로
$b=(5-\sqrt{7})-2=3-\sqrt{7}$
$\therefore 3a+\sqrt{7}b=3(-2+\sqrt{7})+\sqrt{7}(3-\sqrt{7})$
$\qquad\qquad\quad=-6+3\sqrt{7}+3\sqrt{7}-7$
$\qquad\qquad\quad=-13+6\sqrt{7}$ $\qquad\qquad$ 📋 $-13+6\sqrt{7}$

0337 $a+b$의 값이 가장 작으려면 a, b의 값이 모두 가장 작아야 한다.
$\sqrt{150a}=\sqrt{2\times3\times5^2\times a}=b\sqrt{3}$에서 $a=2\times$(자연수)^{2}의 꼴이어야 하므로 가장 작은 a의 값은 2이다. $\qquad\qquad$ ㉮

$\sqrt{2\times3\times5^2\times2}=10\sqrt{3}$이므로 가장 작은 b의 값은 10이다. $\qquad$ ㉯

따라서 $a+b$의 값 중 가장 작은 값은 $2+10=12$ $\qquad$ ㉰

$\qquad\qquad\qquad\qquad\qquad\qquad\qquad$ 📋 **12**

단계	채점요소	배점
㉮	가장 작은 a의 값 구하기	40%
㉯	가장 작은 b의 값 구하기	40%
㉰	$a+b$의 값 중 가장 작은 값 구하기	20%

0338 $\overline{AC}=\sqrt{1^2+1^2}=\sqrt{2}$이므로 $\qquad\qquad\qquad$ ㉮

$a=2-\sqrt{2}$, $b=2+\sqrt{2}$ $\qquad\qquad\qquad\qquad$ ㉯

$\therefore \sqrt{2}a+b=\sqrt{2}(2-\sqrt{2})+(2+\sqrt{2})$
$\qquad\qquad\quad=2\sqrt{2}-2+2+\sqrt{2}=3\sqrt{2}$ $\qquad$ ㉰

$\qquad\qquad\qquad\qquad\qquad\qquad\qquad$ 📋 $3\sqrt{2}$

단계	채점요소	배점
㉮	$\overline{AC}$의 길이 구하기	20%
㉯	a, b의 값 구하기	30%
㉰	$\sqrt{2}a+b$의 값 구하기	50%

0339 (A의 넓이)$=125\,\text{cm}^2$
(B의 넓이)$=125\times\dfrac{1}{5}=25(\text{cm}^2)$
(C의 넓이)$=25\times\dfrac{1}{5}=5(\text{cm}^2)$
$\qquad\qquad\qquad\qquad\qquad\qquad\qquad$ ㉮

이므로 A, B, C의 한 변의 길이는 각각
$\sqrt{125}=5\sqrt{5}(\text{cm})$, $\sqrt{25}=5(\text{cm})$, $\sqrt{5}\,\text{cm}$이다. $\qquad$ ㉯

따라서 도형의 둘레의 길이는
$(5\sqrt{5}+5+\sqrt{5})\times2+5\sqrt{5}\times2$
$=12\sqrt{5}+10+10\sqrt{5}$
$=10+22\sqrt{5}(\text{cm})$
$\qquad\qquad\qquad\qquad\qquad\qquad\qquad$ ㉰

$\qquad\qquad\qquad\qquad\qquad$ 📋 $(10+22\sqrt{5})\,\text{cm}$

단계	채점요소	배점
㉮	정사각형 A, B, C의 넓이 각각 구하기	30%
㉯	정사각형 A, B, C의 한 변의 길이 각각 구하기	30%
㉰	도형의 둘레의 길이 구하기	40%

0340 $\dfrac{a}{\sqrt{2}}(\sqrt{8}-2)+\sqrt{24}\left(\dfrac{1}{\sqrt{3}}-\dfrac{1}{\sqrt{6}}\right)$

$=2a-a\sqrt{2}+2\sqrt{2}-2$

$=2a-2+(2-a)\sqrt{2}$

───────────────────────────── ㉮

이 값이 유리수가 되려면

$2-a=0$

───────────────────────────── ㉯

$\therefore a=2$

───────────────────────────── ㉰

답 **2**

단계	채점요소	배점
㉮	주어진 식 간단히 하기	50%
㉯	유리수가 될 조건 알기	30%
㉰	a의 값 구하기	20%

0341 $\triangle ABC \backsim \triangle ADE$ (AA 닮음)이고,

$\triangle ADE=\dfrac{1}{3}\triangle ABC$이므로

$\triangle ABC : \triangle ADE=3 : 1$

즉, $\triangle ABC$와 $\triangle ADE$의 닮음비가 $\sqrt{3} : 1$이므로

$6 : \overline{DE}=\sqrt{3} : 1$

$\sqrt{3}\overline{DE}=6$ $\therefore \overline{DE}=2\sqrt{3}$

답 **$2\sqrt{3}$**

0342 $x=\dfrac{\sqrt{5}+\sqrt{30}}{\sqrt{5}}=\dfrac{\sqrt{5}}{\sqrt{5}}+\dfrac{\sqrt{30}}{\sqrt{5}}=1+\sqrt{6}$,

$y=\dfrac{\sqrt{18}-\sqrt{12}}{\sqrt{3}}=\dfrac{\sqrt{18}}{\sqrt{3}}-\dfrac{\sqrt{12}}{\sqrt{3}}=\sqrt{6}-\sqrt{4}=\sqrt{6}-2$

이므로

$3x-2y=3(1+\sqrt{6})-2(\sqrt{6}-2)$

$\qquad\quad =3+3\sqrt{6}-2\sqrt{6}+4$

$\qquad\quad =7+\sqrt{6}$

$2x+y=2(1+\sqrt{6})+(\sqrt{6}-2)$

$\qquad\quad =2+2\sqrt{6}+\sqrt{6}-2$

$\qquad\quad =3\sqrt{6}$

$\therefore \dfrac{3x-2y}{2x+y}=\dfrac{7+\sqrt{6}}{3\sqrt{6}}=\dfrac{(7+\sqrt{6})\times\sqrt{6}}{3\sqrt{6}\times\sqrt{6}}$

$\qquad\qquad\quad =\dfrac{7\sqrt{6}+6}{18}=\dfrac{1}{3}+\dfrac{7}{18}\sqrt{6}$

따라서 $a=\dfrac{1}{3}$, $b=\dfrac{7}{18}$이므로

$a-b=\dfrac{1}{3}-\dfrac{7}{18}=-\dfrac{1}{18}$　　　　　답 $-\dfrac{1}{18}$

0343 넓이가 각각 8, 9, 16, 18인 네 정사각형의 한 변의 길이는 각각 $2\sqrt{2}$, 3, 4, $3\sqrt{2}$이다.

따라서 도형의 둘레의 길이는

$3\times2\sqrt{2}+(3\times3-2\sqrt{2})+(3\times4-3)+(4\times3\sqrt{2}-4)$

$=6\sqrt{2}+9-2\sqrt{2}+12-3+12\sqrt{2}-4$

$=16\sqrt{2}+14$　　　　　답 ②

0344 $5<\sqrt{27}<6$이므로

$f(27)=\sqrt{27}-5=-5+3\sqrt{3}$

$8<\sqrt{75}<9$이므로

$f(75)=\sqrt{75}-8=-8+5\sqrt{3}$

$\therefore f(27)-f(75)=(-5+3\sqrt{3})-(-8+5\sqrt{3})$

$\qquad\qquad\qquad\quad =-5+3\sqrt{3}+8-5\sqrt{3}$

$\qquad\qquad\qquad\quad =3-2\sqrt{3}$　　　　답 $3-2\sqrt{3}$

03 다항식의 곱셈 Ⅱ. 다항식의 곱셈과 인수분해

본문 p.47

교과서문제 정복하기

0345 답 $2ab-3a+4b-6$

0346 답 $3ac+12ad-bc-4bd$

0347 답 $-5x^2+7xy-2y^2$

0348 $(x-y)(x+y-3)=x^2+xy-3x-xy-y^2+3y$
$=x^2-3x-y^2+3y$
답 x^2-3x-y^2+3y

0349 답 x^2+2x+1

0350 답 $x^2-4xy+4y^2$

0351 답 a^2-16

0352 답 x^2+6x-7

0353 답 $10y^2-27y+5$

0354 답 A, A^2-9, $x+y$, $x^2+2xy+y^2-9$

0355 답 5, 25, 11025

0356 답 2, 4, 9604

0357 답 40, 40, 1600, 1596

0358 $\dfrac{1}{3+\sqrt{2}}=\dfrac{3-\sqrt{2}}{(3+\sqrt{2})(3-\sqrt{2})}=\dfrac{3-\sqrt{2}}{7}$
답 $\dfrac{3-\sqrt{2}}{7}$

0359 $\dfrac{1}{4-\sqrt{3}}=\dfrac{4+\sqrt{3}}{(4-\sqrt{3})(4+\sqrt{3})}=\dfrac{4+\sqrt{3}}{13}$
답 $\dfrac{4+\sqrt{3}}{13}$

0360 $\dfrac{5}{\sqrt{10}+3}=\dfrac{5(\sqrt{10}-3)}{(\sqrt{10}+3)(\sqrt{10}-3)}=5\sqrt{10}-15$
답 $5\sqrt{10}-15$

0361 $\dfrac{4\sqrt{2}}{\sqrt{5}-\sqrt{3}}=\dfrac{4\sqrt{2}(\sqrt{5}+\sqrt{3})}{(\sqrt{5}-\sqrt{3})(\sqrt{5}+\sqrt{3})}$
$=\dfrac{4\sqrt{10}+4\sqrt{6}}{2}=2\sqrt{10}+2\sqrt{6}$
답 $2\sqrt{10}+2\sqrt{6}$

0362 (1) $x^2+y^2=(x+y)^2-2xy=4^2-2\times(-2)=20$
(2) $(x-y)^2=(x+y)^2-4xy=4^2-4\times(-2)=24$
답 (1) **20** (2) **24**

0363 (1) $x^2+y^2=(x-y)^2+2xy=3^2+2\times4=17$
(2) $(x+y)^2=(x-y)^2+4xy=3^2+4\times4=25$
답 (1) **17** (2) **25**

유형 익히기

본문 p.48~55

0364 $(3x+7)(Ax+B)=3Ax^2+3Bx+7Ax+7B$
$=3Ax^2+(7A+3B)x+7B$
$=12x^2-Cx-21$
따라서 $3A=12$, $7A+3B=-C$, $7B=-21$이므로
$A=4$, $B=-3$, $C=-19$
$\therefore A+B+C=4+(-3)+(-19)=-18$ 답 ②

0365 $(3x+A)(2x-5)=6x^2-15x+2Ax-5A$
$=6x^2+(-15+2A)x-5A$
$=6x^2+Bx-20$
따라서 $-15+2A=B$, $-5A=-20$이므로
$A=4$, $B=-7$
$\therefore A-B=11$ 답 11

0366 $(x-2y+3)(2x-y)$
$=2x^2-xy-4xy+2y^2+6x-3y$
$=2x^2-5xy+2y^2+6x-3y$ 답 ③

0367 $(a+b-2)(a+5)-(2a-3)(b+4)$
$=a^2+5a+ab+5b-2a-10-2ab-8a+3b+12$
$=a^2-5a-ab+8b+2$ 답 $a^2-5a-ab+8b+2$

0368 주어진 식의 전개식에서
x^2항은 $5x\times(-1x)+(-3)\times2x^2=-5x^2-6x^2=-26x^2$
$\therefore p=-26$

26 정답과 풀이

x항은 $5x \times 3 + (-3) \times (-4x) = 15x + 12x = 27x$

$\therefore q = 27$

$\therefore p + q = 1$　　　　　　　　　　　　目 ③

0369 주어진 식의 전개식에서 x항은

$5x \times 1 + (-2) \times (-3x) = 5x + 6x = 11x$

따라서 x의 계수는 11이다.　　　　　　目 ④

0370 주어진 식의 전개식에서

x^2항은 $(-3x) \times ax = -3ax^2$이므로 x^2의 계수는 $-3a$

xy항은

$(-3x) \times 5y + 2y \times ax = -15xy + 2axy = (-15 + 2a)xy$

이므로 xy의 계수는 $-15 + 2a$

이때 x^2의 계수와 xy의 계수가 같으므로

$-3a = -15 + 2a$, $-5a = -15$　　$\therefore a = 3$　目 ⑤

0371 주어진 식의 전개식에서

xy항은 $x \times ay + (-3y) \times x = axy - 3xy = (a-3)xy$이므로

xy의 계수는 $a - 3$

y항은 $(-3y) \times b + (-2) \times ay = -3by - 2ay = (-3b - 2a)y$

이므로 y의 계수는 $-3b - 2a$

이때 xy의 계수와 y의 계수가 모두 -2이므로

$a - 3 = -2$　　$\therefore a = 1$

$-3b - 2a = -2$　　$\therefore b = 0$

$\therefore ab = 0$　　　　　　　　　　　　目 **0**

0372 $(5x - 2y)^2 = 25x^2 - 20xy + 4y^2$이므로

$a = 25$, $b = -20$, $c = 4$

$\therefore a + b - c = 25 + (-20) - 4 = 1$　　目 ③

0373 $\left(x + \dfrac{1}{3}\right)^2 = x^2 + \dfrac{2}{3}x + \dfrac{1}{9} = x^2 - ax + \dfrac{1}{9}$

$\therefore a = -\dfrac{2}{3}$　　　　　　　　　　目 ③

0374 ① $(x + 3)^2 = x^2 + 6x + 9$

② $(3x - 1)^2 = 9x^2 - 6x + 1$

③ $\left(\dfrac{1}{2}x + 3\right)^2 = \dfrac{1}{4}x^2 + 3x + 9$

④ $(-2x - 3)^2 = (2x + 3)^2 = 4x^2 + 12x + 9$

따라서 옳은 것은 ⑤이다.　　　　　　　目 ⑤

0375 $(-a + 2b)^2 = \{-(a - 2b)\}^2 = (a - 2b)^2$　目 ④

0376 $(3x - ay)^2 = 9x^2 - 6axy + a^2y^2$에서

xy의 계수가 -30이므로 $-6a = -30$　　$\therefore a = 5$

따라서 y^2의 계수는 $a^2 = 25$　　　　　　目 ⑤

0377 $(2x - 3y)^2 - 2(x + 2y)^2$

$= 4x^2 - 12xy + 9y^2 - 2(x^2 + 4xy + 4y^2)$

$= 4x^2 - 12xy + 9y^2 - 2x^2 - 8xy - 8y^2$

$= 2x^2 - 20xy + y^2$　　　　目 $2x^2 - 20xy + y^2$

0378 $(3x + A)^2 = 9x^2 + 6Ax + A^2 = Bx^2 - Cx + 4$이므로

　　　　　　　　　　　　　　　　　　　❷

$9 = B$, $6A = -C$, $A^2 = 4$

이때 $A > 0$이므로 $A = 2$, $B = 9$, $C = -12$

　　　　　　　　　　　　　　　　　　　❸

$\therefore A - B - C = 2 - 9 - (-12) = 5$

　　　　　　　　　　　　　　　　　　　❹

目 **5**

단계	채점요소	배점
❷	주어진 식 전개하기	40%
❸	A, B, C의 값 구하기	40%
❹	$A - B - C$의 값 구하기	20%

0379 $(Ax + 3B)^2 = A^2x^2 + 6ABx + 9B^2$

x^2의 계수가 16이므로 $A^2 = 16$이고 A는 양수이므로 $A = 4$

상수항이 4이므로 $9B^2 = 4$, 즉 $B^2 = \dfrac{4}{9}$이고 B는 양수이므로

$B = \dfrac{2}{3}$

따라서 x의 계수는 $6AB = 6 \times 4 \times \dfrac{2}{3} = 16$　目 **16**

0380 $\left(-\dfrac{1}{2}x - 4y\right)\left(-\dfrac{1}{2}x + 4y\right) = \left(-\dfrac{1}{2}x\right)^2 - (4y)^2$

　　　　　　　　　　　　　　$= \dfrac{1}{4}x^2 - 16y^2$　目 ③

0381 ② $(-3 + x)(-3 - x) = (-3)^2 - x^2$

　　　　　　　　　　　　　$= 9 - x^2$　　　目 ②

0382 $(2x + 3y)(2x - 3y) - 3(-x + y)(-x - y)$

$= 4x^2 - 9y^2 - 3(x^2 - y^2)$

$= 4x^2 - 9y^2 - 3x^2 + 3y^2$

$= x^2 - 6y^2$

이므로 $A = 1$, $B = -6$

$\therefore A + B = -5$　　　　　　　　　目 -5

0383 $(1 - a)(1 + a)(1 + a^2)(1 + a^4)$

$= (1 - a^2)(1 + a^2)(1 + a^4)$

$= (1 - a^4)(1 + a^4)$

$= 1 - a^8$

$\therefore \square = 8$　　　　　　　　　　目 **8**

0384 $(x+a)(x-7)=x^2+(a-7)x-7a=x^2+bx-14$
따라서 $a-7=b$, $-7a=-14$이므로
$a=2$, $b=-5$
$\therefore a+b=-3$ 　　　　　　　　　　　　　　　　　답 -3

0385 $\left(x-\dfrac{1}{3}\right)(x+a)=x^2+\left(-\dfrac{1}{3}+a\right)x-\dfrac{1}{3}a$에서
x의 계수와 상수항이 같으므로
$-\dfrac{1}{3}+a=-\dfrac{1}{3}a$, $\dfrac{4}{3}a=\dfrac{1}{3}$　　$\therefore a=\dfrac{1}{4}$　　답 ④

0386 $(x-2)\left(x+\dfrac{1}{2}\right)=x^2-\dfrac{3}{2}x-1$　　$\therefore a=-\dfrac{3}{2}$

　　　　　　　　　　　　　　　　　　　　　　　　　　㉮

$(x-3)(x+2)=x^2-x-6$　　$\therefore b=-6$

　　　　　　　　　　　　　　　　　　　　　　　　　　㉯

$\therefore ab=9$

　　　　　　　　　　　　　　　　　　　　　　　　　　㉰

　　　　　　　　　　　　　　　　　　　　　　　　答 **9**

단계	채점요소	배점
㉮	a의 값 구하기	40%
㉯	b의 값 구하기	40%
㉰	ab의 값 구하기	20%

0387 (주어진 식)$=x^2-2x-15-3(x^2-5x-6)$
　　　　　　$=x^2-2x-15-3x^2+15x+18$
　　　　　　$=-2x^2+13x+3$

　　　　　　　　　　　　　　答 $-2x^2+13x+3$

0388 $(3x+a)(4x-5)=12x^2+(4a-15)x-5a$
　　　　　　　　　　　　$=12x^2+bx-10$
따라서 $4a-15=b$, $-5a=-10$이므로
$a=2$, $b=-7$
$\therefore a-b=9$ 　　　　　　　　　　　　　　　　답 **9**

0389 (주어진 식)$=30x^2-13x-3-4(6x^2-x-1)$
　　　　　　$=30x^2-13x-3-24x^2+4x+4$
　　　　　　$=6x^2-9x+1$ 　　　　　　　　　答 ③

0390 $(Ax+1)(3x+B)=3Ax^2+(AB+3)x+B$

　　　　　　　　　　　　　　　　　　　　　　　　㉮

　　　　　　　　　$=15x^2+Cx-5$
따라서 $B=-5$이고 $3A=15$에서 $A=5$
$C=AB+3=5\times(-5)+3=-22$

　　　　　　　　　　　　　　　　　　　　　　　　㉯

$\therefore A+B+C=5+(-5)+(-22)=-22$

　　　　　　　　　　　　　　　　　　　　　　　　㉰

　　　　　　　　　　　　　　　　　　　　答 -22

단계	채점요소	배점
㉮	주어진 식 전개하기	40%
㉯	A, B, C의 값 구하기	40%
㉰	$A+B+C$의 값 구하기	20%

0391 $(4x+a)(5x+2)=20x^2+(8+5a)x+2a$이므로
$8+5a=23$, $2a=6$　　$\therefore a=3$
바르게 계산한 식은 $(4x+3)(2x+5)=8x^2+26x+15$
따라서 x의 계수는 26, 상수항은 15이므로 구하는 합은
$26+15=41$ 　　　　　　　　　　　　　　　答 **41**

0392 ② $(-x-5)^2=x^2+10x+25$ 　　　　　答 ②

0393 ① $(-x+3)^2=x^2-6x+9$ ⇨ x의 계수 : -6
② $(4x-1)^2=16x^2-8x+1$ ⇨ x의 계수 : -8
③ $(-x+4)(-x-6)=x^2+2x-24$ ⇨ x의 계수 : 2
④ $(4-3x)(x+2)=-3x^2-2x+8$ ⇨ x의 계수 : -2
⑤ $(2x-5)(3x+1)=6x^2-13x-5$ ⇨ x의 계수 : -13
따라서 x의 계수가 가장 작은 것은 ⑤이다. 　　答 ⑤

0394 $P+Q=(a+b)(a-b)$, $P+R=a^2-b^2$이고
$P+Q=P+R$이므로
$(a+b)(a-b)=a^2-b^2$ 　　　　　　　　　答 ③

0395 색칠한 직사각형의 가로의 길이는 $5x+2$, 세로의 길이
는 $6x-3$이므로 구하는 넓이는
$(5x+2)(6x-3)=30x^2-3x-6$ 　　答 $30x^2-3x-6$

0396 오른쪽 그림과 같이 떨어진 부
분을 이동하여 붙이면 길을 제외한 땅의
넓이는
$(3x-1)(2x-1)=6x^2-5x+1$
따라서 $a=6$, $b=-5$, $c=1$이므로
$a-b+c=6-(-5)+1=12$ 　　　　答 **12**

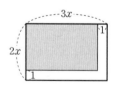

0397 직사각형의 가로의 길이는 $a-3$, 세로의 길이는 $a+4$
이므로 이 직사각형의 넓이는
$(a-3)(a+4)=a^2+a-12$

　　　　　　　　　　　　　　　　　　　　　　　　㉮

이때 처음 정사각형의 넓이는 a^2이고 직사각형의 넓이는 처음 정
사각형의 넓이보다 5만큼 크므로

$a^2+a-12=a^2+5$

────────────────────────────── ❹

$\therefore a=17$

────────────────────────────── ❺

🖺 **17**

단계	채점요소	배점
㉮	직사각형의 넓이 구하기	40%
㉯	조건에 맞는 식 세우기	40%
㉰	a의 값 구하기	20%

0398 오른쪽 그림과 같이 떨어진 부분을 이동하여 붙이면 길을 제외한 땅의 넓이는

$(5a-1)(4a-1)=20a^2-9a+1$

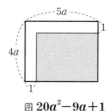

🖺 $20a^2-9a+1$

0399 새로운 직사각형의 가로의 길이는 $a-b$, 세로의 길이는 $a+b$이므로 구하는 넓이는

$(a-b)(a+b)=a^2-b^2$ 🖺 a^2-b^2

0400 정사각형 EFCD의 한 변의 길이가 $a+2$이므로 정사각형 AGHE의 한 변의 길이는

$3a-1-(a+2)=2a-3$

$\therefore$ (사각형 GBFH의 넓이)

$=$ (직사각형 ABCD의 넓이)$-$(정사각형 AGHE의 넓이)

$\qquad -$ (정사각형 EFCD의 넓이)

$=(3a-1)(a+2)-(2a-3)^2-(a+2)^2$

$=3a^2+5a-2-4a^2+12a-9-a^2-4a-4$

$=-2a^2+13a-15$ 🖺 $-2a^2+13a-15$

0401 $x-2=A$로 놓으면

$(x+3y-2)(x-3y-2)=(A+3y)(A-3y)$

$\qquad\qquad\qquad =A^2-9y^2$

$\qquad\qquad\qquad =(x-2)^2-9y^2$

$\qquad\qquad\qquad =x^2-4x-9y^2+4$ 🖺 ③

0402 (1) $x-z=A$로 놓으면

$(x+y-z)(x-y-z)=(A+y)(A-y)$

$\qquad\qquad\qquad =A^2-y^2$

$\qquad\qquad\qquad =(x-z)^2-y^2$

$\qquad\qquad\qquad =x^2-2xz+z^2-y^2$

(2) $x+y=A$로 놓으면

$(x+y)(x+y-2)=A(A-2)$

$\qquad\qquad\quad =A^2-2A$

$\qquad\qquad\quad =(x+y)^2-2(x+y)$

$\qquad\qquad\quad =x^2+2xy+y^2-2x-2y$

(3) $2x+y=A$로 놓으면

$(2x+y-1)^2=(A-1)^2$

$\qquad\qquad =A^2-2A+1$

$\qquad\qquad =(2x+y)^2-2(2x+y)+1$

$\qquad\qquad =4x^2+4xy+y^2-4x-2y+1$

🖺 (1) $x^2-2xz+z^2-y^2$

(2) $x^2+2xy+y^2-2x-2y$

(3) $4x^2+4xy+y^2-4x-2y+1$

0403 $x-3y=A$로 놓으면

$(x-3y+1)^2=(A+1)^2=A^2+2A+1$

$\qquad\qquad =(x-3y)^2+2(x-3y)+1$

$\qquad\qquad =x^2-6xy+9y^2+\boxed{2x-6y+1}$

🖺 $2x-6y+1$

0404 $x+2y=A$로 놓으면

$(x+2y-3)^2=(A-3)^2$

$\qquad\qquad =A^2-6A+9$

$\qquad\qquad =(x+2y)^2-6(x+2y)+9$

$\qquad\qquad =x^2+4xy+4y^2-6x-12y+9$

────────────────────────────── ㉮

따라서 xy의 계수는 4, 상수항은 9이므로 $A=4$, $B=9$

────────────────────────────── ㉯

$\therefore A-B=-5$

────────────────────────────── ㉰

🖺 -5

단계	채점요소	배점
㉮	주어진 식 전개하기	60%
㉯	A, B의 값 구하기	30%
㉰	$A-B$의 값 구하기	10%

0405 (주어진 식) $=\{(x+1)(x-3)\}\{(x+2)(x-4)\}$

$\qquad\qquad =(x^2-2x-3)(x^2-2x-8)$

$x^2-2x=A$로 놓으면

$(A-3)(A-8)=A^2-11A+24$

$\qquad\qquad =(x^2-2x)^2-11(x^2-2x)+24$

$\qquad\qquad =x^4-4x^3+4x^2-11x^2+22x+24$

$\qquad\qquad =x^4-4x^3-7x^2+22x+24$

따라서 x^3의 계수는 -4, x의 계수는 22이므로

$a=-4$, $b=22$

$\therefore a+b=18$ 🖺 **18**

0406 (주어진 식) $=\{x(x-2)\}\{(x+1)(x-3)\}$

$\qquad\qquad =(x^2-2x)(x^2-2x-3)$

$x^2-2x=A$로 놓으면

$A(A-3)=A^2-3A$
$\qquad =(x^2-2x)^2-3(x^2-2x)$
$\qquad =x^4-4x^3+4x^2-3x^2+6x$
$\qquad =x^4-4x^3+x^2+6x$

답 $\boldsymbol{x^4-4x^3+x^2+6x}$

0407 (주어진 식)$=\{(x-6)(x+5)\}\{(x-2)(x+1)\}$
$\qquad =(x^2-x-30)(x^2-x-2)$

$x^2-x=A$로 놓으면

$(A-30)(A-2)=A^2-32A+60$
$\qquad =(x^2-x)^2-32(x^2-x)+60$
$\qquad =x^4-2x^3+x^2-32x^2+32x+60$
$\qquad =x^4-2x^3-31x^2+32x+60$

따라서 $a=-2$, $b=-31$, $c=32$, $d=60$이므로
$a+b+c+d=-2+(-31)+32+60=59$

답 **59**

0408 $x^2-4x-1=0$에서 $x^2-4x=1$

$\therefore$ (주어진 식)$=\{(x-5)(x+1)\}\{(x-3)(x-1)\}$
$\qquad =(x^2-4x-5)(x^2-4x+3)$
$\qquad =(1-5)(1+3)=-16$

답 **-16**

0409 ⑤ $504\times507=(500+4)(500+7)$
$\qquad \Rightarrow (x+a)(x+b)$

답 ⑤

0410 ① $97^2=(100-3)^2 \Rightarrow (a-b)^2$

② $102^2=(100+2)^2 \Rightarrow (a+b)^2$

③ $103\times104=(100+3)(100+4) \Rightarrow (x+a)(x+b)$

④ $8.1\times7.9=(8+0.1)(8-0.1) \Rightarrow (a+b)(a-b)$

⑤ $99^2=(100-1)^2 \Rightarrow (a-b)^2$

따라서 주어진 곱셈 공식을 이용하면 가장 편리한 것은 ④이다.

답 ④

0411 ① $95^2=(100-5)^2 \Rightarrow (a-b)^2$

② $1004^2=(1000+4)^2 \Rightarrow (a+b)^2$

③ $55\times45=(50+5)(50-5) \Rightarrow (a+b)(a-b)$

④ $102\times98=(100+2)(100-2) \Rightarrow (a+b)(a-b)$

⑤ $101\times108=(100+1)(100+8) \Rightarrow (x+a)(x+b)$

따라서 주어진 곱셈 공식을 이용하면 가장 편리한 것은 ⑤이다.

답 ⑤

0412 $2019=x$라 하면

$\dfrac{2018\times2021+2}{2019}=\dfrac{(x-1)(x+2)+2}{x}=\dfrac{x^2+x}{x}$
$\qquad =x+1=2019+1=2020$

답 **2020**

0413 $(-3\sqrt{7}+2)^2=(-3\sqrt{7})^2+2\times(-3\sqrt{7})\times2+2^2$
$\qquad =63-12\sqrt{7}+4$
$\qquad =67-12\sqrt{7}$

답 ③

0414 $(5\sqrt{3}+3)(2\sqrt{3}-1)=30+(-5+6)\sqrt{3}-3$
$\qquad =27+\sqrt{3}$

따라서 $a=27$, $b=1$이므로
$a-b=26$

답 ④

0415 $M=(\sqrt{3}+2\sqrt{2})^2$
$\qquad =(\sqrt{3})^2+2\times\sqrt{3}\times2\sqrt{2}+(2\sqrt{2})^2$
$\qquad =3+4\sqrt{6}+8=11+4\sqrt{6}$

⠀⠀⠀⠀⠀⠀⠀⠀⠀⠀⠀⠀⠀⠀⠀⠀⠀⠀⠀⠀⠀⠀⠀⠀⠀ ㉮

$N=(2\sqrt{6}-1)(4\sqrt{6}+3)$
$\qquad =48+(6-4)\sqrt{6}-3$
$\qquad =45+2\sqrt{6}$

⠀⠀⠀⠀⠀⠀⠀⠀⠀⠀⠀⠀⠀⠀⠀⠀⠀⠀⠀⠀⠀⠀⠀⠀⠀ ㉯

$\therefore M-N=-34+2\sqrt{6}$

⠀⠀⠀⠀⠀⠀⠀⠀⠀⠀⠀⠀⠀⠀⠀⠀⠀⠀⠀⠀⠀⠀⠀⠀⠀ ㉰

답 $\boldsymbol{-34+2\sqrt{6}}$

단계	채점요소	배점
㉮	M의 값 구하기	40%
㉯	N의 값 구하기	40%
㉰	$M-N$의 값 구하기	20%

0416 $(6+4\sqrt{2})(6-4\sqrt{2})(5+2\sqrt{6})(5-2\sqrt{6})$
$=\{(6+4\sqrt{2})(6-4\sqrt{2})\}\{(5+2\sqrt{6})(5-2\sqrt{6})\}$
$=\{6^2-(4\sqrt{2})^2\}\{5^2-(2\sqrt{6})^2\}$
$=(36-32)(25-24)$
$=4$

답 **4**

0417 $\dfrac{\sqrt{2}+5}{3-2\sqrt{2}}=\dfrac{(\sqrt{2}+5)(3+2\sqrt{2})}{(3-2\sqrt{2})(3+2\sqrt{2})}$
$\qquad =3\sqrt{2}+4+15+10\sqrt{2}$
$\qquad =19+13\sqrt{2}$

따라서 $a=19$, $b=13$이므로
$a+b=32$

답 ⑤

0418 $\dfrac{1}{x}=\dfrac{1}{7+4\sqrt{3}}=\dfrac{7-4\sqrt{3}}{(7+4\sqrt{3})(7-4\sqrt{3})}$
$\qquad =7-4\sqrt{3}$

$\therefore x+\dfrac{1}{x}=(7+4\sqrt{3})+(7-4\sqrt{3})=14$

답 ③

0419 $\dfrac{\sqrt{6}-\sqrt{3}}{\sqrt{6}+\sqrt{3}}-\dfrac{\sqrt{6}+\sqrt{3}}{\sqrt{6}-\sqrt{3}}$

$=\dfrac{(\sqrt{6}-\sqrt{3})^2}{(\sqrt{6}+\sqrt{3})(\sqrt{6}-\sqrt{3})}-\dfrac{(\sqrt{6}+\sqrt{3})^2}{(\sqrt{6}-\sqrt{3})(\sqrt{6}+\sqrt{3})}$

$=\dfrac{6-6\sqrt{2}+3}{6-3}-\dfrac{6+6\sqrt{2}+3}{6-3}=\dfrac{9-6\sqrt{2}}{3}-\dfrac{9+6\sqrt{2}}{3}$

$=3-2\sqrt{2}-(3+2\sqrt{2})=-4\sqrt{2}$ **답 ①**

0420 $\dfrac{1}{f(x)}=\dfrac{1}{\sqrt{x+1}+\sqrt{x}}$

$=\dfrac{\sqrt{x+1}-\sqrt{x}}{(\sqrt{x+1}+\sqrt{x})(\sqrt{x+1}-\sqrt{x})}$

$=\dfrac{\sqrt{x+1}-\sqrt{x}}{x+1-x}$

$=\sqrt{x+1}-\sqrt{x}$

$\therefore \dfrac{1}{f(1)}+\dfrac{1}{f(2)}+\dfrac{1}{f(3)}+\cdots+\dfrac{1}{f(8)}$

$=(\sqrt{2}-\sqrt{1})+(\sqrt{3}-\sqrt{2})+(\sqrt{4}-\sqrt{3})+\cdots+(\sqrt{9}-\sqrt{8})$

$=-\sqrt{1}+\sqrt{9}=-1+3=2$ **답 2**

0421 $x^2+y^2=(x+y)^2-2xy=(4\sqrt{3})^2-2\times5$
$\qquad\qquad =48-10=38$ **답 ③**

0422 (1) $x^2+y^2=(x-y)^2+2xy$이므로
$\qquad 58=6^2+2xy,\ 2xy=22 \qquad \therefore xy=11$
(2) $(a-b)^2=(a+b)^2-4ab=7^2-4\times10=9$

답 (1) 11 (2) 9

0423 $(x+y)^2=(x-y)^2+4xy=4^2+4\times3=28$ **답 ③**

0424 $x+y=(\sqrt{3}+\sqrt{2})+(\sqrt{3}-\sqrt{2})=2\sqrt{3}$
$xy=(\sqrt{3}+\sqrt{2})(\sqrt{3}-\sqrt{2})=1$
$\therefore \dfrac{y}{x}+\dfrac{x}{y}=\dfrac{x^2+y^2}{xy}=\dfrac{(x+y)^2-2xy}{xy}$

$\qquad\qquad =\dfrac{(2\sqrt{3})^2-2\times1}{1}=10$ **답 ④**

유형 UP

본문 p.56

0425 $\left(x+\dfrac{1}{x}\right)^2=\left(x-\dfrac{1}{x}\right)^2+4=3^2+4=13$ **답 ④**

0426 (1) $x^2+\dfrac{1}{x^2}=\left(x-\dfrac{1}{x}\right)^2+2=4^2+2=18$

(2) $x^2+\dfrac{1}{x^2}=\left(x+\dfrac{1}{x}\right)^2-2=(\sqrt{6})^2-2=4$

답 (1) 18 (2) 4

0427 $x^2+\dfrac{1}{x^2}=\left(x+\dfrac{1}{x}\right)^2-2$이므로

$18=\left(x+\dfrac{1}{x}\right)^2-2 \qquad \therefore \left(x+\dfrac{1}{x}\right)^2=20$

그런데 $x>0$이므로 $x+\dfrac{1}{x}>0$

$\therefore x+\dfrac{1}{x}=\sqrt{20}=2\sqrt{5}$ **답 ⑤**

0428 $\left(x-\dfrac{1}{x}\right)^2=\left(x+\dfrac{1}{x}\right)^2-4$
$\qquad\qquad\quad =(2\sqrt{7})^2-4=24$

그런데 $0<x<1$이므로 $x-\dfrac{1}{x}<0$

$\therefore x-\dfrac{1}{x}=-\sqrt{24}=-2\sqrt{6}$ **답 $-2\sqrt{6}$**

0429 $x\neq0$이므로 $x^2-8x+1=0$의 양변을 x로 나누면

$x-8+\dfrac{1}{x}=0 \qquad \therefore x+\dfrac{1}{x}=8$

$\therefore x^2+\dfrac{1}{x^2}=\left(x+\dfrac{1}{x}\right)^2-2=8^2-2=62$ **답 ④**

0430 $x\neq0$이므로 $x^2+4x-1=0$의 양변을 x로 나누면

$x+4-\dfrac{1}{x}=0 \qquad \therefore x-\dfrac{1}{x}=-4$

$\therefore \left(x+\dfrac{1}{x}\right)^2=\left(x-\dfrac{1}{x}\right)^2+4=(-4)^2+4=20$ **답 20**

0431 $x\neq0$이므로 $x^2-5x+1=0$의 양변을 x로 나누면

$x-5+\dfrac{1}{x}=0 \qquad \therefore x+\dfrac{1}{x}=5$

······················· ㉮

$\therefore x^2-7+\dfrac{1}{x^2}=x^2+\dfrac{1}{x^2}-7$

$\qquad\qquad\qquad =\left(x+\dfrac{1}{x}\right)^2-2-7=5^2-2-7$

$\qquad\qquad\qquad =16$

······················· ㉯

답 16

단계	채점요소	배점
㉮	$x+\dfrac{1}{x}$의 값 구하기	30%
㉯	$x^2-7+\dfrac{1}{x^2}$의 값 구하기	70%

0432 $x\neq0$이므로 $x^2+3x-1=0$의 양변을 x로 나누면

$x+3-\dfrac{1}{x}=0 \qquad \therefore x-\dfrac{1}{x}=-3$

$$\therefore x^2+x-\frac{1}{x}+\frac{1}{x^2}=\left(x^2+\frac{1}{x^2}\right)+\left(x-\frac{1}{x}\right)$$
$$=\left(x-\frac{1}{x}\right)^2+2+\left(x-\frac{1}{x}\right)$$
$$=(-3)^2+2+(-3)=8 \qquad \text{답 } 8$$

중단원 마무리하기

본문 p.57~59

0433 $\left(-x-\frac{1}{2}y\right)^2=x^2+xy+\frac{1}{4}y^2$이므로

$A=1,\ B=\frac{1}{4} \qquad \therefore A-B=\frac{3}{4} \qquad \text{답 } ④$

0434 $(-a+b)(-a-b)=a^2-b^2$

① $(a+b)(-a-b)=-a^2-2ab-b^2$

② $(a-b)(-a-b)=-a^2+b^2$

③ $-(a-b)^2=-a^2+2ab-b^2$

④ $(a+b)(a-b)=a^2-b^2$

⑤ $-(a+b)(a-b)=-a^2+b^2$

따라서 주어진 식과 전개식이 같은 것은 ④이다. 　　답 ④

0435 ① $(x-7)(x+5)=x^2-2x-35 \qquad \therefore \square=2$

② $(x+6)\left(x-\frac{1}{3}\right)=x^2+\frac{17}{3}x-2 \qquad \therefore \square=2$

③ $(x+y)(x+2y)=x^2+3xy+2y^2 \qquad \therefore \square=2$

④ $(a+4)(a-2)=a^2+2a-8 \qquad \therefore \square=2$

⑤ $(a-3b)(-a+5b)=-a^2+8ab-15b^2 \qquad \therefore \square=8$

따라서 $\square$ 안에 알맞은 수가 나머지 넷과 다른 하나는 ⑤이다.
　　답 ⑤

0436 $3(2x+1)^2-(5x+6)(2x-3)$
$=3(4x^2+4x+1)-(10x^2-3x-18)$
$=12x^2+12x+3-10x^2+3x+18$
$=2x^2+15x+21 \qquad \text{답 } ⑤$

0437 $(5a-2b)(4a-b)+2b\times b=20a^2-13ab+2b^2+2b^2$
$=20a^2-13ab+4b^2$
　　답 ①

0438 $(3x+a)(2x-1)=6x^2+(2a-3)x-a$

이때 x의 계수가 상수항의 7배이므로

$2a-3=7\times(-a),\ 9a=3 \qquad \therefore a=\frac{1}{3} \qquad \text{답 } ③$

0439 ① $(x+3y)^2=x^2+6xy+9y^2$

③ $(-a+5)(-a-5)=a^2-25$

---

④ $(-3x-2y)^2=9x^2+12xy+4y^2$

⑤ $(2x+3y)(4x-5y)=8x^2+2xy-15y^2$

따라서 옳은 것은 ②이다. 　　답 ②

0440 ① $(2x-3)^2=4x^2-12x+9$

② $(x-7)(x-5)=x^2-12x+35$

③ $(x+2)(7x-2)=7x^2+12x-4$

④ $(-x+8)(-x+4)=x^2-12x+32$

⑤ $(5x+3)(x-3)=5x^2-12x-9$

따라서 x의 계수가 나머지 넷과 다른 하나는 ③이다. 　　답 ③

0441 오른쪽 그림과 같이 떨어진 부분을 이동하여 붙이면 길을 제외한 땅의 넓이는

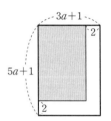

$\{(3a+1)-2\}\{(5a+1)-2\}$
$=(3a-1)(5a-1)$
$=15a^2-8a+1$

답 $15a^2-8a+1$

0442 $a+1=A$로 놓으면
$(a+b+1)(a-b+1)=(A+b)(A-b)$
$=A^2-b^2=(a+1)^2-b^2$
$=a^2-b^2+2a+1 \qquad \text{답 } ③$

0443 $60.2\times59.8=(60+0.2)(60-0.2) \Rightarrow (a+b)(a-b)$

따라서 이용하기 가장 편리한 공식은 ③이다. 　　답 ③

0444 $(\sqrt{3}-2)(a\sqrt{3}+4)=3a+(4-2a)\sqrt{3}-8$
$=3a-8+(4-2a)\sqrt{3}$

이 값이 유리수가 되려면

$4-2a=0 \qquad \therefore a=2 \qquad \text{답 } ④$

0445 $x=\dfrac{\sqrt{2}+1}{\sqrt{2}-1}=\dfrac{(\sqrt{2}+1)^2}{(\sqrt{2}-1)(\sqrt{2}+1)}$
$=\dfrac{2+2\sqrt{2}+1}{2-1}=3+2\sqrt{2}$

에서 $x-3=2\sqrt{2}$이므로 양변을 제곱하여 정리하면

$(x-3)^2=(2\sqrt{2})^2,\ x^2-6x+9=8 \qquad \therefore x^2-6x=-1$

$\therefore x^2-6x-7=-1-7=-8 \qquad \text{답 } -8$

0446 $(x+3)(y+3)=24$에서

$xy+3(x+y)+9=24$

$xy+3\times6+9=24 \qquad \therefore xy=-3$

$\therefore x^2+xy+y^2=(x+y)^2-xy$
$=6^2-(-3)=39 \qquad \text{답 } 39$

0447 $\left(x-\dfrac{1}{x}\right)^2=\left(x+\dfrac{1}{x}\right)^2-4=4^2-4=12 \qquad \text{답 } ③$

0448 주어진 식의 전개식에서

상수항은 $5b=5$ $\therefore b=1$

─────────────────────────── ㉮

xy항은 $3xy+2axy=(3+2a)xy$이므로

$3+2a=-5$ $\therefore a=-4$

─────────────────────────── ㉯

$\therefore a+b=-3$

─────────────────────────── ㉰

目 -3

단계	채점요소	배점
㉮	b의 값 구하기	40%
㉯	a의 값 구하기	40%
㉰	$a+b$의 값 구하기	20%

0449 $3x-Ay=X$로 놓으면

$(X+2)^2=X^2+4X+4$

$\qquad =(3x-Ay)^2+4(3x-Ay)+4$

$\qquad =9x^2-6Axy+A^2y^2+12x-4Ay+4$

─────────────────────────── ㉮

xy의 계수가 -24이므로 $-6A=-24$ $\therefore A=4$

y의 계수가 B이므로 $-4A=B$ $\therefore B=-16$

─────────────────────────── ㉯

$\therefore A+B=-12$

─────────────────────────── ㉰

目 -12

단계	채점요소	배점
㉮	$(3x-Ay+2)^2$ 전개하기	40%
㉯	A, B의 값 구하기	40%
㉰	$A+B$의 값 구하기	20%

0450 $x^2+y^2=(x+y)^2-2xy$이므로

$30=6^2-2xy$ $\therefore xy=3$

─────────────────────────── ㉮

$\therefore \dfrac{y}{x}+\dfrac{x}{y}=\dfrac{x^2+y^2}{xy}=\dfrac{30}{3}=10$

─────────────────────────── ㉯

目 10

단계	채점요소	배점
㉮	xy의 값 구하기	50%
㉯	$\dfrac{y}{x}+\dfrac{x}{y}$의 값 구하기	50%

0451 $x\neq0$이므로 $x^2+7x+1=0$의 양변을 x로 나누면

$x+7+\dfrac{1}{x}=0$ $\therefore x+\dfrac{1}{x}=-7$

─────────────────────────── ㉮

$\therefore x^2+\dfrac{1}{x^2}=\left(x+\dfrac{1}{x}\right)^2-2=(-7)^2-2=47$

─────────────────────────── ㉯

目 47

단계	채점요소	배점
㉮	$x+\dfrac{1}{x}$의 값 구하기	50%
㉯	$x^2+\dfrac{1}{x^2}$의 값 구하기	50%

0452 (주어진 식)$=(2-1)(2+1)(2^2+1)(2^4+1)(2^8+1)$

$\qquad =(2^2-1)(2^2+1)(2^4+1)(2^8+1)$

$\qquad =(2^4-1)(2^4+1)(2^8+1)$

$\qquad =(2^8-1)(2^8+1)$

$\qquad =2^{16}-1$

目 ①

0453 $(x+5)(x-4)$에서 -4를 A로 잘못 보고 전개하여

x^2+9x+B가 되었으므로

$(x+5)(x+A)=x^2+(5+A)x+5A$

$\qquad\qquad\qquad =x^2+9x+B$

따라서 $5+A=9$, $5A=B$이므로

$A=4$, $B=5\times4=20$

$(3x-2)(x+1)$에서 3을 D로 잘못 보고 전개하여

Cx^2-8x-2가 되었으므로

$(Dx-2)(x+1)=Dx^2+(D-2)x-2$

$\qquad\qquad\qquad =Cx^2-8x-2$

따라서 $D=C$, $D-2=-8$이므로

$D=-6$, $C=-6$

$\therefore A-B-C=4-20-(-6)=-10$

目 -10

0454 $x^2+6x+9=0$에서 $x^2+6x=-9$

$\therefore$ (주어진 식)$=\{(x-1)(x+7)\}\{(x+2)(x+4)\}$

$\qquad =(x^2+6x-7)(x^2+6x+8)$

$\qquad =(-9-7)(-9+8)$

$\qquad =(-16)\times(-1)$

$\qquad =16$

目 16

0455 $x=\dfrac{(\sqrt{6}+\sqrt{2})^2}{(\sqrt{6}-\sqrt{2})(\sqrt{6}+\sqrt{2})}=\dfrac{6+4\sqrt{3}+2}{6-2}$

$\qquad =\dfrac{8+4\sqrt{3}}{4}=2+\sqrt{3}$

$y=\dfrac{(\sqrt{6}-\sqrt{2})^2}{(\sqrt{6}+\sqrt{2})(\sqrt{6}-\sqrt{2})}=\dfrac{6-4\sqrt{3}+2}{6-2}$

$\qquad =\dfrac{8-4\sqrt{3}}{4}=2-\sqrt{3}$

따라서 $x+y=4$, $xy=1$이므로

$x^2-xy+y^2=(x+y)^2-3xy$

$\qquad =4^2-3\times1=13$

目 13

교과서문제 정복하기 본문 p.61, 63

0456 답 x^2+6x+9

0457 답 x^2-9

0458 답 $x^2-3x-10$

0459 답 $3x^2-5x-2$

0460 답 x, $x(a+b-c)$

0461 답 x, $x(x-1)$

0462 답 $2m^2$, $2m^2(m-3)$

0463 답 $xy^2(x-2)$

0464 답 $4ab(a-4b)$

0465 답 $xy(3x+y-2)$

0466 답 $(x-2)(a+5)$

0467 답 $(a-b)(a-b-x)$

0468 $(2x+3)(a-1)+(2x+3)(3a+2)$
$=(2x+3)(a-1+3a+2)$
$=(2x+3)(4a+1)$ 답 $(2x+3)(4a+1)$

0469 답 $\left(x+\dfrac{1}{2}\right)^2$

0470 답 $(5x-1)^2$

0471 답 $(2x+y)^2$

0472 $\square=\left(\dfrac{10}{2}\right)^2=25$ 답 25

0473 $\square=\left(\dfrac{-24}{2}\right)^2=144$ 답 144

0474 $\square=\pm 2\sqrt{81}=\pm 2\times 9=\pm 18$ 답 ± 18

0475 $\square=\pm 2\sqrt{\dfrac{1}{25}}=\pm 2\times\dfrac{1}{5}=\pm\dfrac{2}{5}$ 답 $\pm\dfrac{2}{5}$

0476 답 $(2x+3)(2x-3)$

0477 답 $(3a+b)(3a-b)$

0478 답 $\left(9x+\dfrac{1}{4}y\right)\left(9x-\dfrac{1}{4}y\right)$

0479 답 $(x+3)(x+5)$

0480 답 $(x-3)(x+6)$

0481 답 $(x+4y)(x-5y)$

0482 답 $(x+1)(3x+1)$

0483 답 $(2x-3)(3x-2)$

0484 답 $(x-2y)(2x+3y)$

0485 답 $a(a^2+4a+8)$

0486 $x^3-9x=x(x^2-9)=x(x+3)(x-3)$
답 $x(x+3)(x-3)$

0487 $2ax^2-10ax+12a=2a(x^2-5x+6)$
$=2a(x-2)(x-3)$
답 $2a(x-2)(x-3)$

0488 $a+2=A$로 놓으면
(주어진 식)$=A^2+2A+1$
$=(A+1)^2$
$=(a+2+1)^2$
$=(a+3)^2$ 답 $(a+3)^2$

0489 $x+y=A$로 놓으면
(주어진 식)$=A^2-16$
$=(A+4)(A-4)$
$=(x+y+4)(x+y-4)$
답 $(x+y+4)(x+y-4)$

0490 $3x+1=A$로 놓으면
(주어진 식)$=A^2-4A-32$
$=(A+4)(A-8)$
$=(3x+1+4)(3x+1-8)$
$=(3x+5)(3x-7)$ 답 $(3x+5)(3x-7)$

0491 $x+y=A$로 놓으면

(주어진 식)$=2A^2+5A-3$

$\qquad =(A+3)(2A-1)$

$\qquad =(x+y+3)\{2(x+y)-1\}$

$\qquad =(x+y+3)(2x+2y-1)$

$\qquad\qquad$ 🗐 $(x+y+3)(2x+2y-1)$

0492 🗐 $x-y$

0493 🗐 $a-4$

0494 🗐 $a+3$

0495 🗐 $x-1$

0496 (주어진 식)$=(x+y)(x-y)+2(x-y)$

$\qquad =(x-y)(x+y+2)$

$\qquad\qquad$ 🗐 $(x-y)(x+y+2)$

0497 (주어진 식)$=4-(x^2-2xy+y^2)$

$\qquad =2^2-(x-y)^2$

$\qquad =\{2+(x-y)\}\{2-(x-y)\}$

$\qquad =(2+x-y)(2-x+y)$

$\qquad\qquad$ 🗐 $(2+x-y)(2-x+y)$

0498 (주어진 식)$=x^2(x-1)+x-1$

$\qquad =(x-1)(x^2+1)$ $\qquad$ 🗐 $(x-1)(x^2+1)$

0499 🗐 $x-3,\ x-3,\ x-3,\ x-3,\ 2y$

0500 $15\times47-15\times45=15(47-45)$

$\qquad\qquad\qquad =15\times2=30$ $\qquad$ 🗐 **30**

0501 $51^2-102+1=51^2-2\times51\times1+1^2$

$\qquad\qquad\quad =(51-1)^2$

$\qquad\qquad\quad =50^2=2500$ $\qquad$ 🗐 **2500**

0502 $62^2-38^2=(62+38)(62-38)$

$\qquad\qquad =100\times24=2400$ $\qquad$ 🗐 **2400**

0503 $30\times51^2-30\times49^2=30(51^2-49^2)$

$\qquad\qquad\qquad\quad =30(51+49)(51-49)$

$\qquad\qquad\qquad\quad =30\times100\times2$

$\qquad\qquad\qquad\quad =6000$ $\qquad$ 🗐 **6000**

0504 $\sqrt{50^2-30^2}=\sqrt{(50+30)(50-30)}$

$\qquad\qquad =\sqrt{80\times20}=\sqrt{1600}$

$\qquad\qquad =40$ $\qquad$ 🗐 **40**

0505 $x^2-4x+4=(x-2)^2$

$\qquad\qquad =(202-2)^2$

$\qquad\qquad =200^2=40000$ $\qquad$ 🗐 **40000**

0506 $x^2-2xy+y^2=(x-y)^2$

$\qquad\qquad =\{(1+\sqrt2)-(1-\sqrt2)\}^2$

$\qquad\qquad =(2\sqrt2)^2=8$ $\qquad$ 🗐 **8**

0507 $a^2-b^2=(a+b)(a-b)$

$\qquad\qquad =(7.2+2.8)(7.2-2.8)$

$\qquad =10\times4.4=44$ $\qquad$ 🗐 **44**

0508 $x^2-y^2+4x-4y=(x+y)(x-y)+4(x-y)$

$\qquad\qquad =(x-y)(x+y+4)$

$\qquad\qquad =9(5+4)=81$ $\qquad$ 🗐 **81**

📖 유형익히기

본문 p.64~72

0509 $3a^2(a+b)$의 인수는 1, 3, a, a^2, $a+b$, $3a$, $3a^2$, $3(a+b)$, $a(a+b)$, $3a(a+b)$, $a^2(a+b)$, $3a^2(a+b)$이다.

$\qquad\qquad$ 🗐 ④

0510 ③ $(x-1)+x=2x-1$의 인수는 1, $2x-1$이다.

$\qquad\qquad$ 🗐 ③

0511 $2(x-2)(2x+1)$의 인수는 1, 2, $x-2$, $2x+1$, $2(x-2)$, $2(2x+1)$, $(x-2)(2x+1)$, $2(x-2)(2x+1)$이다. 따라서 인수인 것은 ㄱ, ㄷ, ㅁ, ㅂ이다. $\qquad$ 🗐 ④

0512 $-4x^2y+2xy=-2xy(2x-1)$ 따라서 인수가 아닌 것은 ②이다. $\qquad$ 🗐 ②

0513 ① $7a^2-a=a(7a-1)$

② $3x^2-15x=3x(x-5)$

③ $4x^2y-3xy+x=x(4xy-3y+1)$

⑤ $10ax-5ay=5a(2x-y)$

따라서 인수분해한 것이 옳은 것은 ④이다. $\qquad$ 🗐 ④

0514 (주어진 식)$=(a-b)^2-(a+b)(a-b)$
$=(a-b)\{(a-b)-(a+b)\}$
$=(a-b)(-2b)$
$=-2b(a-b)$ 🔒②

0515 (주어진 식)$=(x-2y)(x-1)+y(x-2y)$
$=(x-2y)(x+y-1)$
따라서 두 일차식은 $x-2y$, $x+y-1$이므로
$(x-2y)+(x+y-1)=2x-y-1$ 🔒$\boldsymbol{2x-y-1}$

0516 ① $x^2+10x+25=(x+5)^2$
② $x^2-12xy+36y^2=(x-6y)^2$
③ $9a^2-12ab+4b^2=(3a-2b)^2$
⑤ $2x^2-2x+\dfrac{1}{2}=2\left(x^2-x+\dfrac{1}{4}\right)=2\left(x-\dfrac{1}{2}\right)^2$
따라서 완전제곱식으로 인수분해할 수 없는 것은 ④이다. 🔒④

0517 $\dfrac{4}{25}a^2-\dfrac{3}{5}ab+\dfrac{9}{16}b^2$
$=\left(\dfrac{2}{5}a\right)^2-2\times\dfrac{2}{5}a\times\dfrac{3}{4}b+\left(\dfrac{3}{4}b\right)^2$
$=\left(\dfrac{2}{5}a-\dfrac{3}{4}b\right)^2$
따라서 인수인 것은 ③이다. 🔒③

0518 ② $3ax^2-24axy+48ay^2=3a(x^2-8xy+16y^2)$
$=3a(x-4y)^2$ 🔒②

0519 $ax^2=(4x)^2=16x^2$이므로 $a=16$
$24xy=2\times4x\times cy=8cxy$이므로 $c=3$
$\therefore b=c^2=3^2=9$
$\therefore a+b+c=28$ 🔒**28**

0520 $4x^2-20x+m=(2x)^2-2\times2x\times5+m$이므로
$m=5^2=25$
$x^2+nx+\dfrac{1}{16}$에서 n은 양수이므로
$n=2\times\sqrt{\dfrac{1}{16}}=2\times\dfrac{1}{4}=\dfrac{1}{2}$
$\therefore \dfrac{m}{n}=m\div n=25\div\dfrac{1}{2}$
$=25\times2=50$ 🔒**50**

0521 $\dfrac{1}{4}x^2+axy+y^2=\left(\dfrac{1}{2}x\right)^2+axy+y^2$에서
$axy=+2\times\dfrac{1}{2}x\times y=\pm xy$이므로
$a=\pm1$ 🔒④

0522 $4x^2+(5+k)xy+9y^2=(2x\pm3y)^2$이므로
$5+k=\pm12$ $\therefore k=-17$ 또는 $k=7$
따라서 구하는 합은 $-17+7=-10$ 🔒②

0523 $(x+2)(x-6)+k=x^2-4x-12+k$이므로 ㉮
$-12+k=\left(\dfrac{-4}{2}\right)^2=4$
$\therefore k=16$ ㉯
🔒**16**

단계	채점요소	배점
㉮	주어진 식 전개하기	30%
㉯	k의 값 구하기	70%

0524 $-4<x<3$이므로
$x-3<0$, $x+4>0$
$\therefore$ (주어진 식)$=\sqrt{(x-3)^2}+\sqrt{(x+4)^2}$
$=-(x-3)+(x+4)$
$=-x+3+x+4$
$=7$ 🔒③

0525 $0<a<1$이므로
$a+1>0$, $a-1<0$ ㉮
$\therefore$ (주어진 식)$=\sqrt{(a+1)^2}-\sqrt{(a-1)^2}$ ㉯
$=(a+1)-\{-(a-1)\}$
$=a+1+a-1$
$=2a$ ㉰
🔒$\boldsymbol{2a}$

단계	채점요소	배점
㉮	$a+1$, $a-1$의 부호 알기	20%
㉯	근호 안의 식 인수분해하기	40%
㉰	주어진 식 간단히 하기	40%

0526 $2<x<6$이므로
$x-2>0$, $x-6<0$
$\therefore$ (주어진 식)$=\sqrt{9(x^2-4x+4)}-\sqrt{x^2-12x+36}$
$=\sqrt{9(x-2)^2}-\sqrt{(x-6)^2}$
$=3(x-2)-\{-(x-6)\}$
$=3x-6+x-6$
$=4x-12$ 🔒$\boldsymbol{4x-12}$

0527 $0<2x<1$에서 $0<x<\dfrac{1}{2}$이므로

$x+\dfrac{1}{2}>0$, $x-\dfrac{1}{2}<0$

$\therefore$ (주어진 식)$=\sqrt{\left(x+\dfrac{1}{2}\right)^2}+\sqrt{\left(x-\dfrac{1}{2}\right)^2}-\sqrt{x^2}$

$\qquad=\left(x+\dfrac{1}{2}\right)-\left(x-\dfrac{1}{2}\right)-x$

$\qquad=x+\dfrac{1}{2}-x+\dfrac{1}{2}-x$

$\qquad=-x+1$ 🖺 $-x+1$

0528 $x^4-x^2=x^2(x^2-1)=x^2(x+1)(x-1)$

따라서 인수가 아닌 것은 ⑤이다.   🖺 ⑤

0529 ① $x^2-25=x^2-5^2=(x+5)(x-5)$

② $\dfrac{1}{4}x^2-y^2=\left(\dfrac{1}{2}x\right)^2-y^2=\left(\dfrac{1}{2}x+y\right)\left(\dfrac{1}{2}x-y\right)$

③ $x^4-1=(x^2)^2-1=(x^2+1)(x^2-1)$

$\qquad=(x^2+1)(x+1)(x-1)$

④ $-x^3+x=-x(x^2-1)=-x(x+1)(x-1)$

⑤ $16a^2-81b^2=(4a)^2-(9b)^2=(4a+9b)(4a-9b)$

따라서 인수분해한 것이 옳은 것은 ④이다.   🖺 ④

0530 $-18x^2+98y^2=-2(9x^2-49y^2)$

$\qquad=-2\{(3x)^2-(7y)^2\}$

$\qquad=-2(3x+7y)(3x-7y)$

따라서 $a=-2$, $b=3$, $c=7$이므로

$a-b+c=-2-3+7=2$ 🖺 ⑤

0531 $(a-1)x^2+(1-a)y^2=(a-1)x^2-(a-1)y^2$

$\qquad=(a-1)(x^2-y^2)$

$\qquad=(a-1)(x+y)(x-y)$

     🖺 $(a-1)(x+y)(x-y)$

0532 $B\times(-3)=21$이므로 $B=-7$

$A=-3+B=-3-7=-10$

$\therefore A+B=-17$ 🖺 ①

0533 (1) $x^2-3x-28=(x+4)(x-7)$

(2) $3x^2+6x-72=3(x^2+2x-24)$

$\qquad=3(x-4)(x+6)$

(3) $a^3-4a^2b-32ab^2=a(a^2-4ab-32b^2)$

$\qquad=a(a+4b)(a-8b)$

     🖺 (1) $(x+4)(x-7)$ (2) $3(x-4)(x+6)$

     (3) $a(a+4b)(a-8b)$

0534 $(x-6)(x+2)-33=x^2-4x-12-33$

$\qquad=x^2-4x-45$

$\qquad=(x+5)(x-9)$

따라서 두 일차식의 합은

$(x+5)+(x-9)=2x-4$ 🖺 ③

0535 $x^2+Ax-8=(x+a)(x+b)$

$\qquad=x^2+(a+b)x+ab$

에서 $A=a+b$, $-8=ab$

곱이 -8인 두 정수는

-1과 8, 1과 -8, -2와 4, 2와 -4

이므로 A의 값이 될 수 있는 수는 7, -7, 2, -2이다.

따라서 A의 값이 될 수 없는 것은 ④이다.   🖺 ④

0536 $2x^2-7xy+3y^2=(x-3y)(2x-y)$이므로

$a=1$, $b=-3$, $c=2$, $d=-1$ 또는 $a=2$, $b=-1$, $c=1$,

$d=-3$

$\therefore a+b+c+d=-1$ 🖺 ②

0537 (1) $6x^2-x-12=(2x-3)(3x+4)$

(2) $9x^2-21xy+6y^2=3(3x^2-7xy+2y^2)$

$\qquad=3(x-2y)(3x-y)$

(3) $10a^2+3ab-4b^2=(2a-b)(5a+4b)$

     🖺 (1) $(2x-3)(3x+4)$ (2) $3(x-2y)(3x-y)$

     (3) $(2a-b)(5a+4b)$

0538 $4x^2+9x-9=(x+3)(4x-3)$이므로

$a=3$, $b=-3$

$\therefore a+b=0$ 🖺 ③

0539 $3x^2+(7a+4)x-8=(x+b)(3x+2)$

$\qquad=3x^2+(2+3b)x+2b$

이므로 $7a+4=2+3b$, $-8=2b$

$\therefore a=-2$, $b=-4$

$\therefore a-b=2$ 🖺 **2**

0540 ② $3x^2-xy-10y^2=(x-2y)(3x+5y)$ 🖺 ②

0541 ① $x^2-3x-10=(x+2)(x-5)$ $\therefore \square=2$

② $(x-1)(3x+5)=3x^2+2x-5$ $\therefore \square=2$

③ $x^2-4y^2=(x+2y)(x-2y)$ $\therefore \square=2$

④ $(x-y)(5x-2y)=5x^2-7xy+2y^2$ $\therefore \square=2$

⑤ $-2(x-1)^2=-2x^2+4x-2$ $\therefore \square=-2$

따라서 나머지 넷과 다른 하나는 ⑤이다.   🖺 ⑤

0542 ㄱ. $2x^2-11x+5=(x-5)(2x-1)$

ㄴ. $x^2-x-20=(x+4)(x-5)$

ㄷ. $3x^2+13x-10=(x+5)(3x-2)$

ㄹ. $2x^2-4x-30=2(x^2-2x-15)$

$\qquad\qquad\qquad\quad=2(x+3)(x-5)$

따라서 $x-5$를 인수로 갖는 다항식은 ㄱ, ㄴ, ㄹ이다.   🔲 ④

0543 $x^2-x-6=(x+2)(x-3)$

$2x^2+x-6=(\underline{x+2})(2x-3)$

따라서 공통인 인수는 $x+2$이다.   🔲 ②

0544 ① $-2a^2b+2ab=-2ab(a-1)$

② $a^2+2ab-3b^2=(\underline{a-b})(a+3b)$

③ $-3a+3b=-3(\underline{a-b})$

④ $2a^2-3ab+b^2=(\underline{a-b})(2a-b)$

⑤ $a^3b-ab^3=ab(a+b)(\underline{a-b})$

따라서 1이 아닌 공통인 인수를 갖지 않는 것은 ①이다.

  🔲 ①

0545 $6x^2+x-2=(2x-1)(3x+2)$

$8x^2-10x+3=(2x-1)(4x-3)$

따라서 공통인 인수는 $2x-1$이므로 $a=2$, $b=-1$

$\therefore ab=-2$ 🔲 -2

0546 $9x^2-1=(3x+1)(3x-1)$,

$3x^2+2x-1=(x+1)(3x-1)$

이므로 공통인 인수는 $3x-1$이다. $\therefore a=3$

————————————————————————— ㉮

$x^2+5x-6=(x-1)(x+6)$,

$5x^2-3x-2=(x-1)(5x+2)$

이므로 공통인 인수는 $x-1$이다. $\therefore b=-1$

————————————————————————— ㉯

$\therefore a-b=4$

————————————————————————— ㉰

🔲 4

단계	채점요소	배점
㉮	a의 값 구하기	40%
㉯	b의 값 구하기	40%
㉰	$a-b$의 값 구하기	20%

0547 $x-3$이 $2x^2+ax-3$의 인수이고 x^2의 계수가 2이므로

$2x^2+ax-3=(x-3)(2x+k)$로 놓으면

$2x^2+ax-3=2x^2+(k-6)x-3k$

따라서 $a=k-6$, $-3=-3k$이므로

$k=1$, $a=-5$ 🔲 ①

0548 $5x-3$이 $5x^2+Ax-6$의 인수이고 x^2의 계수가 5이므로

$5x^2+Ax-6=(5x-3)(x+k)$로 놓으면

$5x^2+Ax-6=5x^2+(5k-3)x-3k$

따라서 $A=5k-3$, $-6=-3k$이므로

$k=2$, $A=7$ 🔲 ④

0549 $4x+y$가 $12x^2-Axy-2y^2$의 인수이고 x^2의 계수가 12이므로

$12x^2-Axy-2y^2=(4x+y)(3x+By)$로 놓으면

$12x^2-Axy-2y^2=12x^2+(4B+3)xy+By^2$

$\therefore B=-2$

따라서 이 다항식의 다른 한 인수는 $3x-2y$이다.   🔲 ④

0550 $2x^2-3x+a=(x-1)(2x-m)$으로 놓으면

$2x^2-3x+a=2x^2+(-m-2)x+m$

이므로 $-3=-m-2$, $a=m$ $\therefore m=1$, $a=1$

$7x^2+bx-3=(x-1)(7x+n)$으로 놓으면

$7x^2+bx-3=7x^2+(n-7)x-n$

이므로 $b=n-7$, $-3=-n$ $\therefore n=3$, $b=-4$

$\therefore a+b=-3$ 🔲 -3

0551 준상이는 상수항을 제대로 보았으므로

$(x+1)(x-8)=x^2-7x-8$

에서 처음 이차식의 상수항은 -8이다.

진영이는 x의 계수를 제대로 보았으므로

$(x-4)(x+6)=x^2+2x-24$

에서 처음 이차식의 x의 계수는 2이다.

따라서 처음 이차식은 x^2+2x-8이므로 바르게 인수분해하면

$x^2+2x-8=(x-2)(x+4)$ 🔲 ②

0552 영진이는 x의 계수를 제대로 보았으므로

$(x+4)(x-5)=x^2-x-20$

에서 처음 이차식의 x의 계수는 -1이다.

————————————————————————— ㉮

형우는 상수항을 제대로 보았으므로

$(x-2)(x+3)=x^2+x-6$

에서 처음 이차식의 상수항은 -6이다.

————————————————————————— ㉯

따라서 처음 이차식은 x^2-x-6이므로

————————————————————————— ㉰

바르게 인수분해하면

$x^2-x-6=(x+2)(x-3)$

————————————————————————— ㉱

🔲 $(x+2)(x-3)$

단계	채점요소	배점
㉮	x의 계수 구하기	30%
㉯	상수항 구하기	30%
㉰	처음 이차식 구하기	10%
㉱	처음 이차식을 바르게 인수분해하기	30%

0553 예시는 x^2의 계수와 상수항을 제대로 보았으므로
$(x+6)(2x-1)=2x^2+11x-6$
에서 처음 이차식의 x^2의 계수는 2, 상수항은 -6이다.
유나는 x^2의 계수와 x의 계수를 제대로 보았으므로
$(x+4)(2x-7)=2x^2+x-28$
에서 처음 이차식의 x^2의 계수는 2, x의 계수는 1이다.
따라서 처음 이차식은 $2x^2+x-6$이므로 바르게 인수분해하면
$2x^2+x-6=(x+2)(2x-3)$　　　　閏 $(x+2)(2x-3)$

0554 $2x^2+11x+5=(x+5)(2x+1)$
따라서 직사각형의 가로의 길이는 $2x+1$이다.　　閏 $2x+1$

0555 (직사각형의 넓이의 합)$=x^2+4x+4$
$\qquad\qquad\qquad\qquad =(x+2)^2$
따라서 구하는 정사각형의 한 변의 길이는 $x+2$이다.　閏 ③

0556 $\dfrac{1}{2}\times\{(a-5)+(a+3)\}\times(높이)=3a^2-5a+2$
이므로 $(a-1)\times(높이)=(a-1)(3a-2)$
$\therefore (높이)=3a-2$　　　　　　　　閏 $3a-2$

0557 (도형 A의 넓이)$=(5x+3)^2-4^2$
　　　　　　　　　　　　　　　　　　　　　　　㉮
$\qquad\qquad\qquad =(5x+3+4)(5x+3-4)$
$\qquad\qquad\qquad =(5x+7)(5x-1)$
　　　　　　　　　　　　　　　　　　　　　　　㉯

도형 B는 도형 A와 넓이가 같고, 세로의 길이가 $5x-1$이므로
가로의 길이는 $5x+7$이다.
　　　　　　　　　　　　　　　　　　　　　　　㉰
　　　　　　　　　　　　　　　　　　閏 $5x+7$

단계	채점요소	배점
㉮	도형 A의 넓이를 구하는 식 세우기	40%
㉯	도형 A의 넓이를 인수분해하기	40%
㉰	도형 B의 가로의 길이 구하기	20%

0558 $a-b=A$로 놓으면

(주어진 식)$=(A-2)(A+5)-18$
$\qquad\qquad =A^2+3A-28$
$\qquad\qquad =(A-4)(A+7)$
$\qquad\qquad =(a-b-4)(a-b+7)$　　　閏 ③

0559 (1) $3x-1=A$, $y+1=B$로 놓으면
(주어진 식)$=A^2-4B^2=A^2-(2B)^2$
$\qquad\qquad =(A+2B)(A-2B)$
$\qquad\qquad =\{(3x-1)+2(y+1)\}\{(3x-1)-2(y+1)\}$
$\qquad\qquad =(3x+2y+1)(3x-2y-3)$

(2) $a+b=A$로 놓으면
(주어진 식)$=(A+1)(A-1)-3$
$\qquad\qquad =A^2-1-3=A^2-4$
$\qquad\qquad =(A+2)(A-2)$
$\qquad\qquad =(a+b+2)(a+b-2)$

閏 (1) $(3x+2y+1)(3x-2y-3)$
(2) $(a+b+2)(a+b-2)$

0560 $2x+3=A$로 놓으면
(주어진 식)$=2A^2+5A-3=(A+3)(2A-1)$
$\qquad\qquad =\{(2x+3)+3\}\{2(2x+3)-1\}$
$\qquad\qquad =(2x+6)(4x+5)=2(x+3)(4x+5)$
따라서 $a=3$, $b=5$이므로
$a-b=-2$　　　　　　　　　　　　閏 ①

0561 $x+4=A$, $x-1=B$로 놓으면
(주어진 식)$=6A^2+11AB-10B^2$
$\qquad\qquad =(2A+5B)(3A-2B)$
$\qquad\qquad =\{2(x+4)+5(x-1)\}\{3(x+4)-2(x-1)\}$
$\qquad\qquad =(7x+3)(x+14)$
따라서 두 일차식의 합은
$(7x+3)+(x+14)=8x+17$　　　閏 $8x+17$

0562 $x^2-2x+2y-y^2=x^2-y^2-2x+2y$
$\qquad\qquad\qquad\quad =(x+y)(x-y)-2(x-y)$
$\qquad\qquad\qquad\quad =(x-y)(x+y-2)$
따라서 인수인 것은 ②, ③이다.　　　閏 ②, ③

0563 $x^2-9y^2-2x+6y=(x+3y)(x-3y)-2(x-3y)$
$\qquad\qquad\qquad\quad =(x-3y)(x+3y-2)$　閏 ②

0564 $x^3+5-x-5x^2=x^3-5x^2+5-x$
$\qquad\qquad\qquad =x^2(x-5)-(x-5)$
$\qquad\qquad\qquad =(x-5)(x^2-1)$
$\qquad\qquad\qquad =(x-5)(x+1)(x-1)$

따라서 세 일차식의 합은

$(x-5)+(x+1)+(x-1)=3x-5$ 🖹 $3x-5$

0565 $xy+y^2-x-y=y(x+y)-(x+y)$
$$=(x+y)(\underline{y-1})$$
$xy+1-x-y=xy-x+1-y$
$$=x(y-1)-(y-1)$$
$$=(y-1)(x-1)$$
따라서 공통인 인수는 $y-1$이다.   🖹 $y-1$

0566 $9x^2-6xy+y^2-4=(9x^2-6xy+y^2)-4$
$$=(3x-y)^2-2^2$$
$$=(3x-y+2)(3x-y-2)$$
    🖹 ③

0567 $a^2-4b^2-4bc-c^2=a^2-(4b^2+4bc+c^2)$
$$=a^2-(2b+c)^2$$
$$=(a+2b+c)(a-2b-c)$$
따라서 인수인 것은 ①, ③이다.   🖹 ①, ③

0568 $16-x^2+4xy-4y^2=16-(x^2-4xy+4y^2)$
$$=4^2-(x-2y)^2$$
$$=\{4+(x-2y)\}\{4-(x-2y)\}$$
$$=(4+x-2y)(4-x+2y)$$

·· ㉮

따라서 $a=4$, $b=-2$, $c=2$이므로

·· ㉯

$abc=4\times(-2)\times2=-16$

·· ㉰

    🖹 -16

단계	채점요소	배점
㉮	주어진 식 인수분해하기	60 %
㉯	a, b, c의 값 구하기	20 %
㉰	abc의 값 구하기	20 %

0569 $25x^2-9y^2+12yz-4z^2$
$=25x^2-(9y^2-12yz+4z^2)$
$=(5x)^2-(3y-2z)^2$
$=(5x+3y-2z)(5x-3y+2z)$
따라서 두 일차식의 합은
$(5x+3y-2z)+(5x-3y+2z)=10x$ 🖹 $10x$

0570 $A=12.5^2-5\times12.5+2.5^2$
$$=12.5^2-2\times12.5\times2.5+2.5^2$$
$$=(12.5-2.5)^2$$
$$=10^2=100$$

$B=\sqrt{52^2-48^2}$
$$=\sqrt{(52+48)(52-48)}$$
$$=\sqrt{100\times4}=\sqrt{400}=20$$
$\therefore A-B=80$ 🖹 80

0571 $64^2-36^2=(64+36)(64-36)$
$$=100\times28$$
따라서 가장 알맞은 인수분해 공식은 ③이다.   🖹 ③

0572 $\dfrac{999\times1000+999}{1000^2-1}=\dfrac{999(1000+1)}{(1000+1)(1000-1)}$
$$=\dfrac{999\times1001}{1001\times999}$$
$$=1$$ 🖹 1

0573 $3^2-5^2+7^2-9^2+11^2-13^2$
$=(3+5)(3-5)+(7+9)(7-9)+(11+13)(11-13)$
$=8\times(-2)+16\times(-2)+24\times(-2)$
$=(-2)\times(8+16+24)$
$=(-2)\times48$
$=-96$ 🖹 ①

0574 $x^2-y^2+4x-4y=(x+y)(x-y)+4(x-y)$
$$=(x-y)(x+y+4)$$
$$=\sqrt{5}(-3+4)$$
$$=\sqrt{5}$$ 🖹 ③

0575 $x=\dfrac{1}{2+\sqrt{3}}=\dfrac{2-\sqrt{3}}{(2+\sqrt{3})(2-\sqrt{3})}=2-\sqrt{3}$
$y=\dfrac{1}{2-\sqrt{3}}=\dfrac{2+\sqrt{3}}{(2-\sqrt{3})(2+\sqrt{3})}=2+\sqrt{3}$
따라서 $x+y=4$, $x-y=-2\sqrt{3}$, $xy=1$이므로
$x^3y-xy^3=xy(x^2-y^2)$
$$=xy(x+y)(x-y)$$
$$=1\times4\times(-2\sqrt{3})$$
$$=-8\sqrt{3}$$ 🖹 ①

0576 $\sqrt{1}<\sqrt{2}<\sqrt{4}$에서 $1<\sqrt{2}<2$이므로 $\sqrt{2}$의 소수 부분은 $\sqrt{2}-1$, 즉 $x=\sqrt{2}-1$
$x+4=A$로 놓으면
(주어진 식)$=A^2-6A+8$
$$=(A-4)(A-2)$$
$$=(x+4-4)(x+4-2)$$
$$=x(x+2)$$
$$=(\sqrt{2}-1)(\sqrt{2}+1)$$
$$=2-1=1$$ 🖹 ③

0577

$$\frac{x^3-3x^2-x+3}{x^2-2x-3}=\frac{x^2(x-3)-(x-3)}{(x+1)(x-3)}$$
$$=\frac{(x-3)(x^2-1)}{(x+1)(x-3)}$$
$$=\frac{(x-3)(x+1)(x-1)}{(x+1)(x-3)}$$
$$=x-1$$
$$=1+\sqrt{3}-1$$
$$=\sqrt{3}$$

🄰 $\sqrt{3}$

본문 p.73

유형 UP

0578 (주어진 식)$=\{x(x+3)\}\{(x+1)(x+2)\}-15$
$$=(x^2+3x)(x^2+3x+2)-15$$
$x^2+3x=A$로 놓으면
$$A(A+2)-15=A^2+2A-15$$
$$=(A-3)(A+5)$$
$$=(x^2+3x-3)(x^2+3x+5)$$

🄰 ③

0579 (주어진 식)
$$=\{(x+1)(x-2)\}\{(x+3)(x-4)\}+24$$
$$=(x^2-x-2)(x^2-x-12)+24$$
$x^2-x=A$로 놓으면
$$(A-2)(A-12)+24=A^2-14A+48$$
$$=(A-6)(A-8)$$
$$=(x^2-x-6)(x^2-x-8)$$
$$=(x+2)(x-3)(x^2-x-8)$$
따라서 인수가 아닌 것은 ②, ④이다.

🄰 ②, ④

0580 (주어진 식)$=\{(a-1)(a-7)\}\{(a-3)(a-5)\}+15$
$$=(a^2-8a+7)(a^2-8a+15)+15$$

---------- ㉮

$a^2-8a=A$로 놓으면
$$(A+7)(A+15)+15=A^2+22A+120$$
$$=(A+12)(A+10)$$

---------- ㉯

$$=(a^2-8a+12)(a^2-8a+10)$$
$$=(a-2)(a-6)(a^2-8a+10)$$

---------- ㉰

🄰 $(a-2)(a-6)(a^2-8a+10)$

단계	채점요소	배점
㉮	공통부분이 생기도록 2개씩 묶어 전개하기	40%
㉯	공통부분을 A로 놓고 인수분해하기	30%
㉰	답 구하기	30%

0581 (좌변)$=\{(x-3)(x+1)\}\{(x-5)(x+3)\}+36$
$$=(x^2-2x-3)(x^2-2x-15)+36$$
$x^2-2x=A$로 놓으면
$$(A-3)(A-15)+36=A^2-18A+81$$
$$=(A-9)^2$$
$$=(x^2-2x-9)^2$$
따라서 $a=-2$, $b=-9$이므로
$$a-b=7$$

🄰 7

0582 y에 대하여 내림차순으로 정리하면
(주어진 식)$=(-x+3)y+(x^2-6x+9)$
$$=-(x-3)y+(x-3)^2$$
$$=(x-3)(-y+x-3)$$
$$=(x-3)(x-y-3)$$

🄰 ①

0583 x에 대하여 내림차순으로 정리하면
(주어진 식)$=x^2-(2y+8)x+(y^2+8y+16)$
$$=x^2-2(y+4)x+(y+4)^2$$
$y+4=A$로 놓으면
$$x^2-2Ax+A^2=(x-A)^2$$
$$=\{x-(y+4)\}^2$$
$$=(x-y-4)^2$$
따라서 인수인 것은 ⑤이다.

🄰 ⑤

다른 풀이
(주어진 식)$=(x^2-2xy+y^2)-8(x-y)+16$
$$=(x-y)^2-8(x-y)+16$$
$x-y=A$로 놓으면
$$A^2-8A+16=(A-4)^2$$
$$=(x-y-4)^2$$

0584 x에 대하여 내림차순으로 정리하면
(주어진 식)$=x^2+(6y-4)x+(9y^2-12y-32)$
$$=x^2+(6y-4)x+(3y+4)(3y-8)$$

$$
\begin{array}{ccc}
1 & \diagup & 3y+4 \longrightarrow 3y+4 \\
1 & \diagdown & 3y-8 \longrightarrow \underline{3y-8(+} \\
 & & 6y-4
\end{array}
$$

$$=(x+3y+4)(x+3y-8)$$

따라서 두 일차식의 합은
$(x+3y+4)+(x+3y-8)=2x+6y-4$　　　**답 $2x+6y-4$**

다른 풀이

(주어진 식)$=(x^2+6xy+9y^2)-4(x+3y)-32$
　　　　　$=(x+3y)^2-4(x+3y)-32$

$x+3y=A$로 놓으면
$A^2-4A-32=(A+4)(A-8)$
　　　　　　$=(x+3y+4)(x+3y-8)$

따라서 두 일차식의 합은
$(x+3y+4)+(x+3y-8)=2x+6y-4$

0585 x에 대하여 내림차순으로 정리하면
(주어진 식)$=x^2-(4y+6)x+(3y^2+2y-16)$
　　　　　$=x^2-(4y+6)x+(y-2)(3y+8)$
　　　　　$=\{x-(y-2)\}\{x-(3y+8)\}$
　　　　　$=(x-y+2)(x-3y-8)$

따라서 $a=2$, $b=-3$, $c=-8$이므로
$a-b+c=2-(-3)-8=-3$　　　　　**답 -3**

📓 중단원 마무리하기　　　　　본문 p.74~76

0586 ④ ㉡의 과정에서 분배법칙이 이용된다.　　**답 ④**

0587 ① x^2-2x+A에서
　$A=\left(\dfrac{-2}{2}\right)^2=1$

② $x^2+Axy+\dfrac{1}{9}y^2=x^2+Axy+\left(\dfrac{1}{3}y\right)^2$에서
　$A=2\times1\times\dfrac{1}{3}=\dfrac{2}{3}$

③ $Ax^2-4x+1=Ax^2-2\times2x\times1+1^2$에서
　$A=2^2=4$

④ $9x^2+6x+A=(3x)^2+2\times3x\times1+A$에서
　$A=1^2=1$

⑤ $4x^2+Ax+\dfrac{1}{4}=(2x)^2+Ax+\left(\dfrac{1}{2}\right)^2$에서
　$A=2\times2\times\dfrac{1}{2}=2$

따라서 양수 A의 값이 가장 큰 것은 ③이다.　　**답 ③**

0588 $0<a<b$이므로
$a-b<0$, $a+b>0$
$\therefore$ (주어진 식)$=\sqrt{(a-b)^2}-\sqrt{(a+b)^2}$
　　　　　　$=-(a-b)-(a+b)$
　　　　　　$=-a+b-a-b$
　　　　　　$=-2a$　　　　　**답 ①**

0589 $6x^2+ax-20=(2x+b)(cx-4)$
　　　　　　　　$=2cx^2+(bc-8)x-4b$
이므로 $6=2c$, $a=bc-8$, $-20=-4b$
$\therefore c=3$, $b=5$, $a=7$
$\therefore a+b+c=7+5+3=15$　　　**답 15**

0590 ① $x^3-9x=x(x^2-9)=x(x+3)(x-3)$
② $xy^2-3xy=xy(y-3)$
③ $2x^2-5x-3=(x-3)(2x+1)$
④ $x^2-2x-3=(x+1)(x-3)$
⑤ $3x^2-10x+3=(x-3)(3x-1)$
따라서 $x-3$을 인수로 갖지 않는 것은 ②이다.　**답 ②**

0591 $2x^2y-4xy=2xy\underline{(x-2)}$
$2x^2-5x+2=\underline{(x-2)}(2x-1)$
즉, 두 다항식의 공통인 인수는 $x-2$이므로 x^2+4x+a도 $x-2$를 인수로 갖는다.
$x^2+4x+a=(x-2)(x+k)$로 놓으면
$x^2+4x+a=x^2+(k-2)x-2k$
따라서 $4=k-2$, $a=-2k$이므로
$k=6$, $a=-12$　　　　　**답 ①**

0592 $2(x-5)x^2+5(x-5)x+2(x-5)$
$=(x-5)(2x^2+5x+2)$
$=(x-5)(x+2)(2x+1)$
따라서 직육면체의 높이는 $x-5$이므로 모든 모서리의 길이의 합은
$4\{(2x+1)+(x+2)+(x-5)\}=4(4x-2)$
　　　　　　　　　　　　$=16x-8$　　**답 ⑤**

0593 $x+1=A$로 놓으면
$(x+1)^2-2(x+1)-24=A^2-2A-24$
　　　　　　　　　$=(A+4)(A-6)$
　　　　　　　　　$=(x+1+4)(x+1-6)$
　　　　　　　　　$=(x+5)\underline{(x-5)}$
또 $5x-3=B$, $3x+7=C$로 놓으면

$(5x-3)^2-(3x+7)^2$
$=B^2-C^2$
$=(B+C)(B-C)$
$=\{(5x-3)+(3x+7)\}\{(5x-3)-(3x+7)\}$
$=(8x+4)(2x-10)$
$=8(2x+1)\underline{(x-5)}$
따라서 공통인 인수는 $x-5$이다. 　　　답 ②

0594 ① $-3a^2-12ab=-3a(a+4b)$
② $-4x^2+196=-4(x^2-49)=-4(x+7)(x-7)$
③ $(a+b)x-(a+b)(y-z)=(a+b)(x-y+z)$
④ $(x+y)^2-5(x+y)+6=(x+y-2)(x+y-3)$
⑤ $(2x+1)^2-(x-3)^2$
$\qquad =\{(2x+1)+(x-3)\}\{(2x+1)-(x-3)\}$
$\qquad =(3x-2)(x+4)$
따라서 인수분해한 것이 옳은 것은 ⑤이다. 　　　답 ⑤

0595 (주어진 식)$=x^2-1+y^2-x^2y^2$
$\qquad =(x^2-1)-y^2(x^2-1)$
$\qquad =(x^2-1)(1-y^2)$
$\qquad =(x+1)(x-1)(1+y)(1-y)$
따라서 인수가 아닌 것은 ①이다. 　　　답 ①

0596 (주어진 식)$=(16x^2-8x+1)-y^2$
$\qquad =(4x-1)^2-y^2$
$\qquad =(4x-1+y)(4x-1-y)$
$\qquad =(4x+y-1)(4x-y-1)$
따라서 두 일차식의 합은
$(4x+y-1)+(4x-y-1)=8x-2$ 　　　답 ②

0597 $x^2-3x-y^2+3y=(x^2-y^2)-3(x-y)$
$\qquad =(x+y)(x-y)-3(x-y)$
$\qquad =(x-y)(x+y-3)$
$\qquad =\sqrt{3}(3+\sqrt{3}-3)$
$\qquad =3$ 　　　답 ④

0598 (주어진 식)$=\{(x+1)(x-5)\}\{(x+3)(x-7)\}+k$
$\qquad =(x^2-4x-5)(x^2-4x-21)+k$
$x^2-4x=A$로 놓으면
$(A-5)(A-21)+k=A^2-26A+105+k$
$\qquad =A^2-2\times 13\times A+105+k$
이므로 $105+k=13^2$, $105+k=169$
$\therefore k=64$ 　　　답 ⑤

0599 y에 대하여 내림차순으로 정리하면
(주어진 식)$=(-3x+3)y+(x^2+7x-8)$
$\qquad =-3y(x-1)+(x-1)(x+8)$
$\qquad =(x-1)(-3y+x+8)$
$\qquad =(x-1)(x-3y+8)$ 　　　답 ②

0600 z에 대하여 내림차순으로 정리하면
(좌변)$=(2x-2y)z+(x^2-2xy+y^2)$
$\qquad =2z(x-y)+(x-y)^2$
$\qquad =(x-y)(2z+x-y)$
$\qquad =(x-y)(x-y+2z)$
$\therefore A=x-y$ 　　　답 $x-y$

0601 $4x^2-12xy+Ay^2=(2x)^2-2\times 2x\times 3y+Ay^2$이므로
$Ay^2=(3y)^2=9y^2$　$\therefore A=9$ 　　　㉮

$\dfrac{1}{9}x^2+Bx+4$에서 B는 양수이므로 $B=2\times\dfrac{1}{3}\times 2=\dfrac{4}{3}$ 　　　㉯

$\therefore AB=12$ 　　　㉰
　　　답 **12**

단계	채점요소	배점
㉮	A의 값 구하기	40%
㉯	B의 값 구하기	40%
㉰	AB의 값 구하기	20%

0602 $(x+6)(x-1)=x^2+5x-6$이므로 처음 이차식은
x^2-6x+5 　　　㉮

따라서 처음 이차식을 바르게 인수분해하면
$x^2-6x+5=(x-1)(x-5)$ 　　　㉯
　　　답 $(x-1)(x-5)$

단계	채점요소	배점
㉮	처음 이차식 구하기	50%
㉯	처음 이차식을 바르게 인수분해하기	50%

0603 $x^2-3x=A$로 놓으면 　　　㉮

(주어진 식)$=A^2-8A-20$
$\qquad =(A+2)(A-10)$
$\qquad =(x^2-3x+2)(x^2-3x-10)$
$\qquad =(x-1)(x-2)(x+2)(x-5)$ 　　　㉯

따라서 네 일차식은 $x-1$, $x-2$, $x+2$, $x-5$이므로 네 일차식의 합은

$(x-1)+(x-2)+(x+2)+(x-5)=4x-6$

··· ㉑

🄰 $4x-6$

단계	채점요소	배점
㉮	공통부분을 한 문자로 놓기	20%
㉯	주어진 식 인수분해하기	50%
㉰	네 일차식의 합 구하기	30%

0604 $x=\dfrac{\sqrt{2}-\sqrt{3}}{\sqrt{2}+\sqrt{3}}=\dfrac{(\sqrt{2}-\sqrt{3})^2}{(\sqrt{2}+\sqrt{3})(\sqrt{2}-\sqrt{3})}$

$\qquad\quad =\dfrac{2-2\sqrt{6}+3}{-1}$

$\qquad\quad =-5+2\sqrt{6}$

$y=\dfrac{\sqrt{2}+\sqrt{3}}{\sqrt{2}-\sqrt{3}}=\dfrac{(\sqrt{2}+\sqrt{3})^2}{(\sqrt{2}-\sqrt{3})(\sqrt{2}+\sqrt{3})}$

$\qquad\quad =\dfrac{2+2\sqrt{6}+3}{-1}$

$\qquad\quad =-5-2\sqrt{6}$

··· ㉑

따라서 $x-y=(-5+2\sqrt{6})-(-5-2\sqrt{6})=4\sqrt{6}$이므로

··· ㉯

$x^2+y^2-2xy=(x-y)^2$

$\qquad\qquad\quad =(4\sqrt{6})^2$

$\qquad\qquad\quad =96$

··· ㉰

🄰 96

단계	채점요소	배점
㉮	x, y의 분모를 유리화하기	40%
㉯	$x-y$의 값 구하기	20%
㉰	주어진 식의 값 구하기	40%

0605 $0<a<1$에서 $\dfrac{1}{a}>1$이므로

$a+\dfrac{1}{a}>0$, $a-\dfrac{1}{a}<0$

$\therefore$ (주어진 식)$=\sqrt{(-3a)^2}+\sqrt{a^2-2+\dfrac{1}{a^2}}-\sqrt{a^2+2+\dfrac{1}{a^2}}$

$\qquad\qquad\quad =\sqrt{(-3a)^2}+\sqrt{\left(a-\dfrac{1}{a}\right)^2}-\sqrt{\left(a+\dfrac{1}{a}\right)^2}$

$\qquad\qquad\quad =-(-3a)-\left(a-\dfrac{1}{a}\right)-\left(a+\dfrac{1}{a}\right)$

$\qquad\qquad\quad =3a-a+\dfrac{1}{a}-a-\dfrac{1}{a}$

$\qquad\qquad\quad =a$

🄰 a

0606 (주어진 식)

$=\left(1-\dfrac{1}{2}\right)\left(1+\dfrac{1}{2}\right)\left(1-\dfrac{1}{3}\right)\left(1+\dfrac{1}{3}\right)\left(1-\dfrac{1}{4}\right)\left(1+\dfrac{1}{4}\right)$

$\qquad\times\cdots\times\left(1-\dfrac{1}{10}\right)\left(1+\dfrac{1}{10}\right)\left(1-\dfrac{1}{11}\right)\left(1+\dfrac{1}{11}\right)$

$=\dfrac{1}{2}\times\dfrac{3}{2}\times\dfrac{2}{3}\times\dfrac{4}{3}\times\dfrac{3}{4}\times\dfrac{5}{4}\times\cdots\times\dfrac{9}{10}\times\dfrac{11}{10}\times\dfrac{10}{11}\times\dfrac{12}{11}$

$=\dfrac{1}{2}\times\dfrac{12}{11}$

$=\dfrac{6}{11}$

🄰 ④

0607 $2^{160}-1$

$=(2^{80}+1)(2^{80}-1)$

$=(2^{80}+1)(2^{40}+1)(2^{40}-1)$

$=(2^{80}+1)(2^{40}+1)(2^{20}+1)(2^{20}-1)$

$=(2^{80}+1)(2^{40}+1)(2^{20}+1)(2^{10}+1)(2^{10}-1)$

$=(2^{80}+1)(2^{40}+1)(2^{20}+1)(2^{10}+1)(2^5+1)(2^5-1)$

따라서 $2^{160}-1$은 30과 40 사이의 두 자연수 $2^5+1=33$, $2^5-1=31$로 나누어떨어지므로 구하는 합은

$33+31=64$

🄰 ①

0608 $a^2-b^2+5a-5b=(a+b)(a-b)+5(a-b)$

$\qquad\qquad\qquad\qquad\ =(a-b)(a+b+5)$

이때 $(a-b)^2=(a+b)^2-4ab=3^2-4=5$이고 $a>b$이므로

$a-b=\sqrt{5}$

$\therefore a^2-b^2+5a-5b=(a-b)(a+b+5)$

$\qquad\qquad\qquad\qquad\ =\sqrt{5}(3+5)=8\sqrt{5}$

🄰 $8\sqrt{5}$

05 이차방정식의 풀이

Ⅲ. 이차방정식

교과서문제 정복하기

0609 $2x-1=x^2+6$에서 $-x^2+2x-7=0$ 　答 ○

0610 $-2x^2+x^3=6x-3+x^3$에서 $-2x^2-6x+3=0$

答 ○

0611 $x(x-2)=x^2+3$에서 $-2x-3=0$ 　答 ×

0612 $(x+1)(x-3)=0$에서 $x^2-2x-3=0$ 　答 ○

0613 答 $a\neq0$

0614 $(-3-2)\times(-3+3)=0$ 　答 ○

0615 $7^2+3\times7-28\neq0$ 　答 ×

0616 $2\times\left(\dfrac{1}{2}\right)^2-3\times\dfrac{1}{2}+1=0$ 　答 ○

0617 $(-5)^2-12\times(-5)+35\neq0$ 　答 ×

0618 $x=-1$일 때, $(-1)\times(-2)\neq0$
$x=0$일 때, $0\times(-1)=0$
$x=1$일 때, $1\times0=0$
$x=2$일 때, $2\times1\neq0$
따라서 주어진 방정식의 해는 $x=0$ 또는 $x=1$이다.
答 $x=0$ 또는 $x=1$

0619 $x=-1$일 때, $(-1)^2+(-1)-2\neq0$
$x=0$일 때, $0^2+0-2\neq0$
$x=1$일 때, $1^2+1-2=0$
$x=2$일 때, $2^2+2-2\neq0$
따라서 주어진 방정식의 해는 $x=1$이다. 　答 $x=1$

0620 $x=-1$일 때, $2\times(-1)^2-3\times(-1)-2\neq0$
$x=0$일 때, $2\times0^2-3\times0-2\neq0$
$x=1$일 때, $2\times1^2-3\times1-2\neq0$
$x=2$일 때, $2\times2^2-3\times2-2=0$
따라서 주어진 방정식의 해는 $x=2$이다. 　答 $x=2$

0621 $x=-4$를 $x^2+3x+a=0$에 대입하면

$(-4)^2+3\times(-4)+a=0$, $a+4=0$
$\therefore a=-4$ 　答 -4

0622 $x=2$를 $2x^2+ax+2=0$에 대입하면
$2\times2^2+a\times2+2=0$, $2a+10=0$
$\therefore a=-5$ 　答 -5

0623 答 ㄱ, ㄴ, ㄷ

0624 $(x-4)(x-9)=0$에서 $x-4=0$ 또는 $x-9=0$
$\therefore x=4$ 또는 $x=9$ 　答 $x=4$ 또는 $x=9$

0625 $(x+5)(x-6)=0$에서 $x+5=0$ 또는 $x-6=0$
$\therefore x=-5$ 또는 $x=6$ 　答 $x=-5$ 또는 $x=6$

0626 $x(x-7)=0$에서 $x=0$ 또는 $x-7=0$
$\therefore x=0$ 또는 $x=7$ 　答 $x=0$ 또는 $x=7$

0627 $(2x+3)(x+1)=0$에서 $2x+3=0$ 또는 $x+1=0$
$\therefore x=-\dfrac{3}{2}$ 또는 $x=-1$ 　答 $x=-\dfrac{3}{2}$ 또는 $x=-1$

0628 $\dfrac{1}{3}(x-1)(x-2)=0$에서 $x-1=0$ 또는 $x-2=0$
$\therefore x=1$ 또는 $x=2$ 　答 $x=1$ 또는 $x=2$

0629 $x^2+5x-14=0$에서 $(x+7)(x-2)=0$
$\therefore x=-7$ 또는 $x=2$ 　答 $x=-7$ 또는 $x=2$

0630 $x^2-6x-7=0$에서 $(x+1)(x-7)=0$
$\therefore x=-1$ 또는 $x=7$ 　答 $x=-1$ 또는 $x=7$

0631 $6x^2-5x-6=0$에서 $(3x+2)(2x-3)=0$
$\therefore x=-\dfrac{2}{3}$ 또는 $x=\dfrac{3}{2}$ 　答 $x=-\dfrac{2}{3}$ 또는 $x=\dfrac{3}{2}$

0632 $4x^2-8x+3=0$에서 $(2x-1)(2x-3)=0$
$\therefore x=\dfrac{1}{2}$ 또는 $x=\dfrac{3}{2}$ 　答 $x=\dfrac{1}{2}$ 또는 $x=\dfrac{3}{2}$

0633 答 $x=-7$

0634 $x^2+2x+1=0$에서 $(x+1)^2=0$
$\therefore x=-1$ 　答 $x=-1$

0635 $4x^2-4x=-1$에서 $4x^2-4x+1=0$
$(2x-1)^2=0$ 　$\therefore x=\dfrac{1}{2}$ 　答 $x=\dfrac{1}{2}$

0636 $9x^2+4=12x$에서 $9x^2-12x+4=0$
$(3x-2)^2=0$ $\quad$ ∴ $x=\dfrac{2}{3}$ $\qquad$ 🖹 $x=\dfrac{2}{3}$

0637 $a=\left(\dfrac{6}{2}\right)^2=9$ $\qquad$ 🖹 **9**

0638 $a=\left(-\dfrac{3}{2}\right)^2=\dfrac{9}{4}$ $\qquad$ 🖹 $\dfrac{9}{4}$

0639 $a=\left\{\left(-\dfrac{4}{5}\right)\times\dfrac{1}{2}\right\}^2=\left(-\dfrac{2}{5}\right)^2=\dfrac{4}{25}$ $\qquad$ 🖹 $\dfrac{4}{25}$

0640 $x^2=10$이므로 $x=\pm\sqrt{10}$ $\qquad$ 🖹 $x=\pm\sqrt{10}$

0641 $x^2=8$이므로 $x=\pm2\sqrt{2}$ $\qquad$ 🖹 $x=\pm2\sqrt{2}$

0642 $4x^2=5$이므로 $x^2=\dfrac{5}{4}$
∴ $x=\pm\dfrac{\sqrt{5}}{2}$ $\qquad$ 🖹 $x=\pm\dfrac{\sqrt{5}}{2}$

0643 $(x-3)^2=64$에서 $x-3=\pm8$
∴ $x=-5$ 또는 $x=11$ $\qquad$ 🖹 $x=-5$ 또는 $x=11$

0644 $4(x-2)^2=20$에서 $(x-2)^2=5$
$x-2=\pm\sqrt{5}$ $\quad$ ∴ $x=2\pm\sqrt{5}$ $\qquad$ 🖹 $x=2\pm\sqrt{5}$

0645 $(5x-2)^2=9$이므로 $5x-2=\pm3$
$5x=-1$ 또는 $5x=5$
∴ $x=-\dfrac{1}{5}$ 또는 $x=1$ $\qquad$ 🖹 $x=-\dfrac{1}{5}$ 또는 $x=1$

0646 $3(x-1)^2=21$이므로 $(x-1)^2=7$
$x-1=\pm\sqrt{7}$ $\quad$ ∴ $x=1\pm\sqrt{7}$ $\qquad$ 🖹 $x=1\pm\sqrt{7}$

0647 🖹 **25, 25, 5, 12**

0648 $x^2+4x=-2$이므로 $x^2+4x+4=-2+4$
∴ $(x+2)^2=2$ $\qquad$ 🖹 $(x+2)^2=2$

0649 양변을 2로 나누면 $x^2+2x-\dfrac{7}{2}=0$
$x^2+2x=\dfrac{7}{2}$, $x^2+2x+1=\dfrac{7}{2}+1$
∴ $(x+1)^2=\dfrac{9}{2}$ $\qquad$ 🖹 $(x+1)^2=\dfrac{9}{2}$

0650 $x^2+5x=-3$이므로 $x^2+5x+\dfrac{25}{4}=-3+\dfrac{25}{4}$
∴ $\left(x+\dfrac{5}{2}\right)^2=\dfrac{13}{4}$ $\qquad$ 🖹 $\left(x+\dfrac{5}{2}\right)^2=\dfrac{13}{4}$

0651 $x^2-8x=-6$이므로 $x^2-8x+16=-6+16$
∴ $(x-4)^2=10$ $\qquad$ 🖹 $(x-4)^2=10$

0652 🖹 $1,\ 1,\ 1,\ \dfrac{7}{4},\ 1,\ \dfrac{\sqrt{7}}{2},\ 1\pm\dfrac{\sqrt{7}}{2}$

0653 $x^2-4x=3$이므로 $x^2-4x+4=3+4$
$(x-2)^2=7$, $x-2=\pm\sqrt{7}$
∴ $x=2\pm\sqrt{7}$ $\qquad$ 🖹 $x=2\pm\sqrt{7}$

0654 $x^2+8x=12$이므로 $x^2+8x+16=12+16$
$(x+4)^2=28$, $x+4=\pm2\sqrt{7}$
∴ $x=-4\pm2\sqrt{7}$ $\qquad$ 🖹 $x=-4\pm2\sqrt{7}$

0655 양변을 2로 나누면 $x^2+2x-\dfrac{3}{2}=0$
$x^2+2x=\dfrac{3}{2}$, $x^2+2x+1=\dfrac{3}{2}+1$
$(x+1)^2=\dfrac{5}{2}$, $x+1=\pm\dfrac{\sqrt{10}}{2}$
∴ $x=-1\pm\dfrac{\sqrt{10}}{2}$ $\qquad$ 🖹 $x=-1\pm\dfrac{\sqrt{10}}{2}$

0656 양변을 3으로 나누면 $x^2+\dfrac{2}{3}x-\dfrac{4}{3}=0$
$x^2+\dfrac{2}{3}x=\dfrac{4}{3}$, $x^2+\dfrac{2}{3}x+\dfrac{1}{9}=\dfrac{4}{3}+\dfrac{1}{9}$
$\left(x+\dfrac{1}{3}\right)^2=\dfrac{13}{9}$, $x+\dfrac{1}{3}=\pm\dfrac{\sqrt{13}}{3}$
∴ $x=\dfrac{-1\pm\sqrt{13}}{3}$ $\qquad$ 🖹 $x=\dfrac{-1\pm\sqrt{13}}{3}$

🖼 유형 익히기

본문 p.82~87

0657 ① 이차식
② $-2x^2+x+3=0$ ⇨ 이차방정식
③ $-x-4=0$ ⇨ 일차방정식
④ $x^2=x^2+2x+1+2x$이므로 $-4x-1=0$ ⇨ 일차방정식
⑤ $x^2+x-2=x^2+x^3$이므로 $-x^3+x-2=0$
$\quad$ ⇨ 이자방정식이 아니다.
따라서 이차방정식인 것은 ②이다. $\qquad$ 🖹 ②

0658 ㄱ. $x^2+3x=x^2$이므로 $3x=0$ ⇨ 일차방정식

ㄴ. $x^2-3x-4=0$ ⇨ 이차방정식

ㄷ. $9x^2=9x^2+6x+1$이므로 $-6x-1=0$ ⇨ 일차방정식

ㄹ. $\frac{1}{2}x^2+3x-\frac{1}{2}=0$ ⇨ 이차방정식

ㅁ. $4-x^2=x-x^2$이므로 $-x+4=0$ ⇨ 일차방정식

따라서 x에 대한 이차방정식이 아닌 것은 ㄱ, ㄷ, ㅁ이다.

🖎 **ㄱ, ㄷ, ㅁ**

0659 $(x-2)^2-x=2x-5x^2$에서

$x^2-4x+4-x=2x-5x^2$

$6x^2-7x+4=0$

따라서 $a=-7$, $b=4$이므로

$a+b=-3$

🖎 **-3**

0660 $(k-1)x^2+5x=x^2-6$에서

$(k-2)x^2+5x+6=0$

따라서 이 방정식이 x에 대한 이차방정식이 되려면 $k-2\neq0$, 즉 $k\neq2$이어야 한다.

🖎 **④**

0661 각 방정식에 주어진 수를 대입하면

① $(-3)^2-9=0$

② $\frac{1}{2}\times(-1)^2+(-1)+\frac{1}{2}=0$

③ $2\times2^2-3\times2+2\neq0$

④ $(1-3)^2-4=0$

⑤ $\left(-\frac{1}{2}+1\right)\times\left\{2\times\left(-\frac{1}{2}\right)-1\right\}\neq0$

따라서 [ ] 안의 수가 주어진 이차방정식의 해가 아닌 것은 ③, ⑤이다.

🖎 **③, ⑤**

0662 각 방정식에 $x=2$를 대입하면

① $(2+1)\times(2+2)\neq0$

② $-2^2+2\neq0$

③ $2^2+4\times2+4\neq0$

④ $3\times2^2-5\times2-2=0$

⑤ $2^2+6\times2\neq2\times2^2-2-18$

따라서 $x=2$를 해로 갖는 것은 ④이다.

🖎 **④**

0663 ① $x=-1$일 때, $(-1)^2-6\neq-(-1)$

② $x=2$일 때, $2^2-3\times2-4\neq0$

③ $x=-1$일 때, $(-1)^2+2\times(-1)=3\times(-1)+2$

$x=2$일 때, $2^2+2\times2=3\times2+2$

④ $x=2$일 때, $2\times(2-2)\neq2+4$

⑤ $x=-1$일 때, $(-1-2)^2\neq2-(-1)$

따라서 $x=-1$, $x=2$를 모두 해로 갖는 것은 ③이다.

🖎 **③**

0664 $3x-8<x$에서 $2x<8$ ∴ $x<4$

이때 x는 자연수이므로 $x=1$, 2, 3

$x=1$일 때, $1^2-2\times1-3\neq0$

$x=2$일 때, $2^2-2\times2-3\neq0$

$x=3$일 때, $3^2-2\times3-3=0$

따라서 주어진 이차방정식의 해는 $x=3$이다.

🖎 **$x=3$**

0665 $x=3$을 $2x^2-(5+a)x+a+1=0$에 대입하면

$2\times3^2-(5+a)\times3+a+1=0$

$-2a+4=0$ ∴ $a=2$

🖎 **④**

0666 $x=\frac{1}{2}$을 $2x^2-ax+2=0$에 대입하면

$2\times\left(\frac{1}{2}\right)^2-a\times\frac{1}{2}+2=0$, $-\frac{1}{2}a+\frac{5}{2}=0$

∴ $a=5$

🖎 **⑤**

0667 $x=1$을 $3x^2+ax-6=0$에 대입하면

$3\times1^2+a\times1-6=0$, $a-3=0$ ∴ $a=3$

$x=-4$를 $x^2-5x+b=0$에 대입하면

$(-4)^2-5\times(-4)+b=0$, $b+36=0$ ∴ $b=-36$

∴ $a-b=39$

🖎 **39**

0668 $x=-2$를 $x^2-5x+a=0$에 대입하면

$(-2)^2-5\times(-2)+a=0$, $a+14=0$ ∴ $a=-14$ ⋯ ㉮

$x=-2$를 $3x^2+bx-6=0$에 대입하면

$3\times(-2)^2+b\times(-2)-6=0$, $-2b+6=0$ ∴ $b=3$ ⋯ ㉯

∴ $a+b=-11$ ⋯ ㉰

🖎 **-11**

단계	채점요소	배점
㉮	a의 값 구하기	40%
㉯	b의 값 구하기	40%
㉰	$a+b$의 값 구하기	20%

0669 ① $x=\frac{1}{2}$ 또는 $x=1$

② $x=\frac{1}{2}$ 또는 $x=-1$

③ $x=\frac{1}{2}$ 또는 $x=-1$

④ $x=-\frac{1}{2}$ 또는 $x=1$

⑤ $x=-\frac{1}{2}$ 또는 $x=-1$

🖎 **④**

0670 $(x-3)(x+5)=0$에서 $x=3$ 또는 $x=-5$이므로
$\alpha=3$, $\beta=-5$ $\therefore \alpha^2-\beta^2=3^2-(-5)^2=-16$ **답 -16**

0671 ㄱ. $x=0$ 또는 $x=3$이므로 $3-0=3$
ㄴ. $x=-1$ 또는 $x=3$이므로 $3-(-1)=4$
ㄷ. $x=-1$ 또는 $x=-4$이므로 $-1-(-4)=3$
ㄹ. $x=-3$ 또는 $x=-1$이므로 $-1-(-3)=2$
ㅁ. $x=-2$ 또는 $x=2$이므로 $2-(-2)=4$
따라서 두 근의 차가 4인 것은 ㄴ, ㅁ이다. **답 ④**

0672 $6x^2+5x-4=0$에서 $(3x+4)(2x-1)=0$
$\therefore x=-\dfrac{4}{3}$ 또는 $x=\dfrac{1}{2}$
따라서 $A=-\dfrac{4}{3}+\dfrac{1}{2}=-\dfrac{5}{6}$, $B=\dfrac{1}{2}-\left(-\dfrac{4}{3}\right)=\dfrac{11}{6}$이므로
$A-B=-\dfrac{5}{6}-\dfrac{11}{6}=-\dfrac{8}{3}$ **답 ②**

0673 $3x^2-5x-2=0$에서 $(3x+1)(x-2)=0$
$\therefore x=-\dfrac{1}{3}$ 또는 $x=2$
이때 $\alpha>\beta$이므로 $\alpha=2$, $\beta=-\dfrac{1}{3}$
$\therefore \alpha+3\beta=2+3\times\left(-\dfrac{1}{3}\right)=1$ **답 1**

0674 $2(x-1)(3x-1)=1-x^2$에서
$2(3x^2-4x+1)=1-x^2$
$7x^2-8x+1=0$, $(7x-1)(x-1)=0$
$\therefore x=\dfrac{1}{7}$ 또는 $x=1$ **답 ④**

0675 $2x^2+x-6=0$에서 $(x+2)(2x-3)=0$
$\therefore x=-2$ 또는 $x=\dfrac{3}{2}$
따라서 두 근 사이에 있는 정수는 -1, 0, 1의 3개이다. **답 ③**

0676 주어진 이차방정식에 $x=2$를 대입하면
$2^2+a\times2-8=0$, $2a=4$ $\therefore a=2$
$x^2+2x-8=0$에서 $(x+4)(x-2)=0$
따라서 다른 한 근은 $x=-4$이다. **답 ③**

0677 $x^2-x-2=0$에서
$(x+1)(x-2)=0$ $\therefore x=-1$ 또는 $x=2$
$\therefore \alpha=-1$ 또는 $\alpha=2$
$x^2-2x-8=0$에서
$(x+2)(x-4)=0$ $\therefore x=-2$ 또는 $x=4$
$\therefore \beta=-2$ 또는 $\beta=4$
따라서 $|\alpha-\beta|$의 값 중에서 가장 큰 값은

$|-1-4|=5$ **답 ③**

0678 $2x(x-6)=(x-4)^2-11$에서
$2x^2-12x=x^2-8x+16-11$, $x^2-4x-5=0$
$(x+1)(x-5)=0$ $\therefore x=-1$ 또는 $x=5$
이때 $\alpha>\beta$이므로 $\alpha=5$, $\beta=-1$ ⑦

따라서 이차방정식 $x^2+ax+a-\beta=0$, 즉 $x^2+5x+6=0$에서 ④

$(x+3)(x+2)=0$ $\therefore x=-3$ 또는 $x=-2$ ⑤

답 $x=-3$ 또는 $x=-2$

단계	채점요소	배점
⑦	α, β의 값 구하기	50%
④	이차방정식 구하기	10%
⑤	이차방정식의 해 구하기	40%

0679 주어진 이차방정식에 $x=-1$을 대입하면
$(a-2)-4a+(a+1)^2-1=0$
$a^2-a-2=0$, $(a+1)(a-2)=0$
$\therefore a=-1$ 또는 $a=2$
그런데 $a=2$이면 이차항의 계수가 0이 되므로 $a=-1$
$-3x^2-4x-1=0$에서 $3x^2+4x+1=0$
$(3x+1)(x+1)=0$
따라서 다른 한 근은 $x=-\dfrac{1}{3}$이다. **답 $x=-\dfrac{1}{3}$**

0680 $x^2+6x-16=0$에서 $(x+8)(x-2)=0$
$\therefore x=-8$ 또는 $x=2$
$3x^2-2x-8=0$에서 $(3x+4)(x-2)=0$
$\therefore x=-\dfrac{4}{3}$ 또는 $x=2$
따라서 공통인 근은 $x=2$이다. **답 $x=2$**

0681 $x^2-2x-3=0$에서 $(x+1)(x-3)=0$
$\therefore x=-1$ 또는 $x=3$
$3x^2+8x+5=0$에서 $(3x+5)(x+1)=0$
$\therefore x=-\dfrac{5}{3}$ 또는 $x=-1$
따라서 공통이 아닌 두 근은 각각 $x=3$, $x=-\dfrac{5}{3}$이므로 구하는 곱은
$3\times\left(-\dfrac{5}{3}\right)=-5$ **답 -5**

0682 $x=\dfrac{3}{2}$을 $6x^2-13x+a=0$에 대입하면
$6\times\left(\dfrac{3}{2}\right)^2-13\times\dfrac{3}{2}+a=0$

$a-6=0$ $\therefore a=6$

$x=\dfrac{3}{2}$을 $4x^2+bx-3=0$에 대입하면

$4\times\left(\dfrac{3}{2}\right)^2+b\times\dfrac{3}{2}-3=0$

$\dfrac{3}{2}b+6=0$ $\therefore b=-4$

$\therefore a+b=2$ 　　　　　　　　　　　　답 **2**

0683 $x^2-x-2=0$에서 $(x+1)(x-2)=0$

$\therefore x=-1$ 또는 $x=2$

$2x^2+x-1=0$에서 $(x+1)(2x-1)=0$

$\therefore x=-1$ 또는 $x=\dfrac{1}{2}$

따라서 두 이차방정식의 공통인 근은 $x=-1$이므로 $x=-1$을 $x^2+5x+k=0$에 대입하면

$1-5+k=0$ $\therefore k=4$ 　　　　　　　답 **4**

0684 ① $\left(x+\dfrac{2}{5}\right)\left(x-\dfrac{2}{5}\right)=0$이므로 $x=-\dfrac{2}{5}$ 또는 $x=\dfrac{2}{5}$

② $x^2-4x+4=0$이므로 $(x-2)^2=0$ $\therefore x=2$

③ $x^2-2x-8=-9$이므로 $x^2-2x+1=0$

$(x-1)^2=0$ $\therefore x=1$

④ $(2x-1)^2=0$이므로 $x=\dfrac{1}{2}$

⑤ $(2x+1)(x-3)=0$이므로 $x=-\dfrac{1}{2}$ 또는 $x=3$

따라서 중근을 갖지 않는 것은 ①, ⑤이다. 　　답 ①, ⑤

0685 ㄱ. $x^2-9=0$이므로 $(x+3)(x-3)=0$

$\therefore x=-3$ 또는 $x=3$

ㄴ. $x^2-x-2=x-3$이므로 $x^2-2x+1=0$

$(x-1)^2=0$ $\therefore x=1$

ㄷ. $x^2-x=0$이므로 $x(x-1)=0$ $\therefore x=0$ 또는 $x=1$

ㄹ. $x^2-25=0$이므로 $(x+5)(x-5)=0$

$\therefore x=-5$ 또는 $x=5$

ㅁ. $(x-5)^2=0$이므로 $x=5$

ㅂ. $2x^2-8=0$이므로 $x^2-4=0$, $(x+2)(x-2)=0$

$\therefore x=-2$ 또는 $x=2$

따라서 중근을 갖는 것은 ㄴ, ㅁ의 2개이다. 　답 **2개**

0686 $x^2+\dfrac{4}{3}x+\dfrac{4}{9}=0$에서 $\left(x+\dfrac{2}{3}\right)^2=0$

$\therefore x=-\dfrac{2}{3}$

$9x^2-12x+4=0$에서 $(3x-2)^2=0$

$\therefore x=\dfrac{2}{3}$

따라서 $a=-\dfrac{2}{3}$, $b=\dfrac{2}{3}$이므로

$a-b=-\dfrac{4}{3}$ 　　　　　　　　　　답 $-\dfrac{4}{3}$

0687 중근 $x=-2$를 갖고 x^2의 계수가 1인 이차방정식은

$(x+2)^2=0$이므로 $x^2+4x+4=0$

따라서 $a=4$, $b=4$이므로

$a+b=8$ 　　　　　　　　　　　　답 **8**

0688 $3p+1=\left(\dfrac{8}{2}\right)^2=16$이므로 $3p=15$

$\therefore p=5$ 　　　　　　　　　　　　답 ③

0689 $x^2+6x+p+2=0$이 중근을 가지므로

$p+2=\left(\dfrac{6}{2}\right)^2=9$ $\therefore p=7$

$p=7$을 $5x^2+px-6=0$에 대입하면

$5x^2+7x-6=0$, $(x+2)(5x-3)=0$

$\therefore x=-2$ 또는 $x=\dfrac{3}{5}$ 　　답 $x=-2$ 또는 $x=\dfrac{3}{5}$

0690 $x^2-(m-3)x+2m-1=0$이 중근을 가지므로

$2m-1=\left\{\dfrac{-(m-3)}{2}\right\}^2$, $(m-3)^2=4(2m-1)$

$m^2-6m+9=8m-4$, $m^2-14m+13=0$

$(m-1)(m-13)=0$

$\therefore m=1$ 또는 $m=13$ 　　　　　답 ③, ④

0691 $3x^2-12x+4a-8=0$의 양변을 3으로 나누면

$x^2-4x+\dfrac{4a-8}{3}=0$

이 이차방정식이 중근을 가지므로

$\dfrac{4a-8}{3}=\left(\dfrac{-4}{2}\right)^2=4$, $4a=20$ $\therefore a=5$

즉, 주어진 이차방정식은 $3x^2-12x+12=0$이므로

$x^2-4x+4=0$, $(x-2)^2=0$

$\therefore x=2$

따라서 $a=5$, $b=2$이므로 $a+b=7$ 　　답 ③

0692 $4(x+5)^2=24$에서 $(x+5)^2=6$이므로

$x+5=\pm\sqrt{6}$ $\therefore x=-5\pm\sqrt{6}$

따라서 $p=-5$, $q=6$이므로

$p+q=1$ 　　　　　　　　　　　　답 ④

0693 이차방정식 $\left(x+\dfrac{1}{2}\right)^2-k+5=0$,

즉 $\left(x+\dfrac{1}{2}\right)^2=k-5$가 해를 가지므로

$k-5\geq0$ $\therefore k\geq5$

따라서 상수 k의 값이 될 수 없는 것은 ①이다. 　답 ①

0694 $3(x+a)^2=9$이므로 $(x+a)^2=3$

$x+a=\pm\sqrt{3}$ $\therefore x=-a\pm\sqrt{3}$

따라서 $a=-2$, $b=3$이므로
$a-b=-5$ 답 -5

$\therefore A=2$, $B=\dfrac{9}{4}$, $C=-\dfrac{3}{2}$, $D=7$, $E=3$
따라서 옳지 않은 것은 ③이다.   답 ③

0695 $5(x+a)^2=b$에서 $(x+a)^2=\dfrac{b}{5}$

$x+a=\pm\sqrt{\dfrac{b}{5}}$ $\therefore x=-a\pm\sqrt{\dfrac{b}{5}}$

따라서 $-a=3$, $\dfrac{b}{5}=3$에서 $a=-3$, $b=15$

$\therefore a+b=12$ 답 12

0696 $2x^2-4x-3=0$의 양변을 2로 나누면

$x^2-2x-\dfrac{3}{2}=0$, $x^2-2x=\dfrac{3}{2}$

$x^2-2x+1=\dfrac{3}{2}+1$ $\therefore (x-1)^2=\dfrac{5}{2}$

따라서 $a=-1$, $b=\dfrac{5}{2}$이므로

$a+b=\dfrac{3}{2}$ 답 ④

0697 $\dfrac{1}{2}x^2-3x-6=0$의 양변에 2를 곱하면

$x^2-6x-12=0$, $x^2-6x=12$

$x^2-6x+9=12+9$ $\therefore (x-3)^2=21$

따라서 $a=-3$, $b=21$이므로

$\dfrac{b}{a}=-7$ 답 -7

0698 $2(x-1)^2=(x-4)^2$에서

$2(x^2-2x+1)=x^2-8x+16$

$x^2+4x=14$, $x^2+4x+4=14+4$

$\therefore (x+2)^2=18$

따라서 $m=2$, $n=18$이므로

$m+n=20$ 답 20

0699 $x^2-ax+b=(x+p)^2$에서 $x^2-ax+b=x^2+2px+p^2$

이므로 $a=-2p$, $b=p^2$

이때 $a+b=8$이므로 $-2p+p^2=8$

$p^2-2p-8=0$, $(p+2)(p-4)=0$

$\therefore p=4 \ (\because p>0)$ 답 4

0700 양변을 2로 나누면 $x^2-3x+\dfrac{1}{2}=0$

상수항을 이항하면 $x^2-3x=-\dfrac{1}{2}$

$x^2-3x+\dfrac{9}{4}=-\dfrac{1}{2}+\dfrac{9}{4}$, $\left(x-\dfrac{3}{2}\right)^2=\dfrac{7}{4}$

$x-\dfrac{3}{2}=\pm\dfrac{\sqrt{7}}{2}$ $\therefore x=\dfrac{3\pm\sqrt{7}}{2}$

0701 $x^2+6x=p$에서 $x^2+6x+9=p+9$

$(x+3)^2=p+9$, $x+3=\pm\sqrt{p+9}$

$\therefore x=-3\pm\sqrt{p+9}$

----------- ㉮ -----------

따라서 $q=-3$, $p+9=10$에서 $p=1$

----------- ㉯ -----------

$\therefore pq=-3$

----------- ㉰ -----------

답 -3

단계	채점요소	배점
㉮	완전제곱식을 이용하여 이차방정식 풀기	50 %
㉯	p, q의 값 구하기	40 %
㉰	pq의 값 구하기	10 %

0702 $3x^2-6x-2=0$의 양변을 3으로 나누면

$x^2-2x-\dfrac{2}{3}=0$, $x^2-2x=\dfrac{2}{3}$

$x^2-2x+1=\dfrac{2}{3}+1$, $(x-1)^2=\dfrac{5}{3}$

$x-1=\pm\sqrt{\dfrac{5}{3}}$ $\therefore x=1\pm\sqrt{\dfrac{5}{3}}=\dfrac{3\pm\sqrt{15}}{3}$

따라서 $a=-1$, $b=\dfrac{5}{3}$, $c=3$, $d=15$이므로

$abcd=(-1)\times\dfrac{5}{3}\times3\times15=-75$ 답 -75

유형 UP   본문 p.88

0703 ① $x=a$를 $x^2-3x-1=0$에 대입하면

$a^2-3a-1=0$

② $a^2-3a=1$이므로 $2a^2-6a=2(a^2-3a)=2\times1=2$

③ $1+3a-a^2=1-(a^2-3a)=1-1=0$

④ $3a^2-9a+8=3(a^2-3a)+8=3\times1+8=11$

⑤ $a^2-3a-1=0$에서 $a\neq0$이므로 양변을 a로 나누면

$a-3-\dfrac{1}{a}=0$ $\therefore a-\dfrac{1}{a}=3$

따라서 옳지 않은 것은 ④이다.   답 ④

0704 $x=a$를 $x^2+5x-1=0$에 대입하면 $a^2+5a-1=0$

이때 $a\neq0$이므로 양변을 a로 나누면

$$a+5-\frac{1}{a}=0 \qquad \therefore a-\frac{1}{a}=-5$$

$$\therefore a^2+\frac{1}{a^2}=\left(a-\frac{1}{a}\right)^2+2=(-5)^2+2=27 \qquad \text{탭 } 27$$

0705 $x=a$를 $x^2+3x-1=0$에 대입하면
$a^2+3a-1=0 \qquad \therefore a^2+3a=1$

⑦

또, $x=b$를 $x^2-5x-2=0$에 대입하면
$b^2-5b-2=0 \qquad \therefore b^2-5b=2$

④

$$\therefore 2a^2+6a+b^2-5b=2(a^2+3a)+(b^2-5b)$$
$$=2\times1+2=4$$

④

탭 4

단계	채점요소	배점
⑦	a^2+3a의 값 구하기	30%
④	b^2-5b의 값 구하기	30%
④	$2a^2+6a+b^2-5b$의 값 구하기	40%

0706 $x=a$를 $x^2-4x+1=0$에 대입하면 $a^2-4a+1=0$
이때 $a\neq0$이므로 양변을 a로 나누면 $a-4+\frac{1}{a}=0$

$$\therefore a+\frac{1}{a}=4$$

$$\therefore a^3-4a^2+2a+\frac{1}{a}=a(a^2-4a+1)+a+\frac{1}{a}$$
$$=a\times0+4=4$$

탭 4

0707 $x^2-7x+6=0$에서 $(x-1)(x-6)=0$
$\therefore x=1$ 또는 $x=6$
따라서 $4x^2+(a-1)x-5=0$의 한 근이 $x=1$이므로
$4+(a-1)-5=0 \qquad \therefore a=2$

탭 ⑤

0708 $2x^2-x-6=0$에서 $(2x+3)(x-2)=0$
$\therefore x=-\frac{3}{2}$ 또는 $x=2$
즉, $x^2+a(x-a)-1=0$의 한 근이 $x=2$이므로
$4+a(2-a)-1=0,\ a^2-2a-3=0$
$(a+1)(a-3)=0 \qquad \therefore a=-1$ 또는 $a=3$
따라서 양수 a의 값은 3이다.

탭 ③

0709 $x=3$을 $x^2+ax-3=0$에 대입하면
$9+3a-3=0,\ 3a+6=0 \qquad \therefore a=-2$
즉, 이차방정식 $x^2+ax-3=0$은 $x^2-2x-3=0$이므로
$(x+1)(x-3)=0 \qquad \therefore x=-1$ 또는 $x=3$
따라서 $3x^2-8x+b=0$의 한 근이 $x=-1$이므로
$3+8+b=0 \qquad \therefore b=-11$

탭 -11

0710 ① $x^2=x^2+3x-10,\ -3x+10=0 \Rightarrow$ 일차방정식
② $x+4=x^2-4x+4,\ -x^2+5x=0 \Rightarrow$ 이차방정식
③ $x^2-6x+9=x^2+2x+1,\ -8x+8=0 \Rightarrow$ 일차방정식
④ $2x^2+x-1=2x^2+2x^3,\ -2x^3+x-1=0$
$\quad \Rightarrow$ 이차방정식이 아니다.
⑤ $2x^2+16x+32=x^2-2x+1+x^2+2x+1$
$\quad 16x+30=0 \Rightarrow$ 일차방정식
따라서 이차방정식인 것은 ②이다.

탭 ②

0711 $(ax-3)(2x+1)=4x^2+2x$에서
$2ax^2+(a-6)x-3=4x^2+2x$
$(2a-4)x^2+(a-8)x-3=0$
따라서 이 방정식이 이차방정식이 되려면 $2a-4\neq0$, 즉 $a\neq2$이
어야 한다.

탭 ⑤

0712 각 방정식에 $x=-3$을 대입하면
① $(-3)^2-9=0$
② $(-3)^2+3\times(-3)=0$
③ $(-3)^2-2\times(-3)-15=0$
④ $2\times(-3)^2+4\times(-3)+5\neq0$
⑤ $(-3+1)\times(-3-2)=10$
따라서 $x=-3$을 해로 갖지 않는 것은 ④이다.

탭 ④

0713 $x=3$을 $(k-3)x^2-kx+3=0$에 대입하면
$(k-3)\times3^2-k\times3+3=0$
$9k-27-3k+3=0,\ 6k-24=0$
$\therefore k=4$

탭 ⑤

0714 ①, ②, ③, ④ $x=-3$ 또는 $x=2$
⑤ $x=-\frac{1}{3}$ 또는 $x=2$
따라서 해가 나머지 넷과 다른 하나는 ⑤이다.

탭 ⑤

0715 $x^2+2x-15=x-3$이므로 $x^2+x-12=0$
$(x+4)(x-3)=0$
$\therefore x=-4$ 또는 $x=3$

탭 ②

0716 $x=-1$을 $x^2-3x+a=0$에 대입하면
$1+3+a=0 \qquad \therefore a=-4$
$a=-4$를 $x^2+(a+3)x-2=0$에 대입하면
$x^2-x-2=0,\ (x+1)(x-2)=0$
$\therefore x=-1$ 또는 $x=2$

$a=-4$를 $(1-a)x^2+(2a-1)x-2=0$에 대입하면
$5x^2-9x-2=0$, $(5x+1)(x-2)=0$
$\therefore x=-\dfrac{1}{5}$ 또는 $x=2$
따라서 두 이차방정식의 공통인 근은 $x=2$이다.　　　답 $x=2$

0717 ① $x^2-1=0$이므로 $x^2=1$　　$\therefore x=\pm 1$
② $3-x^2=6x+12$이므로 $x^2+6x+9=0$
　　$(x+3)^2=0$　　$\therefore x=-3$
③ $x^2-4=2x-1$이므로 $x^2-2x-3=0$
　　$(x+1)(x-3)=0$　　$\therefore x=-1$ 또는 $x=3$
④ $x+4=x^2-4x+4$이므로 $x^2-5x=0$
　　$x(x-5)=0$　　$\therefore x=0$ 또는 $x=5$
⑤ $x^2-10x=-10$이므로 $x^2-10x+25=-10+25$
　　$(x-5)^2=15$　　$\therefore x=5\pm\sqrt{15}$
따라서 중근을 갖는 것은 ②이다.　　　답 ②

0718 $3(x-5)^2=m-4$가 중근을 가지므로
$m-4=0$　　$\therefore m=4$
따라서 이차방정식 $x^2-mx-12=0$은
$x^2-4x-12=0$이므로 $(x+2)(x-6)=0$
$\therefore x=-2$ 또는 $x=6$　　　답 ③

0719 $x=2$를 $3x^2+5ax-2=0$에 대입하면
$3\times 2^2+5a\times 2-2=0$, $10a+10=0$　　$\therefore a=-1$
$x^2-bx+c=0$이 $x=2$를 중근으로 가지므로
$(x-2)^2=0$에서 $x^2-4x+4=0$　　$\therefore b=4$, $c=4$
$\therefore a+b-c=-1+4-4=-1$　　　답 -1

0720 $(x-a)^2=k$에서 $k>0$이면 서로 다른 두 근을 갖고,
$k=0$이면 중근을 갖는다.
따라서 해를 가질 조건은 $k\ge 0$이다.　　　답 ②

0721 $(x-2)^2=7$이므로 $x-2=\pm\sqrt{7}$
$\therefore x=2\pm\sqrt{7}$
따라서 두 근의 합은
$(2-\sqrt{7})+(2+\sqrt{7})=4$　　　답 ⑤

0722 $3x^2-4x-2=0$의 양변을 3으로 나누면
$x^2-\dfrac{4}{3}x-\dfrac{2}{3}=0$, $x^2-\dfrac{4}{3}x=\dfrac{2}{3}$
$x^2-\dfrac{4}{3}x+\dfrac{4}{9}=\dfrac{2}{3}+\dfrac{4}{9}$　　$\therefore \left(x-\dfrac{2}{3}\right)^2=\dfrac{10}{9}$
따라서 $a=-\dfrac{2}{3}$, $b=\dfrac{10}{9}$이므로
$a+b=\dfrac{4}{9}$　　　답 ②

0723 $x=p$가 $x^2+3x-6=0$의 한 근이므로
$p^2+3p-6=0$, $p^2+3p=6$
$\therefore 2p^2+6p=2(p^2+3p)=2\times 6=12$
$x=q$가 $2x^2+x-1=0$의 한 근이므로
$2q^2+q-1=0$　　$\therefore 2q^2+q=1$
$\therefore (2p^2+6p+1)(2q^2+q+3)=(12+1)\times(1+3)=52$
　　　답 52

0724 $(x+2)(x-b)=0$의 해는 $x=-2$ 또는 $x=b$
$x=-2$를 $x^2+x+a=0$에 대입하면
$4-2+a=0$　　$\therefore a=-2$
즉, $x^2+x-2=0$에서 $(x+2)(x-1)=0$
$\therefore b=1$
$\therefore b-a=3$　　　답 3

0725 $(m-1)x^2-(m^2+2m-2)x+2=0$에 $x=2$를 대입하면
$(m-1)\times 2^2-(m^2+2m-2)\times 2+2=0$
$-2m^2+2=0$, $m^2-1=0$, $(m+1)(m-1)=0$
$\therefore m=-1$ 또는 $m=1$
그런데 $m=1$이면 이차항의 계수가 0이 되므로 이차방정식이 아니다.
$\therefore m=-1$
　　　㉮
$m=-1$을 주어진 방정식에 대입하면
$-2x^2+3x+2=0$, $2x^2-3x-2=0$
$(2x+1)(x-2)=0$　　$\therefore x=-\dfrac{1}{2}$ 또는 $x=2$
$\therefore n=-\dfrac{1}{2}$
　　　㉯
$\therefore m+n=-\dfrac{3}{2}$
　　　㉰
　　　답 $-\dfrac{3}{2}$

단계	채점요소	배점
㉮	m의 값 구하기	50 %
㉯	n의 값 구하기	30 %
㉰	$m+n$의 값 구하기	20 %

0726 $x^2-3x=-2$에서 $x^2-3x+2=0$
$(x-1)(x-2)=0$　　$\therefore x=1$ 또는 $x=2$
　　　㉮
$x^2-4x+8=2x$에서 $x^2-6x+8=0$

$(x-2)(x-4)=0$　　$\therefore x=2$ 또는 $x=4$

———————————————————————— ㉯

따라서 공통인 근은 $x=2$이므로

———————————————————————— ㉰

$x=2$를 $x^2-px+6=0$에 대입하면
$4-2p+6=0$, $10-2p=0$　　$\therefore p=5$

———————————————————————— ㉱

답 **5**

단계	채점요소	배점
㉮	이차방정식 $x^2-3x=-2$의 해 구하기	30%
㉯	이차방정식 $x^2-4x+8=2x$의 해 구하기	30%
㉰	공통인 근 구하기	10%
㉱	p의 값 구하기	30%

0727 $3x^2-12x-24=0$에서 $x^2-4x-8=0$
$x^2-4x=8$, $x^2-4x+4=8+4$, $(x-2)^2=12$
$x-2=\pm2\sqrt{3}$　　$\therefore x=2\pm2\sqrt{3}$

———————————————————————— ㉮

따라서 $a=2$, $b=3$이므로

———————————————————————— ㉯

$a+b=5$

———————————————————————— ㉰

답 **5**

단계	채점요소	배점
㉮	이차방정식 $3x^2-12x-24=0$의 해 구하기	60%
㉯	a, b의 값 구하기	20%
㉰	$a+b$의 값 구하기	20%

0728 $x=5$를 $x^2-ax-5=0$에 대입하면
$25-5a-5=0$, $20-5a=0$　　$\therefore a=4$

———————————————————————— ㉮

즉, 이차방정식 $x^2-ax-5=0$은 $x^2-4x-5=0$이므로
$(x+1)(x-5)=0$　　$\therefore x=-1$ 또는 $x=5$
따라서 $3x^2+7x+b=0$의 한 근이 $x=-1$이므로
$3-7+b=0$　　$\therefore b=4$

———————————————————————— ㉯

$\therefore a+b=8$

———————————————————————— ㉰

답 **8**

단계	채점요소	배점
㉮	a의 값 구하기	30%
㉯	b의 값 구하기	50%
㉰	$a+b$의 값 구하기	20%

0729 직선 $ax+2y=2$가 점 $(1-a,\ a^2)$을 지나므로
$ax+2y=2$에 $x=1-a$, $y=a^2$을 대입하면
$a(1-a)+2a^2=2$, $a^2+a-2=0$
$(a+2)(a-1)=0$　　$\therefore a=-2$ 또는 $a=1$

이때 직선 $ax+2y=2$, 즉 $y=-\dfrac{a}{2}x+1$
이 제3사분면을 지나지 않으려면 오른쪽
그림과 같아야 하므로 $-\dfrac{a}{2}<0$, 즉 $a>0$
이어야 한다.

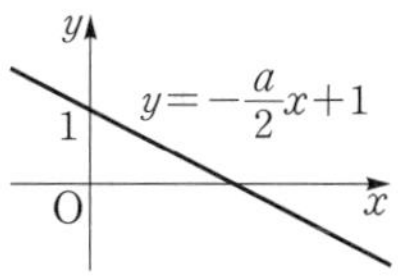

$\therefore a=1$　　　　　　　　답 **1**

0730 이차방정식 $x^2-(k-2)x+16=0$이 중근을 가지므로
$16=\left\{\dfrac{-(k-2)}{2}\right\}^2$, $k^2-4k-60=0$
$(k+6)(k-10)=0$　　$\therefore k=-6$ 또는 $k=10$
이차방정식 $x^2-ax+b=0$의 두 근이 -6, 10이므로
$36+6a+b=0$에서 $6a+b=-36$　　$\cdots\cdots$ ㉠
$100-10a+b=0$에서 $10a-b=100$　　$\cdots\cdots$ ㉡
㉠, ㉡을 연립하여 풀면 $a=4$, $b=-60$
$\therefore a+b=-56$　　　　　　답 **-56**

0731 $x^2+5xy-14y^2=0$에서 $(x+7y)(x-2y)=0$
$\therefore x=-7y$ 또는 $x=2y$
그런데 $xy>0$이므로 x, y의 부호가 같다.
$\therefore x=2y$
$\therefore \dfrac{x^2-xy+y^2}{x^2+y^2}=\dfrac{4y^2-2y^2+y^2}{4y^2+y^2}$
$\qquad\qquad\qquad =\dfrac{3y^2}{5y^2}=\dfrac{3}{5}$　　　답 $\dfrac{3}{5}$

0732 $x^2-4x+1=0$의 한 근이 $x=a$이므로
$a^2-4a+1=0$
$a\ne0$이므로 양변을 a로 나누면 $a-4+\dfrac{1}{a}=0$
$\therefore a+\dfrac{1}{a}=4$
$a^2+\dfrac{1}{a^2}=\left(a+\dfrac{1}{a}\right)^2-2=4^2-2=14$
$\left(a-\dfrac{1}{a}\right)^2=\left(a+\dfrac{1}{a}\right)^2-4=4^2-4=12$
$\therefore a-\dfrac{1}{a}=\pm2\sqrt{3}$
그런데 $a>1$에서 $0<\dfrac{1}{a}<1$이므로 $a-\dfrac{1}{a}>0$
$\therefore a-\dfrac{1}{a}=2\sqrt{3}$
$\therefore a^2+3a-\dfrac{3}{a}+\dfrac{1}{a^2}=a^2+\dfrac{1}{a^2}+3\left(a-\dfrac{1}{a}\right)$
$\qquad\qquad\qquad =14+6\sqrt{3}$　　　답 **$14+6\sqrt{3}$**

0733 $2x^2+5x+1=0$에서 $a=\boxed{2}$, $b=\boxed{5}$, $c=1$

$\therefore x=\dfrac{-\boxed{5}\pm\sqrt{\boxed{5}^2-4\times\boxed{2}\times 1}}{2\times\boxed{2}}=\boxed{\dfrac{-5\pm\sqrt{17}}{4}}$

📋 **풀이 참조**

0734 $3x^2+x-1=0$에서 $a=3$, $b=\boxed{1}$, $c=\boxed{-1}$

$\therefore x=\dfrac{-\boxed{1}\pm\sqrt{\boxed{1}^2-4\times 3\times(\boxed{-1})}}{2\times 3}=\boxed{\dfrac{-1\pm\sqrt{13}}{6}}$

📋 **풀이 참조**

0735 $x=\dfrac{-1\pm\sqrt{1^2-4\times 2\times(-4)}}{2\times 2}=\dfrac{-1\pm\sqrt{33}}{4}$

📋 $x=\dfrac{-1\pm\sqrt{33}}{4}$

0736 $x=\dfrac{-(-5)\pm\sqrt{(-5)^2-4\times 4\times(-1)}}{2\times 4}=\dfrac{5\pm\sqrt{41}}{8}$

📋 $x=\dfrac{5\pm\sqrt{41}}{8}$

0737 $x^2-4x=-2$에서 $x^2-4x+2=0$

$\therefore x=-(-2)\pm\sqrt{(-2)^2-1\times 2}=2\pm\sqrt{2}$

📋 $x=2\pm\sqrt{2}$

0738 $6x-1=-x^2+3$에서 $x^2+6x-4=0$

$\therefore x=-3\pm\sqrt{3^2-1\times(-4)}=-3\pm\sqrt{13}$

📋 $x=-3\pm\sqrt{13}$

0739 $2x^2+2x=5x+9$이므로 $2x^2-3x-9=0$

$(2x+3)(x-3)=0$ $\therefore x=-\dfrac{3}{2}$ 또는 $x=3$

📋 $x=-\dfrac{3}{2}$ 또는 $x=3$

0740 $x^2-7x+12=7$이므로 $x^2-7x+5=0$

$\therefore x=\dfrac{-(-7)\pm\sqrt{(-7)^2-4\times 1\times 5}}{2}=\dfrac{7\pm\sqrt{29}}{2}$

📋 $x=\dfrac{7\pm\sqrt{29}}{2}$

0741 $x^2+2x+1=3x+2$이므로 $x^2-x-1=0$

$\therefore x=\dfrac{-(-1)\pm\sqrt{(-1)^2-4\times 1\times(-1)}}{2}=\dfrac{1\pm\sqrt{5}}{2}$

📋 $x=\dfrac{1\pm\sqrt{5}}{2}$

0742 $2x^2-50=x^2-4x+4$이므로 $x^2+4x-54=0$

$\therefore x=-2\pm\sqrt{2^2-1\times(-54)}=-2\pm\sqrt{58}$

📋 $x=-2\pm\sqrt{58}$

0743 양변에 3을 곱하면 $x^2+4x+3=0$

$(x+3)(x+1)=0$ $\therefore x=-3$ 또는 $x=-1$

📋 $x=-3$ 또는 $x=-1$

0744 양변에 6을 곱하면 $x^2+1=6x+8$

$x^2-6x-7=0$, $(x+1)(x-7)=0$

$\therefore x=-1$ 또는 $x=7$ 　　📋 $x=-1$ 또는 $x=7$

0745 양변에 10을 곱하면 $10x^2-x-2=0$

$(5x+2)(2x-1)=0$ $\therefore x=-\dfrac{2}{5}$ 또는 $x=\dfrac{1}{2}$

📋 $x=-\dfrac{2}{5}$ 또는 $x=\dfrac{1}{2}$

0746 양변에 100을 곱하면 $x^2+8=12x$

$x^2-12x+8=0$

$\therefore x=-(-6)\pm\sqrt{(-6)^2-1\times 8}$

$\quad=6\pm\sqrt{28}=6\pm 2\sqrt{7}$ 　　📋 $x=6\pm 2\sqrt{7}$

0747 양변에 4를 곱하면 $2x^2-x-2=0$

$\therefore x=\dfrac{-(-1)\pm\sqrt{(-1)^2-4\times 2\times(-2)}}{2\times 2}=\dfrac{1\pm\sqrt{17}}{4}$

📋 $x=\dfrac{1\pm\sqrt{17}}{4}$

0748 양변에 10을 곱하면 $2x^2-5x+3=0$

$(x-1)(2x-3)=0$ $\therefore x=1$ 또는 $x=\dfrac{3}{2}$

📋 $x=1$ 또는 $x=\dfrac{3}{2}$

0749 📋 2, 2, 2, 4

0750 $x^2+x-6=0$에서

$1^2-4\times 1\times(-6)=25>0$

따라서 서로 다른 두 근을 갖는다. 　　📋 **2개**

0751 $9x^2-6x+1=0$에서

$(-6)^2-4\times 9\times 1=0$

따라서 중근을 갖는다. 　　📋 **1개**

0752 $x^2+6x+9=12$이므로 $x^2+6x-3=0$에서
$6^2-4\times1\times(-3)=48>0$
따라서 서로 다른 두 근을 갖는다. **답 2개**

0753 $2x-7=x^2-4$이므로 $x^2-2x+3=0$에서
$(-2)^2-4\times1\times3=-8<0$
따라서 근이 없다. **답 0개**

0754 $(x-3)(x-6)=0$이므로 $x^2-9x+18=0$
답 $x^2-9x+18=0$

0755 $x(x-4)=0$이므로 $x^2-4x=0$
답 $x^2-4x=0$

0756 $(x+5)^2=0$이므로 $x^2+10x+25=0$
답 $x^2+10x+25=0$

0757 $(x+2)(x-2)=0$이므로 $x^2-4=0$
답 $x^2-4=0$

0758 $(x+1)\left(x+\dfrac{2}{3}\right)=0$이므로 $x^2+\dfrac{5}{3}x+\dfrac{2}{3}=0$
답 $x^2+\dfrac{5}{3}x+\dfrac{2}{3}=0$

0759 $\dfrac{1}{3}(x+1)(x-3)=0$이므로 $\dfrac{1}{3}x^2-\dfrac{2}{3}x-1=0$
답 $\dfrac{1}{3}x^2-\dfrac{2}{3}x-1=0$

0760 $4\left(x-\dfrac{1}{2}\right)^2=0$이므로 $4x^2-4x+1=0$
답 $4x^2-4x+1=0$

0761 (1) $x^2=3x+28$에서 $x^2-3x-28=0$
(2) $x^2-3x-28=0$에서 $(x+4)(x-7)=0$
∴ $x=-4$ 또는 $x=7$
답 (1) $x^2-3x-28=0$ (2) $-4, 7$

0762 (1) $x^2+(x+1)^2=85$
(2) $x^2+(x+1)^2=85$에서 $2x^2+2x-84=0$
$x^2+x-42=0$, $(x+7)(x-6)=0$
∴ $x=-7$ 또는 $x=6$
그런데 x는 자연수이므로 $x=6$
(3) 연속하는 두 자연수는 6, 7이다.
답 (1) $x^2+(x+1)^2=85$ (2) 6 (3) 6, 7

0763 (1) 가로의 길이는 $(10-x)$ cm
세로의 길이는 $(7-x)$ cm
(2) $(10-x)(7-x)=40$이므로 $x^2-17x+70=40$
∴ $x^2-17x+30=0$
(3) $x^2-17x+30=0$에서 $(x-2)(x-15)=0$
∴ $x=2$ ($\because 0<x<7$)
답 (1) $(10-x)$ cm, $(7-x)$ cm
(2) $x^2-17x+30=0$ (3) 2

0764 (2) $35x-5x^2=0$에서 $x^2-7x=0$
$x(x-7)=0$ ∴ $x=0$ 또는 $x=7$
따라서 공이 지면에 떨어지는 것은 쏘아 올린 지 7초 후이다.
답 (1) 0 m (2) 7초 후

0765 $2x^2-3x-1=0$에서
$x=\dfrac{-(-3)\pm\sqrt{(-3)^2-4\times2\times(-1)}}{2\times2}=\dfrac{3\pm\sqrt{17}}{4}$
따라서 $A=3$, $B=17$이므로 $A+B=20$ **답 ④**

0766 $x^2-4x-6=0$에서
$x=-(-2)\pm\sqrt{(-2)^2-1\times(-6)}=2\pm\sqrt{10}$
따라서 $\alpha=2+\sqrt{10}$이므로 $\alpha-2=\sqrt{10}$ **답 ③**

0767 $2x^2-6x+k=0$에서
$x=\dfrac{-(-3)\pm\sqrt{(-3)^2-2k}}{2}=\dfrac{3\pm\sqrt{9-2k}}{2}$
따라서 $9-2k=19$이므로 $k=-5$ **답 ①**

0768 $ax^2-6x-2=0$에서
$x=\dfrac{-(-3)\pm\sqrt{(-3)^2-a\times(-2)}}{a}=\dfrac{3\pm\sqrt{9+2a}}{a}$
⟶ **㉮**

따라서 $a=4$, $9+2a=b$에서 $b=17$
⟶ **㉯**

∴ $a+b=21$
⟶ **㉰**

답 21

단계	채점요소	배점
㉮	근의 공식을 이용하여 이차방정식의 근 구하기	50 %
㉯	a, b의 값 구하기	30 %
㉰	$a+b$의 값 구하기	20 %

0769 $5x^2-10x+5+7x=6x^2-7x-3$이므로
$x^2-4x-8=0$
$\therefore x=2\pm\sqrt{12}=2\pm2\sqrt{3}$　　　　　　답 ④

0770 $3x^2+12=x^2-6x+9-2x+4$이므로
$2x^2+8x-1=0$
$\therefore x=\dfrac{-4\pm\sqrt{18}}{2}=\dfrac{-4\pm3\sqrt{2}}{2}$
따라서 두 근의 차는
$\dfrac{-4+3\sqrt{2}}{2}-\dfrac{-4-3\sqrt{2}}{2}=\dfrac{6\sqrt{2}}{2}=3\sqrt{2}$　　답 ④

0771 $5x^2-15x-6=2x^2-4x-16$이므로
$3x^2-11x+10=0$, $(3x-5)(x-2)=0$
$\therefore x=\dfrac{5}{3}$ 또는 $x=2$
이때 $\alpha<\beta$이므로 $\alpha=\dfrac{5}{3}$, $\beta=2$
$\therefore 3\alpha-\beta=3\times\dfrac{5}{3}-2=3$　　　　　답 3

0772 $4x^2-16x+16=3x^2-6x+3$이므로
$x^2-10x+13=0$
$\therefore x=5\pm\sqrt{12}=5\pm2\sqrt{3}$
이때 $1<5-2\sqrt{3}<2$, $8<5+2\sqrt{3}<9$이므로 두 근 사이에 있는
정수는 2, 3, 4, 5, 6, 7, 8의 7개이다.　　　　답 ③

0773 양변에 6을 곱하면 $3(x-2)^2=2(x^2+6)$
$3x^2-12x+12=2x^2+12$
$x^2-12x=0$, $x(x-12)=0$
$\therefore x=0$ 또는 $x=12$　　　　　　　답 ③

0774 양변에 3을 곱하면 $12x-(x^2+1)=6(x-1)$
$12x-x^2-1=6x-6$, $x^2-6x-5=0$　　$\therefore x=3\pm\sqrt{14}$
따라서 두 근의 차는
$(3+\sqrt{14})-(3-\sqrt{14})=2\sqrt{14}$　　　　답 ④

0775 양변에 8을 곱하면 $4x+1=-2x^2$
$2x^2+4x+1=0$　　$\therefore x=\dfrac{-2\pm\sqrt{2}}{2}=-1\pm\dfrac{\sqrt{2}}{2}$
따라서 $a=-1$, $b=2$이므로 $ab=-2$　　　답 -2

0776 양변에 4를 곱하면 $2x^2-x+4a=0$
$\therefore x=\dfrac{1\pm\sqrt{1-32a}}{4}$
따라서 $1=b$, $1-32a=33$이므로 $a=-1$, $b=1$
$\therefore a+b=0$　　　　　　　　　답 ③

0777 양변에 100을 곱하면 $9x^2-18x=5$
$9x^2-18x-5=0$
$\therefore x=\dfrac{9\pm\sqrt{126}}{9}=\dfrac{9\pm3\sqrt{14}}{9}=1\pm\dfrac{\sqrt{14}}{3}$
이때 $\alpha>\beta$이므로 $\alpha=1+\dfrac{\sqrt{14}}{3}$, $\beta=1-\dfrac{\sqrt{14}}{3}$
$\therefore \alpha-\beta=\dfrac{2\sqrt{14}}{3}$　　　　　답 ⑤

0778 양변에 10을 곱하면 $10x^2-3x-1=0$
$(5x+1)(2x-1)=0$　　$\therefore x=-\dfrac{1}{5}$ 또는 $x=\dfrac{1}{2}$　　답 ②

0779 양변에 100을 곱하면 $3x^2+x-10=0$
$(x+2)(3x-5)=0$　　$\therefore x=-2$ 또는 $x=\dfrac{5}{3}$
이때 $\alpha<\beta$이므로 $\alpha=-2$, $\beta=\dfrac{5}{3}$
따라서 $-2x-\dfrac{5}{3}=0$이므로 $x=-\dfrac{5}{6}$　　답 $x=-\dfrac{5}{6}$

0780 양변에 10을 곱하면 $7(x-1)^2=4(x-2)(2x-1)$
$7x^2-14x+7=8x^2-20x+8$
$x^2-6x+1=0$　　　　　　　　　　　㉮
$\therefore x=3\pm\sqrt{8}=3\pm2\sqrt{2}$　　　　　　㉯
따라서 $p=3$, $q=2$이므로
$p+q=5$　　　　　　　　　　　　　㉰
답 5

단계	채점요소	배점
㉮	이차방정식 정리하기	40%
㉯	이차방정식의 근 구하기	40%
㉰	$p+q$의 값 구하기	20%

0781 $2x+3=A$로 놓으면 $\dfrac{1}{5}A^2+\dfrac{1}{2}A-\dfrac{3}{10}=0$
양변에 10을 곱하면 $2A^2+5A-3=0$
$(A+3)(2A-1)=0$　　$\therefore A=-3$ 또는 $A=\dfrac{1}{2}$
즉, $2x+3=-3$ 또는 $2x+3=\dfrac{1}{2}$이므로
$x=-3$ 또는 $x=-\dfrac{5}{4}$
이때 $\alpha>\beta$이므로 $\alpha=-\dfrac{5}{4}$, $\beta=-3$
$\therefore 4\alpha-\beta=4\times\left(-\dfrac{5}{4}\right)-(-3)=-2$　　답 ③

0782 $x-2=A$로 놓으면 $A^2+2A-15=0$
$(A+5)(A-3)=0$ ∴ $A=-5$ 또는 $A=3$
즉, $x-2=-5$ 또는 $x-2=3$이므로
$x=-3$ 또는 $x=5$ **㉠ $x=-3$ 또는 $x=5$**

0783 $x-y=A$로 놓으면 $A(A-5)=14$
$A^2-5A-14=0$, $(A+2)(A-7)=0$
∴ $A=-2$ 또는 $A=7$
이때 $x>y$이므로 $A=x-y>0$
따라서 $x-y=7$이므로
$3x-3y=3(x-y)=21$ **㉠ ④**

0784 $a-b=A$로 놓으면 $3A^2-10A-8=0$
$(3A+2)(A-4)=0$ ∴ $A=-\dfrac{2}{3}$ 또는 $A=4$
──────────────── **㉮**
이때 $a>b$에서 $A=a-b>0$이므로 $A=4$
∴ $a-b=4$ ⋯⋯ ㉠
──────────────── **㉯**
따라서 $a+b=6$과 ㉠을 연립하여 풀면
$a=5,\ b=1$
──────────────── **㉰**

㉠ $a=5,\ b=1$

단계	채점요소	배점
㉮	$a-b=A$로 놓고 A에 대한 이차방정식 풀기	40%
㉯	$a-b$의 값 구하기	30%
㉰	$a,\ b$의 값 구하기	30%

0785 ㄱ. $7^2-4\times1\times12=1>0$이므로 서로 다른 두 근을 갖는다.
ㄴ. $(-2)^2-4\times1\times2=-4<0$이므로 근이 없다.
ㄷ. $1^2-4\times2\times5=-39<0$이므로 근이 없다.
ㄹ. $(-7)^2-4\times2\times(-3)=73>0$이므로 서로 다른 두 근을 갖는다.
따라서 근이 없는 것은 ㄴ, ㄷ이다. **㉠ ④**

0786 $x^2-3x-p=0$이 서로 다른 두 근을 가지려면
$(-3)^2-4\times1\times(-p)>0$
$9+4p>0$ ∴ $p>-\dfrac{9}{4}$ **㉠ $p>-\dfrac{9}{4}$**

0787 $x^2+(2k-1)x+k^2=0$이 근을 가지려면
$(2k-1)^2-4\times1\times k^2\geq0$
$-4k+1\geq0$ ∴ $k\leq\dfrac{1}{4}$
따라서 상수 k의 값이 될 수 없는 것은 ⑤이다. **㉠ ⑤**

0788 ㄱ. $m=3$이면 $(-6)^2-4\times3\times3=0$이므로 중근을 갖는다.
ㄴ. $m>3$이면 $(-6)^2-4\times3\times m<0$이므로 근이 없다.
ㄷ. $m=0$이면 $(-6)^2-4\times3\times0=36>0$이므로 서로 다른 두 근을 갖는다.
ㄹ. $m<0$이면 $(-6)^2-4\times3\times m>0$이므로 서로 다른 두 근을 갖는다.
따라서 옳은 것은 ㄱ, ㄴ, ㄹ이다. **㉠ ㄱ, ㄴ, ㄹ**

0789 $x^2+6x+2k-1=0$이 중근을 가지므로
$6^2-4\times1\times(2k-1)=0$
$36-8k+4=0$ ∴ $k=5$
즉, 주어진 이차방정식은 $x^2+6x+9=0$이므로
$(x+3)^2=0$ ∴ $x=-3$ ∴ $a=-3$
∴ $k+a=2$ **㉠ ④**

0790 $2x^2-(a+2)x+8=0$이 중근을 가지므로
$\{-(a+2)\}^2-4\times2\times8=0$
$a^2+4a-60=0$, $(a+10)(a-6)=0$
∴ $a=-10$ 또는 $a=6$
따라서 모든 상수 a의 값의 합은
$-10+6=-4$ **㉠ ②**

0791 $x^2-6x-m=0$이 중근을 가지므로
$(-6)^2-4\times1\times(-m)=0$
$36+4m=0$ ∴ $m=-9$
이차방정식 $x^2-2(m+5)x+n=0$, 즉 $x^2+8x+n=0$이 중근을 가지므로
$8^2-4\times1\times n=0$, $64-4n=0$ ∴ $n=16$
∴ $m-n=-25$ **㉠ -25**

0792 $3x^2+ax+12=0$이 중근을 가지므로
$a^2-4\times3\times12=0$, $a^2=144$ ∴ $a=\pm12$
(i) $a=12$를 주어진 이차방정식에 대입하면
$3x^2+12x+12=0$, $x^2+4x+4=0$
$(x+2)^2=0$ ∴ $x=-2$
(ii) $a=-12$를 주어진 이차방정식에 대입하면
$3x^2-12x+12=0$, $x^2-4x+4=0$
$(x-2)^2=0$ ∴ $x=2$
(i), (ii)에서 음수인 중근을 가질 때의 a의 값은 12이다. **㉠ 12**

0793 두 근이 $-\dfrac{1}{2}$, 3이고 x^2의 계수가 2인 이차방정식은
$2\left(x+\dfrac{1}{2}\right)(x-3)=0$ ∴ $2x^2-5x-3=0$
따라서 $a=-5,\ b=-3$이므로
$a-b=-2$ **㉠ ①**

0794 중근이 $\dfrac{1}{2}$이고 x^2의 계수가 8인 이차방정식은

$8\left(x-\dfrac{1}{2}\right)^2=0$ $\quad\therefore 8x^2-8x+2=0$

따라서 $a=-4$, $b=2$이므로 $a+b=-2$ 　　　📋 -2

0795 두 근이 -2, 4이고 x^2의 계수가 1인 이차방정식은

$(x+2)(x-4)=0$ $\quad\therefore x^2-2x-8=0$

$\therefore a=-2$, $b=8$

즉, 두 근이 -2, 8이고 x^2의 계수가 1인 이차방정식은

$(x+2)(x-8)=0$ $\quad\therefore x^2-6x-16=0$ 　　📋 ③

0796 두 근이 -5, -1이고 x^2의 계수가 1인 이차방정식은

$(x+5)(x+1)=0$ $\quad\therefore x^2+6x+5=0$

$\therefore a=6$, $b=5$

즉, 두 근이 7, 6이고 x^2의 계수가 2인 이차방정식은

$2(x-7)(x-6)=0$, $2(x^2-13x+42)=0$

$\therefore 2x^2-26x+84=0$ 　　📋 $2x^2-26x+84=0$

0797 $\dfrac{n(n-3)}{2}=77$에서 $n^2-3n-154=0$

$(n+11)(n-14)=0$ $\quad\therefore n=-11$ 또는 $n=14$

그런데 $n>3$이므로 $n=14$

따라서 구하는 다각형은 십사각형이다. 　　📋 ④

0798 $\dfrac{n(n+1)}{2}=120$에서 $n^2+n-240=0$

$(n+16)(n-15)=0$ $\quad\therefore n=-16$ 또는 $n=15$

그런데 n은 자연수이므로 $n=15$

따라서 1부터 15까지의 자연수를 더해야 한다. 　　📋 ③

0799 $\dfrac{n(n-1)}{2}=66$에서 $n^2-n-132=0$

$(n+11)(n-12)=0$ $\quad\therefore n=-11$ 또는 $n=12$

그런데 $n>1$이므로 $n=12$

따라서 동아리 회원은 12명이다. 　　📋 **12명**

0800 $\dfrac{n(n+1)}{2}=21$에서 $n^2+n-42=0$

$(n+7)(n-6)=0$ $\quad\therefore n=-7$ 또는 $n=6$

그런데 n은 자연수이므로 $n=6$

따라서 사용한 점의 개수가 21개인 삼각형은 6번째 삼각형이다. 　　📋 **6번째**

0801 연속하는 세 자연수를 $x-1$, x, $x+1$이라 하면

$(x+1)^2=3x(x-1)-24$, $2x^2-5x-25=0$

$(2x+5)(x-5)=0$ $\quad\therefore x=-\dfrac{5}{2}$ 또는 $x=5$

그런데 $x>1$이므로 $x=5$

따라서 연속하는 세 자연수는 4, 5, 6이므로 구하는 합은

$4+5+6=15$ 　　📋 ③

0802 연속하는 두 자연수를 x, $x+1$이라 하면

$3x^2=(x+1)^2+3$, $2x^2-2x-4=0$

$x^2-x-2=0$, $(x+1)(x-2)=0$ $\quad\therefore x=-1$ 또는 $x=2$

그런데 x는 자연수이므로 $x=2$

따라서 두 수는 2, 3이므로 구하는 곱은 $2\times3=6$ 　　📋 ⑤

0803 연속하는 두 홀수를 $x-2$, x라 하면

$(x-2)^2+x^2=130$, $2x^2-4x-126=0$

$x^2-2x-63=0$, $(x+7)(x-9)=0$

$\therefore x=-7$ 또는 $x=9$

그런데 x는 $x>2$인 홀수이므로 $x=9$

따라서 두 수 중 큰 수는 9이다. 　　📋 ②

0804 어떤 자연수를 x라 하면

$(x+2)^2=2x^2-92$

--------------------------------------- ㉮

$x^2-4x-96=0$, $(x+8)(x-12)=0$

$\therefore x=-8$ 또는 $x=12$

--------------------------------------- ㉯

그런데 x는 자연수이므로 $x=12$

따라서 구하는 자연수는 12이다.

--------------------------------------- ㉰

📋 **12**

단계	채점요소	배점
㉮	이차방정식 세우기	40%
㉯	이차방정식 풀기	40%
㉰	어떤 자연수 구하기	20%

0805 학생 수를 x명이라 하면 학생 한 명이 받은 볼펜의 개수는 $(x-2)$개이므로

$x(x-2)=195$, $x^2-2x-195=0$

$(x+13)(x-15)=0$ $\quad\therefore x=-13$ 또는 $x=15$

그런데 $x>2$이므로 $x=15$

따라서 학생은 모두 15명이다. 　　📋 ②

0806 펼쳐진 두 면의 쪽수를 x, $x+1$이라 하면

$x(x+1)=930$, $x^2+x-930=0$

$(x+31)(x-30)=0$ $\quad\therefore x=-31$ 또는 $x=30$

그런데 $x>0$이므로 $x=30$

따라서 두 면의 쪽수는 30, 31이므로 구하는 합은

$30+31=61$ 　　📋 **61**

0807 지원이의 나이를 x살이라 하면 동생의 나이는
$(x-4)$살이므로
$x^2=3(x-4)^2+6$

──────────────────────────── ㉮

$2x^2-24x+54=0$, $x^2-12x+27=0$
$(x-3)(x-9)=0$　　∴ $x=3$ 또는 $x=9$

──────────────────────────── ㉯

그런데 $x>4$이므로 $x=9$
따라서 지원이의 나이는 9살이다.

──────────────────────────── ㉰

답 9살

단계	채점요소	배점
㉮	이차방정식 세우기	40 %
㉯	이차방정식 풀기	40 %
㉰	지원이의 나이 구하기	20 %

0808 수련회의 날짜를 $(x-1)$일, x일, $(x+1)$일이라 하면
$(x-1)^2+x^2+(x+1)^2=434$
$3x^2+2=434$, $x^2=144$　　∴ $x=\pm12$
그런데 $x>1$이므로 $x=12$
따라서 수련회의 출발 날짜는 11일이다.　**답 ②**

0809 지면에 떨어질 때의 높이는 0 m이므로
$40t-5t^2=0$, $t^2-8t=0$
$t(t-8)=0$　　∴ $t=0$ 또는 $t=8$
그런데 $t>0$이므로 $t=8$
따라서 공이 지면에 떨어지는 것은 8초 후이다.　**답 ④**

0810 $750x-500x^2=250$이므로 $2x^2-3x+1=0$
$(2x-1)(x-1)=0$　　∴ $x=\dfrac{1}{2}$ 또는 $x=1$

따라서 물의 높이가 처음으로 250 cm가 되는 것은 $\dfrac{1}{2}$초 후이다.

답 $\dfrac{1}{2}$초 후

0811 $-5x^2+50x+120=200$이므로 $x^2-10x+16=0$
$(x-2)(x-8)=0$　　∴ $x=2$ 또는 $x=8$
따라서 물체의 높이가 200 m가 되는 것은 2초 후, 8초 후이다.
답 2초 후, 8초 후

0812 $60t-5t^2=160$에서 $t^2-12t+32=0$
$(t-4)(t-8)=0$　　∴ $t=4$ 또는 $t=8$
따라서 높이가 160 m 이상인 지점을 지나는 것은 4초부터 8초까
지이므로 4초 동안이다.　**답 4초**

0813 x초 후에 처음 직사각형의 넓이와 같아진다고 하면
$(16-x)(12+2x)=16\times12$
$2x^2-20x=0$, $x^2-10x=0$
$x(x-10)=0$　　∴ $x=0$ 또는 $x=10$
그런데 $0<x<16$이므로 $x=10$
따라서 처음 직사각형의 넓이와 같아지는 것은 10초 후이다.
답 10초 후

0814 직사각형의 가로의 길이를 x cm라 하면 세로의 길이는
$(23-x)$ cm이므로
$x(23-x)=120$, $x^2-23x+120=0$
$(x-8)(x-15)=0$　　∴ $x=8$ 또는 $x=15$
따라서 이 직사각형의 가로의 길이가 8 cm이면 세로의 길이는
15 cm이고 가로의 길이가 15 cm이면 세로의 길이는 8 cm이므
로 가로와 세로의 길이의 차는
$15-8=7$(cm)　**답 7 cm**

0815 늘어난 길이를 x m라 하면
$(10+x)(7+x)=10\times7+60$
$x^2+17x-60=0$, $(x+20)(x-3)=0$
∴ $x=-20$ 또는 $x=3$
그런데 $x>0$이므로 $x=3$
따라서 가로, 세로의 길이는 3 m만큼 늘어났다.　**답 3 m**

0816 처음 삼각형의 밑변의 길이와 높이를 x cm라 하면
$\dfrac{1}{2}\times2x\times(x+5)=3\times\left(\dfrac{1}{2}\times x\times x\right)$
$x^2-10x=0$, $x(x-10)=0$
∴ $x=0$ 또는 $x=10$
그런데 $x>0$이므로 $x=10$
따라서 처음 삼각형의 밑변의 길이와 높이는 10 cm이므로 그 넓
이는 $\dfrac{1}{2}\times10\times10=50$(cm^2)　**답 50 cm^2**

0817 길을 제외한 부분의 넓이는
한 변의 길이가 $(20-x)$ m인 정사각
형의 넓이와 같으므로
$(20-x)^2=289$, $20-x=\pm17$
∴ $x=3$ 또는 $x=37$
그런데 $0<x<20$이므로 $x=3$　**답 3**

0818 땅의 가로의 길이를 x m라 하면 세로의 길이는
$(x-9)$ m이다.
길을 제외한 부분의 넓이는 오른
쪽 그림의 어두운 부분의 넓이와
같으므로

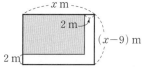

$(x-2)(x-9-2)=162$
$(x-2)(x-11)=162$
$x^2-13x-140=0,\ (x+7)(x-20)=0$
$\therefore x=-7$ 또는 $x=20$
그런데 $x>11$이므로 $x=20$
따라서 땅의 가로의 길이는 20 m이다.　　　　　**目 20 m**

0819 처음 정사각형의 한 변의 길이를 x cm라 하면
뚜껑이 없는 상자의 밑면의 한 변의 길이는 $(x-6)$ cm이므로
$(x-6)^2\times3=243$

────────────────────────────── ㉮

$(x-6)^2=81,\ x-6=\pm9$
$\therefore x=-3$ 또는 $x=15$

────────────────────────────── ㉯

그런데 $x>6$이므로 $x=15$
따라서 처음 정사각형의 한 변의 길이는 15 cm이다.

────────────────────────────── ㉰

　　　　　　　　　　　　　　　　目 15 cm

단계	채점요소	배점
㉮	이차방정식 세우기	40 %
㉯	이차방정식 풀기	40 %
㉰	처음 정사각형의 한 변의 길이 구하기	20 %

0820 물받이의 높이를 x cm라 하면 물받이의 단면의 가로의 길이는 $(50-2x)$ cm이므로
$(50-2x)\times x=200,\ x^2-25x+100=0$
$(x-5)(x-20)=0$　　　$\therefore x=5$ 또는 $x=20$
그런데 $0<x<25$이므로 $x=5$ 또는 $x=20$
따라서 물받이의 높이가 될 수 있는 것은 5 cm, 20 cm이다.
　　　　　　　　　　　　　　　　目 5 cm, 20 cm

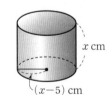

본문 p.103

0821 큰 정사각형의 한 변의 길이를 x cm라 하면 작은 정사각형의 한 변의 길이는 $(10-x)$ cm이므로
$x^2+(10-x)^2=52,\ 2x^2-20x+48=0$
$x^2-10x+24=0,\ (x-4)(x-6)=0$
$\therefore x=4$ 또는 $x=6$
그런데 $5<x<10$이므로 $x=6$
따라서 큰 정사각형의 한 변의 길이는 6 cm이다.　　**目 6 cm**

0822 $\overline{AP}=x$ cm라 하면 $\overline{BQ}=2x$ cm이므로
$\overline{PC}=(8-x)$ cm, $\overline{QC}=(8-2x)$ cm

$\frac{1}{2}\times(8-2x)\times(8-x)=12,\ x^2-12x+20=0$
$(x-2)(x-10)=0$　　　$\therefore x=2$ 또는 $x=10$
그런데 $0<x<4$이므로 $x=2$
따라서 $\overline{AP}$의 길이는 2 cm이다.　　　　　**目 2 cm**

0823 가장 작은 정사각형의 한 변의 길이를 x cm라 하면 가운데 정사각형의 한 변의 길이는 $(x+2)$ cm, 가장 큰 정사각형의 한 변의 길이는 $(x+4)$ cm이므로
$(x+4)^2=x^2+(x+2)^2,\ x^2-4x-12=0$
$(x+2)(x-6)=0$　　　$\therefore x=-2$ 또는 $x=6$
그런데 $x>0$이므로 $x=6$
따라서 색칠한 부분의 넓이는
$8^2-6^2=28(\text{cm}^2)$　　　　　　**目 28 cm²**

0824 $\overline{BD}=x$ cm라 하면 $\overline{DC}=(16-x)$ cm
한편 $\triangle EDC$에서 $\angle C=45°$이므로 $\triangle EDC$는 직각이등변삼각형이다.
$\therefore \overline{DE}=\overline{DC}=(16-x)$ cm
이때 $\square BDEF=\overline{BD}\times\overline{DE}$이므로
$x\times(16-x)=63,\ x^2-16x+63=0$
$(x-7)(x-9)=0$　　　$\therefore x=7$ 또는 $x=9$
그런데 $0<x<8$이므로 $x=7$
즉, $\overline{BD}=7$ cm이므로 $\overline{DC}=\overline{DE}=16-7=9(\text{cm})$
$\therefore \triangle EDC=\frac{1}{2}\times9\times9=\frac{81}{2}(\text{cm}^2)$　　**目 $\frac{81}{2}$ cm²**

0825 처음 원의 반지름의 길이를 x cm라 하면
$\pi(x+4)^2=3\times\pi x^2,\ 2x^2-8x-16=0$
$x^2-4x-8=0$　　　$\therefore x=2\pm\sqrt{12}=2\pm2\sqrt{3}$
그런데 $x>0$이므로 $x=2+2\sqrt{3}$
따라서 처음 원의 반지름의 길이는 $(2+2\sqrt{3})$ cm이다.　**目 ④**

0826 원기둥의 높이를 x cm라 하면 밑면의 반지름의 길이는 $(x-5)$ cm이다.
이때 옆넓이가 300π cm²이므로
$2\pi(x-5)\times x=300\pi$
$x^2-5x-150=0$
$(x+10)(x-15)=0$　　　$\therefore x=-10$ 또는 $x=15$
그런데 $x>5$이므로 $x=15$
따라서 원기둥의 높이는 15 cm이다.　　　　　**目 15 cm**

0827 연못의 반지름의 길이를 x m라 하면 산책로를 포함한 원의 반지름의 길이는 $(x+2)$ m이므로
$\pi(x+2)^2-\pi x^2=\frac{1}{2}\times\pi x^2$

────────────────────────────── ㉮

$\frac{1}{2}x^2-4x-4=0,\ x^2-8x-8=0$

$\therefore x=4\pm\sqrt{24}=4\pm2\sqrt{6}$

.... ❹

그런데 $x>0$이므로 $x=4+2\sqrt{6}$
따라서 연못의 반지름의 길이는 $(4+2\sqrt{6})$ m이다.

.... ❺

답 $(4+2\sqrt{6})$ m

단계	채점요소	배점
❼	이차방정식 세우기	40%
❺	이차방정식 풀기	40%
❹	연못의 반지름의 길이 구하기	20%

0828 $\overline{AC}=x$ cm라 하면 $\overline{CB}=(10-x)$ cm
(색칠한 부분의 넓이)
=($\overline{AB}$를 지름으로 하는 반원의 넓이)
  $-$($\overline{AC}$를 지름으로 하는 반원의 넓이)
  $-$($\overline{CB}$를 지름으로 하는 반원의 넓이)
이므로
$6\pi=\frac{1}{2}\times\pi\times\left(\frac{10}{2}\right)^2-\frac{1}{2}\times\pi\times\left(\frac{x}{2}\right)^2-\frac{1}{2}\times\pi\times\left(\frac{10-x}{2}\right)^2$
$12=25-\frac{x^2}{4}-\frac{(10-x)^2}{4}$
$x^2-10x+24=0,\ (x-4)(x-6)=0$
$\therefore x=4$ 또는 $x=6$
그런데 $\overline{AC}>\overline{CB}$이므로 $x=6$
따라서 $\overline{AC}$의 길이는 6 cm이다. 답 **6 cm**

본문 p.104~105

0829 $3x^2-8x+a=0$에서
$x=\frac{-(-4)\pm\sqrt{(-4)^2-3\times a}}{3}=\frac{4\pm\sqrt{16-3a}}{3}$
따라서 $b=4$, $16-3a=10$에서 $a=2$
$\therefore a+b=6$ 답 ③

0830 양변에 6을 곱하면 $2(x+2)(x-3)=3x(x-4)$
$2x^2-2x-12=3x^2-12x,\ x^2-10x+12=0$
$\therefore x=5\pm\sqrt{13}$
따라서 $a=5+\sqrt{13}$이고, $3<\sqrt{13}<4$에서 $8<5+\sqrt{13}<9$
$\therefore n=8$ 답 ④

0831 양변에 6을 곱하면 $3x^2+8x+1=0$
$\therefore x=\frac{-4\pm\sqrt{13}}{3}$
따라서 $a=-4$, $b=13$이므로
$a+b=9$ 답 ①

0832 $x+2y=A$로 놓으면 $2A^2-17A-9=0$
$(2A+1)(A-9)=0$ $\therefore A=-\frac{1}{2}$ 또는 $A=9$
즉, $x+2y=-\frac{1}{2}$ 또는 $x+2y=9$에서 x, y가 자연수이므로
$x+2y=9$
따라서 $x+2y=9$를 만족시키는 순서쌍 (x,y)는 $(1,4)$,
$(3,3)$, $(5,2)$, $(7,1)$의 4개이다. 답 **4개**

0833 $3x^2-2x+p=0$이 서로 다른 두 근을 가지려면
$(-2)^2-4\times3\times p>0,\ 4-12p>0$ $\therefore p<\frac{1}{3}$
따라서 상수 p의 값이 될 수 없는 것은 ⑤이다. 답 ⑤

0834 $4x^2-2x+\frac{k}{8}=0$이 중근을 가지므로
$(-2)^2-4\times4\times\frac{k}{8}=0,\ 4-2k=0$
$\therefore k=2$
즉, 이차방정식 $(k-1)x^2-kx-1=0$은
$x^2-2x-1=0$이므로
$x=1\pm\sqrt{2}$ 답 ③

0835 두 근이 $\frac{1}{3}$, $\frac{1}{2}$이고 x^2의 계수가 6인 이차방정식은
$6\left(x-\frac{1}{3}\right)\left(x-\frac{1}{2}\right)=0$ $\therefore 6x^2-5x+1=0$
$\therefore a=-5$, $b=1$
따라서 -5, 1을 두 근으로 하고 x^2의 계수가 1인 이차방정식은
$(x+5)(x-1)=0$ $\therefore x^2+4x-5=0$ 답 ④

0836 십의 자리의 숫자를 x라 하면 일의 자리의 숫자는
$11-x$이다.
따라서 이 두 자리의 자연수는 $10x+(11-x)$이므로
$x(11-x)=10x+(11-x)-26$
$x^2-2x-15=0,\ (x+3)(x-5)=0$
$\therefore x=-3$ 또는 $x=5$
그런데 x는 자연수이므로 $x=5$
따라서 구하는 수는 56이다. 답 **56**

0837 비가 온 날을 x일이라 하면 비가 오지 않은 날은
$(30-x)$일이므로

$x^2=4(30-x)-3$, $x^2+4x-117=0$
$(x+13)(x-9)=0$　　∴ $x=-13$ 또는 $x=9$
그런데 x는 자연수이므로 $x=9$
따라서 비가 온 날은 9일이다.　　　　　　　**目 9일**

0838 물체가 지면에 떨어질 때의 높이는 0 m이므로
$-5t^2+30t+80=0$, $t^2-6t-16=0$
$(t+2)(t-8)=0$　　∴ $t=-2$ 또는 $t=8$
그런데 $t>0$이므로 $t=8$
따라서 물체를 쏘아 올린 지 8초 후에 지면에 떨어진다.
　　　　　　　　　　　　　　　　　　目 8초 후

0839 점 P는 1초에 1 cm씩 움직이므로 t초 후에
$\overline{AP}=t$ cm, $\overline{PB}=(10-t)$ cm
또 점 Q는 1초에 2 cm씩 움직이므로 t초 후에
$\overline{BQ}=2t$ cm
t초 후에 △PBQ의 넓이가 16 cm^{2}가 된다고 하면
$\dfrac{1}{2}\times(10-t)\times2t=16$, $t^2-10t+16=0$
$(t-2)(t-8)=0$　　∴ $t=2$ 또는 $t=8$
따라서 △PBQ의 넓이가 16 cm^{2}가 되는 것은 출발한 지 2초 후,
8초 후이다.　　　　　　　　　　**目 2초 후, 8초 후**

0840 큰 원과 작은 원의 반지름의 길이를 각각 $5x$, $3x$ ($x>0$)
라 하면
$(2\pi\times5x)^2+(2\pi\times3x)^2=136\pi^2$
$x^2=1$　　∴ $x=\pm1$
그런데 $x>0$이므로 $x=1$
따라서 큰 원의 반지름의 길이는 5이다.　　　**目 5**

0841 두 근이 $-\dfrac{1}{2}$, $\dfrac{1}{5}$이고 x^2의 계수가 1인 이차방정식은
$\left(x+\dfrac{1}{2}\right)\left(x-\dfrac{1}{5}\right)=0$, $x^2+\dfrac{3}{10}x-\dfrac{1}{10}=0$
∴ $a=\dfrac{3}{10}$, $b=-\dfrac{1}{10}$
　　　　　　　　　　　　　　　　　　　　　㉮

즉, 이차방정식 $ax^2+bx-1=0$은 $\dfrac{3}{10}x^2-\dfrac{1}{10}x-1=0$이므로
$3x^2-x-10=0$, $(3x+5)(x-2)=0$
∴ $x=-\dfrac{5}{3}$ 또는 $x=2$
　　　　　　　　　　　　　　　　　　　　　㉯

　　　　　　　　　　　　目 $x=-\dfrac{5}{3}$ 또는 $x=2$

단계	채점요소	배점
㉮	a, b의 값 구하기	50%
㉯	$ax^2+bx-1=0$의 해 구하기	50%

0842 x의 계수와 상수항을 서로 바꾸면
$x^2+(-2k-3)x+3k=0$
　　　　　　　　　　　　　　　　　　　　　㉮

위의 식에 $x=-3$을 대입하면 $9+6k+9+3k=0$
$9k+18=0$　　∴ $k=-2$
　　　　　　　　　　　　　　　　　　　　　㉯

따라서 처음 이차방정식은 $x^2-6x+1=0$이므로
　　　　　　　　　　　　　　　　　　　　　㉰

$x=-(-3)\pm\sqrt{(-3)^2-1\times1}=3\pm2\sqrt{2}$
　　　　　　　　　　　　　　　　　　　　　㉱

　　　　　　　　　　　　　　目 $x=3\pm2\sqrt{2}$

단계	채점요소	배점
㉮	x의 계수와 상수항을 서로 바꾼 이차방정식 구하기	10%
㉯	k의 값 구하기	30%
㉰	처음 이차방정식 구하기	30%
㉱	처음 이차방정식의 근 구하기	30%

0843 상품의 가격이 a원일 때의 판매량을 b개라 하면
a원에서 $10x$ %만큼 인하한 가격은 $a\left(1-\dfrac{10x}{100}\right)$원,
b개에서 $20x$ %만큼 늘어난 판매량은 $b\left(1+\dfrac{20x}{100}\right)$개이므로
$a\left(1-\dfrac{10x}{100}\right)\times b\left(1+\dfrac{20x}{100}\right)=ab$
$\left(1-\dfrac{10x}{100}\right)\left(1+\dfrac{20x}{100}\right)=1$, $x^2-5x=0$
$x(x-5)=0$　　∴ $x=0$ 또는 $x=5$
그런데 $x>0$이므로 $x=5$　　　　　　　　　**目 5**

0844 타일의 긴 변의 길이가 x cm이므로
$\overline{BC}=(2x+12)$ cm이고 $\overline{AD}=\overline{BC}$이다.
따라서 타일의 짧은 변의 길이는
$\dfrac{2x+12}{4}=\dfrac{x+6}{2}$(cm)
즉, $\overline{AB}=x+\dfrac{x+6}{2}=\dfrac{3}{2}x+3$(cm)
이때 종이의 넓이가 1188 cm^{2}이므로
$(2x+12)\left(\dfrac{3}{2}x+3\right)=1188$
$3x^2+24x-1152=0$, $x^2+8x-384=0$
$(x+24)(x-16)=0$　　∴ $x=-24$ 또는 $x=16$
그런데 $x>0$이므로 $x=16$
따라서 타일의 긴 변의 길이는 16 cm이고 짧은 변의 길이는
$\dfrac{16+6}{2}=11$(cm)이므로 타일 한 개의 둘레의 길이는
$2\times(16+11)=54$(cm)　　　　　　　　**目 54 cm**

📝 교과서문제 정복하기

본문 p.109, 111

0845 $y=x^2-2x-1$이므로 이차함수이다.　　🖪 ○

0846 $y=3x-2$이므로 이차함수가 아니다.　　🖪 ×

0847 $y=-\dfrac{1}{2}x^2+\dfrac{1}{2}$이므로 이차함수이다.　　🖪 ○

0848 🖪 $y=-\dfrac{1}{2}x^2+4x$, 이차함수이다.

0849 🖪 $y=x^3$, 이차함수가 아니다.

0850 🖪 $y=4\pi x^2$, 이차함수이다.

0851 (1) $f(0)=-2\times 0^2+5\times 0+1=1$
(2) $f(2)=-2\times 2^2+5\times 2+1=3$
(3) $f(-3)=-2\times (-3)^2+5\times (-3)+1=-32$
(4) $f\left(\dfrac{1}{2}\right)=-2\times \left(\dfrac{1}{2}\right)^2+5\times \dfrac{1}{2}+1=3$

🖪 (1) 1　(2) 3　(3) -32　(4) 3

0852 🖪 (1) 아래　(2) y　(3) 감소, 증가　(4) x

0853 🖪 (1) $(0,\,0)$　(2) $x=0$　(3) $y=-\dfrac{2}{3}x^2$

0854 🖪 ㄴ, ㄷ

0855 🖪 ㄹ

0856 🖪 ㄱ과 ㄷ

0857 🖪 ©

0858 🖪 ②

0859 🖪 ⑦

0860 🖪 ⑥

0861 🖪 $y=3x^2+5$

0862 🖪 $y=\dfrac{1}{5}x^2-\dfrac{1}{3}$

0863 🖪 $y=-4x^2-2$

0864 🖪 꼭짓점의 좌표 : $(0,\,-3)$
축의 방정식 : $x=0$

0865 🖪 꼭짓점의 좌표 : $(0,\,1)$
축의 방정식 : $x=0$

0866 🖪 $a>0,\ q<0$

0867 🖪 $a<0,\ q>0$

0868 🖪 $y=3(x+1)^2$

0869 🖪 $y=-4(x+5)^2$

0870 🖪 $y=-\dfrac{1}{3}(x-3)^2$

0871 🖪 꼭짓점의 좌표 : $(-1,\,0)$
축의 방정식 : $x=-1$

0872 🖪 꼭짓점의 좌표 : $(4,\,0)$
축의 방정식 : $x=4$

0873 🖪 $a>0,\ p<0$

0874 🖪 $a<0,\ p>0$

0875 🖪 $y=3(x+5)^2+6$

0876 🖪 $y=-4(x-3)^2-1$

0877 🖪 $y=\dfrac{3}{4}\left(x-\dfrac{2}{5}\right)^2+\dfrac{1}{2}$

0878 🖪 꼭짓점의 좌표 : $(-1,\,5)$
축의 방정식 : $x=-1$

0879 🖪 꼭짓점의 좌표 : $(2,\,-7)$
축의 방정식 : $x=2$

0880 🖪 $a>0,\ p>0,\ q<0$

0881 답 $a<0$, $p<0$, $q>0$

$a^2+3a\neq0$, $a(a+3)\neq0$

$\therefore a\neq0$이고 $a\neq-3$ 답 $a\neq0$이고 $a\neq-3$

본문 p.112~121

유형 익히기

0882 ① 일차함수

② $y=\dfrac{x^2}{4}-\dfrac{x}{2}+1$ ⇨ 이차함수

③ $y=5x$ ⇨ 일차함수

④ 분모에 이차항이 있으므로 이차함수가 아니다.

⑤ $y=-8x+8$ ⇨ 일차함수

따라서 이차함수인 것은 ②이다.   답 ②

0883 ② $y=2x^2+4x+1$ ⇨ 이차함수

③ 분모에 이차항이 있으므로 이차함수가 아니다.

④ $y=1-x^2$ ⇨ 이차함수

⑤ $y=2x^3+x-1$ ⇨ 이차함수가 아니다.

따라서 이차함수가 아닌 것은 ③, ⑤이다.   답 ③, ⑤

0884 ① $y=4x$ ⇨ 일차함수

② $y=2\pi x$ ⇨ 일차함수

③ $y=\dfrac{1}{2}\times x\times2=x$ ⇨ 일차함수

④ $y=x^2$ ⇨ 이차함수

⑤ $y=\dfrac{1}{2}\times(x+2x)\times2=3x$ ⇨ 일차함수

따라서 y가 x에 대한 이차함수인 것은 ④이다.   답 ④

0885 $y=-ax(3-x)+2+5x^2=(a+5)x^2-3ax+2$가

이차함수이므로

$a+5\neq0$ $\therefore a\neq-5$ 답 ①

0886 $y=(x+1)^2-kx^2+5=(1-k)x^2+2x+6$이 이차함

수가 되려면

$1-k\neq0$ $\therefore k\neq1$ 답 $k\neq1$

0887 $y=k(k-5)x^2+7x+6x^2=(k^2-5k+6)x^2+7x$가

이차함수이므로

$k^2-5k+6\neq0$, $(k-2)(k-3)\neq0$

$\therefore k\neq2$이고 $k\neq3$ 답 ④, ⑤

0888 $y=a^2x^2+3a(x-2)^2+4$

       $=(a^2+3a)x^2-12ax+12a+1$

가 이차함수가 되려면

0889 $f(-2)=2\times(-2)^2+a\times(-2)+5$

            $=-2a+13$

즉, $-2a+13=3$이므로 $a=5$ 답 ⑤

0890 $f(0)=0^2-5\times0+4=4$

$f(-1)=(-1)^2-5\times(-1)+4=10$

$\therefore f(0)f(-1)=4\times10=40$ 답 ⑤

0891 $f(a)=2a^2-5a-1$이므로

$2a^2-5a-1=2$, $2a^2-5a-3=0$

$(2a+1)(a-3)=0$

$\therefore a=-\dfrac{1}{2}$ 또는 $a=3$

그런데 a는 정수이므로 $a=3$ 답 3

0892 $f(x)=x^2+ax+b$에 대하여

$f(1)=2$에서 $1+a+b=2$

$\therefore a+b=1$ ······ ㉠

$f(-1)=4$에서 $1-a+b=4$

$\therefore -a+b=3$ ······ ㉡   ㉮

㉠, ㉡을 연립하여 풀면

$a=-1$, $b=2$ ㉯

$\therefore 2a-b=2\times(-1)-2=-4$ ㉰

답 -4

단계	채점요소	배점
㉮	$f(1)=2$, $f(-1)=4$를 이용하여 a, b에 대한 식 세우기	50%
㉯	a, b의 값 구하기	40%
㉰	$2a-b$의 값 구하기	10%

0893 주어진 이차함수 중 그래프가 위로 볼록한 것은

② $y=-\dfrac{2}{3}x^2$ ④ $y=-2x^2$ ⑤ $y=-\dfrac{8}{3}x^2$

이고 이 중에서 그래프의 폭이 가장 넓은 것은 x^2의 계수의 절댓

값이 가장 작은 ②이다.   답 ②

0894 $y=ax^2$의 그래프가 두 이차함수 $y=-3x^2$과

$y=-\dfrac{2}{5}x^2$의 그래프 사이에 있으므로 $-3<a<-\dfrac{2}{5}$

따라서 상수 a의 값이 될 수 있는 것은 ②, ③이다.   답 ②, ③

0895 $y=ax^2$의 그래프가 색칠한 부분에 있으려면 $-\dfrac{1}{2}<a<0$ 또는 $0<a<1$이어야 한다.

따라서 상수 a의 값이 될 수 있는 것은 ③이다. **답 ③**

0896 $y=ax^2$의 그래프가 점 $(-1, 4)$를 지나므로

$4=a\times(-1)^2$　∴ $a=4$

$y=4x^2$의 그래프가 점 $(3, b)$를 지나므로 $b=4\times3^2=36$

∴ $a+b=40$ **답 40**

0897 점 $(-3, 27)$이 $y=ax^2$의 그래프 위에 있으므로

$27=a\times(-3)^2$　∴ $a=3$ **답 3**

0898 $f(x)=ax^2$의 그래프가 점 $(-4, -8)$을 지나므로

$-8=a\times(-4)^2$　∴ $a=-\dfrac{1}{2}$

따라서 $f(x)=-\dfrac{1}{2}x^2$이므로

$f(2)=-\dfrac{1}{2}\times2^2=-2$ **답 ②**

0899 $y=ax^2$의 그래프가 점 $(-3, -12)$를 지나므로

$-12=a\times(-3)^2$　∴ $a=-\dfrac{4}{3}$

따라서 $y=-\dfrac{4}{3}x^2$의 그래프가 점 $(k, -3)$을 지나므로

$-3=-\dfrac{4}{3}k^2$, $k^2=\dfrac{9}{4}$　∴ $k=\pm\dfrac{3}{2}$

그런데 $k>0$이므로 $k=\dfrac{3}{2}$ **답 $\dfrac{3}{2}$**

0900 $y=ax^2$의 그래프와 $y=-ax^2$의 그래프는 x축에 서로 대칭이다. 따라서 보기의 이차함수 중 그래프가 x축에 서로 대칭인 것은 ㄱ과 ㅁ, ㄷ과 ㅂ이다. **답 ㄱ과 ㅁ, ㄷ과 ㅂ**

0901 $y=\dfrac{1}{5}x^2$의 그래프와 x축에 서로 대칭인 그래프를 나타내는 이차함수의 식은 $y=-\dfrac{1}{5}x^2$이다. **답 ③**

0902 $y=3x^2$의 그래프와 x축에 서로 대칭인 그래프를 나타내는 이차함수의 식은 $y=-3x^2$

$y=-3x^2$의 그래프가 점 $\left(\dfrac{1}{3}, k\right)$를 지나므로

$k=-3\times\left(\dfrac{1}{3}\right)^2=-\dfrac{1}{3}$ **답 $-\dfrac{1}{3}$**

0903 $y=-\dfrac{1}{4}x^2$의 그래프가 점 $(-4, a)$를 지나므로

$a=-\dfrac{1}{4}\times(-4)^2=-4$ ⋯⋯ ㉮

$y=-\dfrac{1}{4}x^2$의 그래프와 x축에 서로 대칭인 그래프를 나타내는 이차함수의 식은 $y=\dfrac{1}{4}x^2$이므로 $b=\dfrac{1}{4}$ ⋯⋯ ㉯

∴ $ab=-1$ ⋯⋯ ㉰

답 -1

단계	채점요소	배점
㉮	a의 값 구하기	40%
㉯	b의 값 구하기	40%
㉰	ab의 값 구하기	20%

0904 ① 꼭짓점의 좌표는 $(0, 0)$이다.

③ $y=3x^2$의 그래프와 x축에 서로 대칭이다.

⑤ y축을 축으로 하고 위로 볼록한 포물선이다.

따라서 옳은 것은 ②, ④이다. **답 ②, ④**

0905 ② a의 절댓값이 클수록 폭이 좁아진다.

⑤ $y=ax^2$의 그래프에서 $a<0$이면 $x>0$일 때, x의 값이 증가하면 y의 값은 감소한다. **답 ②, ⑤**

0906 ④ $x<0$일 때, x의 값이 증가하면 y의 값도 증가하는 그래프는 ㈎이다. **답 ④**

0907 이차함수의 식을 $y=ax^2$으로 놓으면 이 그래프가 점 $(2, -3)$을 지나므로

$-3=a\times2^2$　∴ $a=-\dfrac{3}{4}$

따라서 구하는 이차함수의 식은

$y=-\dfrac{3}{4}x^2$ **답 $y=-\dfrac{3}{4}x^2$**

0908 이차함수의 식을 $y=ax^2$으로 놓으면 이 그래프가 점 $(-2, -1)$을 지나므로

$-1=a\times(-2)^2$　∴ $a=-\dfrac{1}{4}$

따라서 $y=-\dfrac{1}{4}x^2$의 그래프가 점 $(k, -4)$를 지나므로

$-4=-\dfrac{1}{4}k^2$, $k^2=16$　∴ $k=\pm4$

그런데 $k>0$이므로 $k=4$ **답 4**

0909 $f(x)=ax^2$으로 놓으면 $y=f(x)$의 그래프가

점 $\left(\dfrac{1}{3}, 2\right)$를 지나므로

$2=a\times\left(\dfrac{1}{3}\right)^2$ $\therefore a=18$

따라서 $f(x)=18x^2$이므로

$f(-2)=18\times(-2)^2=72$ 답 ⑤

단계	채점요소	배점
㉮	a, q에 대한 식 세우기	40%
㉯	a, q의 값 구하기	40%
㉰	$3aq$의 값 구하기	20%

0910 주어진 그래프를 나타내는 이차함수의 식을 $y=ax^2$으로 놓으면 이 그래프가 점 $\left(-\dfrac{1}{2}, -2\right)$를 지나므로

$-2=a\times\left(-\dfrac{1}{2}\right)^2$ $\therefore a=-8$

$\therefore y=-8x^2$

.... ㉮

따라서 $y=-8x^2$의 그래프와 x축에 서로 대칭인 그래프를 나타내는 이차함수의 식은

$y=8x^2$

.... ㉯

답 $y=8x^2$

단계	채점요소	배점
㉮	주어진 그래프를 나타내는 이차함수의 식 구하기	60%
㉯	x축에 서로 대칭인 그래프를 나타내는 이차함수의 식 구하기	40%

0911 $y=3x^2$의 그래프를 y축의 방향으로 -5만큼 평행이동한 그래프를 나타내는 이차함수의 식은

$y=3x^2-5$

이 그래프가 점 $(-2, a)$를 지나므로

$a=3\times(-2)^2-5=7$ 답 7

0912 $y=-\dfrac{1}{2}x^2+1$의 그래프는 꼭짓점의 좌표가 $(0, 1)$이고 위로 볼록한 포물선이다.   답 ④

0913 $y=-\dfrac{3}{2}x^2+q$의 그래프가 점 $(2, -5)$를 지나므로

$-5=-\dfrac{3}{2}\times2^2+q$ $\therefore q=1$

$\therefore y=-\dfrac{3}{2}x^2+1$

따라서 이 그래프의 꼭짓점의 좌표는 $(0, 1)$이다.   답 ③

0914 $y=ax^2+q$의 그래프가 두 점 $(3, 5)$, $(-6, 14)$를 지나므로

$5=9a+q$, $14=36a+q$

.... ㉮

위의 두 식을 연립하여 풀면 $a=\dfrac{1}{3}$, $q=2$

.... ㉯

$\therefore 3aq=3\times\dfrac{1}{3}\times2=2$

.... ㉰

답 2

0915 ① 꼭짓점의 좌표는 $(0, 2)$이다.

⑤ $y=-5x^2+2$의 그래프보다 폭이 넓다.   답 ①, ⑤

0916 ㄴ. 꼭짓점의 좌표는 $(0, -3)$이다.

ㄹ. $y=5x^2$의 그래프를 y축의 방향으로 -3만큼 평행이동한 것이다.

따라서 옳은 것은 ㄱ, ㄷ이다.   답 ㄱ, ㄷ

0917 ④ $y=-\dfrac{1}{3}x^2-2$의 그래프는

오른쪽 그림과 같으므로 $x>0$일 때, x의 값이 증가하면 y의 값은 감소한다.

답 ④

0918 꼭짓점의 좌표가 $(0, -5)$이므로 이차함수의 식을 $y=ax^2-5$로 놓으면 이 그래프가 점 $(3, 13)$을 지나므로

$13=a\times3^2-5$ $\therefore a=2$

따라서 구하는 이차함수의 식은

$y=2x^2-5$ 답 ④

0919 꼭짓점의 좌표가 $(0, -1)$이므로 이차함수의 식을 $y=ax^2-1$로 놓으면 이 그래프가 점 $(2, -3)$을 지나므로

$-3=a\times2^2-1$ $\therefore a=-\dfrac{1}{2}$

$\therefore y=-\dfrac{1}{2}x^2-1$

주어진 점의 좌표를 각각 대입하면

① $-3=-\dfrac{1}{2}\times(-2)^2-1$

② $-1\neq-\dfrac{1}{2}\times(-1)^2-1$

③ $-\dfrac{11}{2}=-\dfrac{1}{2}\times3^2-1$

④ $-9=-\dfrac{1}{2}\times4^2-1$

⑤ $-19=-\dfrac{1}{2}\times6^2-1$

따라서 이차함수의 그래프 위의 점이 아닌 것은 ②이다.

답 ②

0920 꼭짓점의 좌표가 $(0, -2)$이므로 $f(x)=ax^2-2$로 놓으면 이 그래프가 점 $(3, 1)$을 지나므로

$1=a\times 3^2-2$ $\quad\therefore a=\dfrac{1}{3}$

따라서 $f(x)=\dfrac{1}{3}x^2-2$이므로

$f(-3)=\dfrac{1}{3}\times(-3)^2-2=1$

$f(2)=\dfrac{1}{3}\times 2^2-2=-\dfrac{2}{3}$

$\therefore f(-3)+3f(2)=1+3\times\left(-\dfrac{2}{3}\right)=-1$ 　　　　답 **−1**

0921 $y=\dfrac{2}{3}(x+2)^2$의 그래프의 꼭짓점의 좌표는 $(-2,\,0)$
이고, 축의 방정식은 $x=-2$이므로
$a=-2,\ b=0,\ c=-2$
$\therefore a-b+c=-4$ 　　　　답 **−4**

0922 $y=-4x^2$의 그래프를 x축의 방향으로 -3만큼 평행이
동한 그래프를 나타내는 이차함수의 식은
$y=-4(x+3)^2$
이 그래프가 점 $(-1,\,k)$를 지나므로
$k=-4\times(-1+3)^2=-16$ 　　　　답 **−16**

0923 $y=\dfrac{1}{4}(x-2)^2$의 그래프는 꼭짓점의 좌표가 $(2,\,0)$이
고 아래로 볼록하며, y축과 만나는 점의 좌표가 $(0,\,1)$인 포물선
이다. 　　　　답 ②

0924 $y=-\dfrac{1}{5}x^2$의 그래프를 x축의 방향으로 a만큼 평행이동
한 그래프를 나타내는 이차함수의 식은
$y=-\dfrac{1}{5}(x-a)^2$
이 그래프의 꼭짓점의 좌표가 $(a,\,0)$이므로 $a=-1$ 　　　　㉮

$y=-\dfrac{1}{5}(x+1)^2$의 그래프가 점 $(4,\,b)$를 지나므로

$b=-\dfrac{1}{5}\times(4+1)^2=-5$ 　　　　㉯

$\therefore a+b=-6$ 　　　　㉰

답 **−6**

단계	채점요소	배점
㉮	a의 값 구하기	40%
㉯	b의 값 구하기	40%
㉰	$a+b$의 값 구하기	20%

0925 ③ $y=\dfrac{3}{4}x^2$의 그래프를 x축의 방향으로 -1만큼 평행
이동한 것이다. 　　　　답 ③

0926 $y=3(x-2)^2$의 그래프는 오른쪽
그림과 같으므로 x의 값이 증가할 때 y의
값이 감소하는 x의 값의 범위는 $x<2$이다.
　　　　답 $x<2$

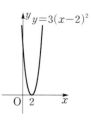

0927 이차함수 $y=-2x^2$의 그래프를 x축의 방향으로 -5만
큼 평행이동한 그래프를 나타내는 이차함수의 식은
$y=-2(x+5)^2$
ㄴ. 축의 방정식이 $x=-5$이므로 직선 $x=-5$에 대칭이다.
ㄹ. $x>-5$일 때, x의 값이 증가하면 y의 값은 감소한다.
따라서 옳은 것은 ㄱ, ㄷ이다. 　　　　답 ㄱ, ㄷ

0928 꼭짓점의 좌표가 $(-2,\,0)$이므로 이차함수의 식을
$y=a(x+2)^2$으로 놓으면 이 그래프가 점 $(0,\,4)$를 지나므로
$4=a\times 2^2$ $\quad\therefore a=1$
따라서 구하는 이차함수의 식은
$y=(x+2)^2$ 　　　　답 $\boldsymbol{y=(x+2)^2}$

0929 꼭짓점의 좌표가 $(4,\,0)$이므로 이차함수의 식을
$y=a(x-4)^2$으로 놓으면 이 그래프가 점 $(0,\,4)$를 지나므로
$4=16a$ $\quad\therefore a=\dfrac{1}{4}$

$y=\dfrac{1}{4}(x-4)^2$의 그래프가 점 $(-2,\,k)$를 지나므로

$k=\dfrac{1}{4}\times(-2-4)^2=9$ 　　　　답 ④

0930 축의 방정식이 $x=1$이고 x축에 접하므로 꼭짓점의 좌
표는 $(1,\,0)$이다.
구하는 이차함수의 식을 $y=a(x-1)^2$으로 놓으면 이 그래프가
점 $(0,\,-3)$을 지나므로
$-3=a$
따라서 구하는 이차함수의 식은 $y=-3(x-1)^2$ 　　　　답 ④

0931 $y=5x^2$의 그래프를 x축의 방향으로 -1만큼, y축의 방
향으로 -4만큼 평행이동한 그래프를 나타내는 이차함수의 식은
$y=5(x+1)^2-4$
이 그래프가 점 $(1,\,a)$를 지나므로
$a=5\times(1+1)^2-4=16$ 　　　　답 **16**

0932 $y=-\dfrac{2}{3}x^2$의 그래프를 x축의 방향으로 m만큼, y축의
방향으로 n만큼 평행이동한 그래프를 나타내는 이차함수의 식은
$y=-\dfrac{2}{3}(x-m)^2+n$

이 그래프가 $y=-\dfrac{2}{3}(x+1)^2-5$의 그래프와 일치하므로

$m=-1$, $n=-5$

$\therefore m+n=-6$ 　　　　　　　　　　　　　　目 -6

0933 $y=-\dfrac{1}{2}(x-3)^2-4$의 그래프는 꼭짓점의 좌표가

$(3, -4)$이고 위로 볼록하며, y축과 만나는 점의 좌표가

$\left(0, -\dfrac{17}{2}\right)$인 포물선이다. 　　　　　　　　目 ②

0934 $y=2(x+3)^2-5$의 그래프는 꼭짓점의

좌표가 $(-3, -5)$이고 아래로 볼록한 포물선이

다. 또 $x=0$일 때, $y=13$이므로 오른쪽 그림과

같다. 따라서 제 4 사분면을 지나지 않는다.

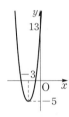

目 제 4 사분면

0935 $y=a(x+p)^2-3$의 그래프의 축의 방정식은 $x=-p$

이므로 $-p=-2$ 　　$\therefore p=2$

$\therefore y=a(x+2)^2-3$

이 그래프가 점 $(-3, 1)$을 지나므로

$1=a(-3+2)^2-3$ 　　$\therefore a=4$

$\therefore a-p=4-2=2$ 　　　　　　　　　　　目 **2**

0936 각 이차함수의 그래프의 꼭짓점의 좌표를 구하면

① $(0, 1)$ ⇨ 꼭짓점이 y축 위에 있다.

② $(0, -1)$ ⇨ 꼭짓점이 y축 위에 있다.

③ $(3, 4)$ ⇨ 꼭짓점이 제 1 사분면 위에 있다.

④ $(2, -4)$ ⇨ 꼭짓점이 제 4 사분면 위에 있다.

⑤ $(-3, -3)$ ⇨ 꼭짓점이 제 3 사분면 위에 있다. 　　目 ⑤

0937 $y=-3x^2$의 그래프를 x축의 방향으로 5만큼, y축의 방

향으로 -2만큼 평행이동한 그래프를 나타내는 이차함수의 식은

$y=-3(x-5)^2-2$

――――――――――――――――――――――――― ㉮

따라서 꼭짓점의 좌표는 $(5, -2)$이고 직선 $x=5$를 축으로 하므

로

$p=5$, $q=-2$, $k=5$

――――――――――――――――――――――――― ㉯

$\therefore p-q+k=5-(-2)+5=12$

――――――――――――――――――――――――― ㉰

目 **12**

단계	채점요소	배점
㉮	평행이동한 그래프를 나타내는 이차함수의 식 구하기	40%
㉯	p, q, k의 값 구하기	40%
㉰	$p-q+k$의 값 구하기	20%

0938 $y=2(x-p)^2+q$의 그래프의 축의 방정식은 $x=p$이므

로 $p=-3$

$\therefore y=2(x+3)^2+q$

이때 꼭짓점 $(-3, q)$가 직선 $y=-4x+6$ 위에 있으므로

$q=-4\times(-3)+6=18$

$\therefore p+q=15$ 　　　　　　　　　　　　　目 **15**

0939 $y=\dfrac{1}{2}(x+4)^2-5$의 그래프는 오른

쪽 그림과 같으므로 x의 값이 증가할 때 y의 값

도 증가하는 x의 값의 범위는 $x>-4$이다.

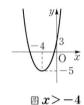

目 $x>-4$

0940 $y=-\dfrac{3}{5}x^2$의 그래프를 x축의 방향으로 2만큼, y축의

방향으로 -1만큼 평행이동한 그래프를 나타내는 이차함수의 식

은 $y=-\dfrac{3}{5}(x-2)^2-1$

이 그래프는 오른쪽 그림과 같으므로

x의 값이 증가할 때 y의 값은 감소하는

x의 값의 범위는 $x>2$이다.

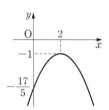

目 $x>2$

0941 각 이차함수의 그래프에서 x의 값이 증가할 때 y의 값도

증가하는 x의 값의 범위는 다음과 같다.

① $x<-1$ 　　　② $x<0$ 　　　③ $x<-3$

④ $x>-3$ 　　　⑤ $x>3$ 　　　　　　　　目 ④

0942 ④ $y=3(x+2)^2-1$의 그래프는 오른

쪽 그림과 같으므로 $x>-2$일 때, x의 값이

증가하면 y의 값도 증가한다.

目 ④

0943 $y=-\dfrac{1}{2}x^2$의 그래프를 x축의 방향으로 1만큼, y축의

방향으로 4만큼 평행이동한 그래프를 나타내는 이차함수의 식은

$y=-\dfrac{1}{2}(x-1)^2+4$

ㄴ. 꼭짓점의 좌표는 $(1, 4)$이다.

ㄷ. 위로 볼록한 그래프이다.

따라서 옳은 것은 ㄱ, ㄹ, ㅁ이다. 　　　　　　　目 ④

0944 x^2의 계수가 -3이고 꼭짓점의 좌표가 $(-1, 6)$이므로

구하는 이차함수의 식은

$y=-3(x+1)^2+6$ 　　　　　　目 $y=-3(x+1)^2+6$

0945 꼭짓점의 좌표가 $(2, -1)$이므로

$p=2, q=-1$

$y=a(x-2)^2-1$의 그래프가 점 $(0, 2)$를 지나므로

$2=a \times (-2)^2-1$ $\therefore a=\dfrac{3}{4}$

$\therefore apq=\dfrac{3}{4} \times 2 \times (-1)=-\dfrac{3}{2}$ 답 ①

0946 꼭짓점의 좌표가 $(4, -1)$이므로 이차함수의 식을

$y=a(x-4)^2-1$로 놓으면 그래프가 점 $(5, 1)$을 지나므로

$1=a(5-4)^2-1$ $\therefore a=2$

$\therefore y=2(x-4)^2-1$

따라서 $x=0$일 때 $y=2 \times (-4)^2-1=31$이므로 y축과 만나는

점의 좌표는 $(0, 31)$이다.   답 $(0, 31)$

0947 꼭짓점의 좌표가 $(3, -2)$이므로 이차함수의 식을

$y=a(x-3)^2-2$로 놓으면 그래프가 점 $(-1, 14)$를 지나므로

$14=a(-1-3)^2-2$ $\therefore a=1$

$\therefore y=(x-3)^2-2$

주어진 점의 좌표를 각각 대입하면

① $34=(-3-3)^2-2$

② $23=(-2-3)^2-2$

③ $2=(1-3)^2-2$

④ $-1=(2-3)^2-2$

⑤ $1 \neq (4-3)^2-2$

따라서 그래프 위의 점이 아닌 것은 ⑤이다.   답 ⑤

0948 $y=2x^2-5$의 그래프를 x축에 대칭이동한 그래프를 나

타내는 이차함수의 식은

$-y=2x^2-5$ $\therefore y=-2x^2+5$

이 그래프를 y축의 방향으로 b만큼 평행이동한 그래프를 나타내

는 이차함수의 식은

$y=-2x^2+5+b$

이 그래프가 $y=ax^2+7$의 그래프와 일치하므로

$a=-2, 7=5+b$에서 $b=2$

$\therefore ab=-4$ 답 -4

0949 $y=-3(x+1)^2+2$의 그래프를 x축의 방향으로 m만

큼, y축의 방향으로 n만큼 평행이동한 그래프를 나타내는 이차함

수의 식은

$y=-3(x-m+1)^2+2+n$

이 그래프가 $y=-3(x-1)^2-1$의 그래프와 일치하므로

$-m+1=-1, 2+n=-1$ $\therefore m=2, n=-3$

$\therefore m+n=-1$ 답 -1

0950 $y=2(x-1)^2+3$의 그래프를 x축의 방향으로 -2만큼,

y축의 방향으로 1만큼 평행이동한 그래프를 나타내는 이차함수

의 식은

$y=2(x+2-1)^2+3+1$

$\therefore y=2(x+1)^2+4$

이 그래프가 점 $(3, k)$를 지나므로

$k=2 \times (3+1)^2+4=36$ 답 36

0951 $y=a(x+2)^2-6$의 그래프를 x축에 대칭이동한 그래

프를 나타내는 이차함수의 식은

$-y=a(x+2)^2-6$

$\therefore y=-a(x+2)^2+6$ ㉮

이 그래프를 다시 y축에 대칭이동한 그래프를 나타내는 이차함수

의 식은

$y=-a(-x+2)^2+6$

$\therefore y=-a(x-2)^2+6$ ㉯

이 그래프가 점 $(3, 3)$을 지나므로

$3=-a(3-2)^2+6$ $\therefore a=3$ ㉰

답 3

단계	채점요소	배점
㉮	x축에 대칭이동한 그래프를 나타내는 이차함수의 식 구하기	40%
㉯	y축에 대칭이동한 그래프를 나타내는 이차함수의 식 구하기	40%
㉰	a의 값 구하기	20%

유형 UP   본문 p.122

0952 그래프가 아래로 볼록하므로 $a>0$

꼭짓점 (p, q)가 제4사분면 위에 있으므로

$p>0, q<0$ 답 ②

0953 ① 그래프가 위로 볼록하므로 $a<0$

② 꼭짓점 $(0, q)$가 y축보다 위쪽에 있으므로 $q>0$

③ $a-q<0$

④ $aq<0$

⑤ $a+q$의 부호는 알 수 없다.

따라서 항상 옳은 것은 ④이다.   답 ④

0954 $y=a(x-p)^2+q$의 그래프가 위로 볼록하므로 $a<0$

······ ㉮

꼭짓점 (p, q)가 제2사분면 위에 있으므로 $p<0$, $q>0$

······ ㉯

따라서 $y=q(x+p)^2+a$의 그래프에서
꼭짓점의 좌표는 $(-p, a)$이고
$-p>0$, $a<0$이므로 꼭짓점은 제4사분면 위에 있다.

······ ㉰

圏 제4사분면

단계	채점요소	배점
㉮	a의 부호 구하기	20%
㉯	p, q의 부호 구하기	30%
㉰	$y=q(x+p)^2+a$의 그래프의 꼭짓점의 위치 말하기	50%

0955 점 D의 x좌표를 a $(a>0)$라 하면
$$D\left(a, \frac{1}{3}a^2\right), C\left(-a, \frac{1}{3}a^2\right)$$
······ ㉠

점 B의 y좌표가 12이므로 $y=\frac{1}{3}x^2$에 $y=12$를 대입하면
$$12=\frac{1}{3}x^2, \ x^2=36 \quad \therefore \ x=\pm6$$

그런데 점 B의 x좌표가 양수이므로 $B(6, 12)$

한편 $\overline{CD}=\overline{AB}=6$이므로 $C\left(a-6, \frac{1}{3}a^2\right)$
······ ㉡

㉠, ㉡에서 $-a=a-6$, $-2a=-6$ $\quad \therefore \ a=3$

$\therefore \ D(3, 3)$

圏 D(3, 3)

0956 주어진 이차함수의 그래프의 꼭짓점 A의 좌표는
$A(0, 6)$이다.

또 x축과 만나는 두 점 B, C의 좌표를 각각
$B(-k, 0)$, $C(k, 0)$ $(k>0)$이라 하면
$$\triangle ABC=\frac{1}{2}\times 2k\times 6=36$$

$\therefore \ k=6$

즉, 이차함수 $y=ax^2+6$의 그래프가 점 $C(6, 0)$을 지나므로
$$0=a\times 6^2+6 \quad \therefore \ a=-\frac{1}{6}$$

圏 $-\dfrac{1}{6}$

0957 점 D의 x좌표를 a $(a>0)$라 하면
$D(a, -a^2+15)$, $C(a, 0)$, $B(-a, 0)$이므로
$\overline{BC}=a-(-a)=2a$, $\overline{CD}=-a^2+15$

이때 □ABCD에서 $\overline{BC}=\overline{CD}$이므로
$$2a=-a^2+15, \ a^2+2a-15=0, \ (a+5)(a-3)=0$$

$\therefore \ a=-5$ 또는 $a=3$

그런데 $a>0$이므로 $a=3$

따라서 $\overline{BC}=6$이므로 □ABCD$=6\times 6=36$

圏 36

본문 p.123~125

📖 중단원 마무리하기

0958 ① 이차방정식
② $y=-4x-2 \Rightarrow$ 일차함수
③ 이차함수가 아니다.
④ $y=2x^2-2x-3 \Rightarrow$ 이차함수
⑤ $y=3x \Rightarrow$ 일차함수
따라서 이차함수인 것은 ④이다.

圏 ④

0959 $y=m(2-m)x^2+3x^2+6=(-m^2+2m+3)x^2+6$
이 이차함수이므로
$-m^2+2m+3\neq 0$, $m^2-2m-3\neq 0$
$(m+1)(m-3)\neq 0$ $\quad \therefore \ m\neq -1$이고 $m\neq 3$
따라서 상수 m의 값이 될 수 없는 것은 ②, ⑤이다.

圏 ②, ⑤

0960 $y=ax^2$의 그래프의 폭이 $y=-\frac{4}{5}x^2$의 그래프의 폭보다
좁으므로 $|a|>\left|-\frac{4}{5}\right|$, 즉 $|a|>\frac{4}{5}$

그런데 $a<0$이므로 $a<-\frac{4}{5}$

圏 $a<-\dfrac{4}{5}$

0961 $y=\frac{4}{3}x^2$의 그래프를 y축의 방향으로 a만큼 평행이동한
그래프를 나타내는 이차함수의 식은
$$y=\frac{4}{3}x^2+a$$
이 그래프가 점 $(-3, 4)$를 지나므로
$$4=\frac{4}{3}\times(-3)^2+a \quad \therefore \ a=-8$$

圏 -8

0962 ④ $y=-4x^2+2$의 그래프와 x축에 서로 대칭인 그래프
를 나타내는 이차함수의 식은 $y=4x^2-2$이다.

圏 ④

0963 $y=3(x-p)^2$의 그래프의 축의 방정식이 $x=p$이므로
$p=-2$
$\therefore \ y=3(x+2)^2$
이 그래프가 점 $(-3, k)$를 지나므로
$$k=3\times(-3+2)^2=3$$
$\therefore \ p+k=1$

圏 1

0964 꼭짓점의 좌표가 $(2, 0)$이므로 $p=2$
$y=a(x-2)^2$의 그래프가 점 $(1, -3)$을 지나므로
$$-3=a\times(1-2)^2 \quad \therefore \ a=-3$$
$\therefore \ a+p=-1$

圏 ①

0965 각 이차함수의 그래프를 그려 보면 다음과 같다.

따라서 모든 사분면을 지나는 것은 ④이다.　　　　🖹 ④

0966 $y=-\dfrac{3}{4}(x-2)^2+5$의 그래프
는 오른쪽 그림과 같다.

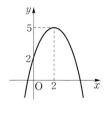

④ $y=-\dfrac{3}{4}(x-2)^2+5$

　　$=-\dfrac{3}{4}(x-2)^2+1+4$

즉, $y=-\dfrac{3}{4}(x-2)^2+5$의 그래프는 $y=-\dfrac{3}{4}x^2+1$의 그래
프를 x축의 방향으로 2만큼, y축의 방향으로 4만큼 평행이동
한 것이다.　　　　🖹 ④

0967 꼭짓점의 좌표가 $(2, 5)$이므로 이차함수의 식을
$y=a(x-2)^2+5$로 놓으면 이 그래프가 점 $(0, 1)$을 지나므로
$1=a\times(-2)^2+5$　　$\therefore a=-1$
따라서 구하는 이차함수의 식은
$y=-(x-2)^2+5$　　　　🖹 $y=-(x-2)^2+5$

0968 $y=-3(x+2)^2-4$의 그래프를 평행이동하여 완전히
포개어지려면 x^2의 계수가 -3이어야 한다.　　🖹 ①

0969 $y=5(x-2)^2-4$의 그래프를 x축의 방향으로 -3만큼
평행이동한 그래프를 나타내는 이차함수의 식은
$y=5(x+3-2)^2-4$
$\therefore y=5(x+1)^2-4$
따라서 이 그래프는 오른쪽 그림과 같으므로 x
의 값이 증가할 때 y의 값은 감소하는 x의 값
의 범위는 $x<-1$이다.　　🖹 ①

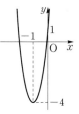

0970 $y=ax-b$의 그래프에서 기울기가 양수이므로 $a>0$
또한 y절편이 양수이므로 $-b>0$, 즉 $b<0$이다.
따라서 $y=a(x-b)^2$의 그래프는 아래로 볼록하고 x축에 접하며
축이 y축의 왼쪽에 있는 포물선이다.　　🖹 ①

0971 점 A의 좌표를 $A\left(a, \dfrac{1}{2}a^2\right)$ $(a>0)$이라 하면
$\triangle\text{AOB}=\dfrac{1}{2}\times8\times\dfrac{1}{2}a^2=18$
$a^2=9$　　$\therefore a=\pm3$
그런데 $a>0$이므로 $a=3$
$\therefore \text{A}\left(3, \dfrac{9}{2}\right)$　　　　🖹 $\text{A}\left(3, \dfrac{9}{2}\right)$

0972 $f(-3)=\dfrac{1}{3}\times(-3)^2-2\times(-3)+k=9+k$
$9+k=6$이므로 $k=-3$
　　　　　　　　　　　　　　　　　　　　㉮

따라서 $f(x)=\dfrac{1}{3}x^2-2x-3$이므로
$f(6)=\dfrac{1}{3}\times6^2-2\times6-3=-3$
　　　　　　　　　　　　　　　　　　　　㉯
　　　　　　　　　　　　　　　　　🖹 -3

단계	채점요소	배점
㉮	k의 값 구하기	50%
㉯	$f(6)$의 값 구하기	50%

0973 $y=\dfrac{1}{3}(x+p)^2+q$의 그래프의 축의 방정식은
$x=-p$이고 아래로 볼록한 포물선이므로 x의 값이 증가할 때 y
의 값도 증가하는 x의 값의 범위는 $x>-p$이다.
따라서 $-p=2$이므로 $p=-2$
　　　　　　　　　　　　　　　　　　　　㉮

$\therefore y=\dfrac{1}{3}(x-2)^2+q$
이 그래프가 점 $(5, -2)$를 지나므로
$-2=\dfrac{1}{3}\times(5-2)^2+q$　　$\therefore q=-5$
　　　　　　　　　　　　　　　　　　　　㉯

$\therefore p-q=3$
　　　　　　　　　　　　　　　　　　　　㉰
　　　　　　　　　　　　　　　　　🖹 3

단계	채점요소	배점
㉮	p의 값 구하기	40%
㉯	q의 값 구하기	40%
㉰	$p-q$의 값 구하기	20%

0974 $y=3x^2+1$의 그래프를 x축의 방향으로 k만큼, y축의
방향으로 3만큼 평행이동한 그래프를 나타내는 이차함수의 식은
$y=3(x-k)^2+1+3$
$\therefore y=3(x-k)^2+4$
　　　　　　　　　　　　　　　　　　　　㉮

이 그래프의 꼭짓점의 좌표는 $(k, 4)$이다.
────────────────────────────── ㈏

이 점이 직선 $y=-4x+12$ 위에 있으므로
$4=-4k+12$ $\therefore k=2$
────────────────────────────── ㈐

🔲 **2**

단계	채점요소	배점
㈎	평행이동한 그래프를 나타내는 이차함수의 식 구하기	40%
㈏	꼭짓점의 좌표 구하기	30%
㈐	k의 값 구하기	30%

0975 주어진 그래프는 $y=a(x-p)^2+q$의 그래프와 x축에 서로 대칭이고, 꼭짓점의 좌표가 $(-2, 1)$이므로 주어진 그래프를 나타내는 이차함수의 식은
$y=-a(x+2)^2+1$
────────────────────────────── ㈎

이 그래프를 x축에 대칭이동한 그래프를 나타내는 이차함수의 식은
$y=a(x+2)^2-1$ …… ㉠
$\therefore p=-2, q=-1$
────────────────────────────── ㈏

㉠의 그래프가 점 $(1, 8)$을 지나므로
$8=a(1+2)^2-1$ $\therefore a=1$
────────────────────────────── ㈐

$\therefore a-p-q=1-(-2)-(-1)=4$
────────────────────────────── ㈑

🔲 **4**

단계	채점요소	배점
㈎	주어진 그래프를 나타내는 이차함수의 식 구하기	30%
㈏	p, q의 값 구하기	40%
㈐	a의 값 구하기	20%
㈑	$a-p-q$의 값 구하기	10%

0976 점 $R(2, 0)$이므로 $x=2$를 $y=x^2$에 대입하면 $y=4$
$\therefore Q(2, 4)$
$x=2$를 $y=ax^2$에 대입하면 $y=4a$ $\therefore P(2, 4a)$
이때 $\overline{PQ}=4a-4$, $\overline{QR}=4$이고 $\overline{PQ}:\overline{QR}=2:1$에서
$\overline{PQ}=2\overline{QR}$이므로 $4a-4=8$ $\therefore a=3$ 🔲 **3**

0977 점 A의 x좌표를 $a\,(a>0)$라 하면
$A(a, a^2)$, $D(a, 4a^2)$
점 C의 y좌표가 $4a^2$이고 점 C는 $y=x^2$의 그래프 위의 점이므로
$4a^2=x^2$ $\therefore x=\pm 3a$
그런데 점 C의 x좌표가 양수이므로 $x=2a$

$\therefore C(2a, 4a^2)$
이때 $\overline{AD}=4a^2-a^2=3a^2$, $\overline{CD}=2a-a=a$이므로
$\overline{AD}=\overline{CD}$에서
$3a^2=a$, $3a^2-a=0$
$a(3a-1)=0$ $\therefore a=0$ 또는 $a=\dfrac{1}{3}$

그런데 $a>0$이므로 $a=\dfrac{1}{3}$
따라서 $B(2a, a^2)$이므로 $B\left(\dfrac{2}{3}, \dfrac{1}{9}\right)$ 🔲 $B\left(\dfrac{2}{3}, \dfrac{1}{9}\right)$

0978 점 D의 x좌표를 $a\,(a>0)$라 하면
$D(a, a^2)$, $C\left(a, -\dfrac{1}{3}a^2\right)$
이때 $\overline{AD}=2a$, $\overline{CD}=a^2-\left(-\dfrac{1}{3}a^2\right)=\dfrac{4}{3}a^2$이므로
$\overline{AD}=\overline{CD}$에서 $2a=\dfrac{4}{3}a^2$
$2a^2-3a=0$, $a(2a-3)=0$
$\therefore a=0$ 또는 $a=\dfrac{3}{2}$

그런데 $a>0$이므로 $a=\dfrac{3}{2}$
따라서 $\overline{AD}=2a=2\times\dfrac{3}{2}=3$이므로
$\square ABCD=3\times3=9$ 🔲 **9**

08 이차함수 $y=ax^2+bx+c$의 그래프

IV. 이차함수

본문 p.127

0979 $y=x^2-4x-3$
$=(x^2-4x+4-4)-3$
$=(x-2)^2-7$ 🖺 $y=(x-2)^2-7$

0980 $y=-3x^2+12x-5$
$=-3(x^2-4x+4-4)-5$
$=-3(x-2)^2+7$ 🖺 $y=-3(x-2)^2+7$

0981 $y=\dfrac{1}{5}x^2-2x$
$=\dfrac{1}{5}(x^2-10x+25-25)$
$=\dfrac{1}{5}(x-5)^2-5$ 🖺 $y=\dfrac{1}{5}(x-5)^2-5$

0982 $y=x^2+8x+1$
$=(x^2+8x+16-16)+1$
$=(x+4)^2-15$
🖺 **꼭짓점의 좌표:** $(-4,\ -15)$
축의 방정식: $x=-4$

0983 $y=-4x^2+2x-2$
$=-4\Big(x^2-\dfrac{1}{2}x+\dfrac{1}{16}-\dfrac{1}{16}\Big)-2$
$=-4\Big(x-\dfrac{1}{4}\Big)^2-\dfrac{7}{4}$
🖺 **꼭짓점의 좌표:** $\Big(\dfrac{1}{4},\ -\dfrac{7}{4}\Big)$
축의 방정식: $x=\dfrac{1}{4}$

0984 $y=-\dfrac{1}{2}x^2+3x-5$
$=-\dfrac{1}{2}(x^2-6x+9-9)-5$
$=-\dfrac{1}{2}(x-3)^2-\dfrac{1}{2}$
🖺 **꼭짓점의 좌표:** $\Big(3,\ -\dfrac{1}{2}\Big)$
축의 방정식: $x=3$

0985 🖺 (1) $>$ (2) $<,\ <$ (3) $>$

0986 그래프가 아래로 볼록하므로 $a>0$

축이 y축의 왼쪽에 있으므로 $ab>0$ $\therefore b>0$
y축과의 교점이 x축보다 아래쪽에 있으므로 $c<0$
🖺 $a>0,\ b>0,\ c<0$

0987 그래프가 위로 볼록하므로 $a<0$
축이 y축의 오른쪽에 있으므로 $ab<0$ $\therefore b>0$
y축과의 교점이 x축보다 위쪽에 있으므로 $c>0$
🖺 $a<0,\ b>0,\ c>0$

0988 꼭짓점의 좌표가 $(-3,\ 2)$이므로 이차함수의 식을
$y=a(x+3)^2+2$로 놓으면 그래프가 점 $(-1,\ 4)$를 지나므로
$4=4a+2$ $\therefore a=\dfrac{1}{2}$
$\therefore y=\dfrac{1}{2}(x+3)^2+2=\dfrac{1}{2}x^2+3x+\dfrac{13}{2}$
🖺 $y=\dfrac{1}{2}x^2+3x+\dfrac{13}{2}$

0989 꼭짓점의 좌표가 $(-1,\ 3)$이므로 이차함수의 식을
$y=a(x+1)^2+3$으로 놓으면 그래프가 점 $(0,\ 2)$를 지나므로
$2=a+3$ $\therefore a=-1$
$\therefore y=-(x+1)^2+3=-x^2-2x+2$
🖺 $y=-x^2-2x+2$

0990 축의 방정식이 $x=1$이므로 이차함수의 식을
$y=a(x-1)^2+q$로 놓으면 그래프가 두 점 $(0,\ 2)$, $(-1,\ -1)$
을 지나므로
$2=a+q,\ -1=4a+q$
위의 두 식을 연립하여 풀면 $a=-1,\ q=3$
$\therefore y=-(x-1)^2+3=-x^2+2x+2$
🖺 $y=-x^2+2x+2$

0991 축의 방정식이 $x=-3$이므로 이차함수의 식을
$y=a(x+3)^2+q$로 놓으면 그래프가 두 점 $(1,\ -5)$,
$(-1,\ -17)$을 지나므로
$-5=16a+q,\ -17=4a+q$
위의 두 식을 연립하여 풀면 $a=1,\ q=-21$
$\therefore y=(x+3)^2-21=x^2+6x-12$
🖺 $y=x^2+6x-12$

0992 이차함수의 식을 $y=ax^2+bx+c$로 놓으면 그래프가
점 $(0,\ -6)$을 지나므로 $c=-6$
점 $(-1,\ 0)$을 지나므로 $0=a-b-6$ ……㉠
점 $(3,\ 12)$를 지나므로 $12=9a+3b-6$ ……㉡
㉠, ㉡을 연립하여 풀면 $a=3,\ b=-3$
$\therefore y=3x^2-3x-6$ 🖺 $y=3x^2-3x-6$

0993 이차함수의 식을 $y=ax^2+bx+c$로 놓으면 그래프가
점 $(0, 1)$을 지나므로 $c=1$
점 $(-2, 1)$을 지나므로 $1=4a-2b+1$ ······ ㉠
점 $(1, -5)$를 지나므로 $-5=a+b+1$ ······ ㉡
㉠, ㉡을 연립하여 풀면 $a=-2$, $b=-4$
$\therefore y=-2x^2-4x+1$ 　　🔳 $y=-2x^2-4x+1$

0994 x축과의 교점이 $(-3, 0)$, $(1, 0)$이므로 이차함수의 식을 $y=a(x+3)(x-1)$로 놓으면 그래프가 점 $(3, 24)$를 지나므로
$24=a(3+3)(3-1)$, $12a=24$ 　　$\therefore a=2$
$\therefore y=2(x+3)(x-1)=2x^2+4x-6$
　　🔳 $y=2x^2+4x-6$

0995 x축과의 교점이 $(-3, 0)$, $(2, 0)$이므로 이차함수의 식을 $y=a(x+3)(x-2)$로 놓으면 그래프가 점 $(0, 6)$을 지나므로
$6=a(0+3)(0-2)$, $-6a=6$ 　　$\therefore a=-1$
$\therefore y=-(x+3)(x-2)=-x^2-x+6$
　　🔳 $y=-x^2-x+6$

📖 유형익히기171

0996 $y=\dfrac{1}{2}x^2+x+1$
$=\dfrac{1}{2}(x^2+2x+1-1)+1$
$=\dfrac{1}{2}(x+1)^2+\dfrac{1}{2}$
따라서 $a=\dfrac{1}{2}$, $p=-1$, $q=\dfrac{1}{2}$이므로
$a+p+q=\dfrac{1}{2}+(-1)+\dfrac{1}{2}=0$ 　　🔳 **0**

0997 ① $y=2x^2-4x$
$=2(x^2-2x+1-1)$
$=2(x-1)^2-2$
② $y=x^2+6x+7$
$=(x^2+6x+9-9)+7$
$=(x+3)^2-2$
③ $y=-2x^2+12x-9$
$=-2(x^2-6x+9-9)-9$
$=-2(x-3)^2+9$

④ $y=-\dfrac{1}{4}x^2+x+2$
$=-\dfrac{1}{4}(x^2-4x+4-4)+2$
$=-\dfrac{1}{4}(x-2)^2+3$
⑤ $y=-\dfrac{1}{3}x^2+2x-2$
$=-\dfrac{1}{3}(x^2-6x+9-9)-2$
$=-\dfrac{1}{3}(x-3)^2+1$
따라서 바르게 나타낸 것은 ④이다. 　　🔳 ④

0998 $y=-2x^2+10x+1$
$=-2\left(x^2-5x+\dfrac{25}{4}-\dfrac{25}{4}\right)+1$
$=-2\left(x-\dfrac{5}{2}\right)^2+\dfrac{27}{2}$
따라서 $p=\dfrac{5}{2}$, $q=\dfrac{27}{2}$이므로
$p+q=16$ 　　🔳 **16**

0999 $y=-3x^2+kx-4$의 그래프가 점 $(2, -4)$를 지나므로
$-4=-12+2k-4$ 　　$\therefore k=6$
$y=-3x^2+6x-4=-3(x-1)^2-1$이므로 이 그래프의 꼭짓점의 좌표는 $(1, -1)$이다. 　　🔳 ②

1000 각 이차함수의 그래프의 축의 방정식을 구해 보면
① $x=0$ 　 ② $x=-4$ 　 ③ $x=-3$
④ $y=2x^2+2x-3=2\left(x+\dfrac{1}{2}\right)^2-\dfrac{7}{2}$이므로 $x=-\dfrac{1}{2}$
⑤ $y=-3x^2+6x-7=-3(x-1)^2-4$이므로 $x=1$
따라서 그래프의 축이 y축의 오른쪽에 있는 것은 ⑤이다.
　　🔳 ⑤

1001 ① $y=x^2-4x+1=(x-2)^2-3$이므로
꼭짓점의 좌표는 $(2, -3)$ ⇨ 제4사분면
② $y=-x^2-6x-11=-(x+3)^2-2$이므로
꼭짓점의 좌표는 $(-3, -2)$ ⇨ 제3사분면
③ $y=2x^2+2x+3=2\left(x+\dfrac{1}{2}\right)^2+\dfrac{5}{2}$이므로
꼭짓점의 좌표는 $\left(-\dfrac{1}{2}, \dfrac{5}{2}\right)$ ⇨ 제2사분면
④ $y=3x^2-6x=3(x-1)^2-3$이므로
꼭짓점의 좌표는 $(1, -3)$ ⇨ 제4사분면
⑤ $y=\dfrac{1}{2}x^2-2x+3=\dfrac{1}{2}(x-2)^2+1$이므로
꼭짓점의 좌표는 $(2, 1)$ ⇨ 제1사분면
따라서 꼭짓점이 제2사분면 위에 있는 것은 ③이다. 　🔳 ③

1002 $y=\frac{1}{2}x^2-x+1=\frac{1}{2}(x-1)^2+\frac{1}{2}$

이므로 이 그래프의 꼭짓점의 좌표는 $\left(1,\ \frac{1}{2}\right)$

$y=-2x^2+px+q=-2\left(x-\frac{p}{4}\right)^2+\frac{p^2}{8}+q$

이므로 이 그래프의 꼭짓점의 좌표는 $\left(\frac{p}{4},\ \frac{p^2}{8}+q\right)$

두 꼭짓점이 일치하므로 $1=\frac{p}{4},\ \frac{1}{2}=\frac{p^2}{8}+q$에서

$p=4,\ q=-\frac{3}{2}$

$\therefore pq=-6$　　　　　　　　　　　　　　　답 **-6**

1003 $y=-\frac{1}{2}x^2+kx+3=-\frac{1}{2}(x-k)^2+\frac{1}{2}k^2+3$

따라서 이 그래프의 축의 방정식이 $x=k$이므로

$k=4$　　　　　　　　　　　　　　　　　　답 **4**

1004 $y=\frac{1}{2}x^2+2x-k=\frac{1}{2}(x+2)^2-2-k$

이므로 이 그래프의 꼭짓점의 좌표는 $(-2,\ -2-k)$이다.

이때 꼭짓점이 직선 $y=2x+3$ 위에 있으므로

$-2-k=-4+3$

$\therefore k=-1$　　　　　　　　　　　　　　답 **①**

1005 $y=x^2+4kx+4k^2-2k+3$
　　　　$=(x+2k)^2-2k+3$

이 그래프의 꼭짓점 $(-2k,\ -2k+3)$이 제3사분면 위에 있으므로

$-2k<0$이고 $-2k+3<0$

$k>0$이고 $k>\frac{3}{2}$

$\therefore k>\frac{3}{2}$　　　　　　　　　　　답 **$k>\frac{3}{2}$**

1006 일차함수 $y=ax+b$의 그래프의 기울기가 -2, y절편이 2이므로

$a=-2,\ b=2$

　　　　　　　　　　　　　　　　　　　　⑦

즉, 이차함수의 식이 $y=x^2-2x+3$이다.

　　　　　　　　　　　　　　　　　　　　④

$y=x^2-2x+3=(x-1)^2+2$

이므로 구하는 꼭짓점의 좌표는 $(1,\ 2)$이다.

　　　　　　　　　　　　　　　　　　　　⑤

　　　　　　　　　　　　　　　답 **$(1,\ 2)$**

단계	채점요소	배점
⑦	a, b의 값 구하기	40 %
④	이차함수의 식 구하기	20 %
⑤	꼭짓점의 좌표 구하기	40 %

1007 $y=2x^2-4x+1=2(x-1)^2-1$의 그래프를 x축의 방향으로 a만큼, y축의 방향으로 b만큼 평행이동한 그래프를 나타내는 이차함수의 식은

$y=2(x-a-1)^2-1+b$　　　　　　……㉠

$y=2x^2+8x+3=2(x+2)^2-5$의 그래프가 ㉠의 그래프와 일치하므로

$-a-1=2,\ -1+b=-5$　　$\therefore a=-3,\ b=-4$

$\therefore a^2+b^2=25$　　　　　　　　　　답 **25**

1008 $y=-\frac{1}{3}x^2-2x+4=-\frac{1}{3}(x+3)^2+7$의 그래프를

x축의 방향으로 -2만큼 평행이동한 그래프를 나타내는 이차함수의 식은

$y=-\frac{1}{3}(x+2+3)^2+7$　　$\therefore y=-\frac{1}{3}(x+5)^2+7$

이 그래프가 점 $(1,\ k)$를 지나므로

$k=-\frac{1}{3}\times6^2+7=-5$　　　　　　답 **-5**

1009 $y=4x^2-8x+5=4(x-1)^2+1$의 그래프를 x축의 방향으로 m만큼, y축의 방향으로 3만큼 평행이동한 그래프를 나타내는 이차함수의 식은

$y=4(x-m-1)^2+1+3=4(x-m-1)^2+4$

이 그래프의 꼭짓점의 좌표가 $(3,\ n)$이므로

$m+1=3,\ 4=n$　　$\therefore m=2,\ n=4$

$\therefore m+n=6$　　　　　　　　　　　　답 **④**

1010 $y=x^2+2x-3=(x+1)^2-4$의 그래프를 x축의 방향으로 -2만큼, y축의 방향으로 1만큼 평행이동한 그래프를 나타내는 이차함수의 식은

$y=(x+2+1)^2-4+1=(x+3)^2-3=x^2+6x+6$

이 식이 $y=x^2+bx+c$와 일치해야 하므로

$b=6,\ c=6$

$\therefore b+c=12$　　　　　　　　　　　답 **12**

1011 $y=-2x^2-4x+1=-2(x+1)^2+3$

따라서 꼭짓점의 좌표가 $(-1,\ 3)$이고 위로 볼록하며, y축과의 교점의 좌표가 $(0,\ 1)$인 포물선이므로 주어진 이차함수의 그래프는 ③이다.　　　　　　　　　　　　　　답 **③**

1012 $y=3x^2-2x+k=3\left(x-\frac{1}{3}\right)^2+k-\frac{1}{3}$이므로 이 그래

프의 꼭짓점의 좌표는 $\left(\dfrac{1}{3},\ k-\dfrac{1}{3}\right)$이고, 아래로 볼록하다.

따라서 그래프가 오른쪽 그림과 같이
제4사분면을 지나지 않으려면
(꼭짓점의 y좌표)≥ 0이어야 하므로
$k-\dfrac{1}{3}\geq 0$　　∴ $k\geq\dfrac{1}{3}$

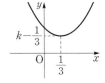

🖪 $k\geq\dfrac{1}{3}$

1013 ① $y=x^2+3x=\left(x+\dfrac{3}{2}\right)^2-\dfrac{9}{4}$

② $y=\dfrac{1}{2}x^2-x-\dfrac{9}{2}=\dfrac{1}{2}(x-1)^2-5$

③ $y=-x^2-4x-13=-(x+2)^2-9$

④ $y=2x^2-12x+14=2(x-3)^2-4$

⑤ $y=3x^2-12x+11=3(x-2)^2-1$

따라서 각 이차함수의 그래프를 그려 보면 다음과 같으므로 모든 사분면을 지나는 것은 ②이다.

🖪 ②

1014 $y=-\dfrac{1}{4}x^2-2x+1=-\dfrac{1}{4}(x+4)^2+5$이므로 이 그래프의 축의 방정식은 $x=-4$이고 위로 볼록하다.
따라서 x의 값이 증가할 때 y의 값은 감소하는 x의 값의 범위는 $x>-4$이다.　🖪 ③

1015　x의 값이 증가할 때 y의 값도 증가하는 범위를 각각 구해 보면
① $y=2x^2-12x+20=2(x-3)^2+2$이므로 $x>3$
② $y=3x^2-12x+13=3(x-2)^2+1$이므로 $x>2$
③ $y=-x^2+6x-7=-(x-3)^2+2$이므로 $x<3$
④ $y=-2x^2+8x-7=-2(x-2)^2+1$이므로 $x<2$
⑤ $y=-3x^2-12x-16=-3(x+2)^2-4$이므로 $x<-2$
🖪 ④

1016　$y=-2x^2+3kx-13$의 그래프가 점 $(1,\ -3)$을 지나므로
$-3=-2+3k-13,\ 3k-13$　　∴ $k=4$

⑦

즉, $y=-2x^2+12x-13=-2(x-3)^2+5$

⑪

따라서 이 그래프의 축의 방정식은 $x=3$이고 위로 볼록하므로 x의 값이 증가할 때 y의 값은 감소하는 x의 값의 범위는 $x>3$이다.

⑭

🖪 $x>3$

단계	채점요소	배점
⑦	k의 값 구하기	40%
⑪	$y=a(x-p)^2+q$의 꼴로 변형하기	30%
⑭	x의 값이 증가할 때 y의 값은 감소하는 x의 값의 범위 구하기	30%

1017　$y=\dfrac{2}{3}x^2-8x+15=\dfrac{2}{3}(x-6)^2-9$

이 그래프를 x축의 방향으로 -3만큼, y축의 방향으로 5만큼 평행이동한 그래프를 나타내는 이차함수의 식은
$y=\dfrac{2}{3}(x+3-6)^2-9+5$　　∴ $y=\dfrac{2}{3}(x-3)^2-4$

이 그래프의 축의 방정식은 $x=3$이고 아래로 볼록하므로 x의 값이 증가할 때 y의 값도 증가하는 x의 값의 범위는 $x>3$이다.
🖪 $x>3$

1018　$y=2x^2-7x+3$에 $y=0$을 대입하면
$0=2x^2-7x+3,\ (2x-1)(x-3)=0$
∴ $x=\dfrac{1}{2}$ 또는 $x=3$
따라서 $p=\dfrac{1}{2}$, $q=3$ 또는 $p=3$, $q=\dfrac{1}{2}$이므로
$p+q=\dfrac{7}{2}$
또 $y=2x^2-7x+3$에 $x=0$을 대입하면 $y=3$
∴ $r=3$
∴ $p+q-r=\dfrac{1}{2}$　　🖪 ③

1019　$y=-4x^2+16x-15$에 $y=0$을 대입하면
$0=-4x^2+16x-15,\ 4x^2-16x+15=0$
$(2x-3)(2x-5)=0$
∴ $x=\dfrac{3}{2}$ 또는 $x=\dfrac{5}{2}$
따라서 $A\left(\dfrac{3}{2},\ 0\right)$, $B\left(\dfrac{5}{2},\ 0\right)$ 또는 $A\left(\dfrac{5}{2},\ 0\right)$, $B\left(\dfrac{3}{2},\ 0\right)$이므로
$\overline{AB}=\dfrac{5}{2}-\dfrac{3}{2}=1$　　🖪 ①

1020　$y=-x^2+2x+k$의 그래프가 점 $(3,\ 0)$을 지나므로
$0=-9+6+k$　　∴ $k=3$

⑦

$y=-x^2+2x+3$에 $y=0$을 대입하면

$0=-x^2+2x+3$, $x^2-2x-3=0$

$(x+1)(x-3)=0$

$\therefore x=-1$ 또는 $x=3$

─────────────────────────────────── ㉯

따라서 구하는 다른 한 점의 좌표는 $(-1, 0)$이다.

─────────────────────────────────── ㉰

답 $(-1, 0)$

단계	채점요소	배점
㉮	k의 값 구하기	40%
㉯	x축과 만나는 두 점의 x좌표 구하기	40%
㉰	다른 한 점의 좌표 구하기	20%

1021 $y=-x^2-4x+k=-(x+2)^2+4+k$

이 그래프의 축의 방정식은 $x=-2$이고, 그래프의 축과 x축이

만나는 점 사이의 거리는 $\frac{6}{2}=3$이므로

$A(-5, 0)$, $B(1, 0)$

$y=-x^2-4x+k$에 $x=1$, $y=0$을 대입하면

$0=-1-4+k$ $\quad\therefore k=5$ 답 **5**

참고

이차함수의 그래프가 x축과 서로 다른 두 점에서 만날 때, 그래프의 축은 그래프가 x축과 만나는 두 점을 이은 선분의 중점을 지난다.

1022 $y=-3x^2+4x-1$

$\qquad =-3\left(x-\frac{2}{3}\right)^2+\frac{1}{3}$

이므로 그래프는 오른쪽 그림과 같다.

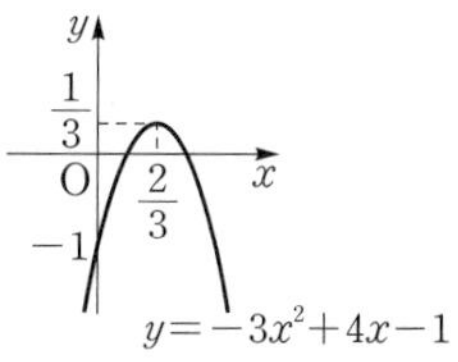

① 꼭짓점의 좌표는 $\left(\frac{2}{3}, \frac{1}{3}\right)$이다.

③ y축과 만나는 점의 y좌표는 -1이다.

④ $x>\frac{2}{3}$일 때, x의 값이 증가하면 y의 값은 감소한다.

따라서 옳은 것은 ②, ⑤이다. 답 **②, ⑤**

1023 $y=\frac{1}{2}x^2-2x+3=\frac{1}{2}(x-2)^2+1$의 그래프를 x축의

방향으로 1만큼, y축의 방향으로 -3만큼 평행이동한 그래프를

나타내는 이차함수의 식은

$y=\frac{1}{2}(x-1-2)^2+1-3$

$\therefore y=\frac{1}{2}(x-3)^2-2$

이 이차함수의 그래프는 오른쪽 그림과 같다.

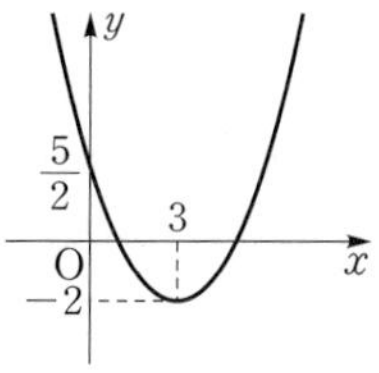

ㄹ. 꼭짓점의 좌표는 $(3, -2)$이다.

ㅂ. $x>3$일 때, x의 값이 증가하면 y의 값

도 증가한다.

따라서 옳은 것은 ㄱ, ㄴ, ㄷ, ㅁ이다.

답 **ㄱ, ㄴ, ㄷ, ㅁ**

1024 $y=-2x^2+4x+k-1=-2(x-1)^2+k+1$의 그래프의 꼭짓점의 좌표는 $(1, k+1)$이므로 그래프가 x축에 접하려면 $k+1=0$ $\quad\therefore k=-1$ 답 **-1**

1025 $y=-\frac{1}{2}x^2-4x+k+1=-\frac{1}{2}(x+4)^2+k+9$의 그래프의 꼭짓점의 좌표는 $(-4, k+9)$이므로 그래프가 x축과 서로 다른 두 점에서 만나려면

$k+9>0$ $\quad\therefore k>-9$ 답 **$k>-9$**

1026 $y=x^2+6x-2a+5=(x+3)^2-2a-4$의 그래프의 꼭짓점의 좌표는 $(-3, -2a-4)$이므로 그래프가 x축과 만나지 않으려면

$-2a-4>0$ $\quad\therefore a<-2$ 답 **①**

1027 $y=-\frac{1}{3}x^2+2x-2k-6=-\frac{1}{3}(x-3)^2-2k-3$의 그래프의 꼭짓점의 좌표는 $(3, -2k-3)$이므로 그래프가 x축과 만나지 않으려면

$-2k-3<0$ $\quad\therefore k>-\frac{3}{2}$

따라서 상수 k의 값이 될 수 없는 것은 ①이다. 답 **①**

1028 ① $y=x^2-x-2=\left(x-\frac{1}{2}\right)^2-\frac{9}{4}$

따라서 이 그래프는 x축과 서로 다른 두 점에서 만난다.

② $y=-x^2+10x-25=-(x-5)^2$

따라서 이 그래프는 x축과 한 점에서 만난다.

③ $y=-x^2-2x-1=-(x+1)^2$

따라서 이 그래프는 x축과 한 점에서 만난다.

④ $y=-2x^2-4x-5=-2(x+1)^2-3$

따라서 이 그래프는 x축과 만나지 않는다.

⑤ $y=-x^2+2x+3=-(x-1)^2+4$

따라서 이 그래프는 x축과 서로 다른 두 점에서 만난다.

답 **①, ⑤**

1029 $y=-5x^2+10x+k=-5(x-1)^2+5+k$

─────────────────────────────────── ㉮

이 그래프를 y축의 방향으로 -2만큼 평행이동한 그래프를 나타내는 이차함수의 식은

$y=-5(x-1)^2+5+k-2$

$\therefore y=-5(x-1)^2+3+k$

─────────────────────────────────── ㉯

이 그래프의 꼭짓점의 좌표는 $(1, 3+k)$이므로 그래프가 x축과 만나지 않으려면

$3+k<0$ $\quad\therefore k<-3$

─────────────────────────────────── ㉰

답 **$k<-3$**

1030 $y=3x^2-6x+2a$의 그래프가 점 $(a,\ a^2+6)$을 지나므로

$a^2+6=3a^2-6a+2a,\ 2a^2-4a-6=0$

$a^2-2a-3=0,\ (a+1)(a-3)=0$

$\therefore a=-1$ 또는 $a=3$ ······ ㉠

$y=3x^2-6x+2a=3(x-1)^2-3+2a$

이 그래프는 아래로 볼록하고 꼭짓점의 y좌표가 $-3+2a$이므로 x축과 서로 다른 두 점에서 만나려면

$-3+2a<0$ $\therefore a<\dfrac{3}{2}$ ······ ㉡

㉠, ㉡에서 $a=-1$ 답 -1

1031 그래프가 아래로 볼록하므로 $a>0$

축이 y축의 오른쪽에 있으므로 a와 b는 다른 부호이다.

$\therefore b<0$

y축과의 교점이 x축보다 아래쪽에 있으므로 $c<0$

① $ab<0$

② $ac<0$

③ $bc>0$

④ $x=1$일 때, $a+b+c<0$

⑤ $x=-1$일 때, $a-b+c>0$

따라서 옳은 것은 ⑤이다. 답 ⑤

1032 그래프가 위로 볼록하므로 $a<0$

축이 y축의 오른쪽에 있으므로 a와 b는 다른 부호이다.

$\therefore b>0$

y축과의 교점이 x축보다 아래쪽에 있으므로 $c<0$ 답 ④

1033 그래프가 아래로 볼록하므로 $a>0$

축이 y축과 일치하므로 $b=0$

y축과의 교점이 x축보다 아래쪽에 있으므로 $c<0$

① $ac<0$ ② $a+b>0$ ③ $b+c<0$

④ $a-c>0$ ⑤ $abc=0$

따라서 항상 양수인 것은 ②, ④이다. 답 ②, ④

1034 꼭짓점의 좌표가 $(2,\ -1)$이므로 이차함수의 식을 $y=a(x-2)^2-1$로 놓으면 그래프가 점 $(0,\ 3)$을 지나므로

$3=4a-1$ $\therefore a=1$

따라서 $y=(x-2)^2-1=x^2-4x+3$이므로

$b=-4,\ c=3$

$\therefore a+b-c=1+(-4)-3=-6$ 답 -6

1035 꼭짓점의 좌표가 $(1,\ -2)$이므로 이차함수의 식을 $y=a(x-1)^2-2$로 놓으면 그래프가 점 $(-2,\ 7)$을 지나므로

$7=9a-2$ $\therefore a=1$

$\therefore y=(x-1)^2-2=x^2-2x-1$ 답 ③

1036 꼭짓점의 좌표가 $(2,\ 0)$이므로 이차함수의 식을 $y=a(x-2)^2$으로 놓으면 그래프가 점 $(1,\ -1)$을 지나므로

$-1=a$

따라서 $y=-(x-2)^2=-x^2+4x-4$이므로

$b=4,\ c=-4$

$\therefore 2a-b+c=-2-4-4=-10$ 답 -10

1037 축의 방정식이 $x=2$이므로 이차함수의 식을 $y=a(x-2)^2+q$로 놓으면 그래프가 두 점 $(0,\ 10)$, $(3,\ 1)$을 지나므로

$10=4a+q,\ 1=a+q$

위의 두 식을 연립하여 풀면 $a=3,\ q=-2$

$\therefore y=3(x-2)^2-2=3x^2-12x+10$ 답 ③

1038 축의 방정식이 $x=-1$이므로 이차함수의 식을 $y=a(x+1)^2+q$로 놓으면 그래프가 두 점 $(-1,\ -5)$, $(1,\ 7)$을 지나므로

$-5=q,\ 7=4a+q$

위의 두 식을 연립하여 풀면 $a=3,\ q=-5$

따라서 $y=3(x+1)^2-5=3x^2+6x-2$의 그래프가 y축과 만나는 점의 y좌표는 -2이다. 답 -2

1039 축의 방정식이 $x=1$이고, x^2의 계수가 -2이므로 이차함수의 식을 $y=-2(x-1)^2+q$로 놓으면 그래프가 점 $(0,\ 6)$을 지나므로

$6=-2+q$ $\therefore q=8$

$\therefore y=-2(x-1)^2+8=-2x^2+4x+6$

따라서 $a=4,\ b=6$이므로

$a+b=10$ 답 10

1040 축의 방정식이 $x=-2$이므로 이차함수의 식을 $y=a(x+2)^2+q$로 놓으면

······ ㉮

그래프가 두 점 $(0,\ 1)$, $(2,\ -5)$를 지나므로

$1=4a+q,\ -5=16a+q$

위의 두 식을 연립하여 풀면 $a=-\dfrac{1}{2},\ q=3$

······ ㉯

따라서 $y=-\dfrac{1}{2}(x+2)^2+3=-\dfrac{1}{2}x^2-2x+1$이므로

$b=-2,\ c=1$

······ ㉰

$$\therefore a+b+c=-\frac{1}{2}+(-2)+1=-\frac{3}{2}$$

.... ㉣

답 $-\dfrac{3}{2}$

단계	채점요소	배점
㉮	이차함수의 식을 $y=a(x+2)^2+q$로 놓기	30%
㉯	a, q의 값 구하기	40%
㉰	b, c의 값 구하기	20%
㉱	$a+b+c$의 값 구하기	10%

1041 이차함수의 식을 $y=ax^2+bx+c$로 놓으면 그래프가
점 $(0, 8)$을 지나므로 $8=c$
점 $(-1, 9)$를 지나므로 $9=a-b+8$ ...... ㉠
점 $(2, 0)$을 지나므로 $0=4a+2b+8$ ...... ㉡
㉠, ㉡을 연립하여 풀면 $a=-1$, $b=-2$
$$\therefore y=-x^2-2x+8=-(x+1)^2+9$$
따라서 이 그래프의 꼭짓점의 좌표는 $(-1, 9)$이다. 답 ④

1042 $y=ax^2+bx+c$의 그래프가
점 $(0, 3)$을 지나므로 $3=c$
점 $(1, 0)$을 지나므로 $0=a+b+3$ ...... ㉠
점 $(2, -1)$을 지나므로 $-1=4a+2b+3$ ...... ㉡
㉠, ㉡을 연립하여 풀면 $a=1$, $b=-4$
$$\therefore abc=1\times(-4)\times3=-12$$ 답 ①

1043 이차함수의 식을 $y=ax^2+bx+c$로 놓으면 그래프가
점 $(0, 4)$를 지나므로 $4=c$
점 $(-2, 6)$을 지나므로 $6=4a-2b+4$ ...... ㉠
점 $(1, -3)$을 지나므로 $-3=a+b+4$ ...... ㉡
㉠, ㉡을 연립하여 풀면 $a=-2$, $b=-5$
$$\therefore y=-2x^2-5x+4$$
이 그래프가 점 $(k, 1)$을 지나므로
$1=-2k^2-5k+4$, $2k^2+5k-3=0$
$(k+3)(2k-1)=0$
$$\therefore k=-3 \text{ 또는 } k=\frac{1}{2}$$
그런데 $k<0$이므로 $k=-3$ 답 -3

1044 x축과 두 점 $(-2, 0)$, $(6, 0)$에서 만나므로 이차함수의 식을 $y=a(x+2)(x-6)$으로 놓으면 그래프가 점 $(0, 24)$를 지나므로
$24=-12a$ $\therefore a=-2$
$$\therefore y=-2(x+2)(x-6)=-2x^2+8x+24$$

따라서 $b=8$, $c=24$이므로
$$\frac{c-b}{a}=\frac{24-8}{-2}=-8$$ 답 -8

1045 $y=-2x^2+3x-1$의 그래프를 평행이동하면 완전히 포갤 수 있는 그래프를 나타내는 이차함수의 식의 x^2의 계수는 -2이다.
그 그래프가 x축과 두 점 $(-1, 0)$, $(3, 0)$에서 만나므로
$$y=-2(x+1)(x-3)=-2x^2+4x+6$$ 답 ④

1046 x^2의 계수가 3이고, x축과 두 점 $(-5, 0)$, $(1, 0)$에서 만나므로 이차함수의 식은
$$y=3(x+5)(x-1)=3x^2+12x-15$$
따라서 $a=12$, $b=-15$이므로
$$a-b=27$$ 답 ⑤

다른 풀이
$y=3x^2+ax+b$의 그래프가
점 $(-5, 0)$을 지나므로 $0=75-5a+b$ ...... ㉠
점 $(1, 0)$을 지나므로 $0=3+a+b$ ...... ㉡
㉠, ㉡을 연립하여 풀면 $a=12$, $b=-15$
$$\therefore a-b=27$$

1047 x^2의 계수가 1이고 x축과 두 점 $(2, 0)$, $(4, 0)$에서 만나므로 이차함수의 식은
$$y=(x-2)(x-4)=x^2-6x+8$$
이 그래프가 점 $(3, k)$를 지나므로
$k=9-18+8=-1$
$$\therefore b+c+k=-6+8+(-1)=1$$ 답 1

1048 x축과 두 점 $(-4, 0)$, $(1, 0)$에서 만나므로 이차함수의 식을 $y=a(x+4)(x-1)$로 놓으면 그래프가 점 $(0, 2)$를 지나므로
$2=-4a$ $\therefore a=-\dfrac{1}{2}$
$$\therefore y=-\frac{1}{2}(x+4)(x-1)=-\frac{1}{2}x^2-\frac{3}{2}x+2$$
답 $y=-\dfrac{1}{2}x^2-\dfrac{3}{2}x+2$

1049 $y=\dfrac{1}{4}x^2$의 그래프와 모양이 같고, x축과 두 점 $(-6, 0)$, $(2, 0)$에서 만나므로 이차함수의 식은
$$y=\frac{1}{4}(x+6)(x-2)=\frac{1}{4}x^2+x-3=\frac{1}{4}(x+2)^2-4$$
따라서 이 이차함수의 그래프의 꼭짓점의 좌표는 $(-2, -4)$이다. 답 $(-2, -4)$

1050 x축과 두 점 $(-3, 0)$, $(2, 0)$에서 만나므로 이차함수

의 식을 $y=a(x+3)(x-2)$로 놓으면 이 그래프가 점 $(3, 2)$를 지나므로

$2=6a$ ∴ $a=\dfrac{1}{3}$

따라서 $y=\dfrac{1}{3}(x+3)(x-2)=\dfrac{1}{3}x^2+\dfrac{1}{3}x-2$이므로 y축과 만나는 점의 좌표는 $(0, -2)$이다. 답 $(0, -2)$

1051 x축과 두 점 $(2, 0)$, $(4, 0)$에서 만나므로 이차함수의 식을 $y=a(x-2)(x-4)$로 놓으면 그래프가 점 $(0, -4)$를 지나므로

$-4=8a$ ∴ $a=-\dfrac{1}{2}$

∴ $y=-\dfrac{1}{2}(x-2)(x-4)=-\dfrac{1}{2}x^2+3x-4$

$=-\dfrac{1}{2}(x-3)^2+\dfrac{1}{2}$

따라서 이 그래프의 꼭짓점의 y좌표는 $\dfrac{1}{2}$이다. 답 $\dfrac{1}{2}$

유형 UP
본문 p.136

1052 $y=-x^2+4x+5$에 $y=0$을 대입하면
$0=-x^2+4x+5$, $x^2-4x-5=0$
$(x+1)(x-5)=0$
∴ $x=-1$ 또는 $x=5$
∴ $B(-1, 0)$, $C(5, 0)$
또 $x=0$을 대입하면 $y=5$이므로 y축과의 교점 A의 좌표는
$A(0, 5)$
∴ $\triangle ABC=\dfrac{1}{2}\times6\times5=15$ 답 15

1053 $y=3x^2-6x-9$에 $y=0$을 대입하면
$0=3x^2-6x-9$, $x^2-2x-3=0$
$(x+1)(x-3)=0$
∴ $x=-1$ 또는 $x=3$
∴ $A(-1, 0)$, $B(3, 0)$ ⑦

또 $y=3x^2-6x-9=3(x-1)^2-12$이므로 이 그래프의 꼭짓점의 좌표는 $C(1, -12)$이다. ⑭

∴ $\triangle ABC=\dfrac{1}{2}\times4\times12=24$ ⑮

답 24

단계	채점요소	배점
⑦	두 점 A, B의 좌표 구하기	50%
⑭	꼭짓점 C의 좌표 구하기	30%
⑮	$\triangle ABC$의 넓이 구하기	20%

1054 $y=-x^2+ax+b$의 그래프가 점 $(0, 6)$을 지나므로
$b=6$
$y=-x^2+ax+6$의 그래프가 점 $(-6, 0)$을 지나므로
$0=-36-6a+6$ ∴ $a=-5$
∴ $y=-x^2-5x+6$
이 식에 $y=0$을 대입하면
$0=-x^2-5x+6$, $x^2+5x-6=0$
$(x+6)(x-1)=0$ ∴ $x=-6$ 또는 $x=1$
∴ $B(1, 0)$
또 $y=-x^2-5x+6=-\left(x+\dfrac{5}{2}\right)^2+\dfrac{49}{4}$이므로
$C\left(-\dfrac{5}{2}, \dfrac{49}{4}\right)$
∴ $\triangle ABC=\dfrac{1}{2}\times7\times\dfrac{49}{4}=\dfrac{343}{8}$ 답 $\dfrac{343}{8}$

1055 $y=ax^2+bx+c$의 그래프가
아래로 볼록하므로 $a>0$
축이 y축의 왼쪽에 있으므로 a와 b는 같은 부호이다. ∴ $b>0$
y축과의 교점이 x축보다 아래쪽에 있으므로 $c<0$
즉, $y=cx^2+bx+a$의 그래프는 $c<0$이므로 위로 볼록하고, c와 b의 부호가 다르므로 축은 y축의 오른쪽에 있다. 또 $a>0$이므로 y축과의 교점은 x축보다 위쪽에 있다.
따라서 $y=cx^2+bx+a$의 그래프로 알맞은 것은 ④이다.

답 ④

1056 $y=ax+b$의 그래프에서
(기울기)>0, (y절편)<0이므로
$a>0$, $b<0$ ∴ $-b>0$
즉, $y=ax^2-bx$의 그래프는 $a>0$이므로 아래로 볼록하고, a와 $-b$의 부호가 같으므로 축은 y축의 왼쪽에 있으며, y축과의 교점이 원점에 위치한다.
따라서 $y=ax^2-bx$의 그래프가 오른쪽 그림과 같으므로 제 4 사분면을 지나지 않는다.

답 제4사분면

1057 $y=ax^2+bx+c$의 그래프가
오른쪽 그림과 같으므로
$a<0$, $b<0$, $c\leq0$
이때 $y=cx^2+ax-b$가 이차함수이므로 $c\neq0$
∴ $a<0$, $b<0$, $c<0$

$y=cx^2+ax-b$의 그래프는 $c<0$이므로 위로 볼록하고 c와 a의 부호가 같으므로 축은 y축의 왼쪽에 있다.

또 $-b>0$이므로 y축과의 교점은 x축보다 위쪽에 있다.

따라서 $y=cx^2+ax-b$의 그래프로 알맞은 것은 ④이다. 답 ④

중단원 마무리하기

본문 p.137~139

1058 ① 6 ② 9 ③ 3 ⑤ 1 답 ④

1059 $y=-\dfrac{1}{3}x^2+2x-k=-\dfrac{1}{3}(x-3)^2+3-k$이므로 이 그래프의 꼭짓점의 좌표는 $(3, 3-k)$이다.

이때 꼭짓점이 x축 위에 있으므로

$3-k=0$ ∴ $k=3$ 답 3

1060 $y=-3x^2+12x-8=-3(x-2)^2+4$의 그래프를 x축의 방향으로 -1만큼, y축의 방향으로 2만큼 평행이동한 그래프를 나타내는 이차함수의 식은

$y=-3(x+1-2)^2+4+2$
$\quad=-3(x-1)^2+6$
$\quad=-3x^2+6x+3$

이 식이 $y=ax^2+bx+c$와 일치해야 하므로

$a=-3, b=6, c=3$

∴ $a+b-c=-3+6-3=0$ 답 0

1061 $y=ax^2+6ax+9a+3=a(x+3)^2+3$

이므로 이 그래프의 꼭짓점의 좌표는 $(-3, 3)$이다.

이때 그래프가 모든 사분면을 지나야 하므로

$a<0$ ...... ㉠

또 y축과의 교점이 x축보다 위쪽에 있어야 하므로

$9a+3>0$

∴ $a>-\dfrac{1}{3}$ ...... ㉡

㉠, ㉡에서 $-\dfrac{1}{3}<a<0$ 답 ③

1062 $y=x^2+4x-5$에 $y=0$을 대입하면

$0=x^2+4x-5$, $(x+5)(x-1)=0$ ∴ $x=-5$ 또는 $x=1$

∴ $A(-5, 0)$, $E(1, 0)$

$y=x^2+4x-5$에 $x=0$을 대입하면

$y=-5$ ∴ $D(0, -5)$

$y=x^2+4x-5=(x+2)^2-9$이므로 $C(-2, -9)$

축의 방정식은 $x=-2$이고, 그래프의 축에서 두 점 B, D까지의 거리는 2로 같으므로 $B(-4, -5)$

따라서 옳지 않은 것은 ②이다. 답 ②

1063 $y=-\dfrac{2}{3}x^2-4x+3$
$\qquad=-\dfrac{2}{3}(x+3)^2+9$

이므로 그래프는 오른쪽 그림과 같다.

④ $x>-3$일 때, x의 값이 증가하면 y의 값은 감소한다. 답 ④

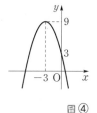

1064 $y=\dfrac{1}{4}x^2-2x+3a=\dfrac{1}{4}(x-4)^2-4+3a$의 그래프의 꼭짓점의 좌표는 $(4, -4+3a)$이므로 그래프가 x축과 서로 다른 두 점에서 만나려면

$-4+3a<0$ ∴ $a<\dfrac{4}{3}$

따라서 상수 a의 값이 될 수 있는 것은 ①, ②이다. 답 ①, ②

1065 그래프가 위로 볼록하므로 $a<0$

축이 y축의 오른쪽에 있으므로 a와 b는 다른 부호이다.

∴ $b>0$

y축과의 교점이 x축보다 위쪽에 있으므로 $c>0$

① $ab<0$ ② $ac<0$ ③ $abc<0$

④ $x=1$일 때, $a+b+c>0$

⑤ $x=-2$일 때, $4a-2b+c<0$

따라서 옳지 않은 것은 ⑤이다. 답 ⑤

1066 꼭짓점의 좌표가 $(1, 6)$이므로 이차함수의 식을 $y=a(x-1)^2+6$으로 놓으면 그래프가 점 $(0, 4)$를 지나므로

$4=a+6$ ∴ $a=-2$

∴ $y=-2(x-1)^2+6$

따라서 $x=2$일 때, $y=-2+6=4$ 답 4

1067 축의 방정식이 $x=1$이고 $\overline{AB}=4$이므로 두 점 A, B의 좌표는 $(-1, 0)$, $(3, 0)$이다.

이차함수의 식을 $y=a(x+1)(x-3)$으로 놓으면 그래프의 꼭짓점의 좌표가 $(1, -16)$이므로

$-16=-4a$ ∴ $a=4$

∴ $y=4(x+1)(x-3)=4x^2-8x-12$

$x=0$일 때, $y=12$이므로 이 이차함수의 그래프와 y축의 교점의 좌표는 $(0, -12)$이다. 답 $(0, -12)$

1068 축의 방정식이 $x=2$이므로 이차함수의 식을 $y=a(x-2)^2+q$로 놓으면 그래프가 두 점 $(-1, 0)$, $(3, 8)$을

지나므로

$0=9a+q$, $8=a+q$

위의 두 식을 연립하여 풀면 $a=-1$, $q=9$

$\therefore y=-(x-2)^2+9=-x^2+4x+5$

따라서 $a=-1$, $b=4$, $c=5$이므로

$a+b-c=-1+4-5=-2$　　　　　　　　답 ①

1069 $y=ax^2+bx+c$의 그래프가

점 $(0, 6)$을 지나므로 $6=c$

점 $(-1, 0)$을 지나므로 $0=a-b+6$　　　…… ㉠

점 $(4, -10)$을 지나므로 $-10=16a+4b+6$　…… ㉡

㉠, ㉡을 연립하여 풀면 $a=-2$, $b=4$

$\therefore a+b+c=-2+4+6=8$　　　　　　답 ⑤

1070 주어진 그래프가 원점을 지나므로 $b=0$

$\therefore y=\dfrac{1}{2}x^2+ax$　　　　　　　　…… ㉠

축의 방정식이 $x=2$이고, 축에서 두 점 O, B 사이의 거리는 같으므로 $B(4, 0)$

㉠에 $x=4$, $y=0$을 대입하면

$0=8+4a$　　$\therefore a=-2$

$\therefore y=\dfrac{1}{2}x^2-2x=\dfrac{1}{2}(x-2)^2-2$

따라서 꼭짓점의 좌표는 $A(2, -2)$이므로

$\triangle ABO=\dfrac{1}{2}\times4\times2=4$　　　　　답 4

1071 $y=ax+b$의 그래프에서 $a<0$, $b>0$

즉, $y=bx^2+ax$의 그래프는 $b>0$이므로 아래로 볼록하고, b와 a의 부호가 다르므로 축은 y축의 오른쪽에 있으며, y축과의 교점이 원점에 위치한다.

따라서 $y=bx^2+ax$의 그래프는 오른쪽 그림과 같으므로 꼭짓점은 제 4 사분면 위에 있다.　　답 제4 사분면

1072 $y=-x^2+4x+1=-(x-2)^2+5$의 그래프를 x축의 방향으로 a만큼, y축의 방향으로 b만큼 평행이동한 그래프를 나타내는 이차함수의 식은

$y=-(x-a-2)^2+5+b$

이 그래프의 꼭짓점의 좌표는 $(a+2, 5+b)$　　　㉮

이때 주어진 그래프에서 꼭짓점의 좌표가 $(-2, 7)$이므로

$a+2=-2$, $5+b=7$

$\therefore a=-4$, $b=2$　　　　　　　　　　　㉯

$\therefore a+b=-2$　　　　　　　　　　　　㉰

답 -2

단계	채점요소	배점
㉮	평행이동한 그래프의 꼭짓점의 좌표 구하기	40%
㉯	a, b의 값 구하기	40%
㉰	$a+b$의 값 구하기	20%

1073 주어진 조건에 의하여 이차함수 $y=3x^2-6kx+4k-3$의 그래프의 축의 방정식은 $x=2$이다.　　　　㉮

$y=3x^2-6kx+4k-3=3(x-k)^2-3k^2+4k-3$

에서 축의 방정식은 $x=k$이므로 $k=2$　　　　㉯

즉, $-3k^2+4k-3=-7$이므로 $y=3(x-2)^2-7$

따라서 구하는 꼭짓점의 좌표는 $(2, -7)$이다.

　　　　　　　　　　　　　　　　　　㉰

답 $(2, -7)$

단계	채점요소	배점
㉮	축의 방정식 구하기	30%
㉯	k의 값 구하기	40%
㉰	꼭짓점의 좌표 구하기	30%

1074 $y=ax^2+bx+c$의 그래프의 꼭짓점의 좌표가 $(-2, -4)$이므로 이차함수의 식을

$y=a(x+2)^2-4$

로 놓으면 그래프가 점 $(1, 5)$를 지나므로　　　　㉮

$5=9a-4$　　$\therefore a=1$　　　　　　　　㉯

$\therefore y=(x+2)^2-4=x^2+4x$

$\therefore b=4$, $c=0$　　　　　　　　　　　㉰

즉, $y=bx^2+cx+a=4x^2+1$

따라서 $y=4x^2+1$의 그래프의 꼭짓점의 좌표는 $(0, 1)$이다.

　　　　　　　　　　　　　　　　　　㉱

답 $(0, 1)$

단계	채점요소	배점
㉮	이차함수의 식을 $y=a(x+2)^2-4$로 놓기	30%
㉯	a의 값 구하기	30%
㉰	b, c의 값 구하기	30%
㉱	$y=bx^2+cx+a$의 그래프의 꼭짓점의 좌표 구하기	10%

1075 $y=3x^2-5x-2$에 $x=0$을 대입하면 $y=-2$

$$\therefore C(0, -2)$$

--- ㉮

$y=3x^2-5x-2=3\left(x-\dfrac{5}{6}\right)^2-\dfrac{49}{12}$이므로 꼭짓점의 좌표는

$D\left(\dfrac{5}{6}, -\dfrac{49}{12}\right)$이다.

--- ㉯

이때 $\triangle ACB$와 $\triangle ADB$의 밑변을 $\overline{AB}$로 정하면 두 삼각형의 넓이의 비는 높이의 비와 같다.

$$\therefore \triangle ACB : \triangle ADB=2 : \dfrac{49}{12}=24 : 49$$

--- ㉰

🔲 **24 : 49**

단계	채점요소	배점
㉮	점 C의 좌표 구하기	20%
㉯	점 D의 좌표 구하기	40%
㉰	$\triangle ACB : \triangle ADB$ 구하기	40%

1076 조건 ㉮에서 $c=0$이고 조건 ㉺에서 $a=-\dfrac{1}{4}$이므로 이차함수의 식은

$y=-\dfrac{1}{4}x^2+bx=-\dfrac{1}{4}(x-2b)^2+b^2$

이때 축의 방정식은 $x=2b$이고 조건 ㉯에 의해 그래프가 제2사분면을 지나지 않으므로

$2b>0$ $\therefore b>0$

조건 ㉯에서 꼭짓점 $(2b, b^2)$이 직선 $y=x+3$ 위의 점이므로

$b^2=2b+3$, $b^2-2b-3=0$, $(b+1)(b-3)=0$

$\therefore b=-1$ 또는 $b=3$

그런데 $b>0$이므로 $b=3$

$\therefore a+b-c=-\dfrac{1}{4}+3-0=\dfrac{11}{4}$

🔲 $\dfrac{11}{4}$

1077 $y=-\dfrac{1}{2}x^2+2x+6$에 $x=0$을 대입하면 $y=6$이므로

$A(0, 6)$

$y=-\dfrac{1}{2}x^2+2x+6$에 $y=0$을 대입하면

$0=-\dfrac{1}{2}x^2+2x+6$

$x^2-4x-12=0$, $(x+2)(x-6)=0$

$\therefore x=-2$ 또는 $x=6$

$\therefore B(6, 0)$

$y=-\dfrac{1}{2}x^2+2x+6$

$=-\dfrac{1}{2}(x-2)^2+8$

이므로 $C(2, 8)$

$$\therefore \square AOBC=\triangle AOC+\triangle COB$$
$$=\dfrac{1}{2}\times 6\times 2+\dfrac{1}{2}\times 6\times 8$$
$$=6+24=30$$

🔲 **30**

1078 $y=ax^2+bx+c$의 그래프가 오른쪽 그림과 같으므로

$a<0$, $b<0$, $c\leq 0$

$y=-cx^2+abx-bc$가 이차함수이므로

$-c\neq 0$ $\therefore c<0$

이때 $-c>0$, $ab>0$, $-bc<0$이므로

$y=-cx^2+abx-bc$의 그래프는 오른쪽 그림과 같다.

따라서 그래프는 모든 사분면을 지난다.

🔲 ⑤

Ⅰ. 실수와 그 연산

01 제곱근과 실수   본문 142~143쪽

01 $A=(-\sqrt{6})^2-\sqrt{2^4}=6-4=2$

$B=-\sqrt{169}\div\sqrt{(-3)^2}+\sqrt{\dfrac{1}{9}}\times(-\sqrt{12})^2$

$=-13\div3+\dfrac{1}{3}\times12=-\dfrac{13}{3}+4=-\dfrac{1}{3}$

$\therefore 3AB=3\times2\times\left(-\dfrac{1}{3}\right)=-2$ **目 ③**

02 ① $\sqrt{(a-b)^2}=|a-b|=\begin{cases}a-b & (a\geq b)\\b-a & (a<b)\end{cases}$

② $\sqrt{(b-a)^2}=|b-a|=\begin{cases}a-b & (a\geq b)\\b-a & (a<b)\end{cases}$

③ $\sqrt{(a+b)^2}=|a+b|=\begin{cases}a+b & (a+b\geq0)\\-a-b & (a+b<0)\end{cases}$

④ $\sqrt{a^2}=|a|=\begin{cases}a & (a\geq0)\\-a & (a<0)\end{cases}$

⑤ $\sqrt{\dfrac{1}{a^2}}=\left|\dfrac{1}{a}\right|=\begin{cases}\dfrac{1}{a} & (a>0)\\-\dfrac{1}{a} & (a<0)\end{cases}$ **目 ④**

03 두 정사각형의 닮음비가 $1:3$이므로 넓이의 비는 $1:9$이다.

작은 정사각형의 넓이를 $x\ \mathrm{cm}^2$라 하면 큰 정사각형의 넓이는 $9x\ \mathrm{cm}^2$이므로

$x+9x=90,\ 10x=90$ $\therefore x=9$

따라서 큰 정사각형의 넓이는 $9x=81(\mathrm{cm}^2)$이므로 큰 정사각형의 한 변의 길이는

$\sqrt{81}=9(\mathrm{cm})$ **目 9 cm**

04 $a-b<0$에서 $a<b$이고 $ab<0$에서 a, b의 부호가 서로 반대이므로 $a<0$, $b>0$

$\therefore -b<0,\ b-a>0,\ -5a>0$

$\therefore \sqrt{a^2}-\sqrt{(-b)^2}+\sqrt{(b-a)^2}-\sqrt{(-5a)^2}$

$=(-a)-\{-(-b)\}+(b-a)-(-5a)$

$=-a-b+b-a+5a$

$=3a$ **目 ②**

05 $A=\sqrt{(x-2)^2}-\sqrt{(x+2)^2}=|x-2|-|x+2|$

ㄱ. $x\geq2$일 때 $x-2\geq0$, $x+2\geq4$이므로

$A=(x-2)-(x+2)=-4$

ㄴ. $-2<x<2$일 때 $x-2<0$, $x+2>0$이므로

$A=-(x-2)-(x+2)=-2x$

ㄷ. $x\leq-2$일 때, $x-2\leq-4$, $x+2\leq0$이므로

$A=-(x-2)-\{-(x+2)\}=4$

따라서 옳은 것은 ㄴ, ㄷ이다.   **目 ④**

06 $\sqrt{45-2x}$가 양의 정수가 되려면 $45-2x$는 45보다 작은 제곱수이어야 한다.

즉, $45-2x=1,\ 4,\ 9,\ 16,\ 25,\ 36$이므로

$2x=44,\ 41,\ 36,\ 29,\ 20,\ 9$

$\therefore x=22,\ \dfrac{41}{2},\ 18,\ \dfrac{29}{2},\ 10,\ \dfrac{9}{2}$

그런데 x는 자연수이므로 $M=22$, $m=10$

$\therefore M+m=32$ **目 ①**

07 정사각형 A의 한 변의 길이는 $\sqrt{54n}$이고 $54n=2\times3^3\times n$이므로 $\sqrt{54n}$이 자연수가 되려면 $n=6k^2$ (단, k는 자연수)의 꼴이 되어야 한다.

$\therefore n=6,\ 24,\ 54,\ 96,\ \cdots$

정사각형 C의 한 변의 길이는 $\sqrt{12+n}$이고 $\sqrt{12+n}$이 자연수가 되려면 $12+n$이 12보다 큰 제곱수이어야 한다.

즉, $12+n=16,\ 25,\ 36,\ 49,\ \cdots$

$\therefore n=4,\ 13,\ 24,\ 37,\ \cdots$

이때 두 조건을 모두 만족시키는 가장 작은 자연수 n은 24이므로

(직사각형 B의 가로의 길이)$=\sqrt{12+24}=\sqrt{36}=6$,

(직사각형 B의 세로의 길이)$=36-6=30$

따라서 직사각형 B의 둘레의 길이는

$2\times(6+30)=72$ **目 ⑤**

08 (i) $\dfrac{3}{2}<\sqrt{x}-2<3$에서 $\dfrac{7}{2}<\sqrt{x}<5$

각 변을 제곱하면 $\dfrac{49}{4}<x<25$

(ii) $\sqrt{28-x}$가 자연수가 되려면

$28-x$는 28보다 작은 제곱수이어야 하므로

$28-x=1,\ 4,\ 9,\ 16,\ 25$

$\therefore x=27,\ 24,\ 19,\ 12,\ 3$

(i), (ii)에서 자연수 x는 19, 24이므로 구하는 합은

$19+24=43$ **目 ②**

09 $\sqrt{3x}$가 유리수이려면 $x=3k^2$ (단, k는 자연수)이어야 하므로

$x=3,\ 12,\ 27,\ 48,\ 75$의 5개

$\sqrt{4x}=2\sqrt{x}$가 유리수이려면 $x=m^2$ (단, m은 자연수)이어야 하므로

$x=1,\ 4,\ 9,\ 16,\ \cdots,\ 100$의 10개

$\sqrt{5x}$가 유리수이려면 $x=5n^2$ (단, n은 자연수)이어야 하므로

$x=5,\ 20,\ 45,\ 80$의 4개

따라서 $\sqrt{3x}$, $\sqrt{4x}$, $\sqrt{5x}$가 모두 무리수가 되도록 하는 100 이하의 자연수 x의 개수는
$100-(5+10+4)=81$(개) 답 ⑤

10 $\overline{AB}=\overline{AQ}=\sqrt{2}$, $\overline{AC}=\overline{AP}=\sqrt{5}$이므로
$P(3-\sqrt{5})$, $Q(3+\sqrt{2})$
③ 두 점 P, Q 사이에는 무수히 많은 유리수가 있다. 답 ③

11 ① 0과 1 사이에는 무수히 많은 무리수가 있다.
② -2와 2 사이에는 정수 -1, 0, 1이 있다.
④ $\sqrt{2}$와 $\sqrt{5}$ 사이에는 정수 2가 있다. 답 ③, ⑤

12 $a=\dfrac{1}{4}$이라 하면 $\sqrt{a}=\dfrac{1}{2}$, $\dfrac{1}{a}=4$, $\dfrac{1}{\sqrt{a}}=2$, $a^2=\dfrac{1}{16}$이므로
$a^2 < a < \sqrt{a} < \dfrac{1}{\sqrt{a}} < \dfrac{1}{a}$
따라서 두 번째로 큰 수는 ④ $\dfrac{1}{\sqrt{a}}$이다. 답 ④

13 ㄱ. (무리수)+(유리수)=(무리수)이므로 $a+5$는 무리수이다.
ㄴ. $a=\sqrt{3}$이면 $a-\sqrt{3}=0$ (유리수)
ㄷ. $a=\sqrt{7}$이면 $\sqrt{7}a=7$ (유리수)
ㄹ. (유리수)×(무리수)=(무리수) ((유리수)≠0)이므로 $2a$는 무리수이다.
ㅁ. $a=\sqrt{2}$이면 $a^2-4=2-4=-2$ (유리수)
따라서 항상 무리수인 것은 ㄱ, ㄹ이다. 답 ①

Ⅰ. 실수와 그 연산

02 근호를 포함한 식의 계산 본문 144~145쪽

01 $\sqrt{2}\times\sqrt{3}\times\sqrt{a}\times\sqrt{30}\times\sqrt{5a}=\sqrt{2\times3\times a\times30\times5a}$
$=\sqrt{30^2\times a^2}=\sqrt{(30a)^2}$
$=30a\ (\because a>0)$
따라서 $30a=60$이므로 $a=2$ 답 ①

02 $\dfrac{4}{a}\sqrt{\dfrac{a}{b}}-\dfrac{3}{b}\sqrt{\dfrac{b}{a}}=4\sqrt{\dfrac{1}{a^2}\times\dfrac{a}{b}}-3\sqrt{\dfrac{1}{b^2}\times\dfrac{b}{a}}$
$=4\sqrt{\dfrac{1}{ab}}-3\sqrt{\dfrac{1}{ab}}=\sqrt{\dfrac{1}{ab}}$
$=\sqrt{\dfrac{1}{16}}=\dfrac{1}{4}$ 답 ②

03 ⒟에서 $\sqrt{x}+\sqrt{y}=\sqrt{162}=9\sqrt{2}$
$8+1=9$, $7+2=9$, $6+3=9$, $5+4=9$이고 ⒜에서 $x>y$이므로

(i) $\sqrt{x}=5\sqrt{2}$, $\sqrt{y}=4\sqrt{2}$일 때, $x=50$, $y=32$
(ii) $\sqrt{x}=6\sqrt{2}$, $\sqrt{y}=3\sqrt{2}$일 때, $x=72$, $y=18$
(iii) $\sqrt{x}=7\sqrt{2}$, $\sqrt{y}=2\sqrt{2}$일 때, $x=98$, $y=8$
(iv) $\sqrt{x}=8\sqrt{2}$, $\sqrt{y}=\sqrt{2}$일 때, $x=128$, $y=2$
⒝에서 x, y는 두 자리 자연수이므로 조건을 만족시키는 자연수 x, y의 순서쌍 (x, y)는 $(50, 32)$, $(72, 18)$의 2개이다. 답 ②

04 $5=\sqrt{25}$, $2\sqrt{6}=\sqrt{24}$이므로 $5>2\sqrt{6}$
$\therefore 5-2\sqrt{6}>0$, $2\sqrt{6}-5<0$
$\therefore \sqrt{(5-2\sqrt{6})^2}+\sqrt{(2\sqrt{6}-5)^2}=5-2\sqrt{6}-(2\sqrt{6}-5)$
$=10-4\sqrt{6}$ 답 ④

05 한 변의 길이가 4인 정사각형 안에 그린 첫 번째 정사각형을 A, 정사각형 A 안에 그린 첫 번째 정사각형을 B, 정사각형 B 안에 그린 첫 번째 정사각형을 C라 하자.
정사각형 A의 넓이는 $4\times4\times\dfrac{1}{2}=8$이므로
정사각형 A의 한 변의 길이는 $\sqrt{8}=2\sqrt{2}$
정사각형 B의 넓이가 $8\times\dfrac{1}{2}=4$이므로
정사각형 B의 한 변의 길이는 $\sqrt{4}=2$
정사각형 C의 넓이가 $4\times\dfrac{1}{2}=2$이므로
정사각형 C의 한 변의 길이는 $\sqrt{2}$
따라서 색칠한 부분의 둘레의 길이의 합은
$4\times2\sqrt{2}+4\times2+4\times\sqrt{2}=8\sqrt{2}+8+4\sqrt{2}$
$=8+12\sqrt{2}$ 답 $8+12\sqrt{2}$

06 $\sqrt{\dfrac{3}{2}}+\sqrt{\dfrac{2}{3}}=\dfrac{\sqrt{6}}{2}+\dfrac{\sqrt{6}}{3}=\dfrac{5}{6}\sqrt{6}$
$\therefore a=\dfrac{5}{6}$ 답 ③

07 $\overline{AB}=\overline{FB}=\overline{BC}=\overline{BE}=\sqrt{1^2+2^2}=\sqrt{5}$이므로
$F(2-\sqrt{5})$, $E(2+\sqrt{5})$
따라서 두 점 E, F 사이의 거리는
$(2+\sqrt{5})-(2-\sqrt{5})=2+\sqrt{5}-2+\sqrt{5}$
$=2\sqrt{5}$ 답 $2\sqrt{5}$

08 정사각형을 굴렸을 때 점 A가 움직인 모양은 다음 그림과 같다.

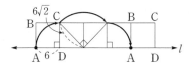

점 A가 움직인 거리는
$2\pi\times6\times\dfrac{1}{4}+2\pi\times6\sqrt{2}\times\dfrac{1}{4}+2\pi\times6\times\dfrac{1}{4}=(6+3\sqrt{2})\pi$
답 ③

09 $\sqrt{2}\left(\dfrac{2}{\sqrt{6}}+\dfrac{10}{\sqrt{12}}\right)-\sqrt{3}\left(\dfrac{6}{\sqrt{18}}+2\right)$

$=\dfrac{2}{\sqrt{3}}+\dfrac{10}{\sqrt{6}}-\dfrac{6}{\sqrt{6}}-2\sqrt{3}$

$=\dfrac{2}{3}\sqrt{3}+\dfrac{5}{3}\sqrt{6}-\sqrt{6}-2\sqrt{3}$

$=-\dfrac{4}{3}\sqrt{3}+\dfrac{2}{3}\sqrt{6}$

따라서 $a=-\dfrac{4}{3}$, $b=\dfrac{2}{3}$이므로

$a+b=-\dfrac{2}{3}$ 답 ①

10 정사각형 AEFG의 넓이가 3이므로 $\overline{AG}=\sqrt{3}$

정사각형 FHCI의 넓이가 27이므로 $\overline{FI}=\sqrt{27}=3\sqrt{3}$

정사각형 ABCD의 한 변의 길이는 $\sqrt{3}+3\sqrt{3}=4\sqrt{3}$이므로 구하는 넓이는 $(4\sqrt{3})^2=48$ 답 **48**

11 정사각형 C의 넓이가 6이므로 정사각형 B의 넓이는 12, 정사각형 A의 넓이는 24이다.

따라서 세 정사각형 A, B, C의 한 변의 길이는 차례로 $2\sqrt{6}$, $2\sqrt{3}$, $\sqrt{6}$이므로

$\begin{aligned}
\text{(도형의 둘레의 길이)}&=(2\sqrt{6}+2\sqrt{3}+\sqrt{6})\times2+2\sqrt{6}\times2\\
&=(3\sqrt{6}+2\sqrt{3})\times2+4\sqrt{6}\\
&=6\sqrt{6}+4\sqrt{3}+4\sqrt{6}\\
&=10\sqrt{6}+4\sqrt{3}
\end{aligned}$ 답 $\mathbf{10\sqrt{6}+4\sqrt{3}}$

12 $\sqrt{224}=\sqrt{10^2\times2.24}=10\sqrt{2.24}=10\times1.497=14.97$이므로

$\sqrt{224}-x^2=12.62$에서

$x^2=14.97-12.62=2.35$

$\therefore x=\sqrt{2.35}=1.533$ 답 ④

13 $1<\sqrt{2}<2$이므로

$1<3-\sqrt{2}<2$, $4<3+\sqrt{2}<5$

$\therefore [3-\sqrt{2}]+<3+\sqrt{2}>=1+(\sqrt{2}-1)=\sqrt{2}$ 답 ④

Ⅱ. 다항식의 곱셈과 인수분해

| **03** | 다항식의 곱셈 | 본문 146~147쪽 |

01 $(x+A)(x+B)=x^2+(A+B)x+AB$
$\qquad\qquad\qquad\quad =x^2+Cx+16$

이므로 $A+B=C$, $AB=16$

이때 $AB=16$을 만족시키는 정수 A, B의 순서쌍 (A, B)는

$(1, 16), (2, 8), (4, 4), (8, 2), (16, 1), (-1, -16),$
$(-2, -8), (-4, -4), (-8, -2), (-16, -1)$

이므로 $C=17, 10, 8, -17, -10, -8$

따라서 C의 값이 될 수 없는 것은 ② -12이다.   답 ②

02 주어진 식의 전개식에서 x항은

$ax\times b+(-5)\times3x=(ab-15)x$

즉, $ab-15=6$이므로 $ab=21$

이때 a, b는 한 자리 자연수이므로

$a=7$, $b=3$ $(\because a>b)$

$\therefore a^2-b^2=40$ 답 ③

03 $(x-1)(x+1)(x^2+1)(x^4+1)(x^8+1)$

$=(x^2-1)(x^2+1)(x^4+1)(x^8+1)$

$=(x^4-1)(x^4+1)(x^8+1)$

$=(x^8-1)(x^8+1)$

$=x^{16}-1$

따라서 $a=16$, $b=1$이므로

$a-b=15$ 답 ④

04 소연이는 $(x-3)(x+5)$에서 5를 A로 잘못 보았으므로

$(x-3)(x+A)=x^2+(-3+A)x-3A$

즉, $x^2+(-3+A)x-3A=x^2+6x+B$이므로

$-3+A=6$에서 $A=9$

$-3A=B$에서 $B=(-3)\times9=-27$

서준이는 $(2x-1)(3x+2)$에서 3을 C로 잘못 보았으므로

$(2x-1)(Cx+2)=2Cx^2+(4-C)x-2$

즉, $2Cx^2+(4-C)x-2=Dx^2+7x-2$이므로

$4-C=7$에서 $C=-3$

$2C=D$에서 $D=2\times(-3)=-6$

$\therefore A+B+C+D=9+(-27)+(-3)+(-6)=-27$

       답 -27

05 정사각형 ABFE의 한 변의 길이가 $3a-1$이므로 정사각형 EGHD의 한 변의 길이는

$(4a+1)-(3a-1)=a+2$

$\therefore$ (사각형 GFCH의 넓이)

$=$(직사각형 ABCD의 넓이)$-$(정사각형 ABFE의 넓이)
$\qquad\qquad\qquad\qquad\qquad\quad -$(정사각형 EGHD의 넓이)

$=(4a+1)(3a-1)-(3a-1)^2-(a+2)^2$

$=12a^2-a-1-(9a^2-6a+1)-(a^2+4a+4)$

$=12a^2-a-1-9a^2+6a-1-a^2-4a-4$

$=2a^2+a-6$ 답 $\mathbf{2a^2+a-6}$

06 (주어진 식)$=\{(x-3)(x+2)\}\{(x-2)(x+1)\}$
$\qquad\qquad\qquad -(x^2-x-6)(x^2-x-2)$

$x^2-x=A$로 놓으면

$(A-6)(A-2)=A^2-8A+12$
$$=(x^2-x)^2-8(x^2-x)+12$$
$$=x^4-2x^3+x^2-8x^2+8x+12$$
$$=x^4-2x^3-7x^2+8x+12$$
따라서 $a=-2$, $b=-7$, $c=8$, $d=12$이므로
$a-b-c-d=-2-(-7)-8-12=-15$ 🔲 ④

07 $99\times101\times(10^4+1)(10^8+1)$
$$=(10^2-1)(10^2+1)(10^4+1)(10^8+1)$$
$$=(10^4-1)(10^4+1)(10^8+1)$$
$$=(10^8-1)(10^8+1)$$
$$=10^{16}-1$$
즉, $10^{16}-1=10^x-1$이므로 $x=16$ 🔲 ⑤

08 $\sqrt{2}+\sqrt{3}=A$로 놓으면
(주어진 식) $=(A-\sqrt{5})(A+2\sqrt{5})$
$$=A^2+(-\sqrt{5}+2\sqrt{5})A-\sqrt{5}\times2\sqrt{5}$$
$$=A^2+\sqrt{5}A-10$$
$$=(\sqrt{2}+\sqrt{3})^2+\sqrt{5}(\sqrt{2}+\sqrt{3})-10$$
$$=2+2\sqrt{6}+3+\sqrt{10}+\sqrt{15}-10$$
$$=-5+2\sqrt{6}+\sqrt{10}+\sqrt{15}$$
     🔲 $-5+2\sqrt{6}+\sqrt{10}+\sqrt{15}$

09 $\dfrac{x-\sqrt{7}}{\sqrt{7}+1}+\dfrac{y-\sqrt{7}}{\sqrt{7}-1}$
$$=\frac{(x-\sqrt{7})(\sqrt{7}-1)+(y-\sqrt{7})(\sqrt{7}+1)}{(\sqrt{7}+1)(\sqrt{7}-1)}$$
$$=\frac{-x+y-14+\sqrt{7}(x+y)}{6}$$
이때 이 수가 유리수가 되려면 $x+y=0$ ...... ㉠
㉠과 $2x+y=8$을 연립하여 풀면
$x=8$, $y=-8$
$\therefore x-y=16$ 🔲 ④

10 $\dfrac{1}{f(x)}=\dfrac{1}{\sqrt{x+2}+\sqrt{x+1}}$
$$=\frac{\sqrt{x+2}-\sqrt{x+1}}{(\sqrt{x+2}+\sqrt{x+1})(\sqrt{x+2}-\sqrt{x+1})}$$
$$=\sqrt{x+2}-\sqrt{x+1}$$
$\therefore \dfrac{1}{f(1)}+\dfrac{1}{f(2)}+\dfrac{1}{f(3)}+\cdots+\dfrac{1}{f(30)}$
$$=(\sqrt{3}-\sqrt{2})+(\sqrt{4}-\sqrt{3})+(\sqrt{5}-\sqrt{4})+\cdots+(\sqrt{32}-\sqrt{31})$$
$$=-\sqrt{2}+\sqrt{32}=-\sqrt{2}+4\sqrt{2}$$
$$=3\sqrt{2}$$
     🔲 ②

11 $(x+y)^2-(x-y)^2=x^2+2xy+y^2-(x^2-2xy+y^2)$
$$=4xy$$

즉, $4xy=24$이므로 $xy=6$
$(x-5)(y-5)=xy-5(x+y)+25$
$$=6-5(x+y)+25$$
$$=31-5(x+y)$$
즉, $31-5(x+y)=11$이므로 $x+y=4$
$\therefore \dfrac{3}{x}+\dfrac{3}{y}=\dfrac{3(x+y)}{xy}=\dfrac{3\times4}{6}=2$ 🔲 2

12 $x^2+y^2=(x-y)^2+2xy$이므로
$12=2^2+2xy$, $2xy=8$
$\therefore xy=4$
$\therefore \dfrac{y}{x}+\dfrac{x}{y}=\dfrac{x^2+y^2}{xy}=\dfrac{12}{4}=3$ 🔲 3

13 $x^2-2x-1=0$의 양변을 $x(x\ne0)$로 나누면
$x-2-\dfrac{1}{x}=0$ $\therefore x-\dfrac{1}{x}=2$
이때 $x^2+\dfrac{1}{x^2}=\left(x-\dfrac{1}{x}\right)^2+2=2^2+2=6$이므로
$x^4+\dfrac{1}{x^4}=\left(x^2+\dfrac{1}{x^2}\right)^2-2=6^2-2=34$
$\therefore \left(x^2-\dfrac{3}{x^2}\right)\left(3x^2-\dfrac{1}{x^2}\right)=3x^4-1-9+\dfrac{3}{x^4}$
$$=3\left(x^4+\frac{1}{x^4}\right)-10$$
$$=3\times34-10$$
$$=92$$
     🔲 ④

14 $(x+1)(x+3)(x-4)(x-6)$
$$=\{(x+1)(x-4)\}\{(x+3)(x-6)\}$$
$$=(x^2-3x-4)(x^2-3x-18)$$
이때 $x^2-3x-2=0$에서 $x^2-3x=2$이므로
$(x^2-3x-4)(x^2-3x-18)=(2-4)\times(2-18)$
$$=(-2)\times(-16)$$
$$=32$$
     🔲 ②

15 $x=\sqrt{125}-3\sqrt{14}=5\sqrt{5}-3\sqrt{14}$,
$y=\sqrt{126}+5\sqrt{5}=3\sqrt{14}+5\sqrt{5}$이므로
$x+y=5\sqrt{5}-3\sqrt{14}+3\sqrt{14}+5\sqrt{5}=10\sqrt{5}$,
$xy=(5\sqrt{5}-3\sqrt{14})(5\sqrt{5}+3\sqrt{14})=125-126=-1$
$\therefore x^{2020}y^{2022}+x^{2024}y^{2022}=(xy)^{2020}\times y^2+(xy)^{2022}\times x^2$
$$=(-1)^{2020}\times y^2+(-1)^{2022}\times x^2$$
$$=x^2+y^2=(x+y)^2-2xy$$
$$=(10\sqrt{5})^2-2\times(-1)=500+2$$
$$=502$$
     🔲 **502**

04 인수분해 본문 148~149쪽

01 $9x^2-6x+1=(3x-1)^2$ $\therefore a=-1$
$x^2-49=(x+7)(x-7)$ $\therefore b=7$
$6x^2+7x-5=(2x-1)(3x+5)$ $\therefore c=5$
$\therefore a+b+c=11$ 답 ⑤

02 $0<a<1$이므로 $a-\dfrac{1}{a}<0$, $a+\dfrac{1}{a}>0$, $-a<0$

$\therefore \sqrt{a^2+\dfrac{1}{a^2}+2}-\sqrt{a^2+\dfrac{1}{a^2}-2}+\sqrt{(-a)^2}$

$=\sqrt{\left(a+\dfrac{1}{a}\right)^2}-\sqrt{\left(a-\dfrac{1}{a}\right)^2}+\sqrt{(-a)^2}$

$=a+\dfrac{1}{a}-\left\{-\left(a-\dfrac{1}{a}\right)\right\}+\{-(-a)\}$

$=3a$ 답 $3a$

03 $3x^2-x+a=(x-2)(3x+m)$으로 놓으면
$3x^2-x+a=3x^2+(m-6)x-2m$이므로
$-1=m-6$, $a=-2m$ $\therefore m=5$, $a=-10$
$x^2+bx+14=(x-2)(x-n)$으로 놓으면
$x^2+bx+14=x^2+(-n-2)x+2n$이므로
$b=-n-2$, $14=2n$ $\therefore n=7$, $b=-9$
$\therefore a-b=-1$ 답 ①

04 정민이는 상수항을 제대로 보았으므로
$(x+3)(x-12)=x^2-9x-36$
에서 처음 이차식의 상수항은 -36이다.
세진이는 x의 계수를 제대로 보았으므로
$(x-2)(x-3)=x^2-5x+6$
에서 처음 이차식의 x의 계수는 -5이다.
따라서 처음 이차식은 $x^2-5x-36$이므로 바르게 인수분해하면
$x^2-5x-36=(x+4)(x-9)$ 답 ⑤

05 큰 원의 반지름의 길이를 a m, 작은 원의 반지름의 길이를 b m라 하면
$a-b=3$ ······ ㉠
$a^2\pi-b^2\pi=198\pi$, $(a+b)(a-b)=198$
$\therefore a+b=66$ ······ ㉡
㉠, ㉡을 연립하여 풀면 $a=\dfrac{69}{2}$, $b=\dfrac{63}{2}$
따라서 구하는 원의 둘레의 길이는
$2\pi\left(b+\dfrac{3}{2}\right)=66\pi\,(\text{m})$ 답 ④

06 (넓이)$=2x^2+7x+3=(2x+1)(x+3)$
따라서 새로운 직사각형의 가로, 세로의 길이는 $2x+1$, $x+3$이

므로 구하는 둘레의 길이는
$2\{(2x+1)+(x+3)\}=6x+8$ 답 ③

07 $x^3+x^2y-xy^2-y^3=x^2(x+y)-y^2(x+y)$
$=(x+y)(x^2-y^2)$
$=(x+y)(x+y)(x-y)$
$=(x+y)^2(x-y)$
따라서 인수가 아닌 것은 ⑤이다. 답 ⑤

08 (주어진 식)
$=(10^2-20^2)+(30^2-40^2)+\cdots+(90^2-100^2)$
$=(10+20)(10-20)+(30+40)(30-40)$
$\qquad\qquad\qquad +\cdots+(90+100)(90-100)$
$=(10+20)\times(-10)+(30+40)\times(-10)$
$\qquad\qquad\qquad +\cdots+(90+100)\times(-10)$
$=(-10)\times(10+20+30+40+\cdots+90+100)$
$=(-10)\times550$
$=-5500$ 답 -5500

09 (주어진 식)$=\dfrac{\sqrt{(1.29+1.21)(1.29-1.21)}}{\sqrt{(2.58+2.42)(2.58-2.42)}}$
$=\sqrt{\dfrac{2.5\times0.08}{5\times0.16}}$
$=\sqrt{\dfrac{1}{4}}=\dfrac{1}{2}$ 답 $\dfrac{1}{2}$

10 $5^{32}-1=(5^{16}+1)(5^{16}-1)$
$=(5^{16}+1)(5^8+1)(5^8-1)$
$=(5^{16}+1)(5^8+1)(5^4+1)(5^4-1)$
$=(5^{16}+1)(5^8+1)(5^4+1)(5^2+1)(5^2-1)$
$=(5^{16}+1)(5^8+1)(5^4+1)(5^2+1)(5+1)(5-1)$
따라서 $5^{32}-1$은 25와 30 사이의 자연수 $5^2+1=26$으로 나누어 떨어진다. 답 **26**

11 $2x^2-11xy+15y^2+5x-14y+3$
$=2x^2-(11y-5)x+(15y^2-14y+3)$
$=2x^2-(11y-5)x+(5y-3)(3y-1)$
$=(2x-5y+3)(x-3y+1)$
따라서 $a=-5$, $b=3$, $c=-3$, $d=1$이므로
$a+b+c+d=-4$ 답 ①

12 두 주머니에서 공을 하나씩 꺼낼 수 있는 모든 경우의 수는
$6\times6=36$
x^2-ax+b가 완전제곱식이 되려면
$\left(-\dfrac{a}{2}\right)^2=b$ $\therefore a^2=4b$

이를 만족하는 a, b의 순서쌍 (a, b)는
$(2, 1)$, $(6, 9)$, $(8, 16)$의 3개이다.
따라서 완전제곱식이 될 확률은

$\dfrac{3}{36}=\dfrac{1}{12}$　　　　　　　　　　　　　　　　　🔒 $\dfrac{1}{12}$

13 16일 후 강아지의 위치의 x좌표는
$1^2-3^2+5^2-7^2+9^2-11^2+13^2-15^2$
$=(1+3)(1-3)+(5+7)(5-7)$
$\qquad\qquad\qquad +(9+11)(9-11)+(13+15)(13-15)$
$=-2\times(4+12+20+28)$
$=-2\times64$
$=-128$
16일 후 강아지의 위치의 y좌표는
$2^2-4^2+6^2-8^2+10^2-12^2+14^2-16^2$
$=(2+4)(2-4)+(6+8)(6-8)$
$\qquad\qquad\qquad +(10+12)(10-12)+(14+16)(14-16)$
$=-2\times(6+14+22+30)$
$=-2\times72$
$=-144$
따라서 출발한지 16일 후 강아지의 위치를 좌표로 나타내면
$(-128, -144)$이다.　　　　　　🔒 $(-128, -144)$

Ⅲ. 이차방정식

05 이차방정식의 풀이　　본문 150~151쪽

01 $(a-3)x^2+2(x+2)^2=7$에서
$(a-1)x^2+8x+1=0$
따라서 이 방정식이 이차방정식이 되려면 $a-1\neq0$, 즉 $a\neq1$이
어야 한다.　　　　　　　　　　　　　　　🔒 ④

02 $(a-1)x^2-(a^2+1)x+3(a+4)=0$에 $x=3$을 대입하
면
$9(a-1)-3(a^2+1)+3(a+4)=0$
$a^2-4a=0$, $a(a-4)=0$　　∴ $a=0$ 또는 $a=4$
그런데 $a\neq0$이므로 $a=4$
$a=4$를 주어진 이차방정식에 대입하면
$3x^2-17x+24=0$, $(3x-8)(x-3)=0$
$\therefore x=\dfrac{8}{3}$ 또는 $x=3$

따라서 $b=\dfrac{8}{3}$이므로

$a+3b=4+3\times\dfrac{8}{3}=12$　　　　　　　　🔒 ⑤

03 $x=a+2$, $y=-a^2$을 $ax+2y=-8$에 대입하면
$a(a+2)-2a^2=-8$
$a^2+2a-2a^2=-8$, $a^2-2a-8=0$
$(a+2)(a-4)=0$　　∴ $a=-2$ 또는 $a=4$
이때 직선 $ax+2y=-8$이 제1 사분면을 지나지 않으므로

$y=-\dfrac{a}{2}x-4$에서 $-\dfrac{a}{2}\leq0$　　∴ $a\geq0$

$\therefore a=4$　　　　　　　　　　　　　　　🔒 ④

04 연립방정식 $\begin{cases}(7-2a)x+y=1 \\ x+(a-2)y=1\end{cases}$의 해가 존재하지 않으므
로

$\dfrac{7-2a}{1}=\dfrac{1}{a-2}\neq1$　　　　　　　…… ㉠

$\dfrac{7-2a}{1}=\dfrac{1}{a-2}$에서 $(7-2a)(a-2)=1$

$2a^2-11a+15=0$, $(a-3)(2a-5)=0$

$\therefore a=3$ 또는 $a=\dfrac{5}{2}$

그런데 ㉠에서 $a-2\neq1$, 즉 $a\neq3$이므로

$a=\dfrac{5}{2}$　　　　　　　　　　　　　　　🔒 ③

05 일차항의 계수와 상수항을 바꾸어 놓은 이차방정식은
$x^2+4ax-(2a-1)=0$
$x=3$을 $x^2+4ax-(2a-1)=0$에 대입하면
$9+12a-(2a-1)=0$, $10a=-10$　　∴ $a=-1$
$a=-1$을 $x^2-(2a-1)x+4a=0$에 대입하면
$x^2+3x-4=0$, $(x+4)(x-1)=0$
$\therefore x=-4$ 또는 $x=1$
따라서 처음 이차방정식의 두 근의 곱은
$(-4)\times1=-4$　　　　　　　　　　　　🔒 ①

06 이차방정식 $x^2+ax+8-a=0$이 중근을 가지므로

$\left(\dfrac{a}{2}\right)^2=8-a$

$a^2+4a-32=0$, $(a+8)(a-4)=0$
$\therefore a=-8$ 또는 $a=4$
그런데 $a<0$이므로 $a=-8$
$a=-8$을 $x^2+ax+8-a=0$에 대입하면
$x^2-8x+16=0$, $(x-4)^2=0$　　∴ $x=4$
$\therefore p=4$
$\therefore a+p=-4$　　　　　　　　　　　🔒 ②

07 $2x^2+18x=6x-m$에서

$2x^2+12x+m=0$, $x^2+6x+\dfrac{m}{2}=0$

위의 식이 중근을 가지려면

$\dfrac{m}{2}=\left(\dfrac{6}{2}\right)^2$ $\therefore m=18$

즉, $x^2+6x+9=0$에서

$(x+3)^2=0$ $\therefore x=-3$

$\therefore a=-3$

한편, $x^2-x-k=0$의 해가 $x=-3$이므로

$9+3-k=0$ $\therefore k=12$

따라서 $x^2-x-12=0$에서

$(x+3)(x-4)=0$ $\therefore x=-3$ 또는 $x=4$

$\therefore b=4$

$\therefore a+b+m+k=31$ **目 ⑤**

---

08 $(x-5)^2=7k$이므로 $x-5=\pm\sqrt{7k}$

$\therefore x=5\pm\sqrt{7k}$

이때 서로 다른 두 근이 정수가 되려면

$7k=1, 4, 9, 16, 25, 36, 49, \cdots$

$\therefore k=\dfrac{1}{7}, \dfrac{4}{7}, \dfrac{9}{7}, \dfrac{16}{7}, \dfrac{25}{7}, \dfrac{36}{7}, 7, \cdots$

따라서 가장 작은 자연수 k의 값은 7이다. **目 7**

---

09 $5x^2-20x-15=0$의 양변을 5로 나누면

$x^2-4x-3=0$, $x^2-4x=3$

$x^2-4x+4=3+4$, $(x-2)^2=7$

$x-2=\pm\sqrt{7}$ $\therefore x=2\pm\sqrt{7}$

따라서 $A=2$, $B=7$이므로

$A+B=9$ **目 ⑤**

---

10 $x^2-5x+2=0$에 $x=a$를 대입하면

$a^2-5a+2=0$ $\therefore a^2-5a=-2$

$3x^2+4x-9=0$에 $x=b$를 대입하면

$3b^2+4b-9=0$ $\therefore 3b^2+4b=9$

$\therefore a^2+3b^2-5a+4b=(a^2-5a)+(3b^2+4b)$

$\qquad\qquad\qquad\qquad\quad =(-2)+9=7$ **目 ①**

---

11 $x=a$를 $x^2+x-1=0$에 대입하면

$a^2+a-1=0$이므로 $1-a=a^2$, $1-a^2=a$

$\therefore \dfrac{a^2}{1-a}-\dfrac{5a}{1-a^2}=\dfrac{a^2}{a^2}-\dfrac{5a}{a}=1-5=-4$ **目 ②**

---

12 $<x>^2+<x>-6=0$에서

$(<x>+3)(<x>-2)=0$

$\therefore <x>=-3$ 또는 $<x>=2$

그런데 $<x>$는 자연수이므로 $<x>=2$

이때 약수의 개수가 2개인 자연수는 소수이므로 조건을 만족시키는 자연수 x는 2, 3, 5, 7의 4개이다. **目 4개**

---

13 $3x^2-5x-2=0$에서 $(3x+1)(x-2)=0$

$\therefore x=-\dfrac{1}{3}$ 또는 $x=2$

즉, 이차방정식 $3(x-2a)+9=(x+1)^2$의 한 근이 $x=2$이므로 $3(2-2a)+9=(2+1)^2$

$6-6a+9=9$, $-6a=-6$

$\therefore a=1$

$a=1$을 $3(x-2a)+9=(x+1)^2$에 대입하면

$3(x-2)+9=(x+1)^2$

$x^2+2x+1-3x+6-9=0$

$x^2-x-2=0$, $(x-2)(x+1)=0$

$\therefore x=2$ 또는 $x=-1$

따라서 다른 한 근은 $x=-1$이다. **目 $x=-1$**

---

14 $f(x)=ax^2+bx+c\,(a\neq0)$로 놓으면

$f(0)=1$이므로 $c=1$

$f(x+1)-f(x)=3x$에서

$a(x+1)^2+b(x+1)+1-ax^2-bx-1=3x$

$2ax+a+b=3x$이므로 $2a=3$, $a+b=0$

$\therefore a=\dfrac{3}{2}$, $b=-\dfrac{3}{2}$

$\therefore f(x)=\dfrac{3}{2}x^2-\dfrac{3}{2}x+1$

이때 $f(x)=x$에서

$\dfrac{3}{2}x^2-\dfrac{3}{2}x+1=x$

$3x^2-5x+2=0$, $(x-1)(3x-2)=0$

$\therefore x=1$ 또는 $x=\dfrac{2}{3}$ **目 ④**

Ⅲ. 이차방정식

06 이차방정식의 활용
본문 152~153쪽

01 $x=\dfrac{-5\pm\sqrt{5^2+8}}{2\times2}=\dfrac{-5\pm\sqrt{33}}{4}$

따라서 $A=-5$, $B=33$이므로

$A+B=28$ **目 ②**

---

02 $\dfrac{-b+\sqrt{b^2-4ac}}{a}=3$이므로 $\dfrac{-b+\sqrt{b^2-4ac}}{2a}=\dfrac{3}{2}$

$\dfrac{-b-\sqrt{b^2-4ac}}{a}=-5$이므로 $\dfrac{-b-\sqrt{b^2-4ac}}{2a}=-\dfrac{5}{2}$

따라서 이차방정식의 옳은 두 근은 $-\dfrac{5}{2}, \dfrac{3}{2}$이므로

구하는 곱은

$-\dfrac{5}{2}\times\dfrac{3}{2}=-\dfrac{15}{4}$ **目 $-\dfrac{15}{4}$**

03 $\dfrac{1}{4}x^2+2x+\dfrac{5}{3}=-\dfrac{7}{12}$의 양변에 12를 곱하면

$3x^2+24x+20=-7$, $3x^2+24x+27=0$

$x^2+8x+9=0$ $\quad \therefore x=-4\pm\sqrt{7}$

이때 $-7<-4-\sqrt{7}<-6$, $-2<-4+\sqrt{7}<-1$이므로 두 근 사이에 있는 정수는 -6, -5, -4, -3, -2의 5개이다.

답 ④

04 ① $a=2$이면 $x^2+4x-6=0$에서

$4^2-4\times1\times(-6)=40>0$이므로 서로 다른 두 근을 갖는다.

② $x^2+2ax-3a=0$에 $x=2$를 대입하면

$4+4a-3a=0$ $\quad \therefore a=-4$

③ $x^2+2ax-3a=0$에 $x=1$을 대입하면

$1+2a-3a=0$ $\quad \therefore a=1$

즉, $x^2+2x-3=0$이므로

$(x+3)(x-1)=0$ $\quad \therefore x=-3$ 또는 $x=1$

④ $a=1$이면 $x^2+2x-3=0$에서

$2^2-4\times1\times(-3)=16>0$이므로 서로 다른 두 근을 갖는다.

⑤ $a=-3$이면 $x^2-6x+9=0$

$(x-3)^2=0$ $\quad \therefore x=3$

따라서 옳은 것은 ①, ⑤이다.

답 ①, ⑤

05 주사위를 두 번 던져서 나올 수 있는 모든 경우의 수는 $6\times6=36$이다. 이차방정식 $x^2-2ax+b^2=0$이 중근을 가지려면

$(-2a)^2-4\times1\times b^2=0$, $4a^2-4b^2=0$

$\therefore a=b$ ($\because$ a, b는 양수)

따라서 a, b의 순서쌍 (a, b)는

$(1, 1)$, $(2, 2)$, $(3, 3)$, $(4, 4)$, $(5, 5)$, $(6, 6)$의 6개이므로 구하는 확률은

$\dfrac{6}{36}=\dfrac{1}{6}$

답 ③

06 혜나가 푼 이차방정식은

$(x-2)(x-3)=0$, $x^2-5x+6=0$

혜나는 상수항을 제대로 보았으므로 $c=6$

희원이가 푼 이차방정식은

$(x+2)(x+5)=0$, $x^2+7x+10=0$

희원이는 x의 계수를 제대로 보았으므로 $b=7$

따라서 처음 이차방정식은 $x^2+7x+6=0$이므로

$(x+1)(x+6)=0$

$\therefore x=-1$ 또는 $x=-6$

답 ④

07 □ 안에 알맞은 자연수를 n이라 하면 규칙에 의해

$n(n+1)+3n=320$, $n^2+4n-320=0$

$(n+20)(n-16)=0$ $\quad \therefore n=-20$ 또는 $n=16$

그런데 n은 자연수이므로 $n=16$

답 16

08 지면에 떨어질 때의 높이는 0 m이므로

$-5t^2+30t+80=0$, $t^2-6t-16=0$

$(t+2)(t-8)=0$ $\quad \therefore t=-2$ 또는 $t=8$

그런데 $t>0$이므로 $t=8$

따라서 공을 쏘아 올린 지 8초 후에 지면에 떨어진다.

답 ④

09 직선 $y=\dfrac{2}{3}x+4$의 y절편은 4이고 직선 $x=a$와의 교점은

$\left(a, \dfrac{2}{3}a+4\right)$이므로

(색칠한 부분의 넓이)$=\left(4+\dfrac{2}{3}a+4\right)a\times\dfrac{1}{2}=\dfrac{1}{3}a^2+4a$

즉, $\dfrac{1}{3}a^2+4a=36$이므로

$a^2+12a=108$, $a^2+12a-108=0$

$(a+18)(a-6)=0$ $\quad \therefore a=-18$ 또는 $a=6$

그런데 a는 양수이므로 $a=6$

답 ②

10 과수원의 가로, 세로의 길이를 각각 $3x$ m, $2x$ m라 하면 길을 제외한 부분의 넓이가 120 m²이므로

$(3x-3)\times2x=120$

$6x^2-6x-120=0$, $x^2-x-20=0$

$(x+4)(x-5)=0$ $\quad \therefore x=-4$ 또는 $x=5$

그런데 $x>1$이므로 $x=5$

따라서 과수원의 가로의 길이는

$3x=3\times5=15\,\text{(m)}$

답 15 m

11 $\overline{AB}=\overline{AD}=x$ cm라 하면 $\overline{BC}=(x+3)$ cm이므로

$\dfrac{1}{2}\times\{x+(x+3)\}\times x=22$

$2x^2+3x-44=0$, $(2x+11)(x-4)=0$

$\therefore x=-\dfrac{11}{2}$ 또는 $x=4$

그런데 $x>0$이므로 $x=4$

$\therefore \overline{BC}=4+3=7\,\text{(cm)}$

답 7 cm

12 가장 작은 원의 반지름의 길이를 r cm라 하면 색칠한 부분의 넓이는

$400\pi-\pi r^2-\pi(20-r)^2=128\pi$

$-2r^2+40r-128=0$

$r^2-20r+64=0$

$(r-4)(r-16)=0$

$\therefore r=4$ 또는 $r=16$

그런데 $0<r<10$이므로 $r=4$

따라서 가장 작은 원의 반지름의 길이는 4 cm이다.

답 ③

07 이차함수와 그 그래프   본문 154~155쪽

01 $f(1)=0$이므로 $3+a+b=0$

$\therefore a+b=-3$ ...... ㉠

$f(2)=10$이므로 $12+2a+b=10$

$\therefore 2a+b=-2$ ...... ㉡

㉠, ㉡을 연립하여 풀면 $a=1$, $b=-4$

따라서 $f(x)=3x^2+x-4$이므로

$f(-1)=3\times(-1)^2+(-1)-4=-2$ 답 ③

02 포물선 ㉠은 아래로 볼록하면서 $y=-x^2$, $y=-\dfrac{1}{2}x^2$의 그래프보다 폭이 좁으므로 ㉠을 나타내는 이차함수의 식은 $y=2x^2$이다. 이 그래프가 점 $(2, a)$를 지나므로

$a=2\times2^2=8$ 답 8

03 $y=5x^2$의 그래프가 점 $(a, 20a)$를 지나므로

$20a=5\times a^2$, $a^2-4a=0$

$a(a-4)=0$ $\therefore a=0$ 또는 $a=4$

그런데 $a\neq0$이므로 $a=4$ 답 ④

04 ㄱ. 꼭짓점의 좌표는 $(2, 12)$이다.

ㄴ. $y=-3x^2$의 그래프를 x축의 방향으로 2만큼, y축의 방향으로 12만큼 평행이동한 것이다.

ㄷ. 그래프가 x축과 만날 때, y좌표는 0이므로

     $0=-3(x-2)^2+12$에서

     $(x-2)^2=4$, $x-2=\pm2$

     $\therefore x=0$ 또는 $x=4$

     즉, x축과 만나는 점의 좌표는 $(0, 0)$, $(4, 0)$이다.

ㄹ. x의 값이 증가할 때, y의 값은 감소하는 x의 값의 범위는 $x>2$이다.

ㅁ. 그래프는 오른쪽 그림과 같으므로 제2사분면을 지나지 않는다.

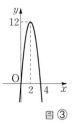

따라서 옳은 것은 ㄷ, ㅁ이다.   답 ③

05 ㈏에서 이차항의 계수는 2이므로 구하는 이차함수의 식을 $y=2(x-p)^2+q$로 놓으면 꼭짓점의 좌표는 (p, q)이다.

㈎에서 꼭짓점 (p, q)가 직선 $y=3x-1$ 위에 있으므로

$q=3p-1$ ...... ㉠

㈐에서 y축과의 교점의 좌표가 $(0, 4)$이므로

$2p^2+q=4$ ...... ㉡

㉠을 ㉡에 대입하면

$2p^2+3p-1=4$, $2p^2+3p-5=0$

$(2p+5)(p-1)=0$ $\therefore p=-\dfrac{5}{2}$ 또는 $p=1$

그런데 ㈐에서 축은 y축의 오른쪽에 있으므로

$p>0$ $\therefore p=1$

$p=1$을 ㉠에 대입하면 $q=2$

따라서 구하는 이차함수의 식은

$y=2(x-1)^2+2$ 답 $y=2(x-1)^2+2$

06 주어진 이차함수의 그래프를 x축의 방향으로 k만큼, y축의 방향으로 $k+3$만큼 평행이동한 그래프를 나타내는 이차함수의 식은

$y=\dfrac{2}{3}(x-k+1)^2+k+3$

이 그래프의 꼭짓점의 좌표는

$(k-1, k+3)$

이때 꼭짓점이 제2사분면 위에 있으므로

$k-1<0$, $k+3>0$

$\therefore -3<k<1$ 답 $-3<k<1$

07 $y=\dfrac{1}{2}x^2$의 그래프를 x축에 대칭이동한 그래프를 나타내는 이차함수의 식은 $y=-\dfrac{1}{2}x^2$이고, 이 그래프를 x축의 방향으로 -3만큼, y축의 방향으로 6만큼 평행이동한 그래프를 나타내는 이차함수의 식은

$y=-\dfrac{1}{2}(x+3)^2+6$

따라서 $a=-\dfrac{1}{2}$, $p=-3$, $q=6$이므로

$apq=\left(-\dfrac{1}{2}\right)\times(-3)\times6=9$ 답 ④

08 그래프가 위로 볼록하므로 $-a<0$ $\therefore a>0$

꼭짓점 $(-p, -q)$가 제1사분면 위에 있으므로

$-p>0$, $-q>0$ $\therefore p<0$, $q<0$

① $a-p>0$

② $p+q<0$

④ $apq>0$

⑤ $a^2p+q<0$ 답 ③

09 $y=-2x^2+8$과 $y=a(x-b)^2$의 그래프의 꼭짓점의 좌표는 각각 $(0, 8)$, $(b, 0)$이다.

$y=-2x^2+8$의 그래프가 점 $(b, 0)$을 지나므로

$0=-2b^2+8$, $b^2=4$ $\therefore b=\pm2$

그런데 $b<0$이므로 $b=-2$

또 $y=a(x+2)^2$의 그래프가 점 $(0, 8)$을 지나므로

$8=a\times2^2$ $\therefore a=2$

$\therefore a+b=0$ 답 0

10 두 이차함수 $y=-3x^2$과 $y=-3(x-1)^2+3$의 그래프의 폭이 같으므로 오른쪽 그림에서 빗금친 두 부분의 넓이가 같다. 즉, 색칠한 부분의 넓이는 □OABC의 넓이와 같다.

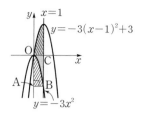

이때 B$(1, -3)$, C$(1, 0)$이므로 $\overline{OC}=1$, $\overline{BC}=3$

$\therefore$ □OABC$=\overline{OC}\times\overline{BC}=1\times3=3$

🔲 **3**

11 점 P의 x좌표를 $a\,(a>0)$라 하면
P(a, a^2+2), Q$(a, -2(a-2)^2)$이므로
$\overline{PQ}=a^2+2-\{-2(a-2)^2\}$
$\quad\quad=3a^2-8a+10$

그런데 $\overline{PQ}=13$이므로 $3a^2-8a+10=13$에서
$3a^2-8a-3=0$, $(3a+1)(a-3)=0$

$\therefore a=-\dfrac{1}{3}$ 또는 $a=3$

그런데 $a>0$이므로 $a=3$

$\therefore$ P$(3, 11)$

🔲 **P(3, 11)**

Ⅳ. 이차함수

08 이차함수 $y=ax^2+bx+c$의 그래프 본문 156~157쪽

01 $y=-x^2-4x+m=-(x+2)^2+m+4$

이 그래프의 꼭짓점의 좌표는 $(-2, m+4)$
$y=-2x+3$의 그래프가 이 점을 지나므로
$m+4=-2\times(-2)+3$
$\therefore m=3$

🔲 **③**

02 $y=\dfrac{1}{2}x^2-2x+1=\dfrac{1}{2}(x-2)^2-1$

이므로 이 그래프의 꼭짓점의 좌표는 $(2, -1)$
$y=-x^2+mx+n=-\left(x-\dfrac{1}{2}m\right)^2+\dfrac{1}{4}m^2+n$

이므로 이 그래프의 꼭짓점의 좌표는 $\left(\dfrac{1}{2}m, \dfrac{1}{4}m^2+n\right)$

두 꼭짓점이 일치하므로 $2=\dfrac{1}{2}m$, $-1=\dfrac{1}{4}m^2+n$에서
$m=4$, $n=-5$

$\therefore m+n=-1$

🔲 **②**

03 $y=-\dfrac{3}{2}x^2+3mx+2m-5$

$\quad\quad=-\dfrac{3}{2}(x-m)^2+\dfrac{3}{2}m^2+2m-5$

$x<m$일 때 x의 값이 증가할 때, y의 값도 증가하므로 $m=1$

따라서 꼭짓점의 좌표는 $\left(m, \dfrac{3}{2}m^2+2m-5\right)$, 즉 $\left(1, -\dfrac{3}{2}\right)$

🔲 **②**

04 $y=2x^2-4x+k=2(x-1)^2+k-2$

그래프는 오른쪽 그림과 같으므로 축의 방정식이 $x=1$이고 x축과 만나는 두 점 A, B 사이의 거리가 6이므로 이 두 점은 각각 직선 $x=1$에서 3만큼씩 떨어져 있다. 즉,
A$(-2, 0)$, B$(4, 0)$

따라서 $y=2(x-1)^2+k-2$에 $x=4$, $y=0$을 대입하면
$0=18+k-2$ $\therefore k=-16$

🔲 **-16**

05 $y=\dfrac{1}{2}x^2-3x+4=\dfrac{1}{2}(x-3)^2-\dfrac{1}{2}$

① 아래로 볼록한 포물선이다.
② 직선 $x=3$에 대칭이다.
③ 제1, 2, 4사분면을 지난다.
④ $\dfrac{1}{2}x^2-3x+4=0$에서 $x^2-6x+8=0$

$(x-2)(x-4)=0$ $\therefore x=2$ 또는 $x=4$

따라서 x축과 만나는 두 점은 $(2, 0)$, $(4, 0)$이므로 두 점 사이의 거리는 2이다.

⑤ 이차함수 $y=-\dfrac{2}{3}x^2$의 그래프보다 폭이 넓다.

🔲 **④**

06 $y=ax^2+bx+c$의 그래프는
위로 볼록하므로 $a<0$
축이 y축의 오른쪽에 있으므로 $ab<0$ $\therefore b>0$
y축과의 교점이 x축보다 위쪽에 있으므로 $c>0$
ㄱ. $x=1$일 때, $y=a+b+c>0$
ㄴ. $x=-1$일 때, $y=a-b+c<0$
ㄹ. $ac<0$
ㅁ. $x=-2$일 때, $y=4a-2b+c<0$
ㅂ. $abc<0$
따라서 옳은 것은 ㄴ, ㄷ, ㅁ이다.

🔲 **②**

07 꼭짓점의 좌표가 $(-1, -5)$이므로
$y=a(x+1)^2-5=ax^2+2ax+a-5$
이 이차함수의 그래프가 제4사분면을 지나지 않으려면 오른쪽 그림과 같아야 하므로
$a-5\geq0$ $\therefore a\geq5$

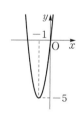

🔲 **⑤**

08 점 $(0, -5)$를 지나므로 $c=-5$
점 $(2, 7)$을 지나므로 $7=4a+2b-5$
$4a+2b=12$ $\therefore 2a+b=6$ $\quad\quad\cdots\cdots$ ㉠

점 $(-1, -8)$을 지나므로
$-8 = a - b - 5$ $\therefore a - b = -3$ $\cdots\cdots$ ㉡
㉠, ㉡을 연립하여 풀면 $a = 1$, $b = 4$
$\therefore y = x^2 + 4x - 5$
$y = x^2 + 4x - 5 = (x+2)^2 - 9$이므로 $A(-2, -9)$
$y = x^2 + 4x - 5$에 $y = 0$을 대입하면

$x^2 + 4x - 5 = 0$, $(x+5)(x-1) = 0$
$\therefore x = -5$ 또는 $x = 1$
즉, 이차함수의 그래프가 x축과 만나는
두 점의 좌표는 $(-5, 0)$, $(1, 0)$이므로
$\overline{BC} = 1 - (-5) = 6$
$\therefore \triangle ABC = \dfrac{1}{2} \times 6 \times 9 = 27$ ▤ ②

09 x축과 두 점 $(m, 0)$, $(3m, 0)$에서 만나므로 이차함수의 식을 $f(x) = a(x-m)(x-3m)$으로 놓으면 $f(-1) = f(5)$이므로
$a(-1-m)(-1-3m) = a(5-m)(5-3m)$
$3m^2 + 4m + 1 = 3m^2 - 20m + 25$
$24m = 24$ $\therefore m = 1$
$f(x) = a(x-1)(x-3) = ax^2 - 4ax + 3a$
즉, $-4a = b$, $3a = 6$이므로 $a = 2$, $b = -8$
$\therefore ab = -16$ ▤ ①

10 $y = 2x^2 - 4x - 3 = 2(x-1)^2 - 5$
$y = 2x^2 - 12x + 13 = 2(x-3)^2 - 5$

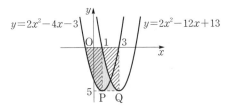

위의 그림에서 빗금친 두 부분의 넓이가 같으므로 색칠한 부분의 넓이는 가로의 길이가 2, 세로의 길이가 5인 직사각형의 넓이와 같다.
따라서 색칠한 부분의 넓이는 $2 \times 5 = 10$ ▤ 10

11 $x = 0$일 때 $y = 8$이므로 $B(0, 8)$
또 $y = -\dfrac{1}{4}x^2 + x + 8 = -\dfrac{1}{4}(x-2)^2 + 9$이므로 이 그래프의 꼭짓점의 좌표는 $A(2, 9)$이다.
$\therefore \triangle ABO = \dfrac{1}{2} \times 8 \times 2 = 8$ ▤ 8

12 $y = a(x^2 - 3x + 2)$
$\quad = a\left(x^2 - 3x + \dfrac{9}{4} - \dfrac{9}{4}\right) + 2a$
$\quad = a\left(x - \dfrac{3}{2}\right)^2 - \dfrac{a}{4}$
$\therefore C\left(\dfrac{3}{2}, -\dfrac{a}{4}\right)$
$y = a(x^2 - 3x + 2)$에 $y = 0$을 대입하면
$0 = a(x^2 - 3x + 2)$에서 $x^2 - 3x + 2 = 0$
$(x-1)(x-2) = 0$
$\therefore x = 1$ 또는 $x = 2$
즉, 이차함수의 그래프가 x축과 만나는 두 점의 좌표는 $(1, 0)$, $(2, 0)$이므로
$\triangle ABC = \dfrac{1}{2} \times 1 \times \dfrac{a}{4} = \dfrac{a}{8}$
따라서 $\dfrac{a}{8} = 2$이므로 $a = 16$ ▤ 16

13 $y = ax^2 + bx + c$의 그래프가 아래로 볼록하므로 $a > 0$
축이 y축의 왼쪽에 있으므로 a와 b는 같은 부호이다.
$\therefore b > 0$
y축과의 교점이 x축보다 아래쪽에 있으므로 $c < 0$
$\therefore ac < 0$, $ab > 0$, $bc < 0$
$y = acx^2 + abx + bc$의 그래프는 $ac < 0$이므로 위로 볼록하고, ac와 ab의 부호가 다르므로 축은 y축의 오른쪽에 있으며, $bc < 0$이므로 y축과의 교점이 x축보다 아래쪽에 있다.
따라서 $y = acx^2 + abx + bc$의 그래프로 적당한 것은 ③이다.
▤ ③

개념원리

RPM

중학 수학 3-1

개념원리
교재 소개

문제 난이도

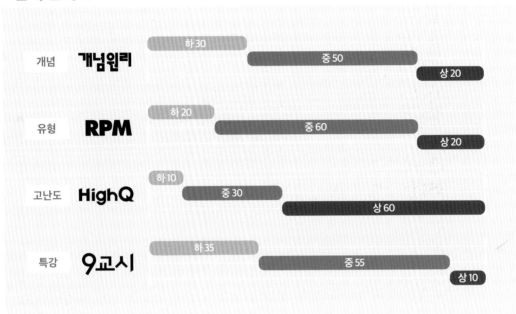

개념	**개념원리**	하 30 · 중 50 · 상 20	
유형	**RPM**	하 20 · 중 60 · 상 20	
고난도	**HighQ**	하 10 · 중 30 · 상 60	
특강	**9교시**	하 35 · 중 55 · 상 10	

고등

개념원리 | 수학의 시작   `개념`

하나를 알면 10개, 20개를 풀 수 있는 개념원리 수학
수학(상), 수학(하), 수학Ⅰ, 수학Ⅱ, 확률과 통계, 미적분, 기하

RPM | 유형의 완성   `유형`

다양한 유형의 문제를 통해 수학의 문제 해결력을 높일 수 있는 RPM
수학(상), 수학(하), 수학Ⅰ, 수학Ⅱ, 확률과 통계, 미적분, 기하

High Q | 고난도 정복 (고1 내신 대비)   `고난도`

최고를 향한 핵심 고난도 문제서 High Q
수학(상), 수학(하)

9교시 | 학교 안 개념원리   `특강`

쉽고 빠르게 정리하는 9종 교과서 시크릿
수학(상), 수학(하), 수학Ⅰ

중등

개념원리 | 수학의 시작   `개념`

하나를 알면 10개, 20개를 풀 수 있는 개념원리 수학
중학수학 1-1, 1-2, 2-1, 2-2, 3-1, 3-2

RPM | 유형의 완성   `유형`

다양한 유형의 문제를 통해 수학의 문제 해결력을 높일 수 있는 RPM
중학수학 1-1, 1-2, 2-1, 2-2, 3-1, 3-2